Otto Henning/Dietbert Knöfel

Baustoffchemie

Otto Henning · Dietbert Knöfel

Baustoffchemie

**Eine Einführung
für Bauingenieure und Architekten**

5., aktualisierte Auflage
mit 148 Bildern, 103 Tafeln und zahlreichen Übungsbeispielen

Verlag für Bauwesen · Berlin

Bauverlag GmbH · Wiesbaden und Berlin

Die Deutsche Bibliothek — CIP-Einheitsaufnahme

Henning, Otto:
Baustoffchemie : eine Einführung für Bauingenieure und Architekten
; mit Tafeln und zahlreichen Übungsbeispielen / Otto Henning ;
Dietbert Knöfel. — 5., aktualisierte Aufl. — Berlin : Verl. für Bauwesen
; Wiesbaden ; Berlin : Bauverl., 1997

ISBN-13: 978-3-322-80184-5   e-ISBN-13: 978-3-322-80183-8
DOI: 10.1007/978-3-322-80183-8

Vorwort zur 5. Auflage

Die gute Aufnahme, die das Lehrbuch der Baustoffchemie als Einführung bei Bauingenieuren und Architekten in den ersten vier Auflagen gefunden hat sowie die anhaltende Nachfrage beim Buchhandel und Verlag machen eine neue Auflage erforderlich.

Damit das Buch auch weiterhin für die Ausbildung von jungen Nachwuchskräften so gut verwendbar bleibt, wurde der dargestellte Stoff an einigen Stellen ergänzt und verbessert. Dies gilt für alle Kapitel sowie für die Aktualisierung der Verzeichnisse. Die bewährte Gliederung und der Aufbau des Buches konnte jedoch weitgehend beibehalten werden.

Das einführende Kapitel „Allgemeine Grundlagen" soll Schulwissen im Fach Chemie auffrischen (bzw. erstmalig darbieten), wobei gezielt auf die Erfordernisse der Baustoffchemie eingegangen wird. Hier werden die Grundlagen für das Verständnis der weiteren Ausführungen vermittelt.

Solide Kenntnisse der Chemie und Mineralogie sind unerläßlich für die Ermittlung der Ursachen von Bauschäden (Schadensdiagnose) und für ihre sachgemäße Behebung (Instandsetzung). Die in Bauwerken verarbeiteten Materialien unterliegen den Umwelteinflüssen in vielfältiger Form. Dabei wirken häufig aggressive Stoffe auf das Material ein – es kommt zu chemischen Umsetzungen mit meist negativen Auswirkungen bis hin zur Zerstörung. Deshalb wurden in der neuen Auflage speziell Fragen, die sich mit der Diagnose und Behandlung von Bauschäden befassen, besonders eingehend und auf der Grundlage des neuesten Erkenntnisstandes diskutiert.

Zahlreiche Abschnitte befassen sich daher mit den chemischen und physikalisch-chemischen Grundlagen der Korrosion der verschiedenen Baustoffarten, das heißt mit Fragen, die in der Baupraxis immer mehr an Bedeutung gewinnen. Diese Erkenntnisse und Zusammenhänge sind die Basis für ein tieferes Verständnis der Zerstörungsprozesse und -mechanismen, aus denen gezielte Gegenmaßnahmen abzuleiten sind. Großer Wert wurde – wie bisher schon – auf Verständlichkeit und leichte Faßlichkeit der Lehrinhalte gelegt.

Unser Dank gilt allen Fachkollegen, die mit ihrer aufbauenden Kritik zur Verbesserung des Buches beitrugen. Für weitere Hinweise sind die Autoren stets dankbar. Die Autoren danken auch herzlich ihren Mitarbeitern und Helfern, die durch konstruktive Kritik, Anfertigen von Bildern und durch Korrekturlesen die Arbeiten am Manuskript unterstützt haben.

Otto Henning, Dietbert Knöfel

Inhaltsverzeichnis

Hinweis auf die Behandlung von **baustoffschädigenden chemischen Prozessen**

1. Allgemeine Grundlagen für die Baustoffchemie

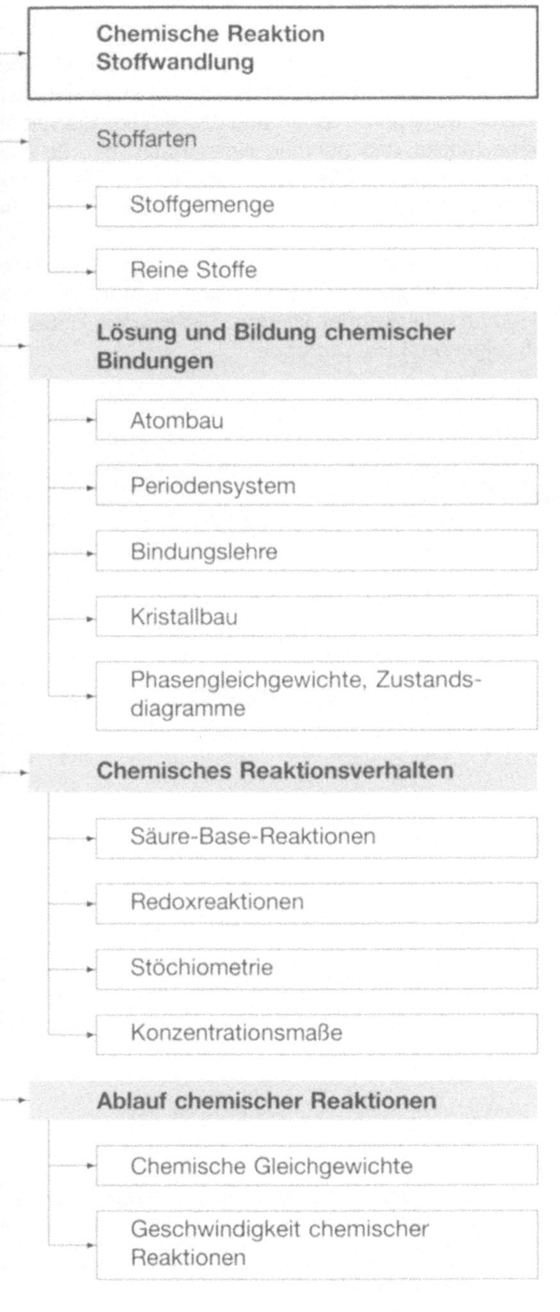

Die Chemie ist die Wissenschaft von den Stoffen, ihren Eigenschaften, ihrem Aufbau und den Reaktionen, die zu neuen Stoffen führen.

Naturwissenschaftliche Kenntnisse sind neben technischen und ökonomischen Kenntnissen erforderlich, um einen tieferen Einblick in das Geschehen der modernen Technik und Industrie zu erhalten.

Die *Herstellung und Verarbeitung* der Baustoffe erfolgen auf der Basis chemischer Reaktionen. Auch die auf ein fertiges Bauwerk einwirkenden *schädigenden oder zerstörenden Einflüsse* sind im wesentlichen chemischer und physikalischer Natur. Einige Beispiele für derartige chemische Reaktionen sind

bei der Portlandzement-Bildung:

▶ $2\,CaCO_3 + SiO_2 \rightarrow Ca_2SiO_4 + 2\,CO_2$

bei der Portlandzement-Erhärtung:

▶ $6\,Ca_2SiO_4 + 12\,H_2O$
$\rightarrow 5\,CaO \cdot 6\,SiO_2 \cdot 5\,H_2O + 7\,Ca(OH)_2$

bei der Einwirkung kalkaggressiver Kohlensäure:

▶ $CaCO_3 + CO_2 + H_2O \rightarrow Ca(HCO_3)_2$

Diese chemischen Gleichungen stellen die Vorgänge in sehr vereinfachter Form dar.

Die sichere Beherrschung der stoffwandelnden Prozesse der Baustoffbildung und -zerstörung setzt möglichst genaue Kenntnisse über die im molekularen und Mikrobereich vorliegenden Verhältnisse und ablaufenden Vorgänge voraus. Diese Kenntnisse ergeben sich aus dem Studium

■ der Wechselwirkung der Moleküle, Atome und Ionen untereinander
■ der Energie, welche die chemische Bindung bestimmt
■ der Struktur der reagierenden und entstehenden Teilchen
■ der Gleichgewichtszustände und Kinetik stofflicher Systeme.

Gemeinsame Eigenschaften der Stoffgemenge (Tafel 1.1.)

Die Massenverhältnisse der beteiligten Stoffe sind in weiten Grenzen variabel.
Sie sind durch physikalische Methoden herzustellen und zu trennen (z. B. sieben, filtrieren, kondensieren, sedimentieren, fraktionierte Destillation, fraktionierte Auflösung, magnetische Verfahren).
Sie weisen Schmelz- und Siedeintervalle auf (Ausnahmen: 1. Schmelzpunkt: eutektische Gemenge; 2. Siedepunkt: azeotrope Mischungen).

Eigenschaften der chemischen Verbindungen

Die Massenverhältnisse der beteiligten Stoffe sind konstant. Sie sind durch chemische Reaktionen herzustellen und zu trennen[3]) (auch durch sehr energiereiche äußere Einwirkungen).
Sie besitzen Schmelz- und Siedepunkte (evtl. aber vorher Zersetzung). Kleinste Einheit (Quant, Teilchen) einer Verbindung, die noch die charakteristischen Eigenschaften besitzt: Molekül.

Eigenschaften der chemischen Elemente

Chemische Individuen, die sich durch chemische Verfahren nicht in qualitativ einfachere Individuen zerlegen lassen; kleinste Einheit (Quant, Teilchen) eines Elementes, die noch die charakteristischen Eigenschaften besitzt: Atom.

1.1.   Stoffe

Stoff ist eine bestimmte Strukturform der Materie, die unmittelbar aufgebaut ist aus Atomen und den davon ableitbaren Ionen und Molekülen. Sie haben eine Masse und nehmen einen Raum ein. Es gibt eine unendlich große Vielfalt an Stoffen. Diese können gegliedert werden, wie die Übersicht auf der Seite 12 zeigt.
Baustoffe sind Stoffgemenge. Es sind Werkstoffe, die zur Fertigung von Bauwerken, d. h. in der Bauindustrie, verwendet werden. Sie werden eingeteilt in folgende 3 Hauptgruppen

Tafel 1.1.
Reine Stoffe und Stoffgemenge

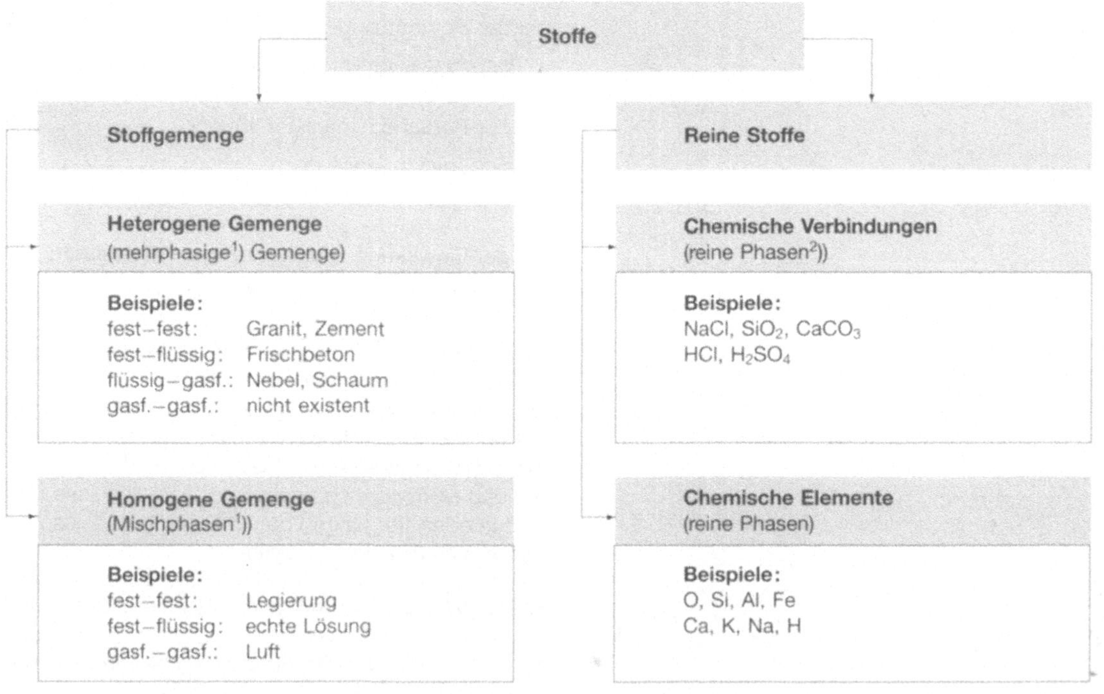

[1]) Eine Phase bzw. Mischphase ist ein in sich chemisch und physikalisch vollkommen homogenes und abgegrenztes Zustandsgebiet.
[2]) Die Elemente verbinden sich im Verhältnis ihrer relativen Atommasse oder kleiner ganzer Vielfacher davon (Gesetze der konstanten und der multiplen Proportionen).

[3]) Bei einer chemischen Reaktion ist die Massensumme der Ausgangsstoffe gleich der Massensumme der Endprodukte (Gesetz von der Erhaltung der Masse). Dabei werden die durch Energieumsetzungen verursachten unwägbar kleinen Massenänderungen vernachlässigt.

- metallische Baustoffe (z. B. im Stahl- und Stahlbetonbau)
- nichtmetallisch-anorganische Baustoffe (z. B. im Ziegel-, Naturstein- und Betonbau)
- organische Baustoffe (z. B. im Holzbau, Kunststoffe im Innenausbau und Bautenschutz).

1.2. Atombau und chemische Bindung

Die Basis für das Verständnis der Stoffwandlungsprozesse ist die Kenntnis des Atombaus, von dem aus die Elementarvorgänge bzw. Mikroprozesse, die bei der Bildung und Schädigung von Baustoffen in der Praxis ablaufen, erforscht und gekennzeichnet werden können.

Unter Mikroprozessen verstehen wir Vorgänge, die in den kleinsten einheitlichen Stoffgebieten, die in technischen Verfahren auftreten können, ablaufen. Solche Stoffgebiete sind kolloide Feststoffteilchen, Tröpfchen, Blasen sowie Filme an Grenzflächen (z. B. Schmelzen auf festen Teilchen). In ihnen spielt neben den eigentlichen chemischen Vorgängen vor allem die Diffusion eine große Rolle. Durch *Diffusion* bestimmte Transportvorgänge erweisen sich bei technischen Reaktionen oft als geschwindigkeitsbestimmend. In manchen Fällen sind die Zusammenhänge zwischen Reaktions- und Diffusionsgeschwindigkeit noch nicht vollständig bekannt.

1.2.1. Bau der Atome

Ein Atom besteht aus einem Kern, der von elektrisch positiv geladenen Elementarteilchen (Protonen) und etwa gleich schweren elektrisch neutralen Elementarteilchen (Neutronen) gebildet wird. Um den Kern bewegen sich elektrisch negativ geladene Elementarteilchen (Elektronen), sie bilden die Atomhülle. Der Ladungsbetrag (Elementarladung) eines Protons ist gleich dem eines Elektrons, nur mit umgekehrtem Vorzeichen. Die Summe der positiven Ladungen im Kern (Protonenzahl = Kernladungszahl) ist im Atom gleich der Summe der negativen Ladungen in der Atomhülle.

Auf Grund der von NIELS BOHR 1913 entwickelten Vorstellung über den Aufbau der Atome (Atommodell) bewegen sich die Elektronen auf Kreisbahnen um den positiven Atomkern. Es sind aber nicht beliebige Bahnen möglich, sondern nur solche mit bestimmten Abständen vom Kern. Die Elektronen auf der kernnächsten Bahn sind am festesten gebunden; zu ihrer Loslösung aus dem Atomverband wird eine größere Energie benötigt als für Elektronen auf weiter außen liegenden Bahnen.

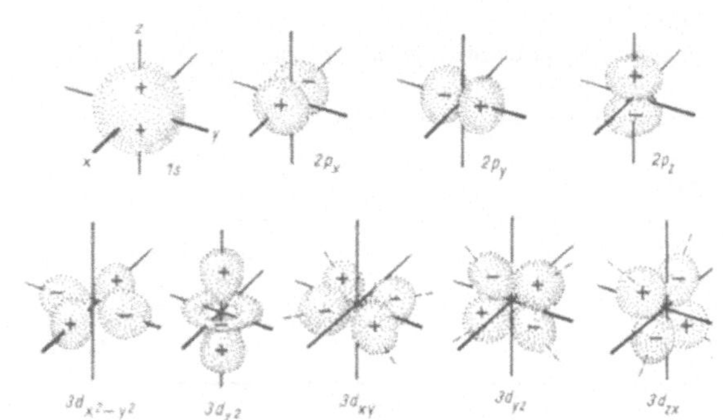

Bild 1.1.
Räumliche Darstellung der s-, p- und d-Orbitale
(schematische Darstellung, Plus- und Minuszeichen geben das Vorzeichen der Wellenfunktionen in den betreffenden Gebieten an)

Im SOMMERFELDschen Atommodell werden die Kreisbahnen durch elliptische Bahnen unterschiedlicher Exzentrizität ersetzt. Das Analogon zur Elektronenbahn ist im wellenmechanischen Atommodell (nach HEISENBERG, SCHRÖDINGER und DIRAC) das *Orbital*, das den Raum beschreibt, in dem sich das betreffende Elektron mit hoher Wahrscheinlichkeit aufhält. Die Elektronen besitzen Korpuskel- und Welleneigenschaften. Bild 1.1. zeigt die räumliche, stilisierte Darstellung einiger Atomorbitale.

Innerhalb des Systems verschiedenartiger Elektronenbahnen bzw. Orbitale sind nur ganz bestimmte Energiezustände möglich. Es können dabei mehrere „Schalen" (Hauptenergieniveaus) unterschieden werden, deren maximale Besetzung $2 \cdot n^2$ Elektronen beträgt (n = Hauptquantenzahl = Nummer der Elektronenschale, vom Kern nach außen gezählt):

Hauptenergieniveau	K	L	M	N
Hauptquantenzahl (n)	1	2	3	4
max. Elektronenbesetzung	2	8	18	32

In der O-, P- und Q-Schale wird die maximale Elektronenbesetzung bei den bisher bekannten Elementen nicht erreicht.

Die Elektronen eines Hauptenergieniveaus sind in gesetzmäßiger Weise auf verschiedene „Unterschalen" (Nebenenergieniveaus) verteilt. Diese werden in der Reihenfolge steigender Energie mit s, p, d und f bezeichnet, ihre maximale Besetzung beträgt $2 \cdot (2l + 1)$ Elektronen (l = Nebenquantenzahl):

Nebenenergieniveau	s	p	d	f
Nebenquantenzahl (l)	0	1	2	3
max. Elektronenbesetzung	2	6	10	14

Da in einem Orbital nicht mehr als zwei Elektronen auftreten, bestehen die Nebenenergieniveaus bei maximaler Elektronenbesetzung aus 1 (s), 3 (p), 5 (d)

Tafel 1.2.
Einordnung der Orbitale in die Energieniveaus

Haupt-energie niveau	Nebenenergieniveaus							
	s	$\sum$ e	p	$\sum$ e	d	$\sum$ e	f	$\sum$ e
1 (K)	1×1s	2						
2 (L)	1×2s	2	3×2p	6				
3 (M)	1×3s	2	3×3p	6	5×3d	10		
4 (N)	1×4s	2	3×4p	6	5×4d	10	7×4f	14

$\sum$e = Elektronensumme

und 7 (f) Orbitalen. Die s-Orbitale haben kugelsymmetrische, die p-Orbitale hantelförmige und die d- und f-Orbitale rosettenartige Gestalt (Bild 1.1.). Die Einordnung der Elektronen in die Hauptenergieniveaus 1 (K) bis 4 (N) und in die Nebenenergieniveaus s, p, d und f zeigt Tafel 1.2. Die mit steigender Kernladungszahl neu hinzukommenden Elektronen werden jeweils in die dem Kern am nächsten liegenden, damit energieärmsten, freien Positionen eingebaut. Die Energiestufenfolge der Orbitale in der Elektronenhülle der Atome zeigt Bild 1.2. (Schalen/Perioden-Schema).

Eine Elektronenschale erweist sich als besonders stabil, wenn sie ihre maximale Besetzung bzw. Edelgaskonfiguration erreicht hat. Zur vollständigen Beschreibung eines Elektrons im Atom gehören außer der Angabe der Haupt- und Nebenquantenzahl noch die Magnet- (m) und Spinquantenzahl (s). Eine Zusammenfassung zur Bedeutung und Aussage der Quantenzahl gibt Tafel 1.3.

PAULI-Prinzip: In der Hülle eines Atoms existieren keine Elektronen, die in allen 4 Quantenzahlen und damit in ihrem Energiezustand übereinstimmen.

Zur Angabe der e^--Konfiguration (Anzahl und Energiezustände der Elektronen eines Atoms) werden die Energiezustände der einzelnen Elektronen der Reihe nach aufgeschrieben. Die Anzahl der Elektronen in jedem Niveau wird rechts über dem Energieniveauzeichen vermerkt.

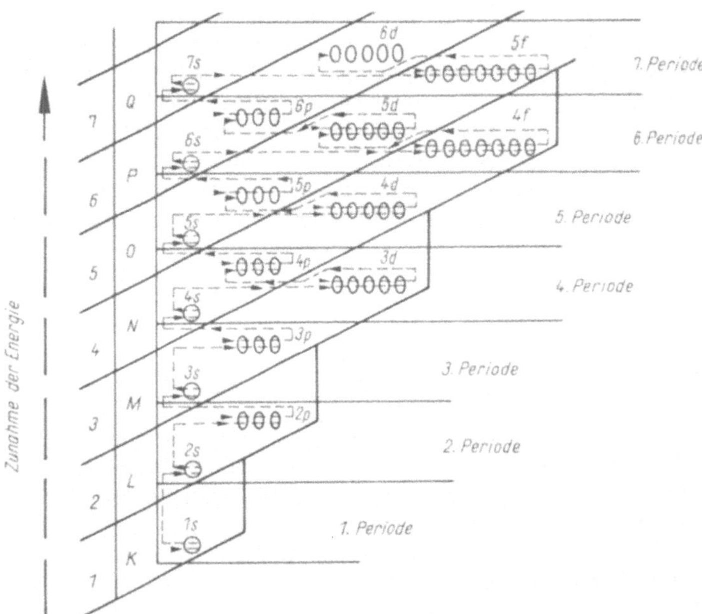

Bild 1.2.
Energiestufenfolge der Orbitale in der Elektronenhülle der Elemente

Tafel 1.3.
Bedeutung und Aussage der Quantenzahlen

Bezeichnung	Symbol	Zahl der Orbitale	Maximale e-Zahl	Aussage
Hauptquantenzahl	n	n^2	$2n^2$	Zahl und Ausdehnung der Orbitale
Nebenquantenzahl	l	$2l + 1$	$2(2l + 1)$	Form der Orbitale
Magnetquantenzahl	m			Orientierung der Orbitale im Raum
Spinquantenzahl	s			Drehrichtung um eigene e^--Achse

Beispiele: $_2$He $1s^2$
$_6$C $1s^2 2s^2 2p^2$
$_{12}$Mg $1s^2 2s^2 2p^6 3s^2$

Beispiel 1

Wie werden die Elektronen des Siliciumatoms den Energieniveaus zugeordnet?

▶ Das Si-Atom mit insgesamt 14 Elektronen (Ordnungszahl 14) hat auf der K-Schale 2, auf der L-Schale 8 und auf der M-Schale 4 Elektronen. Die 4 Elektronen der M-Schale untergliedern sich in zwei gepaarte $3s^2$- und zwei ungepaarte $3p^2$-Elektronen. Bei Abgabe der 4 Elektronen der M-Schale entsteht ein Si^{4+}-Ion, das wegen der Edelgaskonfiguration der jetzt noch vorhandenen K- und L-Schale stabil ist (im SiO_2 und den Silicaten).

Ein *Element* ist ein Stoff, der auf chemischem Wege nicht in andere Stoffe zerlegt werden kann. Die Atome eines Elementes haben die gleiche Kernladungszahl. Ein Element besteht also aus gleichartigen Atomen. Die Elemente lassen sich in Metalle und Nichtmetalle einteilen:
Metalle sind bei Raumtemperatur fest (Ausnahme: Quecksilber), zeigen typischen Glanz und leiten elektrische Ladungen und Wärme gut. Entsprechend ihrer Dichte werden Leichtmetalle ($<5\,g/cm^3$) und Schwermetalle ($>5\,g/cm^3$) unterschieden.
Nichtmetalle sind schlechte Leiter für elektrische Ladungen und Wärme. Auch haben sie nicht den ausgeprägten Glanz der Metalle. Nichtmetalle sind bei Raumtemperatur fest oder gasförmig (Ausnahme: Brom). Eine scharfe Trennung zwischen Metallen und Nichtmetallen ist nicht möglich; einige Elemente liegen in ihrem Verhalten zwischen beiden (z. B. Silicium und Zinn).
Bild 1.3. zeigt, daß die *Erdkruste* (Lithosphäre bis etwa 16 km Tiefe, Atmosphäre und Hydrosphäre)

etwa zur Hälfte aus Sauerstoff und zu rund einem Viertel aus Silicium besteht. Alle übrigen Elemente umfassen das restliche Viertel. Mehr als 99 % der Erdrinde bestehen aus den 10 häufigsten Elementen. Von den bisher bekannten 105 Elementen wurden 90 in der Natur gefunden, die übrigen 15 wurden nur künstlich erzeugt.

1.2.2. Periodensystem der Elemente

Die nach ihrer Kernladungszahl geordneten Elemente zeigen eine Periodizität der Eigenschaften, die zur Aufstellung des Periodensystems der Elemente (PSE) führte (D. I. MENDELEJEW, L. MEYER, 1869). Die Periodizität der Eigenschaften beruht aber, wie heute bekannt ist, auf den periodischen Anordnungen der Elektronen (insbesondere der in den äußersten Schalen). Das PSE umfaßt folgende Perioden (waagerechte Zeilen):

- Vorperiode (2 Elemente)
- 2 kurze Perioden (je 8 Elemente)
- 2 lange Perioden (je 18 Elemente)
- 2 sehr lange Perioden (je 32 Elemente)

Untereinanderstehende Elemente werden zu *Gruppen* zusammengefaßt:

- I. Hauptgruppe   Alkalimetalle
- II. Hauptgruppe   Erdalkalimetalle
- III. Hauptgruppe   Erdmetalle
- IV. Hauptgruppe   Kohlenstoffgruppe
- V. Hauptgruppe   Stickstoffgruppe
- VI. Hauptgruppe   Chalkogene
- VII. Hauptgruppe   Halogene
- VIII. Hauptgruppe   Edelgase

Die *Nebengruppen* werden nach ihrem ersten Element bezeichnet, z. B. 1. Nebengruppe = Kupfergruppe. Eine Ausnahme bildet die 8. Nebengruppe, in der die oberen drei Elemente als „Eisengruppe" (Fe, Co, Ni), die mittleren drei als „leichte Platinmetalle" (Ru, Rh, Pd) und die unteren drei als „schwere Platinmetalle" (Os, Ir, Pt) bezeichnet werden.
Die Atome der Elemente, die sich in ein und derselben *Periode* befinden, haben die gleiche Anzahl Elektronenschalen. Die Nummer der Hauptgruppe gibt die Anzahl der vorhandenen Außenelektronen an. Die Atome der Nebengruppenelemente haben in der Regel zwei Außenelektronen. Zu dem in der Reihe der Elemente fortschreitenden Aufbau der Elektronenschalen steuern die Hauptgruppenelemente s- und p-Elektronen, die Nebengruppenelemente d-Elektronen, die Lanthanoide und Actinoide f-Elektronen bei.

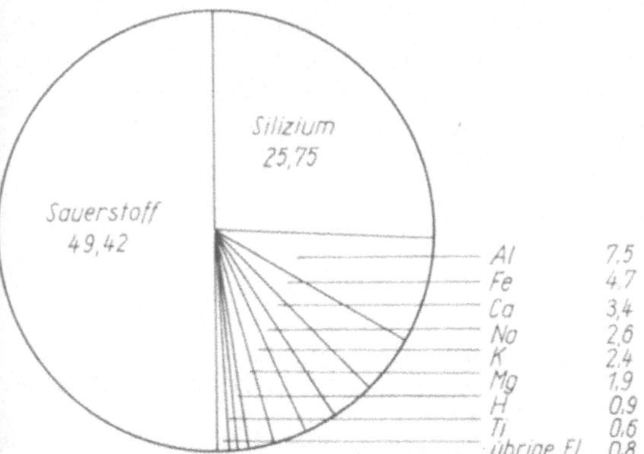

Bild 1.3.
Verteilung der Elemente in der Erdrinde unter Einbeziehung der Atmosphäre und der Hydrosphäre in Masse-%

1.2.3. Bindungsarten und Wertigkeiten

Chemische Verbindungen bilden sich stets dann, wenn in den äußeren Elektronenschalen der Atome durch *Umgruppierung der Valenzelektronen* eine größere Stabilität erreicht wird. Diese neuen Gruppierungen haben einen geringeren Energieinhalt, als die Summe der einzelnen vorherigen Energieinhalte beträgt. Die Stärke der Bindung wird durch das Ausmaß der *Überlappung der Orbitale* bestimmt.

Besonders stabile und damit beim Eingehen in Verbindungen angestrebte Elektronenkonfigurationen sind:

$1s^2$

ns^2p^6 (mit n > 1, Edelgas-Elektronenkonfiguration)

$ns^2p^6d^{10}$ (mit n > 2, „Achtzehnerschale")

$ns^2p^6d^{10}$ $(n + 1)\, s^2$ (mit n > 2)

$ns^2p^6d^5$ (mit n > 2, halbbesetztes d-Niveau)

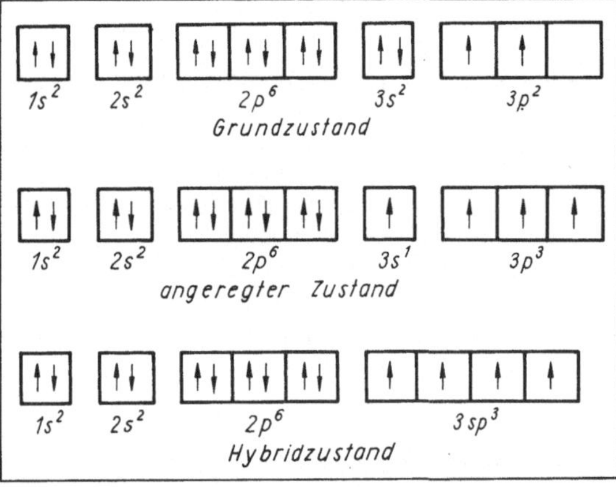

Bild 1.4.
Hybridisierung von Atomorbitalen beim Siliciumatom zur Erklärung dessen Vierwertigkeit

(Die entgegengesetzte Richtung der Pfeile gibt den antiparallelen Spin der Elektronen an)

Es werden 3 verschiedene chemische Bindungsarten unterschieden, die jedoch Erscheinungsformen einer einheitlichen chemischen Bindung sind:

- Atombindung
- Ionenbindung
- Metallbindung

Atombindungen liegen zwischen den Atomen eines *Moleküls* vor. Dabei kommt es durch Überlappung einfach besetzter Orbitale zur Bildung von Molekülorbitalen, die als Valenzstriche vereinfacht dargestellt werden können:

$$H + H \rightarrow H - H$$

Vom *Silicium*, das den größten Teil der nichtmetallisch-anorganischen Baustoffe bildet, gehen 4 gleichartige Atombindungen aus, obwohl im Grundzustand nur 2 ungepaarte 3p-Elektronen vorliegen, was eine Zweibindigkeit zur Folge haben müßte. Zur Erklärung dieses Widerspruchs wird eine sp³-Hybridisierung angenommen. Durch Anregung geht ein Elektron aus dem s- in den p-Zustand über, und durch Kombination (Hybridisierung) entstehen 4 gleichartige sp³-Hybridorbitale (Bild 1.4.).

Das *Siliciumatom* hat im Bindungszustand (Bild 1.5.) bereits ein d-Orbital, das zwar im Grundzustand unbesetzt ist, aber bei geeigneten Voraussetzungen mit in die Valenzbetätigung einbezogen werden kann. Beim *Kohlenstoffatom* ist eine solche Möglichkeit ausgeschlossen; es kommt zur Bildung stabiler C−C-Ketten, in denen σ-Bindungs-Anteile vorliegen (Bild 1.6.a).

Der größere Atomradius des Si (größere Abstände) verhindert die Ausbildung von σ-Bindungen in Si−Si-Ketten, was ihre geringe Stabilität erklärt. Werden jedoch die d-Niveaus des Si in die Bindung einbezogen, so kommt es zu Überlappungen mit den p-Niveaus von Nachbaratomen (Bild 1.6.c.). Dies erklärt die hohe Festigkeit der Si−O-Bindung, da das Sauerstoffatom als Elektronendonator für die unbesetzten d-Niveaus des Si wirkt.

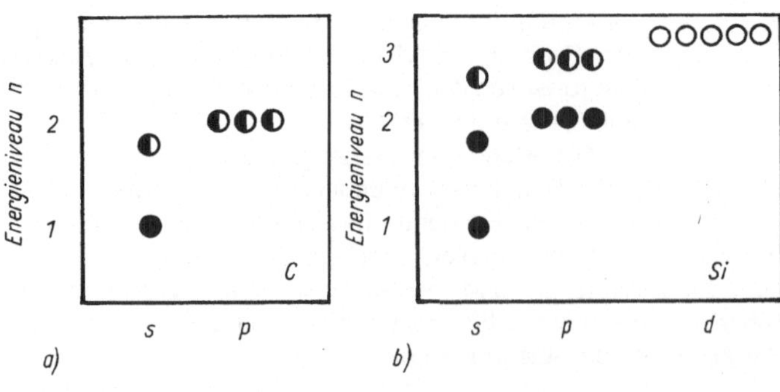

Bild 1.5.
Energieniveaus der Elektronen des Kohlenstoffs und des Siliciums im Bindungszustand

a) C; b) Si
● Elektronenpaar
◐ ein Elektron
○ nicht mit Elektronen besetzt

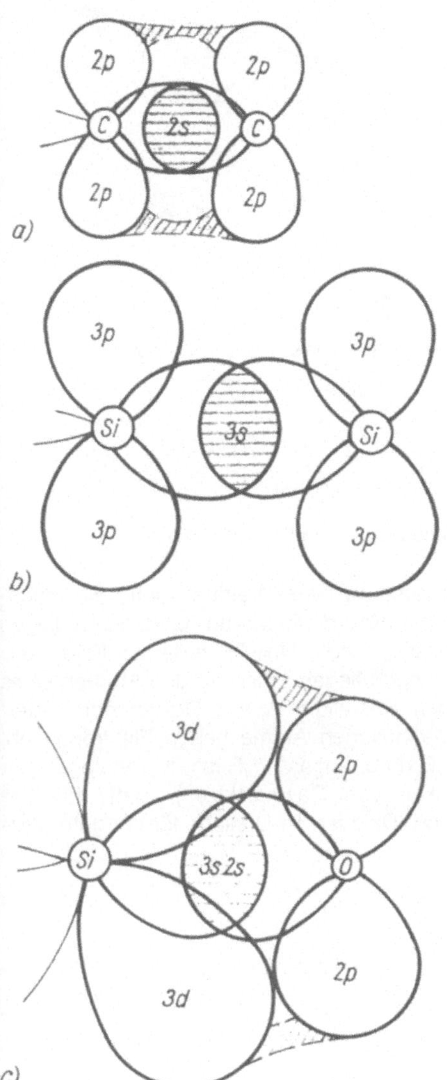

Bild 1.6.
Bindungsorbitale (Überlappungen von Atomorbitalen) der
a) C–C-; b) Si–Si-; c) Si–O-Bindung

Sind 2 verschiedene Atome an einer Atombindung beteiligt, so wird das bindende Elektronenpaar in Richtung des Partners mit der stärkeren Elektronegativität verlagert, symbolisiert durch einen Keil anstelle eines Valenzstriches: Si ◄ O. Die Bindung wird als *polarisierte Atombindung* oder Atombindung mit Ionencharakter *I* bezeichnet. Die *Elektronegativität* gibt an, wie stark das Atom Bindungselektronen anzieht (Tafel 1.4.). Zur Berechnung von *I* aus den Elektronegativitäten *x* in schwächer polaren Bindungen dient die Gleichung von PAULING:

$$I = [1 - \exp\{-0{,}25(x_A - x_B)^2\}] \cdot 100$$

Tafel 1.4.
Elektronegativitäten der Hauptgruppenelemente (nach PAULING)

I	II	III	IV	V	VI	VII
H 2,1						
Li 1,0	Be 1,5	B 2,0	C 2,5	N 3,0	O 3,5	F 4,0
Na 0,9	Mg 1,2	Al 1,5	Si 1,8	P 2,1	S 2,5	Cl 3,0
K 0,8	Ca 1,0	Ga 1,6	Ge 1,8	As 2,0	Se 2,4	Br 2,8
Rb 0,8	Sr 1,0	In 1,7	Sn 1,8	Sb 1,9	Te 2,1	J 2,5
Cs 0,7	Ba 0,9	Tl 1,8	Pb 1,8	Bi 1,9	Po 2,0	At 2,2

und in stärker polaren Bindungen die Gleichung von HANNY-SMITH:

$$I = 16(x_A - x_B) + 3{,}5(x_A - x_B)^2$$

Je größer die Differenz zwischen den Elektronegativitäten der beiden Atome in einer Atombindung ist, um so größer ist die *Polarität* dieser Bindung (Bild 1.7.). Die polarisierte Atombindung führt zur Entste-

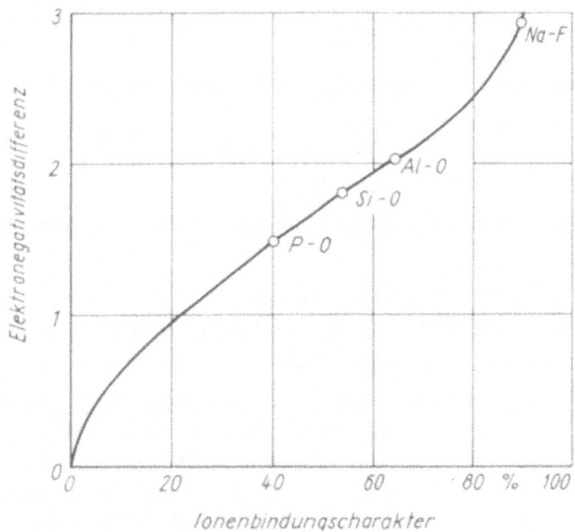

Bild 1.7.
Ionenbindungscharakter chemischer Bindungen (Übergang Atombindung–Ionenbindung)
Je größer die Differenz der Elektronegativitäten der miteinander verbundenen Atome, um so stärker der Ionencharakter

hung von *Dipolmolekülen,* in denen der Schwerpunkt der negativen Ladungen der Elektronen nicht mit dem Schwerpunkt der positiven Kernladungen zusammenfällt. Ein typisches Beispiel dafür ist das *Wassermolekül,* das durch die Anordnung der Elektronen und Protonen (s. Bild 2.1.) einen tetraedrischen Bau hat. Die Stärke eines Dipols wird durch die *Dielektrizitätskonstante* quantitativ ausgedrückt; Wasser zeigt bei 25 °C eine DK von 78,54 (zum Vergleich: Ethanol 25,8; Benzol 2,2). Die hohe Polarität des Wassermoleküls hat das ausgezeichnete Lösevermögen des Wassers für Salze und Verbindungen aus polaren Molekülen wie Zucker zur Folge und führt dazu, daß die *Hydratation,* eine bei der Bindemittelerhärtung wesentliche Reaktion, abläuft bzw. überhaupt möglich ist.

Eine polarisierte Atombindung, bei der beide Bindungselektronen vom gleichen Bindungspartner stammen, wird als *koordinative Atombindung* bezeichnet. Dieser Sonderfall der Atombindung tritt in Komplexverbindungen (Verbindungen höherer Ordnung) auf. Bei der Komplexbildung werden an ein Atom (Zentralatom) andere Atome, Ionen oder Moleküle (Liganden) gebunden. Beispiele für Komplexionen sind:

- Hydroxokomplexe, z. B. $[Al(OH)_6]^{3-}$
- Aquakomplexe, z. B. $[Al(H_2O)_6]^{3+}$
- Oxokomplexe, z. B. $SO_4{}^{2-}$
  (Hier werden die eckigen Klammern weggelassen.)

Typisch für Komplexsalze ist ihre elektrolytische Dissoziation, bei der Komplexionen erhalten bleiben:

▶ $CaSO_4 \rightarrow Ca^{2+} + SO_4{}^{2-}$
▶ $[Ca(C_{12}H_{22}O_{11})]\,(OH)_2$
  $\rightarrow [Ca(C_{12}H_{22}O_{11})]^{2+} + 2\,OH^-$
  löslicher „Zuckerkalk"

Zur Nomenklatur der Komplexverbindungen einige Beispiele:

▶ H_2SiF_6 Hexafluorokieselsäure
▶ $Ca_3[Al(OH)_6]_2$ Tricalcium-bis(hexahydroxo-
  aluminat)

Ionenbindungen liegen vor, wenn die Polarisation so stark wird, daß das bindende Elektronenpaar ganz an das elektronegativere Atom übergeht (Bildung eines Atomorbitals anstelle eines Molekülorbitals). Dabei bilden die elektropositiven Metalle positive Ionen (Kationen) und die elektronegativen Nichtmetalle negative Ionen (Anionen), z. B.

▶ $Na\cdot + \cdot \ddot{\underset{..}{C}l}: \rightarrow Na^+ + :\ddot{\underset{..}{C}l}:^-$

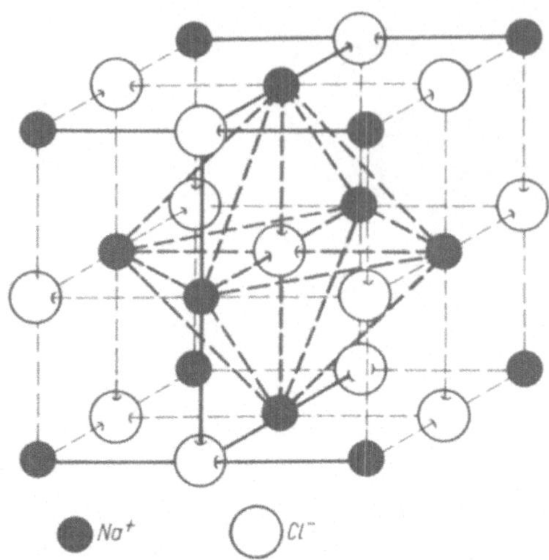

Bild 1.8.
Koordinationsoktaeder im Steinsalzgitter

Im festen Zustand bildet Natriumchlorid ein Ionengitter mit der Koordinationszahl 6, d. h., es liegen im Gitter $NaCl_6$- und $ClNa_6$-Oktaeder vor (Bild 1.8.). *Metallbindungen* liegen zwischen den Atomen eines metallischen Kristallgitters vor. Die an den Gitterpunkten befindlichen Atome geben Elektronen ab, die als „Elektronengas" („Gas" in Analogie zur Beweglichkeit von Gasmolekülen) relativ frei beweglich sind. Dies ist die Ursache für die gute elek-

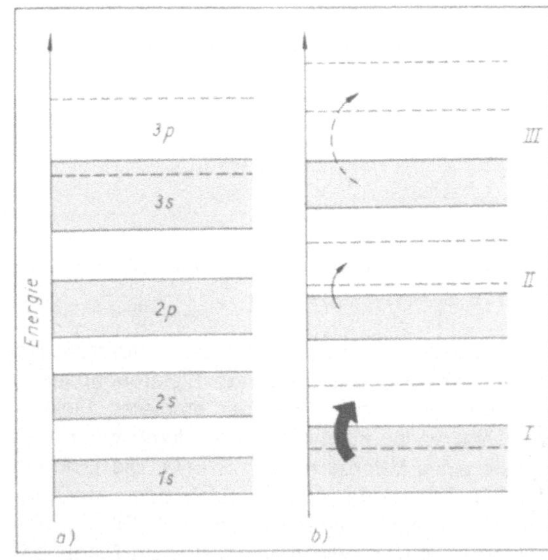

Bild 1.9.
Energiebändermodelle

a) Energiebänder des Natriumatoms;
b) Valenzbänder ══ und Leitungsbänder ═ ═ ═ bei Metall (I),
   Halbleiter (II) und Isolator (III)

trische Leitfähigkeit. Durch elektrostatische Wechselwirkung (delokalisierte Molekülorbitale) zwischen den Metallrümpfen (Metallionen) und den Elektronen wird das Gitter zusammengehalten.

Nach dem *Bändermodell* (Energieniveaus als Bänder, da die Elektronen des gleichen Niveaus geringere Energieunterschiede zeigen) befinden sich die äußeren Elektronen eines Metalls im *Valenzband.* Der Übergang von Elektronen in das *Leitungsband,* das nächste Energieniveau, das sich über dem Valenzband befindet, bewirkt die elektrische Leitfähigkeit der Metalle (Bild 1.9.a). Überlappen sich Valenz- und Leitungsband nicht (Bild 1.9.b), so liegt ein *Isolator* vor. Ist jedoch der Abstand nur gering, so kann durch Energiezufuhr (Licht oder Wärme) eine sehr geringe Leitfähigkeit zustande kommen *(Halbleiter).*

Zwischen Molekülen mit abgesättigten Valenzen treten zusätzliche Anziehungskräfte auf, die als VAN DER WAALSsche *Kräfte* bezeichnet werden. Tafel 1.5. gibt eine Übersicht über die verschiedenen zwischenmolekularen Bindungskräfte.

Wie der Faktor r^6 bzw. r^4 im Nenner zeigt, nimmt die Reichweite dieser Kräfte sehr schnell mit zunehmendem Abstand ab.

Zwischenmolekulare Wechselwirkungen prägen eine Reihe physikalischer Eigenschaften, wie Viskosität, Oberflächenspannung, Löslichkeit, Mischbarkeit, Dampfdruck, Adhäsion, Kohäsion, Adsorption u. a.

Einen besonderen Fall zwischenmolekularer Wechselwirkung, der bei der Erhärtung der Bindebaustoffe von besonderer Bedeutung ist, stellt die *Wasserstoffbrückenbindung* dar, die vor allem in Verbindungen mit OH-Gruppen vorliegt und auf der Tatsache beruht, daß ein Energiegewinn erzielt wird, wenn ein Proton *zwei* möglichst großen Atomhüllen, etwa zwei Sauerstoffatomen, angehören kann:

$$= O \cdots H - O -$$

Tafel 1.5.
Zwischenmolekulare Bindungskräfte

Bezeichnung	Bindungs- energie $E =$	Erläuterung der Symbole
Dipol-Dipol-Kräfte	$\dfrac{6\mu_1\mu_2}{r^4}$	μ Dipolmoment r Abstand
Induktionskräfte	$\dfrac{2\alpha\mu^2}{r^6}$	α Polarisierbarkeit
Dispersionskräfte	$\dfrac{3\alpha^2 I}{4r^6}$	I Ionisierungsenergie

Tafel 1.6.
Wertigkeitsarten

Wertigkeit	Art der Angabe (Beispiele)		
Stöchiometrische Wertigkeit	I II H_2O	III I NH_3	II IV II Ca_2SiO_4
Ionenwertigkeit	$SiO_4{}^{4-}$	Mg^{2+}	H_3O^+
Bindungswertigkeit (Bindigkeit)	$Cl-Cl$	$O\diagup^{\,H}\diagdown_{\,H}$	$\begin{array}{c}H\\|\\H-C-O-H\\|\\H\end{array}$
Oxidationszahl	$\overset{+1-2}{H_2O}$	$\overset{\pm0}{N_2}$	$\overset{+2+4-2}{CaSiO_3}$

Auf der Ausbildung von H-Brückenbindungen beruhen die Besonderheiten der *Struktur des Wassers.*

Man unterscheidet verschiedene *Wertigkeitsarten* in Abhängigkeit von der Bindungsart und dem Zweck, für den diese Angabe benötigt wird.

Die *stöchiometrische Wertigkeit* gibt an, wie viele als einwertig erkannte Atome oder Atomgruppen ein Atom eines Elementes binden oder ersetzen können. Einwertig sind z. B. Wasserstoff und Fluor, so daß sich für Sauerstoff die Wertigkeit 2 (z. B. H_2O) und für Silicium 4 (z. B. SiF_4) ergibt. Im $KMnO_4$ ist das Mn VII-wertig. Bei der Reduktion wird das Mn in saurer Lösung II-wertig und in basischer oder neutraler Lösung IV-wertig.

Die *Ionenwertigkeit* gibt die Anzahl der Ladungen an, die ein Ion hat, wobei zwischen positiver und negativer Wertigkeit unterschieden wird.

Die *Bindungswertigkeit* gibt an, wieviel Atombindungen von einem Atom ausgehen.

Die *Oxidationszahl* gibt an, welche Ladung ein Atom in einer Verbindung hätte, wenn diese aus Ionen aufgebaut wäre. Die so festgelegte Ladung hat oft nur formalen Charakter, und zwar immer dann, wenn es sich nicht um reine Ionenverbindungen handelt. Ihre praktische Bedeutung besteht darin, daß mit ihrer Hilfe sehr leicht Redox-Gleichungen aufgestellt werden können. Die Bindungselektronen werden dem Partner mit der größeren Elektronegativität (s. Tafel 1.4.) voll zugeordnet.

Tafel 1.6. zeigt Beispiele für Art der Angabe der Wertigkeiten in chemischen Formeln.

1.2.4. Festigkeit chemischer Bindungen

Die *Festigkeit chemischer Bindungen* ergibt sich aus der Energiemenge, die zu ihrer Lösung (Sprengung) notwendig ist. Eine Auswahl experimentell bestimmter Bindungsenergien zeigt Tafel 1.7., wobei sich die

Tafel 1.7.
Bindungsenergien

Bindung	$\dfrac{kJ}{mol}$	Bindung	$\dfrac{kJ}{mol}$
Si–O	368	O–H	465
Si–Cl	360	O=O	402
Si–H	318	H–H	431
Si–S	226	C–H	368
Si–Si	180	C–O	297
Al–O	364	C=O	640
Fe–O	376	Ca–O	564

Zahlenangaben auf 1 mol $= 6,023 \cdot 10^{23}$ Bindungen beziehen.

Die Bindungsenergien der verschiedenen Bindungsarten liegen in folgenden Größenordnungen:

Atom-, Ionen- und Metallbindungen
$40 \ldots 600 \, kJ/mol$
Wasserstoffbrückenbindungen $20 \ldots 40 \, kJ/mol$
zwischenmolekulare Bindungen $4 \ldots 25 \, kJ/mol$

Die Bindung zwischen Kohlenstoffatomen kann gesättigt (Einfachbindung, Bindungsenergie 348 kJ/mol) oder ungesättigt (Doppelbindung, Bindungsenergie 599 kJ/mol; Dreifachbindung, Bindungsenergie 821 kJ/mol) sein. Die Reaktionsfähigkeit der ungesättigten Bindungen hängt damit zusammen, daß sie schwächer als die doppelte bzw. dreifache Stärke der Einfachbindung sind.

1.3. Zustand der Stoffe

In den gegenseitigen Beziehungen der Atome, Moleküle und Ionen eines Stoffes können zwei Grenzverhaltensweisen vorliegen:

- Völlige, ungeordnete Unabhängigkeit jedes Teilchens von anderen Teilchen (Zustand des idealen Gases)
- Einfügung aller Teilchen in ein durchgängiges Ordnungssystem (Zustand des idealen Kristalls).

Zwischen diesen beiden Zuständen der maximalen *Unordnung* und der maximalen Ordnung liegen die in der Praxis auftretenden realen Stoffe im gasförmigen, flüssigen und festen Zustand.

1.3.1. Gasförmiger und flüssiger Zustand

Zur Beschreibung des gasförmigen Zustands werden die Zustandsgrößen

- Druck (p)
- Volumen (v)
- Temperatur (T)
- Masse (m)

verwendet. Der Druck z. B. ist eine Funktion von v, T und m, die ihren quantitativen Ausdruck in der *idealen Zustandsgleichung*

$$p \cdot v = \frac{m}{M} \cdot R \cdot T \quad \text{oder}$$

$$\boxed{p \cdot v = n \cdot R \cdot T} \quad \text{findet.}$$

M Molmasse
R allgemeine Gaskonstante
  $(= 8,3143 \, J \cdot K^{-1} \cdot mol^{-1}$
  $= 0,082 \, l \cdot bar \cdot grd^{-1} \cdot mol^{-1})$
n Molzahl

Beispiel 2

Wieviel m^3 Kohlendioxid fallen beim Brennen von 150 t Kalkstein (Tagesleistung eines Kalkschachtofens) bei einer Temperatur der Außenluft von 15 °C und einem Barometerstand von 0,934 bar an?

Lösung:

$$CaCO_3 \rightarrow CaO + CO_2$$

$$100,1 \, g \, CaCO_3 : 44 \, g \, CO_2 = 150 \, t \, CaCO_3 : x$$

$$x = 66 \, t \, CO_2$$

$$v = \frac{66\,000 \cdot 0,082 \cdot 288}{44 \cdot 0,934} = \underline{37\,927 \, m^3 \, CO_2}$$

Beispiel 3

Zur Herstellung von 1 m^3 Gasbeton werden 0,65 kg Aluminiumpaste (Al-Gehalt 90 %) benötigt. Wieviel Liter Gas werden bei 50 °C gebildet?

Lösung:

$$2\,Al + 3\,Ca(OH)_2 + 6\,H_2O \rightarrow 3\,CaO \cdot Al_2O_3 \cdot 6\,H_2O + 3\,H_2$$

$$650 \, g \, Paste - 65 \, g = 585 \, g \, Al$$

$$53,96 \, g \, Al : 6,05 \, g \, H_2 = 585 \, g \, Al : x$$

$$x = 65,59 \, g \, H_2$$

$$v = \frac{65,59 \cdot 0,082 \cdot 323}{2,02 \cdot 1} = \underline{860,0 \, l \, Gas}$$

Für die Beschreibung des Verhaltens realer Gase existiert eine Reihe von Gleichungen, z. B. die VAN DER WAALSsche Gleichung:

$$\boxed{\left(p + \frac{a \cdot n^2}{v^2}\right)(v - n \cdot b) = n \cdot R \cdot T}$$

a und b VAN DER WAALSsche Konstanten
$\dfrac{a}{v^2}$ Binnendruck; b Kovolumen

Tafel 1.8.
Anziehungskräfte, die den Zusammenhalt flüssiger Phasen bewirken

Flüssigkeit	Anziehungskräfte	Beispiel
Unpolare Flüssigkeit	Dispersionskräfte	Benzin
Polare Flüssigkeit	Dipol-Dipol-Kräfte Wasserstoffbrücken	Wasser
Salzschmelzen	elektrostatische Anziehungskräfte	NaCl (>800 °C)
Metallschmelzen	Metallbindungen	Kupfer (>1083 °C)

Für *Kohlendioxid* lautet die VAN DER WAALSsche Gleichung:

$$\left(p + \frac{3{,}60 \cdot n^2}{v^2}\right)(v - n \cdot 0{,}0427) = n \cdot 0{,}082 \cdot T$$

(p ist in bar und v in l einzusetzen).

Beispiel 4

Berechnen Sie den Druck, den 62 g CO_2 bei 25 °C in einem Volumen von 2 l einnehmen?

Lösung:

$$n = \frac{m}{M} = \frac{62}{44} = 1{,}41$$

$$\left(p + \frac{3{,}60 \cdot 1{,}41^2}{2^2}\right)(2 - 1{,}41 \cdot 0{,}0427) = 1{,}41 \cdot 0{,}082 \cdot 298$$

$\underline{p = 15{,}97 \text{ bar}}$ (ideal: 17,23 bar)

Der *flüssige Zustand* ist dadurch gekennzeichnet, daß bedeutend stärkere atomare oder molekulare Wechselwirkungskräfte als in Gasen vorliegen, die dazu führen, daß sich die Teilchen im Mittel nur wenig voneinander entfernen, jedoch noch so beweglich sind, daß sie sich praktisch beliebig gegeneinander verschieben lassen. Im Vergleich mit Festkörpern sind die kubischen Kompressibilitätskoeffizienten von Flüssigkeiten etwa 100mal größer, verursacht durch freie Räume zwischen den Einzelteilchen. Über die Anziehungskräfte zwischen den Teilchen in verschiedenen Flüssigkeitsarten gibt Tafel 1.8. eine Übersicht.

1.3.2. Fester Zustand

Der überwiegende Teil der festen Stoffe ist *kristallin*, d. h., er besteht aus Kristallen, in denen die Grundbausteine (Atome, Ionen, Moleküle) regelmäßig in den drei Raumrichtungen angeordnet sind. Im Gegensatz dazu liegt in festen, *amorphen* Stoffen eine ungeordnete oder nur schwach (im Nahbereich) geordnete Struktur der Bausteine vor.

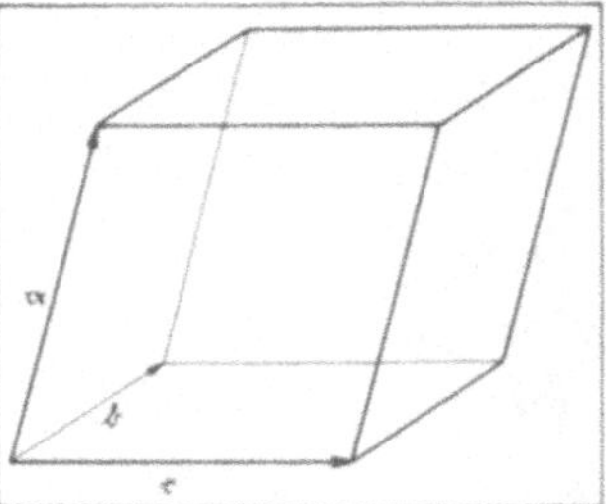

Bild 1.10.
Elementar-Parallelepiped mit den Translationsvektoren

Das *Modell* für den Kristallaufbau ist die *Gittervorstellung,* deren Richtung durch die Röntgenstrukturanalyse bestätigt wurde.

Grundlage ist das dreidimensionale *Gitter,* auch Raumgitter genannt, das entsteht, wenn man einen Ausgangspunkt durch *periodische Translation* (Parallelverschiebung um gleiche Beträge) in die drei Raumrichtungen verschiebt. Man kann sich demnach das Raumgitter auch aus *Elementar-Parallelepipeden* (schiefe, vierseitige Prismen mit Parallelogramm als Grundfläche) aufgebaut denken, die man als *Elementarzellen* bezeichnet. Eine Elementarzelle ist die kleinste Einheit eines Gitters, die zu seiner vollständigen Beschreibung genügt. Sie werden durch drei Translationsvektoren gebildet, wie die Bilder 1.10. und 1.11. zeigen. In den Ursprungspunkten (Gitterpunkten) der Translationsvektoren befinden sich die Schwerpunkte der Kristallbausteine.

Es existieren 14 Grundtypen von Translationsgittern, die auch als BRAVAIS-*Gitter* bezeichnet werden (Bild 1.12.).
BRAVAIS-Gitter werden jeweils nur aus einer Bausteinart aufgebaut. Bei chemischen Verbindungen sind diese Grundgitter „ineinandergestellt"; z. B.

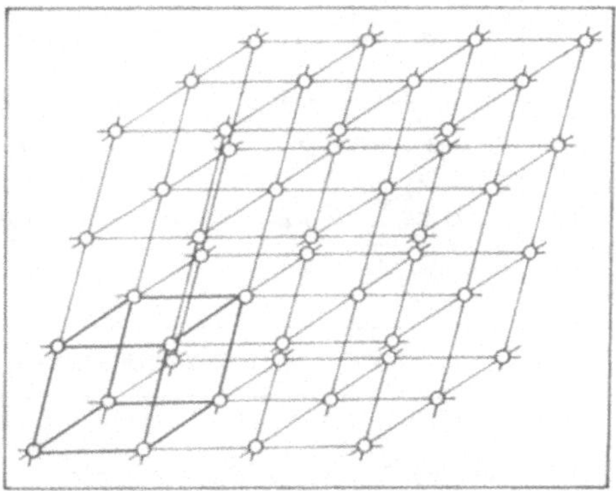

Bild 1.11.
Ausschnitt aus einem Translationsgitter mit eingezeichneter Elementarzelle

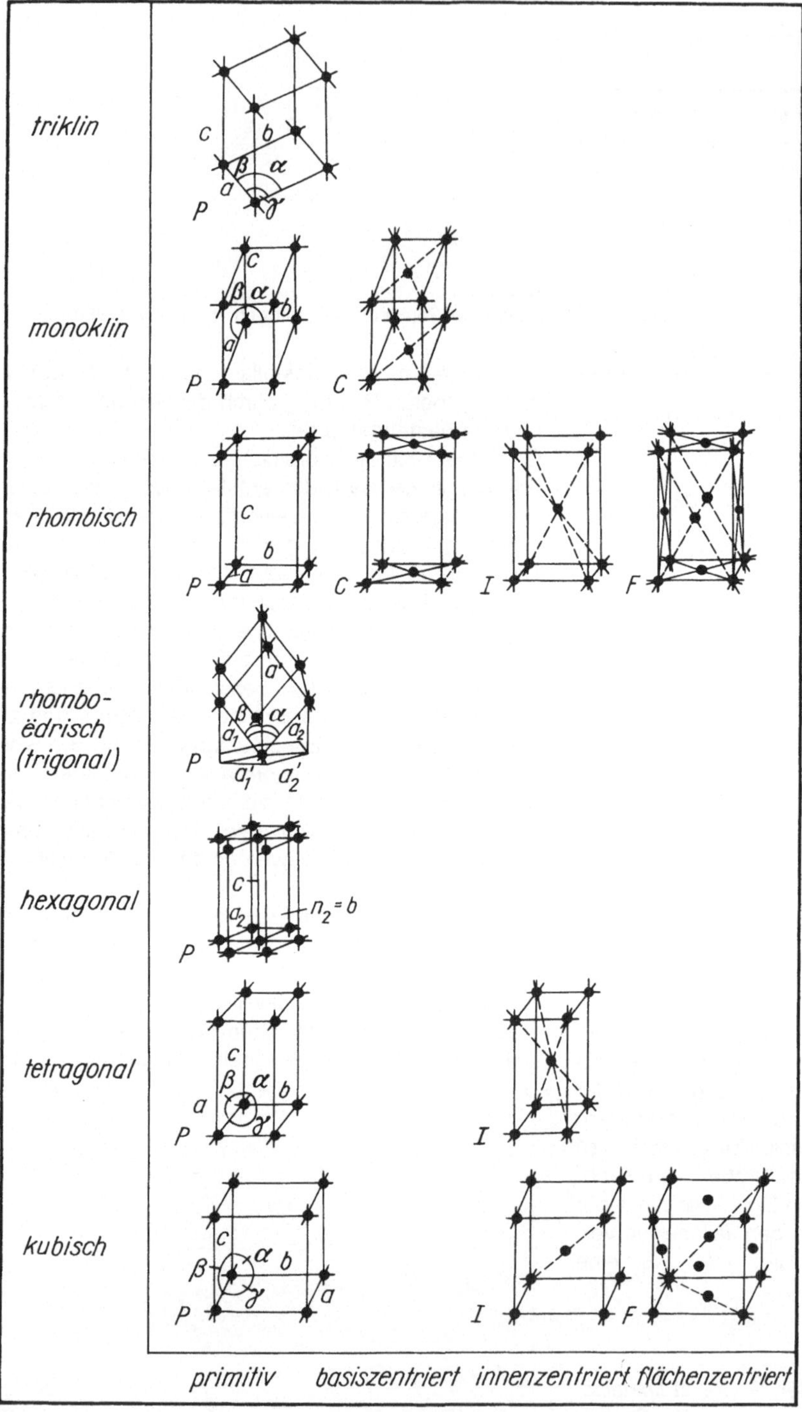

Bild 1.12.
Elementarzellentypen nach A. BRAVAIS (BRAVAIS-Gitter)

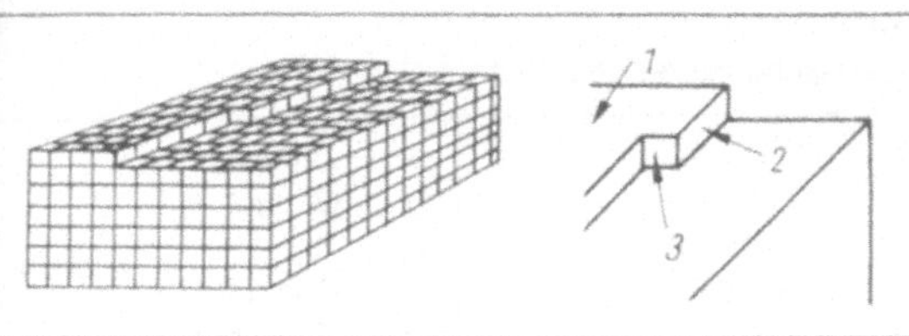

Bild 1.13.
Anlagerung von Ionen an einen Gitterblock

1 Anlagerung auf die Oberfläche des Blocks;
2 Anlagerung an eine Stufe;
3 Anlagerung an eine bevorzugte Wachstumsstelle

besteht das NaCl-Gitter aus zwei „ineinandergestellten" kubisch-flächenzentrierten Gittern. Dabei ist der Ausgangspunkt/Nullpunkt des einen Gitters, z. B. des Cl^--Gitters, im Zentrum des anderen kubisch-flächenzentrierten Gitters, also z. B. des Na^+-Gitters, angeordnet (s. Bild 1.11.).

Beim unbehinderten Wachstum eines Kristalls entstehen geometrische Körper mit Ecken, geraden Kanten und ebenen Flächen. Die makroskopischen Formen sind durch den Gitterbau vorgeprägt. Die ebenen Flächen bilden sich, da in Position 3 in Bild 1.13. der größte Energiegewinn bei Anlagerung eines Bausteins erzielt wird. Diese Kristallflächen liegen parallel zu dicht besetzten Netzebenen im Kristall (Netzebene = durch mindestens drei Gitterpunkte gelegte Ebene). Bild 1.14. zeigt einige Kristalle mit typischen Kristallflächen.

Kristalle zeigen makroskopisch und in ihrer Struktur, bedingt durch ihren gesetzmäßigen Aufbau, Symmetrie (Symmetrie: gesetzmäßige Wiederholung eines Motivs). An ihnen kann durch Symmetrieoperationen (Drehungen, Spiegelungen u. a. Vorgänge) an Symmetrieelementen (gedachte Drehachsen, Spiegelebenen u. a.) Deckungsgleichheit (Wiederholung des Motivs) erreicht werden (Bilder 1.15. und 1.16.).

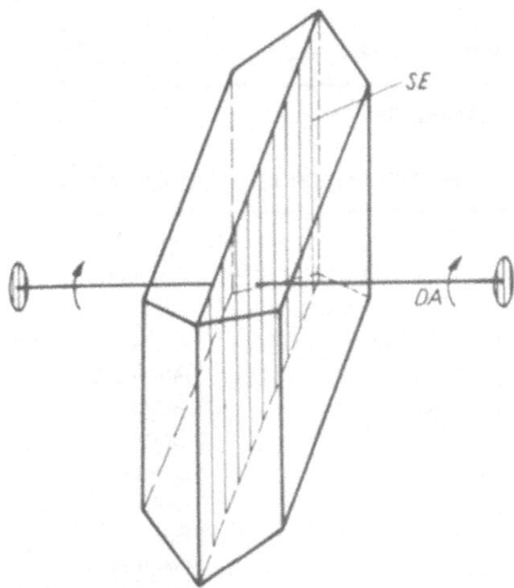

Bild 1.15.
Symmetrieelemente eines Gipskristalls

SE Spiegelebene: Beim Vorhandensein einer Spiegelebene wird der Körper durch diese in zwei spiegelbildlich gleiche Hälften geteilt.
DA Drehachse: Durch die Wirkung der Drehachse kommt der Körper nach Drehung um einen bestimmten Winkelbetrag (hier 180° = 2-zählige Drehachse) mit sich selbst zur Deckung

Die Kristallarten mit gleicher Symmetrie (Punktgruppensymmetrie) gehören einer bestimmten Kristallklasse an, von denen es 32 unterschiedliche gibt. Diese wiederum können 7 verschiedenen Kristallsystemen zugeordnet werden, die durch 7 Achsensysteme gekennzeichnet sind. Letztere unterscheiden sich durch Größe der Identitätsabstände (Beträge der Translationsvektoren) und durch die Winkel zwischen den Achsenrichtungen.
(Näheres s. Kristallographie-Lehrbücher.) Tafel 1.9. zeigt die Bezeichnungen der Kristallsysteme sowie Beispiele für jedes System.

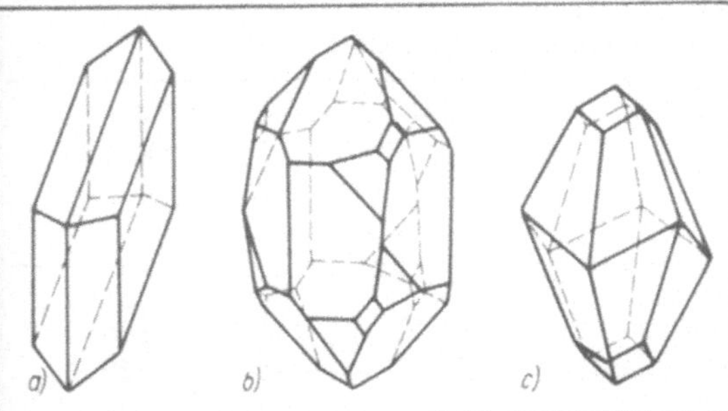

Bild 1.14.
Typische Wachstumsformen einiger Kristalle

a) Gips; b) Quarz; c) Calcit

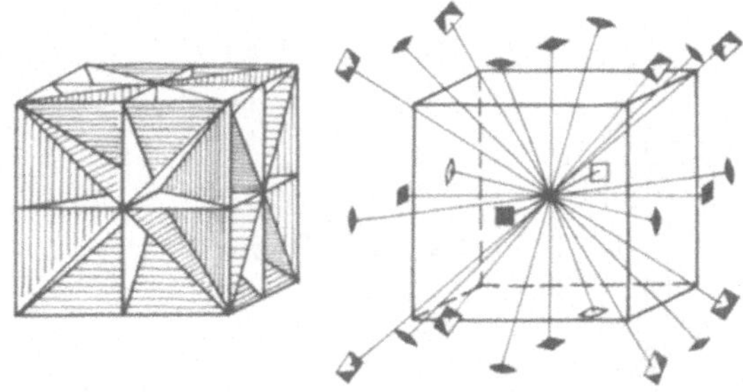

Bild 1.16.
Der Würfel mit seinen Symmetrie-Elementen

3 vierzählige Achsen (durch Flächenmitten); 4 dreizählige Achsen (durch die Ecken); 6 zweizählige Achsen (durch die Mitte der Kanten); 9 Spiegel-Ebenen (linkes Teilbild); 1 Symmetriezentrum (in Würfelmitte)

Tafel 1.9.
Die 7 Kristallsysteme mit Beispielen

System	Beispiele	
	Zusammensetzung	**Bezeichnung**
1. triklin	$Na[AlSi_3O_8]$	Albit
	$Ca[Al_2Si_2O_8]$	Anorthit
2. monoklin	$CaSO_4 \cdot 2\,H_2O$	Gips
	$K[AlSi_3O_8]$	Orthoklas
3. rhombisch	$CaSO_4$	Anhydrit
	$CaCO_3$	Aragonit
4. trigonal	$CaCO_3$	Calcit
	SiO_2	Quarz
	$CaMg(CO_3)_2$	Dolomit
5. hexagonal	H_2O	Eis
	SiO_2	Hochquarz
	C	Graphit
6. tetragonal	TiO_2	Rutil
	$ZrSiO_4$	Zirkon
7. kubisch	CaO	Calciumoxid
	NaCl	Steinsalz
	C	Diamant

Aus dem Kristallgitter lassen sich eine Reihe von *Eigenschaften der Kristalle* ableiten. Typisch für Kristalle ist ihr anisotropes Verhalten (unterschiedliches Verhalten in verschiedenen Richtungen). Die *Anisotropie* äußert sich z. B. in der Härte, der Spaltbarkeit, der Lichtbrechung sowie im plastischen

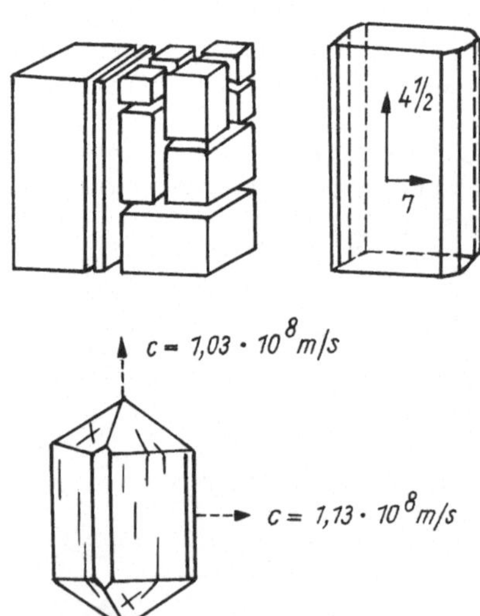

Bild 1.17.
Anisotropie bei Kristallen

a) Spaltkörper eines NaCl-Kristalls;
b) MOHSsche Härte eines Disthenkristalls (vertikal 4,5; horizontal 7,0);
c) Lichtgeschwindigkeit in einem Rutilkristall

Tafel 1.10.
MOHSsche Härteskala (Ritzhärte)

1.	Talk	6.	Orthoklas
2.	Gips	7.	Quarz
3.	Calcit	8.	Topas
4.	Fluorit	9.	Korund
5.	Apatit	10.	Diamant

und elastischen Verhalten (Bild 1.17.). In der MOHSschen Härteskala (Tafel 1.10.) sind 10 Minerale nach steigender Ritzhärte geordnet, wobei das jeweils höher numerierte das niedriger numerierte Mineral ritzt.

Im Gegensatz zu den Kristallen zeigen *amorphe* Festkörper die Eigenschaft der *Isotropie,* d. h. gleiche Eigenschaften in verschiedenen Richtungen. Isotropie tritt in Sonderfällen auch bei Kristallen auf, z. B. ist das optische Verhalten kubischer Kristalle isotrop.

Außer der Geometrie der Kristalle und Kristallgitter sind für das reale Verhalten der Kristalle die *Größe der Bausteine* und die zwischen ihnen wirkenden *Bindungskräfte* bestimmend. Für die zahlenmäßige Angabe der Bindungskräfte können die *Gitterenergien* (Tafel 1.11.) verwendet werden. Für die zahlenmäßige Angabe der Größe der Bausteine existieren Atom- und Ionenradien (s. Bild 1.18.). Der *Ionenradius* ist definiert als der Radius der Wirkungssphäre eines Ions im Kristallgitter. Für die einfachsten Strukturen nimmt man für Atome und Ionen Kugelgestalt an. In komplizierteren Strukturen beeinflussen sich die Bausteine gegenseitig, wobei sie mehr oder weniger *deformiert* werden oder deformierend wirken (Polarisation).

Von der Größe der Bausteine im Gitter ist ihre *Koordination* abhängig. Bei Ionenkristallen lassen sich die Koordinationsverhältnisse aus den *Ionenradienquotienten* ableiten: Zu einem bestimmten Quotient

Tafel 1.11.
Gitterenergien einiger Kristallarten

Mineral	Formel	Gitterenergien $\frac{kJ}{mol}$
Steinsalz	NaCl	765
Fluorit	CaF_2	2610
Calciumoxid	CaO	3520
Belit	$\beta\text{-}Ca_2SiO_4$	7220
Alit	Ca_3SiO_5	10750
Korund	Al_2O_3	15130
Tobermorit	$5\,CaO \cdot 6\,SiO_2 \cdot 5\,H_2O$	26530

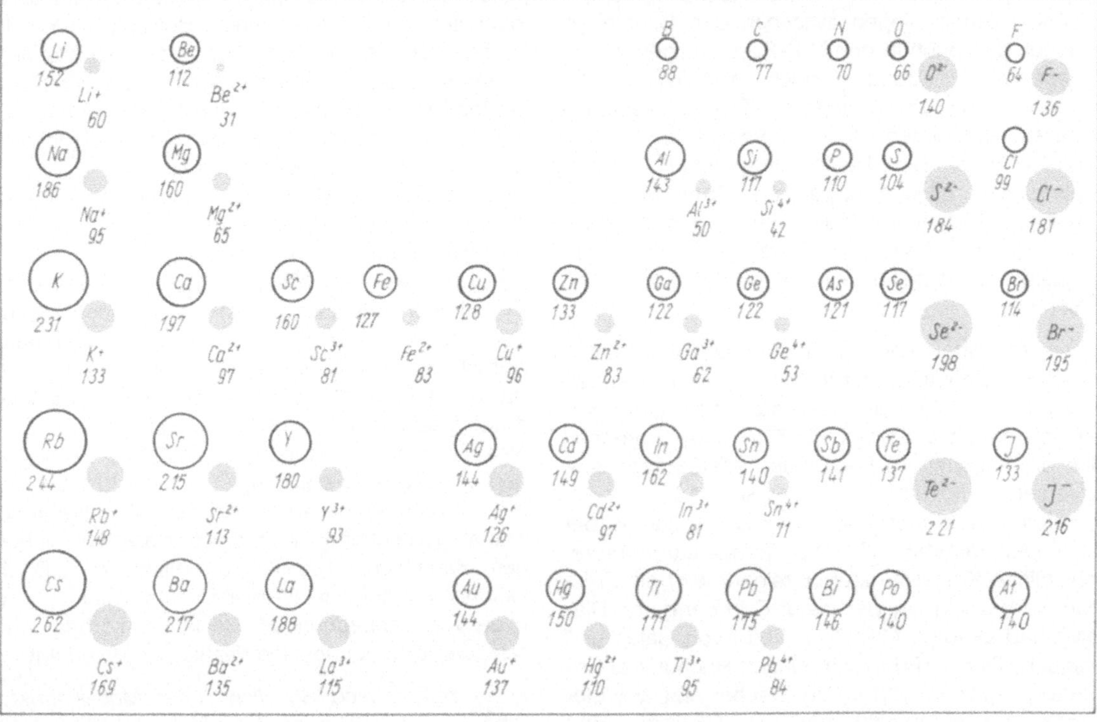

Bild 1.18.
Atom- und Ionenradien
Angaben in pm; Ergänzung: Fe 127; Fe^{2+} 83; Fe^{3+} 67

gehört eine bestimmte *Koordinationszahl*, welche die Anzahl Bausteine *B* angibt, die einen zentralen Baustein *A* im gleichen bzw. annähernd gleichen Abstand umgeben. Verbindet man die Schwerpunkte der Bausteine *B,* so erhält man geometrische Gebilde, die *Koordinationspolyeder* (vgl. Bild 1.8.). Tafel 1.12. zeigt, daß die Größe des Radienquotienten die Art des sich bildenden Polyeders bestimmt.

Teilt man die Kristallgitter nach den vorliegenden *Bindungsverhältnissen* ein, so lassen sich folgende Gruppen unterscheiden:

- *M-Gitter* (Metallgitter). Es liegen ausschließlich Metallbindungen vor. Typisch ist der hohe Raumerfüllungsgrad durch die Bausteine. Da nur eine Art von Bausteinen vorliegt, beträgt die Raumerfüllung bei der dichtesten Packung 74,1 %.
- *U-P-Resonanzgitter* (Unpolar-Polar-Resonanzgitter). Diese häufig auftretenden Gitter liegen vor, wenn Atombindungen mit Ionencharakter (polarisierte Atombindungen) oder Ionenbindungen zwischen den Bausteinen bestehen. Beispiele: Halogenide, Oxide, Silicate, Carbonate, Sulfate.

Tafel 1.12.
Radienquotient und Koordinationspolyeder

Grenzradienquotienten r_A/r_B	Koordinationszahl	Koordinationspolyeder	Strukturtyp (Beispiel)
0,225–0,414	4	Tetraeder	ZnS
0,414–0,732	6	Oktaeder	NaCl
>0,732	8	Würfel	CsCl

- *M-Resonanzgitter* (metalloide Resonanzgitter). In diesen Gittern liegen zwischen den Bausteinen neben den auch in den U-P-Resonanzgittern vorhandenen Bindungen noch metallische Bindungsanteile vor. Beispiele: Graphit, verschiedene Sulfide, intermetallische Verbindungen.
- *Molekülgitter.* Bei diesen Gittern sind Moleküle als selbständige Gruppen die Grundbausteine, wobei zwischen den Molekülen meist nur schwache VAN DER WAALSsche Bindungen wirken. Beispiele: Schwefelkristalle, Zuckerkristalle, CO_2-Schnee.

In einem Gitter können Strukturbausteine durch verwandte Bausteine mit ähnlichem Ionenradius ersetzt werden, ohne daß sich das Kristallgitter wesentlich ändert *(Isomorphie)*. Zum Beispiel können sich die Kationen im $FeCO_3$ und $ZnCO_3$ gegenseitig ersetzen (Ionenradien vgl. Bild 1.18.). Die Erscheinung, daß kristalline Stoffe bei Änderung der Zustandsparameter (Druck, Temperatur) unterschiedliche Kristallstrukturen zeigen, wird als *Polymorphie* bezeichnet: Beispiele: C in Form von Diamant und Graphit; $CaCO_3$ in Form von Calcit und Aragonit; SiO_2 in Form von Quarz, Hochquarz, Cristobalit, Tridymit. Tritt diese Erscheinung bei Elementen auf, so spricht man von *Allotropie*. Beispiel: Schwefel. Die einzelnen polymorphen oder allotropen Formen bezeichnet man auch als *Modifikationen*.

Durch den *Austausch* einzelner Bausteine im Gitter können sich die Eigenschaften wesentlich ändern, auch wenn nur geringe Gitteränderungen eintreten. Diese Substitution hat großes praktisches Interesse, da auf diese Weise Festkörper stabilisiert oder aktiviert werden können. Beispiel: Durch den Einbau geringer Mengen Alkalioxid in das Ca_2SiO_4-Gitter wird die mit Wasser hydraulisch erhärtende β-Modifikation stabilisiert: durch den Einbau von TiO_2 in Ca_3SiO_5 kann dessen Festigkeitsentwicklung wesentlich verbessert werden.

Legierungen sind Mischungen zweier oder mehrerer Metalle im festen Zustand (feste Lösungen bzw. Mischkristalle).

Allgemein können Mischkristalle entweder durch Substitution/Austausch etwa gleich großer Atome oder Ionen (Substitutionsmischkristalle) oder durch Aufnahme kleiner Fremdatome oder -ionen in relativ große Hohlräume eines Kristallgitters (Einlagerungsmischkristalle) gebildet werden.

Natürliche oder synthetische, kristalline Stoffe zeigen erhebliche Abweichungen von der Idealstruktur. Man bezeichnet sie als *Realkristalle*. Eine Reihe von Kristalleigenschaften wird durch diese Abweichungen (Baufehler) wesentlich beeinflußt, so z. B. die Leitungsvorgänge in Halbleitern (vgl. Bild 1.9.) infolge von Fehlordnungen. Reale Festkörper unterscheiden sich von idealen Festkörpern wie folgt:

- Sie zeigen eine *Schollen-* oder *Mosaikstruktur*, bei der nur kleinste Teilgebiete als Einkristalle aufgebaut sind.
- Es sind Störungen der regelmäßigen Anordnung der Bausteine in Form von *Fehlstellen* vorhanden. Fehlstellen sind Leerstellen (unbesetzte Gitterplätze) oder überschüssige Bausteine auf Zwischengitterplätzen. Auch treten lineare Versetzungen auf.

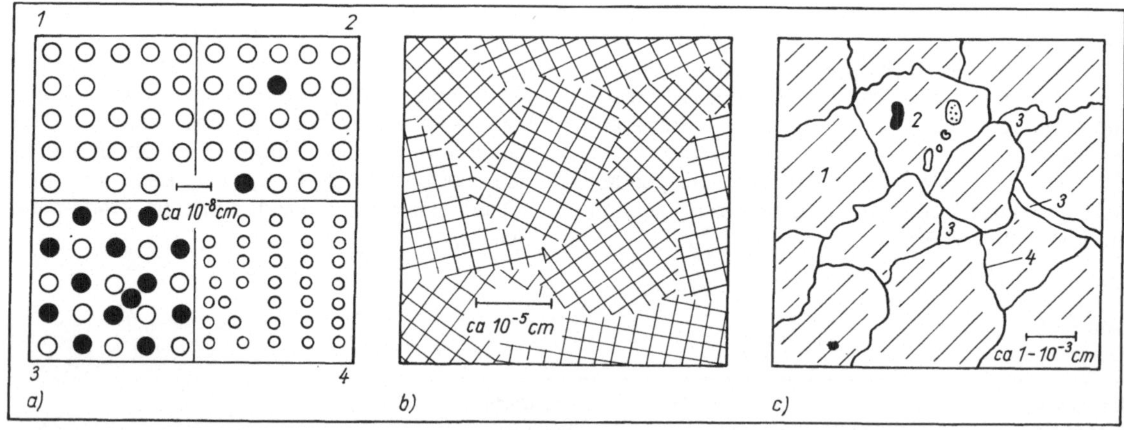

Bild 1.19.
Störungen im realen Festkörper

a) Fehlordnungen: *1* Leerstellen; *2* Einbau von Fremdbausteinen durch Austausch; *3* Einbau von Fremdbausteinen auf Zwischengitterplätzen; *4* Versetzung

b) Mosaikstruktur (Blockierung von Gleitebenen)

c) polykristalliner Festkörper; *1* Kristall; *2* Kristall mit festen, flüssigen oder gasförmigen Einschlüssen; *3* Poren; *4* Korngrenze

- Neben den Störungen der Feinstruktur sind bei realen Festkörpern *Porenräume* und Einschlüsse vorhanden.

In Bild 1.19. wird der Bau realer Festkörper an einem Schema erläutert.

1.3.3. Phasengleichgewichte

Beim Übergang eines Stoffes von der flüssigen Phase (Phase = abgegrenztes, in sich homogenes Stoffgebiet) in die gasförmige Phase oder die feste Phase ändert sich der *Energieinhalt* des Stoffes sprunghaft, jeweils um den Betrag der (latenten) Umwandlungs-, Verdampfungs- bzw. Schmelzenthalpie (Bild 1.20.). Zwischen den drei Phasen (Gas, Flüssigkeit, Festkörper) liegen Gleichgewichte vor, deren Zusammenhang die GIBBSsche *Phasenregel* beschreibt:

$$\boxed{P + F = K + 2}$$

P Anzahl der Phasen

F Anzahl der Freiheitsgrade, d. h. der drei festlegbaren Zustandsgrößen, ohne daß durch diese Festlegung eine Phase verschwindet

K Anzahl der Komponenten

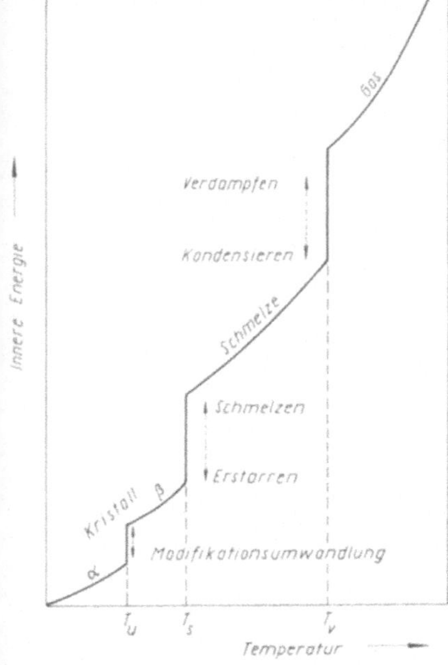

Bild 1.20.
Änderung des Energieinhalts eines Stoffes mit steigender Temperatur bei konstantem Druck

T_u Umwandlungstemperatur (falls Umwandlung stattfindet)
T_s Schmelztemperatur bzw. Erstarrungstemperatur
T_v Verdampfungstemperatur bzw. Kondensationstemperatur

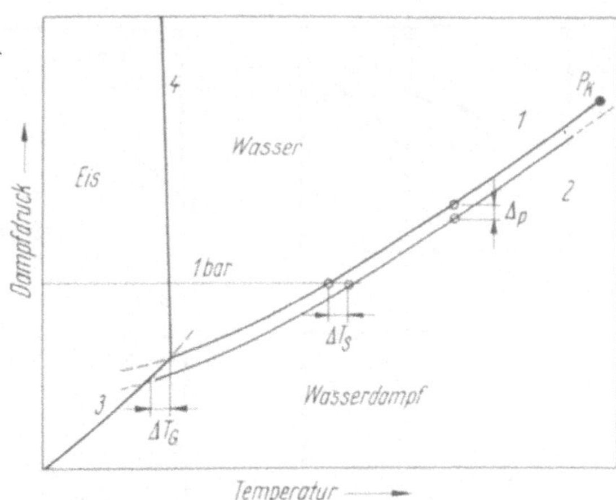

Bild 1.21.
Zustandsdiagramm des Wassers (p/T-Diagramm)

1 Dampfdruckkurve des reinen Wassers
2 Dampfdruckkurve einer wäßrigen Lösung
3 Dampfdruckkurve von Eis
4 Schmelzkurve (Abhängigkeit des Schmelzpunktes vom Druck)
  P_k kritischer Punkt (647 K und 219,7 bar)
  Δp Dampfdruckerniedrigung
  ΔT_G Gefrierpunktserniedrigung
  ΔT_s Siedepunktserhöhung

Geht man von einem reinen Stoff aus (z. B. H_2O), so zeigt das p/T-Diagramm (Bild 1.21.) drei Kurven, die das gesamte Zustandsgebiet in drei Flächen unterteilen. *Divariant* ist das System in den Flächen, *monovariant* entlang den Kurven und *invariant* am Schnittpunkt aller drei Kurven (Tripelpunkt).

Beispiel 5

Bei 100 °C und 1 bar steht Wasser mit Wasserdampf im Gleichgewicht. Berechne die Anzahl der Freiheitsgrade!

Lösung:

$$P + F = K + 2$$

$$F = K + 2 - P = 1 + 2 - 2 = 1$$

Das System ist monovariant, d. h., wird die Temperatur frei gewählt, dann stellt sich ein bestimmter Druck ein, und zu einem festgelegten Druck gehört eine bestimmte Temperatur, wenn die Phasen Wasser und Wasserdampf koexistent sein sollen.

Bild 1.21. zeigt außerdem, daß beim *Auflösen eines Salzes* oder Zugabe einer mit Wasser mischbaren Flüssigkeit der Dampfdruck kleiner wird. Der kleinere Dampfdruck über einer Lösung im Vergleich zum reinen Wasser hat die *Erhöhung des Siedepunkts* und *Erniedrigung des Gefrierpunkts* der Lösung zur Folge (Tafel 2.7.). Ein Mol eines gelösten Stoffes,

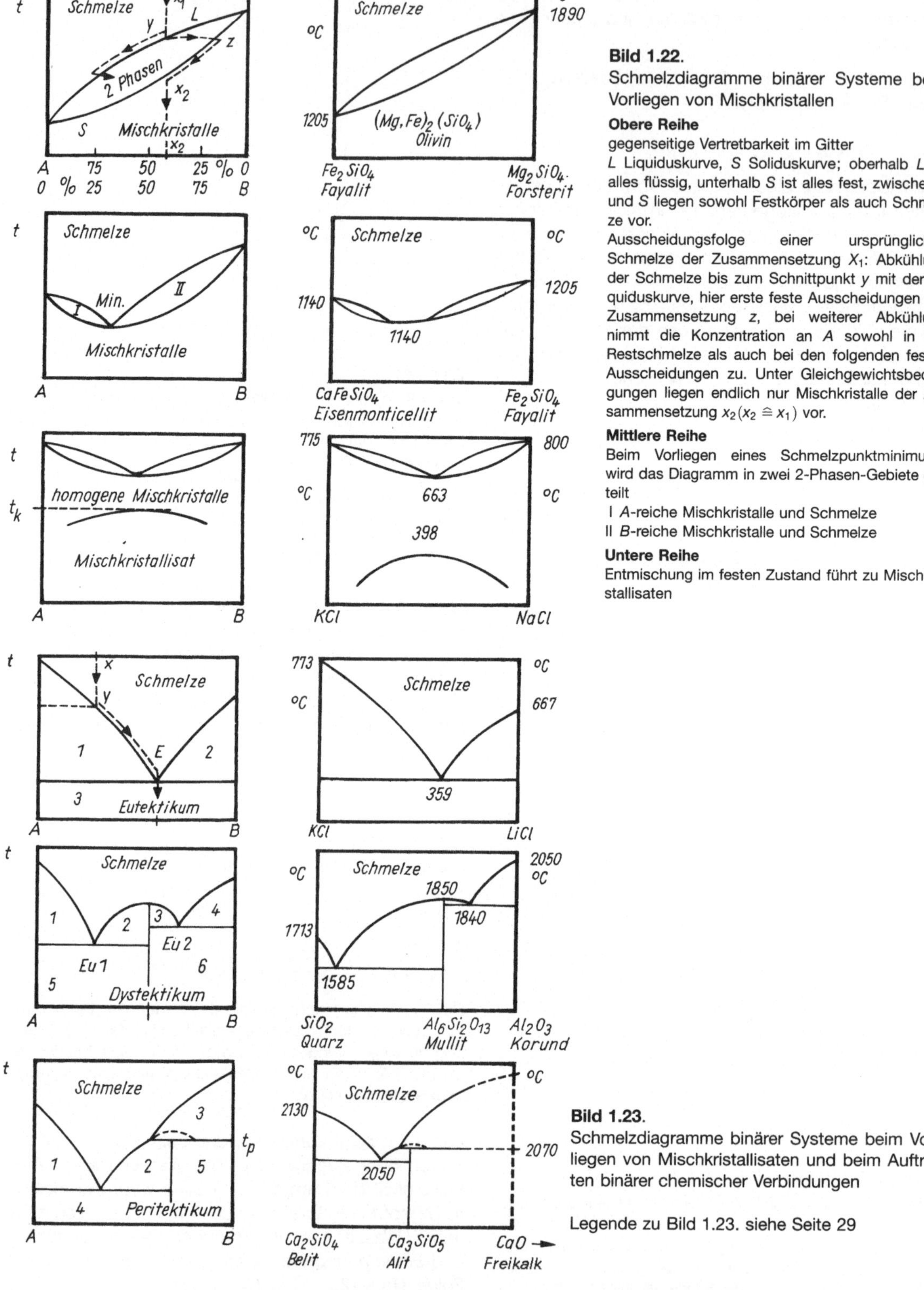

Bild 1.22.
Schmelzdiagramme binärer Systeme beim Vorliegen von Mischkristallen

Obere Reihe
gegenseitige Vertretbarkeit im Gitter
L Liquiduskurve, S Soliduskurve; oberhalb L ist alles flüssig, unterhalb S ist alles fest, zwischen L und S liegen sowohl Festkörper als auch Schmelze vor.
Ausscheidungsfolge einer ursprünglichen Schmelze der Zusammensetzung X_1: Abkühlung der Schmelze bis zum Schnittpunkt y mit der Liquiduskurve, hier erste feste Ausscheidungen der Zusammensetzung z, bei weiterer Abkühlung nimmt die Konzentration an A sowohl in der Restschmelze als auch bei den folgenden festen Ausscheidungen zu. Unter Gleichgewichtsbedingungen liegen endlich nur Mischkristalle der Zusammensetzung x_2 ($x_2 \cong x_1$) vor.

Mittlere Reihe
Beim Vorliegen eines Schmelzpunktminimums wird das Diagramm in zwei 2-Phasen-Gebiete geteilt
I A-reiche Mischkristalle und Schmelze
II B-reiche Mischkristalle und Schmelze

Untere Reihe
Entmischung im festen Zustand führt zu Mischkristallisaten

Bild 1.23.
Schmelzdiagramme binärer Systeme beim Vorliegen von Mischkristallisaten und beim Auftreten binärer chemischer Verbindungen

Legende zu Bild 1.23. siehe Seite 29

Legende zu Bild 1.23.

Obere Reihe
Im festen Zustand liegt ein inhomogenes Gemisch der beiden Kristallarten vor, die im festen Zustand nicht miteinander mischbar sind. Die Temperatur des Erstarrungsbeginns fällt mit zunehmendem A- bzw. B-Gehalt. Im eutektischen Punkt E besitzt die Mischung die niedrigste Schmelz- bzw. Erstarrungstemperatur des Systems.

1 A-Kristalle und Schmelze
2 B-Kristalle und Schmelze
3 Mischung aus A- und B-Kristallen (Mischkristallisat)

Ausscheidungsfolge einer ursprünglichen Schmelze der Zusammensetzung z: Abkühlung der Schmelze bis zum Schnittpunkt Y auf der Erstarrungskurve, hier erste feste Ausscheidungen von A. Restschmelze reichert sich dadurch an B an und verändert ihre Zusammensetzung mit sinkender Temperatur unter gleichzeitiger laufender Ausscheidung von A entlang der Erstarrungskurve bis E, hier eutektische Rest-Kristallisation von Mischkristallisaten aus A und B. Im Erstarrungsprodukt liegen unter Gleichgewichtsbedingungen primär ausgeschiedene A-Kristalle neben eutektisch ausgeschiedenen Mischkristallisaten von A und B vor.

Mittlere Reihe
Das Auftreten einer chemischen Verbindung zwischen A und B ist an einem Maximum zu erkennen, das als Dystektikum bezeichnet wird. Dabei können zwei Eutektika auftreten. Die Verbindung schmilzt kongruent (unzersetzt).

1 A-Kristalle und Schmelze
2 und 3 Kristalle der Verbindung und Schmelze
4 B-Kristalle und Schmelze
5 A-Kristalle und Kristalle der Verbindung
6 B-Kristalle und Kristalle der Verbindung

Untere Reihe
Es tritt ebenfalls eine chemische Verbindung auf, die jedoch beim Erhitzen oberhalb t_p nach folgender Gleichung zerfällt:

Kristalle der Verbindung $\rightarrow$ B-Kristalle + Schmelze

Die Verbindung schmilzt inkongruent (unter Zersetzung). Bei Abkühlen tritt unterhalb t_p teilweise eine Wiederaufnahme der primär ausgeschiedenen Kristalle B ein (Resorption).

1 A-Kristalle und Schmelze
2 Kristalle der Verbindung und Schmelze
3 B-Kristalle und Schmelze
4 A-Kristalle und Kristalle der Verbindung
5 B-Kristalle und Kristalle der Verbindung

gleich welcher Art, bewirkt bei einem bestimmten Lösungsmittel stets die gleiche Gefrierpunktserniedrigung und Siedepunktserhöhung. So werden der Siedepunkt des Wassers (100 °C bei 1 bar) je mol/l um 0,51 K und der Gefrierpunkt um 1,86 K je mol/l verändert.

1.3.4. Mischphasengleichgewichte

Im Falle der Einstoffsysteme werden zur Kennzeichnung der Phasengleichgewichte p/T-Diagramme verwendet (vgl. Bild 1.21.). Bei Zweistoffsystemen (binäre Systeme) werden in der Abszisse immer die

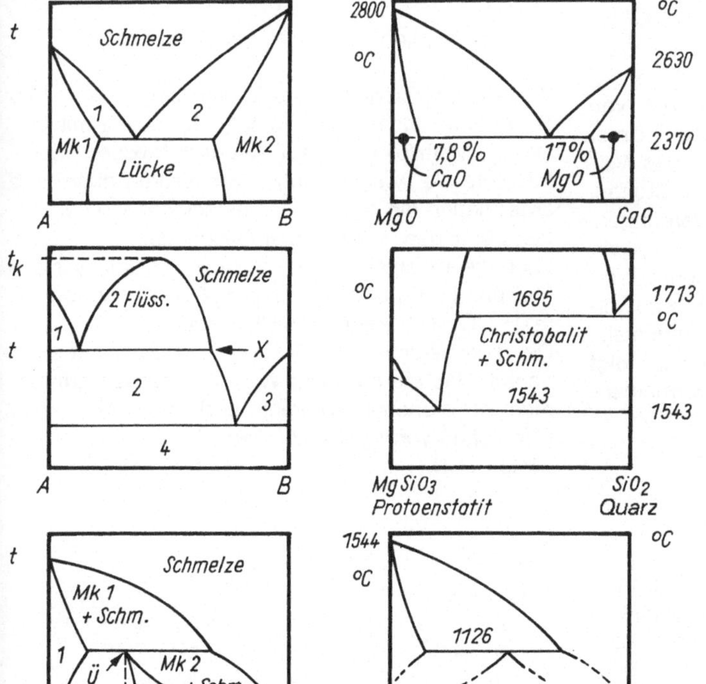

Bild 1.24.
Weitere Schmelzdiagramme binärer Systeme

Obere Reihe
Bei der Mischkristallbildung in beschränkten Konzentrationsgebieten treten A-Kristalle mit Gehalten an B ($Mk\ 1$) und B-Kristalle mit Gehalten an A ($Mk\ 2$) auf. In der Lücke zwischen beiden Mischkristallen liegen Mischkristallisate aus $Mk\ 1$ und $Mk\ 2$ vor.

1 Mischkristalle $Mk\ 1$ und Schmelze
2 Mischkristalle $Mk\ 2$ und Schmelze

Mittlere Reihe
Dieses Phasenverhalten liegt vor, wenn zwei flüssige Phasen auftreten, die nicht miteinander mischbar sind. Oberhalb t_k (kritischer Punkt) entsteht eine homogene flüssige Phase. Die Gerade x stellt einen invarianten Zustand des Systems dar (Entmischungsgleichgewicht).

1 und 2 A-Kristalle und Schmelze
3 B-Kristalle und Schmelze

4 A- und B-Kristalle

Untere Reihe
Es besteht begrenzte Mischkristallbildung, wobei ein Übergangspunkt ($Ü$) auftritt. $Mk\ 2$-Kristalle der Zusammensetzung C gehen beim Schmelzen in $Mk\ 1$ und Schmelze über (inkongruentes Schmelzen).

1 Mischkristalle $Mk\ 1$
2 Mischkristallisat aus $Mk\ 1$ und $Mk\ 2$
3 Mischkristalle $Mk\ 2$

Zusammensetzung des Systems (Konzentration) und in der Ordinate die Temperatur aufgetragen. Der Druck wird als konstant angesehen. Es wird zwischen den Siedediagrammen (Aggregatzustandsänderung flüssig–gasförmig) und den Schmelzdiagrammen (Aggregatzustandsänderung fest–flüssig) unterschieden; letztere sind für die Baustoffchemie von Bedeutung. Derartige Systeme (auch Zustandsdiagramme genannt) werden mit Hilfe der Knick- und Haltepunkte (bei Erstarrungstemperatur) von Abkühlungskurven einer genügend großen Anzahl verschiedener Mischungen aus beiden Komponenten konstruiert. Wesentliche Zustandsdiagramme sind in den Bildern 1.22. bis 1.24. erläutert.

Bei den Dreistoffsystemen (ternäre Systeme), die als gleichseitige Dreiecke dargestellt werden, liegen in den Eckpunkten jeweils die reinen Stoffe A, B und C und entlang den Seiten die binären Mischungen A–B, A–C und B–C sowie im Innern des Dreiecks ternäre Mischungen A–B–C vor (vgl. Bild 4.11.).

Die Temperatur erscheint entweder in der dritten Dimension über dem Basisdreieck, so daß sich ein räumliches Zustandsdiagramm ergibt, oder wird in Form von Isothermen in das Dreieck eingezeichnet.

1.4. Chemisches Reaktionsverhalten

Chemische Reaktionen sind Vorgänge, die von stofflichen Veränderungen begleitet sind. Unter *chemischen Eigenschaften* versteht man das Verhalten eines Stoffes gegenüber anderen Stoffen, d. h. sein Verhalten bei chemischen Vorgängen. Chemische Reaktionen sind häufig mit physikalischen Vorgängen, z. B. der Wärmeentwicklung, verknüpft. Chemische Vorgänge werden durch *chemische Gleichungen* in abstrakter Form dargestellt, wobei die umgesetzten Wärmemengen wie folgt angegeben werden (hier frei werdende Wärmemenge; exotherme Reaktion):

$$CaO + H_2O \rightarrow Ca(OH)_2 \; ; \quad \Delta H = -67 \, \frac{kJ}{mol}$$

1.4.1. Arten chemischer Reaktionen

Die chemischen Umsetzungen zwischen den anorganischen Stoffen lassen sich im wesentlichen in folgende Grundtypen einteilen:

- Säure-Base-Reaktionen
- Redoxreaktionen
- Fällungsreaktionen
- Komplexreaktionen

1.4.1.1. Säure-Base-Reaktionen

Der Typ der *Säure-Base-Reaktion* beruht auf der Sonderstellung, die das *Proton* als das kleinste Kation einnimmt. Die außerordentliche Kleinheit und die daraus resultierende hohe Ladungsdichte machen das Proton zu einem chemisch sehr aktiven Teilchen, das jedoch nie frei existiert (unter „chemischen Bedingungen"), sondern immer an andere Teilchen gebunden ist, z. B.

$$H_2O + H^+ \rightarrow H_3O^+$$

Da die hier auftretenden Bindungskräfte unterschiedlich stark sind, kommt es zu einem *Protonenaustausch* (protolytische Reaktionen, Protolyse), der das Wesen der Säure-Base-Reaktionen ist.

Nach BRÖNSTED und LOWRY sind *Säuren* Verbindungen, die in ihre wäßrigen Lösungen H^+-Ionen (Protonen) entsenden (Protonendonatoren) und damit zur Bildung von *Oxonium-Ionen* H_3O^+ Veranlassung geben, z. B.:

$$\left[H\!:\!\ddot{\underset{..}{Cl}}\!:\right] \qquad\qquad + \quad \left[H\!:\!\ddot{\underset{..}{O}}\!:\!H \right]$$

Chlorwasserstoff   Wasser

$$\rightarrow \left[H\!:\!\overset{\overset{H}{..}}{\underset{..}{O}}\!:\!H \right]^{+} \qquad + \quad \left[:\!\ddot{\underset{..}{Cl}}\!: \right]^{-}$$

Oxoniumion   Chloridion

Weitere Eigenschaften der Säuren sind: Sie färben Säure-Base-Indikatoren (Tafel 1.12.), bilden mit Metallen, Metalloxiden und Metallhydroxiden Salze (beachte die Ausnahmen!) und bewirken durch ihre Dissoziation die elektrische Leitfähigkeit ihrer wäßrigen Lösungen, meist saurer Geschmack.

Wichtige Beispiele: HCl Salzsäure, H_2SO_4 Schwefelsäure, HNO_3 Salpetersäure, H_3PO_4 Phosphorsäure, H_2CO_3 Kohlensäure, HF Flußsäure.

Die kennzeichnende Wirkung von *Basen* beruht darauf, daß sie aus dem Wasser Protonen aufnehmen (Protonenakzeptoren) und dadurch einen Überschuß von *Hydroxid-Ionen* OH^- im Wasser bewirken, z. B.:

$$\left[H\!:\!\overset{\overset{H}{}}{\underset{}{N}}\!:\!H \right] \qquad + \quad \left[H\!:\!\ddot{\underset{..}{O}}\!:\!H \right]$$

Ammoniak   Wasser

$$\rightarrow \left[H\!:\!\overset{\overset{H}{}}{\underset{\underset{H}{}}{N}}\!:\!H \right]^{+} \qquad + \quad \left[:\!\ddot{\underset{..}{O}}\!:\!H \right]^{-}$$

Ammoniumion   Hydroxidion

Tafel 1.13.
Säure-Base-Indikatoren

Indikatorlösung	Farbumschlag	
	zwischen pH-Wert	von – nach
0,05 % Methylviolett in H_2O	0,0– 1,6	gelb – blau, violett
0,04 % Thymolblau in NaOH	1,2– 2,8	rot – gelb
0,01 % Methylorange in H_2O	3,2– 4,4	rot – gelb
0,20 % Lackmus in Ethanol	4,4– 6,2	rot – blau
0,01 % Alizarinrot in H_2O	4,6– 6,0	gelb – rot
0,02 % Methylrot in 60%igem Ethanol	4,8– 6,0	rot – gelb
0,04 % Bromthymolblau in NaOH	6,0– 7,6	gelb – glau
0,04 % Thymolblau in NaOH	8,0– 9,6	gelb – blau
0,05 % Phenolphthalein in 50%igem Ethanol	8,2–10,0	farblos – rot

Die wäßrigen Lösungen von Basen werden auch als *Laugen* bezeichnet. Weitere Eigenschaften von Laugen sind: Sie färben Säure-Basen-Indikatoren, bilden mit Säuren Salze und bewirken durch ihre Dissoziation die elektrische Leitfähigkeit ihrer wäßrigen Lösungen, meist seifiger Geschmack.
Wichtige Beispiele: NaOH Natronlauge, KOH Kalilauge, NH_4OH Ammoniumhydroxid, $Ca(OH)_2$ Calciumhydroxid/Kalkwasser.
Zur Kennzeichnung der Stärke von Säuren und Basen dient der pH-Wert (s. Kap. 2.5.), der auch mit Hilfe geeigneter Säure-Base-Indikatoren (organische Farbstoffe, die sich in Abhängigkeit vom pH-Wert unterschiedlich färben, s. Tafel 1.13.) gemessen werden kann.
Die Auswirkungen des Protonenaustausches können sein:

Neutralisation

Gibt man so viel Säure zu Lauge (oder umgekehrt), daß die OH^--Ionen mit den H_3O^+-Ionen vollständig reagieren können

$$H_3O^+ + OH^- \rightarrow 2\,H_2O$$

so bildet sich Wasser, das neutral ist (Neutralisation!) und gleichzeitig ein Salz (zunächst in Lösung). Das Salz besteht aus dem Basenkation und dem Säureanion. Salze sind feste Stoffe, die aus Ionen bestehen und beim Auflösen direkt (ohne Protolyse) in Ionen zerfallen.

Erläuterung:

Säure + Lauge

$(H_3O^+ + $ Säureanion$) + ($Basenkation $+ OH^-)$

$\rightarrow$ Salz + Wasser

$\rightarrow ($Basenkation $+$ Säureanion$) + (H_3O^+ + OH^-)$

Beispiele:

1. $(H_3O^+ + Cl^-) + (Na^+ + OH^-)$

   Salzsäure + Natronlauge

   $\rightarrow$ NaCl + 2 H_2O

   $\rightarrow$ Natriumchlorid + Wasser

2. $H_2CO_3 + Ca(OH)_2 \rightarrow CaCO_3 + 2\,H_2O$
   (Baukalkerhärtung)

3. $2\,HNO_3 + Ca(OH)_2 + 2\,H_2O$
   $\rightarrow Ca(NO_3)_2 \cdot 4\,H_2O$ (Mauersalpeterbildung)

4. $H_2SiO_3 + 2\,NaOH \rightarrow Na_2SiO_3 + 2\,H_2O$
   (Alkali-Kieselsäure-Reaktion)

Verdrängungsreaktionen

Erläuterung:

Salz einer schwachen Säure + starke Säure

$CaCO_3$ + 2 HCl

$\rightarrow$ Salz der starken Säure + schwache Säure

$\rightarrow CaCl_2$ + H_2CO_3
(zerfällt in $H_2O + CO_2$)

Beispiele:

1. $CaCO_3 + H_2SO_4 + H_2O \rightarrow CaSO_4 \cdot 2\,H_2O + CO_2$
   (Zersetzung von Kalkstein und kalkgebundenem Sandstein in Industrieatmosphäre)

2. $3\,CaCO_3 + 2\,H_3PO_4 \rightarrow Ca_3(PO_4)_2 + 3\,H_2O$
   $+ 3\,CO_2$ (Absäuern von Beton)

Hydrolyse (Protolyse der Salze)

$FeSO_4 + 2\,H_2O \rightarrow Fe(OH)_2 + H_2SO_4$
(Teilreaktion, die zur Rostförderung durch Sulfate beiträgt)

$CO_3^{2-} + H_2O \rightarrow HCO_3^- + OH^-$
(Teilreaktion, die zu Ausblühungen auf Beton beiträgt)

1.4.1.2. Redoxreaktionen

Das Wesen der Redoxreaktionen beruht auf dem Austausch von *Elektronen* zwischen verschiedenartigen Teilchen. Da das außerordentlich kleine Elektron unter „chemischen Bedingungen" nie frei existiert (ähnlich dem Proton) und seine Bindung an andere Teilchen unterschiedlich stark ist, kommt es in entsprechenden Reaktionsmischungen zu Austauschvorgängen, erkennbar an der Änderung der Oxidationszahlen.

In der historischen Entwicklung der Begriffe ist die *Oxidation:*

- Aufnahme von Sauerstoff
- Abgabe von Wasserstoff
- Abgabe von Elektronen
- Erhöhung der Oxidationsstufe

Der gegenläufige Prozeß, die *Reduktion,* ist:

- Abgabe von Sauerstoff
- Aufnahme von Wasserstoff
- Aufnahme von Elektronen
- Erniedrigung der Oxidationsstufe

Wesentlich ist der Zusammenhang, daß das Oxidationsmittel und sein korrespondierendes Reduktionsmittel eine Einheit (Redoxpaar) bilden. Ein Redoxpaar besteht also aus zwei Stoffen, von denen der eine Elektronen abgeben kann und der andere in der Lage ist, diese Elektronen aufzunehmen. Bei einer Redoxreaktion wird stets ein Stoff (Reduktionsmittel) oxidiert (gibt Elektronen ab) und ein anderer Stoff (Oxidationsmittel) reduziert (nimmt Elektronen auf). Oxidation und Reduktion laufen also stets gleichzeitig ab. Ein Beispiel zeigt Bild 1.25.

Die Bezeichnung Oxidations- oder Reduktionsreaktion richtet sich nach dem 1. Reaktionspartner. Für den 2. Reaktionspartner sind dieselben Reaktionen gerade umgekehrt Reduktions- bzw. Oxidationsreaktionen.

Oxidationsreaktionen sind z. B.

$4\,Al + 3\,O_2 \rightarrow 2\,Al_2O_3$ (Schutzschichtbildung auf Al an der Atmosphäre)

$4\,Fe + 3\,O_2 + 2\,H_2O \rightarrow 4\,FeO(OH)$ (Rosten von Fe)

$2\,Cu + CO_2 + H_2O + O_2 \rightarrow Cu_2(OH)_2CO_3$ (Patinabildung auf Kupferoberflächen)

$Fe^{2+} \rightarrow Fe^{3+} + e^-$

Reduktionsreaktionen sind z. B.

$2\,FeO + C \rightarrow 2\,Fe + CO_2$ (eine Reaktion im Hochofenprozeß)

$CuS + O_2 \rightarrow Cu + SO_2$ (Rösten von Kupfererz im Verhüttungsprozeß)

$Cr^{6+} + 3\,e^- \rightarrow Cr^{3+}$

1.4.1.3. Weitere Einteilungen chemischer Reaktionen

Unter einer **Fällungsreaktion** versteht man die Bildung einer im vorliegenden Lösungsmittel (meist Wasser) schwerlöslichen Verbindung. Die Fällungsreaktion kann formal als die Umkehrung der Auflösung aufgefaßt werden, da beide zur gesättigten Lösung der Verbindung führen.

Beispiele:

- ▶ $Ca(OH)_2 + CO_2 \rightarrow CaCO_3 \downarrow + H_2O$
  (Ausblühungen auf Beton)
- ▶ $Cl^- + AgNO_3 \rightarrow AgCl \downarrow + NO_3^-$
  (Chloridnachweis)

Zur quantitativen Behandlung wird das Löslichkeitsprodukt verwendet.

Komplexreaktionen sind chemische Reaktionen, bei denen Komplexverbindungen auf- oder abgebaut werden, z. B.

- ▶ $CaO + SO_3 \rightarrow CaSO_4$
- ▶ $3\,CaO \cdot Al_2O_3 + 6\,H_2O \rightarrow Ca_3[Al(OH)_6]_2$
- ▶ $CaCO_3 \rightarrow CaO + CO_2$

Die chemischen Reaktionen werden hinsichtlich der beteiligten Phasen in *homogene* Reaktionen (alle Reaktionspartner in einem Aggregatzustand, insbe-

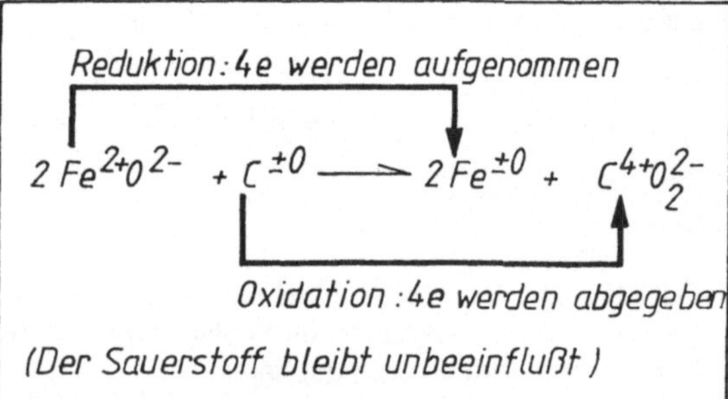

Bild 1.25.
Beispiel einer Redoxreaktion

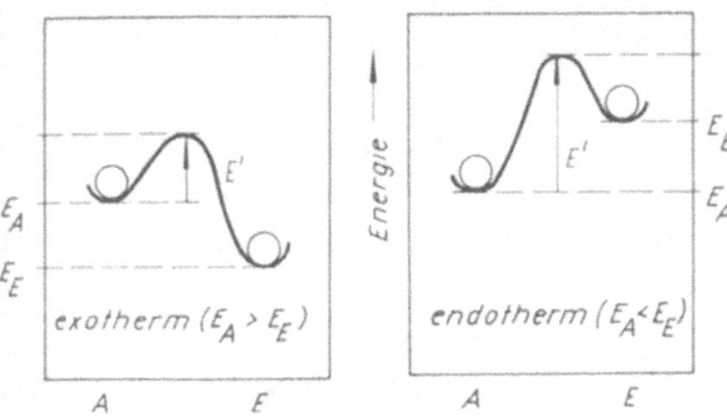

Bild 1.26.
Energielagendiagramme exothermer und endothermer Reaktionen

A Anfangszustand; *E* Endzustand; *E'* Aktivierungsenergie

sondere Lösungs- und Gasreaktionen), z. B.

▶ $CO_2 + H_2 \rightleftharpoons CO + H_2O$

und *heterogene* Reaktionen (Reaktionspartner in verschiedenen Aggregatzuständen), z. B.

▶ $CaCO_3 \rightarrow CaO + CO_2 \uparrow$

eingeteilt. Alle Festkörperreaktionen sowie die meisten Baustoffreaktionen sind heterogene Reaktionen (PZ-Klinkerbildung, PZ-Erhärtung u. a.).
Hinsichtlich des Wärmeumsatzes kann man chemische Reaktionen in **exotherme und endotherme Reaktionen** (exoenergetische und endoenergetische) einteilen, d. h. in Reaktionen, bei denen Energie (meist in Form von Wärme) frei wird, und solche, die während ihres Ablaufs Energie verbrauchen (benötigen). Siehe dazu auch Bild 1.26.

Beispiele:

Exotherme Reaktionen:

▶ $CaO + H_2O \rightarrow Ca(OH)_2$; $\quad \Delta H = -67{,}0 \dfrac{kJ}{mol}$
(Löschen von Branntkalk)

▶ $6\,(3\,CaO \cdot SiO_2) + 18\,H_2O$
$\rightarrow 5\,CaO \cdot 6\,SiO_2 \cdot 5\,H_2O + 13\,Ca(OH)_2$;

$\Delta H = -114{,}5 \dfrac{kJ}{mol}$
(Hydratation von Alit)

Endotherme Reaktionen:

▶ $CaCO_3 \rightarrow CaO + CO_2$; $\quad \Delta H = +178{,}4 \dfrac{kJ}{mol}$
(Brennen von Kalkstein)

▶ $CaSO_4 \cdot 2\,H_2O \rightarrow CaSO_4 + 2\,H_2O$;

$\Delta H = +30 \dfrac{kJ}{mol}$
(Brennen von Gipsstein)

Wird ein beobachtbarer, konkreter Vorgang als chemische Reaktion identifiziert, so ist dieser damit keineswegs erschöpfend und vollständig erfaßt. Er ist unter einem bestimmten Aspekt, hinsichtlich bestimmter gesetzmäßiger Zusammenhänge ein chemischer Prozeß. Unter anderen, ebenso objektiven Aspekten kann er aber ein thermischer, mechanischer, elektromagnetischer o. a. Vorgang sein. Natürlich stehen diese Aspekte miteinander im Zusammenhang, aber das berechtigt nicht dazu, sie sämtlich ausschließlich der Chemie zuzuordnen, sondern begründet die notwendige Verbindung der Chemie zu anderen Wissenschaften und umgekehrt.

1.4.2. Stöchiometrie chemischer Reaktionen

Die Berechnung der bei chemischen Umsetzungen zu verwendenden und entstehenden Stoffmengen ist Gegenstand der Stöchiometrie. Die stöchiometrischen Berechnungen gründen sich auf die Tatsache, daß jede chemische Gleichung *quantitative Aussagen* enthält. Durch die quantitative Erfassung chemischer Gleichungen wird es möglich, *Ausbeuten* zu berechnen und Reaktionsabläufe *rationell* zu gestalten. Die Lösung stöchiometrischer Aufgaben geht im allgemeinen in drei Schritten vor sich:

- Aufstellung der chemischen Gleichung
- Aufstellung der Massengleichung
- Berechnung mit Hilfe von Verhältnisgleichungen.

Beispiel 6

Wieviel kg Branntkalk können aus 500 kg Kalkstein (als 100% $CaCO_3$ gerechnet) gewonnen werden?

Lösung:

Aufstellen der dem Vorgang zugrunde liegenden chemischen Gleichung:

$CaCO_3 \rightarrow CaO + CO_2$

Aufstellen der Massengleichung:
Zunächst werden die relativen Molekülmassen der beteiligten Stoffe durch Multiplizieren der relativen Atommassen mit der Anzahl der betreffenden Atome berechnet:

Ca	40,1	Ca	40,1	C	12,0
C	12,0	O	16,0	2 · O	32,0
3 · O	48,0		56,1		44,0
	100,1				

relative Molekülmassen: $CaCO_3$ 100,1; CaO 56,1; CO_2 44,0
molare Massen: $CaCO_3$ 100,1 g/mol; CaO 56,1 g/mol; CO_2 44,0 g/mol

Zur Aufstellung der Massengleichung werden die in der chemischen Gleichung stehenden Mole (z. B. bedeutet das Symbol $CaCO_3$: 1 mol $CaCO_3$) mit den dazugehörigen molaren Massen multipliziert:

$$1 \text{ mol} \cdot 100{,}1 \text{ g/mol} = (1 \text{ mol} \cdot 56{,}1 \text{ g/mol})$$
$$+ (1 \text{ mol} \cdot 44{,}0 \text{ g/mol})$$

Daraus ergibt sich die Massengleichung:

$$100{,}1 \text{ g} = 56{,}1 \text{ g} + 44{,}0 \text{ g}$$

Berechnungen mit Hilfe von Verhältnisgleichungen: in Worten: Aus 100,1 g $CaCO_3$ bilden sich 56,1 g CaO, aus 500 g Kalkstein x Branntkalk oder

$$100{,}1 \text{ g} : 56{,}1 \text{ g} = 500 \text{ kg} : x$$

$$x = 280{,}2 \text{ kg}$$

Es können aus 500 kg Kalkstein 280,2 kg Branntkalk gewonnen werden.

Beispiel 7

Wieviel Kilogramm Kalkstein (angenommen als reines $CaCO_3$) und wieviel Kilogramm Quarzsand (SiO_2) sind zur Bildung von 5000 kg Tricalciumsilicat erforderlich?

Lösung:

$$3\,CaCO_3 + SiO_2 \rightarrow Ca_3SiO_5 + 3\,CO_2$$

$$300{,}3 \text{ g} + 60{,}1 \text{ g} = 228{,}4 \text{ g} + 132{,}0 \text{ g}$$

$$228{,}4 \text{ g } Ca_3SiO_5 : 300{,}3 \text{ g } CaCO_3 = 5\,000 \text{ kg } Ca_3SiO_5 : x$$

$$x = 6\,574 \text{ kg } CaCO_3$$

$$228{,}4 \text{ g } Ca_3SiO_5 : 60{,}1 \text{ g } SiO_2 = 5\,000 \text{ kg } Ca_3SiO_5 : x$$

$$x = 1\,316 \text{ kg Quarzsand}$$

Zur Bildung von 5000 kg Tricalciumsilicat sind 1316 kg Quarzsand und 6574 kg Kalkstein erforderlich.

Beispiel 8

Wieviel kg Kalkhydrat können aus 50 kg Branntkalk gewonnen werden? Wieviel kJ werden dabei in Freiheit gesetzt ($\Delta H = -67$ kJ/mol)

Lösung:

$$CaO + H_2O \rightarrow Ca(OH)_2$$

Massengleichung:

$$56{,}1 \text{ g} + 18{,}0 \text{ g} = 74{,}1 \text{ g}$$

$$56{,}1 \text{ g} : 74{,}1 \text{ g} = 50 \text{ kg} : x$$

$$x = 66 \text{ kg Kalkhydrat}$$

$$74{,}1 \text{ g} : 67 \text{ kJ} = 66\,000 \text{ g} : x$$

$$x = 59\,757 \text{ kJ}$$

Beispiel 9

In einer Großstadt werden etwa 1000 kg Heizöl pro Einwohner und Jahr (privat und industriell) verbrannt. Leichtes Heizöl enthält etwa 0,5 % S.

1. Wieviel kg SO_2 entstehen täglich in einer Stadt mit 250000 Einwohnern?

Lösung:

Es werden 3400 kg S täglich verbrannt [(250000 · 1000 × 0,005) : 365].

$$S + O_2 \rightarrow SO_2$$

$$32 \text{ g} + 32 \text{ g} = 64 \text{ g}$$

$$32 \text{ g} : 64 \text{ g} = 3\,400 \text{ kg} : x \text{ kg}$$

$$x = 6\,800 \text{ kg } SO_2$$

2. Wieviel kg H_2SO_4 können aus 6800 kg SO_2 entstehen?

Lösung:

$$SO_2 + H_2O + 1/2\,O_2 \rightarrow H_2SO_4$$

$$64 \text{ g} + 18 \text{ g} + 16 \text{ g} \rightarrow 98 \text{ g}$$

$$64 \text{ g} : 98 \text{ g} = 6\,800 \text{ kg} : x \text{ kg}$$

$$x = 10\,400 \text{ kg } H_2SO_4$$

3. Wieviel kg $CaCO_3$ (aus Kalkstein, Beton, Kalkputz, Kalksandstein u. a.) können von 10400 kg H_2SO_4 zersetzt werden?

Lösung:

$$CaCO_3 + H_2SO_4 + H_2O \rightarrow CaSO_4 \cdot 2\,H_2O + CO_2$$

$$100 \text{ g} + 98 \text{ g} + 18 \text{ g} \rightarrow 172 \text{ g} + 44 \text{ g}$$

$$100 \text{ g} : 98 \text{ g} = x \text{ kg} : 10\,400 \text{ kg}$$

$$x = 10\,600 \text{ kg } CaCO_3$$

Anmerkung:

Theoretisch könnten rund 10000 kg Kalk ($CaCO_3$) in einer Stadt mit 250000 Einwohnern täglich zersetzt werden. Der tatsächliche Wert liegt deutlich niedriger, da z. B. nicht das gesamte SO_2 zu Schwefelsäure oxidiert wird und wesentliche Mengen SO_2 weggetragen werden, er bleibt aber erheblich (Umweltverschmutzung − Baustoffzerstörung).

Beispiel 10

1 kg Baugips (Halbhydrat, $CaSO_4 \cdot 1/2\,H_2O$) wird mit einem halben Liter Wasser angemischt. Wieviel Prozent des Wassers werden bei vollständiger Hydratation (Bildung von Dihydrat) nicht gebunden?

Lösung:

$$2\,(CaSO_4 \cdot 1/2\,H_2O) + 3\,H_2O \rightarrow 2\,(CaSO_4 \cdot 2\,H_2O)$$

$290{,}4$ g Halbhydrat : $54{,}0$ g Wasser $= 1\,000$ g Halbhydrat : x

$$x = 186 \text{ g Wasser}$$
$$\text{(gebunden)}$$

$0{,}5$ kg : $(0{,}5 - 0{,}186)$ kg $= 100\% : x$

$$x = 62{,}8\% \text{ Wasser (nicht gebunden)}$$

Beispiel 11

Wieviel Gramm Kristallsoda ($Na_2CO_3 \cdot 10\,H_2O$), Quarzsand (SiO_2) und Kreide ($CaCO_3$) sind zur Herstellung von 1 kg einer Glassorte notwendig, deren Zusammensetzung der Formel $Na_2O \cdot CaO \cdot 6\,SiO_2$ entspricht?

Lösung:

$$Na_2CO_3 \cdot 10\,H_2O + 6\,SiO_2 + CaCO_3$$
$$\rightarrow Na_2O \cdot CaO \cdot 6\,SiO_2 + 10\,H_2O + 2\,CO_2$$

$$286\text{ g} + 361\text{ g} + 100\text{ g} \rightarrow 479\text{ g} + 180\text{ g} + 88\text{ g}$$

479 g Glas : 62 g $Na_2O = 1\,000$ g Glas : x

$$x = 129 \text{ g } Na_2O \cong 598 \text{ g Soda}$$

479 g Glas : 361 g $SiO_2 = 1\,000$ g Glas : x

$$x = 754 \text{ g Quarzsand}$$

479 g Glas : 56 g $CaO = 1\,000$ g Glas : x

$$x = 117 \text{ g } CaO \cong 209 \text{ g Kreide}$$

Es sind 598 g Kristallsoda, 754 g Sand und 209 g Kreide notwendig, um 1 kg eines Glases der Zusammensetzung $Na_2O \cdot CaO \cdot 6\,SiO_2$ herzustellen.

Beispiel 12

Wieviel g Calciumhydroxid werden bei der Erhärtung von 50 kg Portlandzement abgespalten? Der vorliegende Portlandzement soll zu 72 % aus Alit ($3\,CaO \cdot SiO_2$) bestehen. Es wird angenommen, daß nur bei der Alit-Hydratation Calciumhydroxid abgespalten wird.

Lösung:

$$6\,(3\,CaO \cdot SiO_2) + 18\,H_2O$$
$$\rightarrow 5\,CaO \cdot 6\,SiO_2 \cdot 5\,H_2O + 13\,Ca(OH)_2$$

   CSH-Phase

Massengleichung:

$$1370{,}4\text{ g} + 324\text{ g} = 731{,}1\text{ g} + 963{,}3\text{ g}$$

50 kg Portlandzement entsprechen $72/2 = 36$ kg Alit

$1370{,}4$ g : $963{,}3$ g $= 36$ kg : x

$$x = 25{,}3 \text{ kg } Ca(OH)_2$$

Bei der Erhärtung von 50 kg Portlandzement gegebener Zusammensetzung werden 25 300 g Calciumhydroxid abgespalten.

Beispiel 13

Aus einem Kalkstein mit 95 % $CaCO_3$-Gehalt und einem mergeligen Ton mit 10 % $CaCO_3$-Gehalt soll ein PZ-Rohmehl mit 70 % $CaCO_3$-Gehalt hergestellt werden. Wieviel Tonnen Ton sind pro Tonne Kalkstein zu verwenden?

Lösung:

Eine schnelle Berechnung ermöglicht das *Mischungskreuz*. Dieses wird aufgestellt, indem man links die beiden gegebenen Konzentrationen untereinander schreibt und in das Mittelfeld die gesuchte Konzentration. In der Pfeilrichtung werden über Kreuz die Differenzen gebildet, aus denen direkt die Masseteile abgelesen werden können, die zu vermischen sind.

$$
\begin{array}{ccc}
95\%\ CaCO_3 & & 60 \\
\text{Kalkstein} & 70\%\ CaCO_3 & \\
& \text{Rohmehl} & \\
10\%\ CaCO_3 & & 25 \\
\text{Ton} & &
\end{array}
$$

60 kg Kalkstein: 25 kg Ton $= 1$ t Kalkstein : x

$$x = 0{,}42 \text{ t Ton}$$

Pro Tonne Kalkstein müssen 0,42 t Ton verwendet werden. (Zur Korrektur der Hydraulefaktoren müssen u. U. Zusätze zugegeben werden, z. B. SiO_2 in Form von Quarzsand, Al_2O_3 in Form von Bauxit und Fe_2O_3 in Form von Eisenerz oder Kiesabbrand.)

Beispiel 14

500 cm^3 10%ige Salzsäure sollen durch Zusatz von 25%iger Salzsäure auf einen Gehalt von 12,5 % gebracht werden. Wieviel cm^3 25%ige Salzsäure sind erforderlich? (Die Dichte der 10%igen Säure beträgt bei 20 °C 1,048 g/cm^3, die der 25%igen Säure 1,1225 g/cm^3.)

Lösung:

Sollen Flüssigkeitsmischungen volumenmäßig hergestellt werden, so ist die Dichte zu berücksichtigen.

$$
\begin{array}{ccc}
25\% & & 2{,}5 \\
& 12{,}5\% & \\
10\% & & 12{,}5
\end{array}
$$

$2{,}5 : 12{,}5 = (x \cdot 1{,}1225\text{ g}/cm^3) : (500\ cm^3 \cdot 1{,}048\text{ g}/cm^3)$

$$x = 93{,}36 \ cm^3$$

Es müssen 93,36 cm^3 25%ige Salzsäure zugesetzt werden.

1.4.3. Konzentrationsangaben

Es ist wichtig, bei chemischen Berechnungen und zur Kennzeichnung die geeigneten Konzentrationsangaben in richtiger Weise zu verwenden. Die wichtigsten Konzentrationsangaben sind

- Massen- und Volumenprozente
- Molarität und Normalität
- Molprozente.

DIN 1310 empfiehlt Angaben in Massen- bzw. Volumenteilen.

Massenprozent (Massen-% oder Gew.-%)

Es wird die Masse (in g) des gelösten, lösungmittelfreien Stoffes in 100 g der betrachteten Lösung (nicht Lösungsmittel) angegeben. Bei fehlenden weiteren Angaben handelt es sich bei der Angabe in Prozent stets um Massenprozent (Gewichtsprozent).

Beispiel 15

Wie wird eine 10%ige Sodalösung hergestellt?

Lösung:
Da eine 10%ige Lösung in 100 g der fertigen Lösung 10 g des gelösten Stoffes enthält, sind zur Herstellung der 10%igen Sodalösung <u>90 g Wasser</u> und <u>10 g Soda</u> erforderlich.

Volumenprozent (Vol.-%)

Es wird das Volumen (in ml) der einen, reinen Flüssigkeit in 100 ml der Lösung oder Mischung (nicht des Lösungsmittels) angegeben. Dieses Konzentrationsmaß wird zum Beispiel für Lösungen von Alkoholen und dgl. in Wasser verwendet. Zum Beispiel enthält eine 30%ige (Vol.-%) Lösung in 100 ml der fertigen Lösung 30 ml des gelösten Stoffes. (Siehe DIN 1310)

Beispiel 16

Rechne die Angabe 90-vol.-%iger Alkohol in Masse-% um!

Lösung:
Zur Umrechung sind die Dichten beider Flüssigkeiten erforderlich: Alkohol $0,7894 \frac{g}{ml}$ und Wasser $0,9982 \frac{g}{ml}$ bei 20 °C.

90 ml Alkohol $\cong 90 \cdot 0,7894 = 71,046$ g Alkohol

10 ml Wasser $\cong 10 \cdot 0,9982 = \underline{9,982}$ g Wasser

100 ml Mischung entsprechend 81,028 g.

81,028 g : 100 Masse-% = 71,046 g : x

$$\underline{x = 87,68 \text{ Masse-%}}$$

Der Begriff „Mol"

Das Mol ist die Einheit der Stoffmenge (Einheitszeichen : mol), die ein Maß für die Teilchenzahl ist. Ein

Mol besteht aus ebensoviel Einzelteilchen wie Atome in 0,012 kg des Kohlenstoffnuklids ^{12}C enthalten sind. Dies sind etwa 600 Trilliarden Teilchen. Der heutige Bestwert für die Teilchenzahl eines Mols ist:

$$\boxed{N_A = (6,022\,52 \pm 0,000\,28) \cdot 10^{23} \text{ mol}^{-1}}$$

(Avogadrokonstante). Auf 1 cm³ bezogen, ergibt sich die LOSCHMIDTsche Zahl nach $N_L = N_A / 22\,413,6$.
Zum Beispiel entspricht 1 mol Wasser einer Menge von $6,023 \cdot 10^{23}$ H_2O-Molekülen: diese sind in ca. 18 g Wasser enthalten.
Jede Stoffmenge hat eine bestimmte Masse genauso wie ein bestimmtes Volumen. Gleiche Stoffmengen verschiedener Stoffe unterscheiden sich in ihrer Masse. Die Masse bestimmter Stoffmengen wird nach der Definitionsgleichung der molaren Masse berechnet:

$$\boxed{M = \frac{m}{n}} \qquad \left(\text{molare Masse} = \frac{\text{Masse}}{\text{Stoffmenge}} \right)$$

Die molare Masse ist eine Stoffkonstante und gibt die Masse je Mol an, nicht die Masse eines Mols, denn dieser kommt die Einheit Gramm zu.

Die *relativen Atom- und Molekülmassen* (bzw. relativen Formelmassen z. B. bei Ionenverbindungen) sind die Zahlenwerte der molaren Massen. (Die molare Masse ist wie andere physikalische Größen ein Produkt aus Zahlenwert und Einheit.)

Beispiel 17

Zur Überprüfung der Zahlenangaben ist das Periodensystem der Elemente zu benutzen!

	Relative Atom- bzw. Molekül masse	Molare Massen g mol^{-1}
Ca	40,1	40,1
C	12,0	12,0
O	16,0	16,0
$CaCO_3$	100,1	100,1
CO_2	44,0	44,0

Aus der molaren Masse und der Masse kann die *Stoffmenge* berechnet und damit die Teilchenzahl bestimmt werden. Dazu ist die Definitionsgleichung der molaren Masse nach n aufzulösen:

$$n = \frac{m}{M}$$

Molarität und Normalität

Bei der Konzentrationsangabe *„Molarität"* wird die Stoffmenge (Anzahl Mole) der gelösten Substanz in einem Liter Lösung angegeben.
DIN 32625 nennt weitere Konzentrationsangaben, die im amtlichen Verkehr zu benutzen sind.

Beispiel 18

Wie wird eine 1-m-$CaCl_2$-Lösung hergestellt?

Lösung:
Es werden 111 g (= 1 mol) $CaCl_2$ in Wasser gelöst und zu einem Liter aufgefüllt.

Bei der Konzentrationsangabe *„Normalität"* wird die Stoffmenge (Anzahl Äquivalente) der gelösten Substanz in einem Liter Lösung angegeben. Die *äquivalente Masse* ergibt sich aus der molaren Masse, dividiert durch die Wertigkeit, die bei der vorliegenden Umsetzung bestätigt wird:

$$\ddot{A} = \frac{M}{z}$$

$\ddot{A}$ äquivalente Masse in g/val
M molare Masse in g/mol
z Wertigkeit

Bei Säuren kommt als Wertigkeit die Ionenwertigkeit (Ladung) des Säurerestes, bei Basen die Ionenwertigkeit des Metalls und bei Oxidations- oder Reduktionsmitteln die Änderung der Oxidationszahl in Betracht. Zum Beispiel enthält eine normale Salzsäure (1 n HCl) 36,5 g HCl/1 = 36,5 g HCl pro Liter und eine normale Schwefelsäure (1 n H_2SO_4) 98 g H_2SO_4/2 = 49 g H_2SO_4 in einem Liter.

Beispiel 19

Ein bei 20 °C gesättigtes Kalkwasser enthält 1,65 g Calciumhydroxid je Liter Lösung. Zu berechnen sind die Konzentration in Massen-%, die Molarität und die Normalität.

Lösung:
1. Berechnung der Massen-%:

1000 g Lösung : 1,65 g $Ca(OH)_2$ = 100 g Lösung : x

$$x = 0{,}165 \text{ g } Ca(OH)_2$$

Gesättigtes Kalkwasser ist 0,165%ig. (Wegen der geringen Masse gelöster Substanz soll ein Liter Lösung gleich 1000 g gesetzt werden.)
2. Berechnung der Molarität:

$$n = \frac{m}{M} = \frac{1{,}65 \text{ g}}{74{,}10 \text{ g}} = 0{,}022 \text{ mol}$$

Die Lösung ist 0,022 molar.

3. Berechnung der Normalität (in bezug auf die Basenwirkung):

$$\ddot{A} = \frac{M}{z} = \frac{74{,}10}{2} = 37{,}05 \frac{\text{g}}{\text{val}}$$

$$\frac{m}{\ddot{A}} = \frac{1{,}65}{37{,}05} = 0{,}045 \text{ val}$$

Die Lösung ist 0,045 normal (0,045 n).

Molenbruch und Molprozent

Als *Molenbruch* wird das Verhältnis aus der Anzahl der Mole eines Stoffes, d. h. einer Komponente in einer Mischung oder Lösung, zur Gesamtzahl der vorhandenen Mole bezeichnet. Die Molenbrüche, multipliziert mit 100, ergeben die *Molprozente*.

Beispiel 20

Eine gesättigte Sodalösung enthält bei 20 °C 178 g Na_2CO_3 in einem Liter Lösung. Die Dichte dieser Lösung beträgt bei 20 °C 1,194 g/cm³. Zu berechnen sind die Molenbrüche und die Molprozente des Na_2CO_3 und des Wassers.

Lösung:
Die Masse eines Liters der Lösung beträgt 1194 g und setzt sich zusammen aus 178 g Na_2CO_3 und 1194 − 178 = 1016 g Wasser.

1. Umrechnung in Stoffmengen:

$$n = \frac{m}{M}$$

für Na_2CO_3: $\dfrac{178 \text{ g}}{106 \text{ g/mol}} = 1{,}7 \text{ mol}$

für H_2O: $\dfrac{1016 \text{ g}}{18 \text{ g/mol}} = 56{,}4 \text{ mol}$

2. Berechnung der Gesamtzahl der in der Mischung vorhandenen Mole:

$$1{,}7 \text{ mol} + 56{,}4 \text{ mol} = 58{,}1 \text{ mol}$$

3. Berechnung der Molenbrüche:

für Na_2CO_3: $\dfrac{1{,}7 \text{ mol}}{58{,}1 \text{ mol}} = 0{,}03$

für H_2O: $\dfrac{56{,}4 \text{ mol}}{58{,}1 \text{ mol}} = 0{,}97$

Die gesättigte Lösung enthält 3 Mol-% Na_2CO_3 und 97 Mol-% Wasser.

1.4.4.   Chemische Gleichgewichte

Ein chemisches System, bestehend aus Ausgangsstoffen (Reaktionspartner) und Endprodukten (Reaktionsprodukte), befindet sich im Gleichgewicht, wenn äußerlich keine Änderungen der Teilchenzahlen (Konzentrationen) der beteiligten Stoffe mehr zu beobachten oder nachweisbar sind. Trotzdem laufen in dem System noch *Mikroprozesse* ab, so daß das chemische Gleichgewicht ein *dynamisches* Gleichgewicht ist, d. h., die Anzahl der sich in der Zeiteinheit bildenden Teilchen ist gleich der Anzahl gleichzeitig wieder zerfallender Teilchen.

Die chemischen Gleichgewichte lassen sich analog den stofflichen Systemen in *homogene* und *heterogene* Gleichgewichte einteilen. Das Unterscheidungsmerkmal ist wie dort die Anzahl der *Phasen:* Ist im Gleichgewicht *mehr* als eine Phase vorhanden, so liegt ein heterogenes Gleichgewicht vor. Im homogenen Gleichgewicht liegen die im Gleichgewicht stehenden Stoffe in der gleichen Phase vor. Das Vorliegen eines chemischen Gleichgewichts *erkennt* man daran, daß

- Stoffzusatz zu weiterer Reaktion führt (die gleiche Wirkung hat das Entfernen eines Stoffes)
- Temperatur- und Druckänderungen zu weiterer Reaktion führen
- das Gleichgewicht von beiden Seiten einstellbar ist. (Eine Mischung der reinen Endprodukte reagiert unter Bildung der Ausgangsstoffe.)

Die *Lage* des Gleichgewichts ist *energetisch* bestimmt, d. h., im Gleichgewichtszustand hat ein chemisches System ein *Minimum an potentieller Energie* (atomare, chemische, thermische, elektrische u. a. Energie).

Betrachten wir die allgemeine Reaktion

$$A + B \rightleftharpoons AB,$$

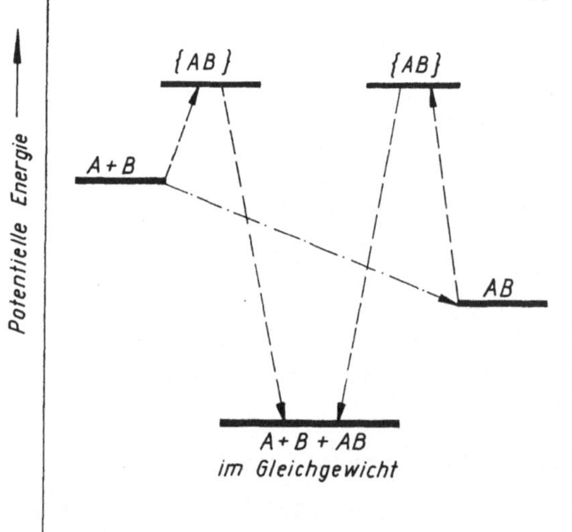

Bild 1.27.
Allgemeines Energielagendiagramm
Der Gleichgewichtszustand $(A + B + AB)$ ist der Zustand minimaler potentieller Energie

so haben die Systeme $(A + B)$ und (AB) höhere potentielle Energien als das im Gleichgewicht befindliche System $(A + B + AB)$.

Bild 1.27. zeigt diesen Zusammenhang schematisch an einem allgemeinen *Energielagen-Diagramm.* Mit $\{AB\}$ wird ein *aktivierter Zwischenzustand* gekennzeichnet, in den die reagierenden Teilchen oder Teilchen des Endprodukts gehoben werden müssen, um zur Reaktion zu kommen.

Homogene Reaktionen (Lösungs- und Gasreaktionen) laufen meist *nicht vollständig* ab; sie kommen zum Reaktionsende, wenn noch alle Reaktionspartner in endlichen Mengen vorhanden sind, d. h., es stellt sich ein Gleichgewicht zwischen Ausgangsstoffen (Reaktionspartner) und Endprodukten ein. Die quantitative Erfassung erfolgt mit Hilfe des *Massenwirkungsgesetzes* (MWG):

▶ Reaktion $A + B \rightleftharpoons C + D$

$$K_c = \frac{c_C \cdot c_D}{c_A \cdot c_B}$$

▶ Reaktion $2A \rightleftharpoons C + D$

$$K_c = \frac{c_C \cdot c_D}{c_A{}^2}$$

K_c Gleichgewichtskonstante (Massenwirkungskonstante)

c_A, c_B Konzentrationen der Ausgangsstoffe

c_C, c_D Konzentrationen der Endprodukte

Beispiele:

▶ *Autoprotolyse* (Dissoziation) des Wassers (bei 25 °C)

$$H_2O \rightleftharpoons H^+ + OH^-$$

$$K_c = \frac{c_{H^+} \cdot c_{OH^-}}{c_{H_2O}} = 1,8 \cdot 10^{-16} \text{ mol/l}$$

▶ *Wassergas-Gleichgewicht*
(Bei Gasreaktionen werden anstelle der Konzentrationen die Partialdrücke eingesetzt.)

$$CO_2 + H_2 \rightleftharpoons CO + H_2O$$

$$K_p = \frac{p_{CO} \cdot p_{H_2O}}{p_{CO_2} \cdot p_{H_2}} = 2,21 \text{ (bei 1 400 K)}$$

Bei *heterogenen Reaktionen* liegt mindestens ein Partner in einem anderen Aggregatzustand vor als die anderen. Im MWG wird für die festen (oder flüssigen) Partner die Konzentration, die bei reinen Stoffen konstant ist in die konstante K_c einbezogen und nicht explizit im MWG aufgeführt.

Beispiel:

▶ *Kalkbrennen*

$$CaCO_3 \rightleftharpoons CaO + CO_2$$

$$K_p = \frac{p_{CaO} \cdot p_{CO_2}}{p_{CaCO_3}} = \frac{1 \cdot p_{CO_2}}{1}$$

$$= p_{CO_2} = 105{,}7 \text{ kPa bei } 900\,°C$$

$$\text{bzw. } 3{,}0 \text{ kPa bei } 700\,°C$$

Die *Lage eines chemischen Gleichgewichtes* (Zahlenwert der Gleichgewichtskonstanten) ist von den äußeren Bedingungen (Druck, Temperatur und Mengenverhältnis) abhängig. Eine *Druckveränderung* verschiebt die Gleichgewichtslage nur dann, wenn bei der Reaktion eine Molzahländerung eintritt. Eine *Temperaturerhöhung* führt bei endothermen Reaktionen zu einer Vergrößerung, bei exothermen Reaktionen zu einer Verkleinerung der Gleichgewichtskonstanten und damit der Ausbeute. Bei der Erhöhung der Konzentration eines der Ausgangsstoffe wird die Gleichgewichtslage auf die Seite der Endprodukte verschoben, d. h., die Ausbeute an Endprodukten steigt.

Dieses Verhalten entspricht dem *Prinzip vom kleinsten Zwang:* Übt man auf ein im Gleichgewicht befindliches System durch Änderung der äußeren Bedingungen einen Zwang aus, so verschiebt sich die Lage des Gleichgewichtes derart, daß der äußere Zwang vermindert wird: das System weicht dem äußeren Zwange aus (*Prinzip von* LE CHATELIER *und* BRAUN).

Bei *Festkörperreaktionen* stellt sich der Gleichgewichtszustand wegen der hohen Bindungsfestigkeit zwischen den Elementarteilchen der festen Körper und der daraus resultierenden relativ geringen Beweglichkeit der Teilchen (kleine Diffusionsgeschwindigkeiten) nur sehr langsam ein. Bei den meisten technischen Prozessen mit Festkörperreaktionen wird daher kein Gleichgewicht erreicht. Beispiele:

▶ Klinkerbildung bei der Portlandzement-Herstellung
$$2\,CaO + SiO_2 \rightleftharpoons Ca_2SiO_4$$
(und andere Reaktionen)

▶ Mullitbildung bei der Porzellanherstellung
$$3\,Al_2O_3 + 2\,SiO_2 \rightleftharpoons 3\,Al_2O_3 \cdot 2\,SiO_2$$

1.4.5. Geschwindigkeit chemischer Reaktionen

Die *chemische Reaktionskinetik* behandelt die Frage, wie schnell eine Reaktion abläuft bzw. sich ein Reaktionsgleichgewicht einstellt. Die Zusammenhänge des zeitlichen Reaktionsablaufs und seiner Beeinflussung sind wirtschaftlich besonders wich-

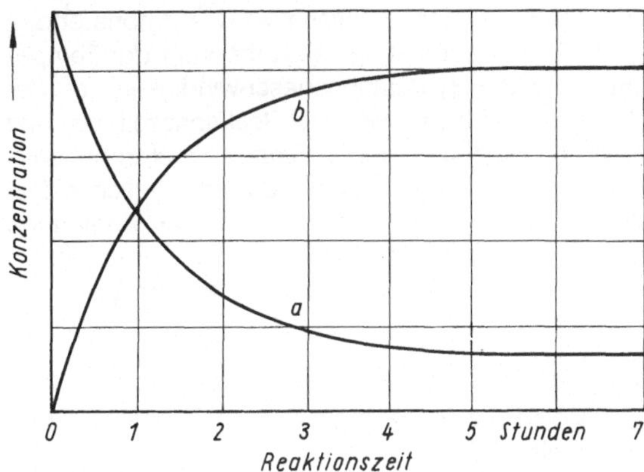

Bild 1.28.
Kinetisches Diagramm
a) Konzentration der Ausgangsstoffe
b) Konzentration der Endprodukte
(Nach etwa 5 h tritt keine Änderung ein, d. h., die Gleichgewichtskonzentrationen sind erreicht.)

tig. Die *Reaktionsgeschwindigkeit* ist definiert als dc/dt (c = Konzentration, z. B. in mol/l, t = Zeit, z. B. in Minuten), d. h. als Zunahme der Konzentration der Endprodukte bzw. Abnahme der Konzentration der Ausgangsstoffe (Vorzeichenänderung!) in der Zeiteinheit. Eine schematische Darstellung zeigt Bild 1.28.

Für die mathematische Behandlung existieren Geschwindigkeitsgesetze, wonach die chemischen Reaktionen in Abhängigkeit vom Reaktionsmechanismus in Reaktionsordnungen eingeteilt werden (s. Lehrbücher der physikalischen Chemie).

Die Reaktionsgeschwindigkeit hängt von der *Konzentration*, der *Temperatur*, dem *Aggregatzustand*, der *Oberfläche* (bei Beteiligung fester Stoffe) und von der Anwesenheit von *Katalysatoren* (Beschleunigern) ab.

Mit steigender *Temperatur* nimmt die Reaktionsgeschwindigkeit zu, da die Anzahl der reaktionsfähigen Moleküle ansteigt, die einen Mehrbetrag an Energie gegenüber dem Durchschnittsenergieinhalt haben. Die Zunahme der Reaktionsgeschwindigkeit kann überschlagsweise nach der VAN'T HOFFSchen Regel (RGT-Regel) berechnet werden:

$$\boxed{\frac{RG_{(t+10)}}{RG_t} = 2 \ldots 4}$$

Bei einem mittleren Faktor von 3 bewirkt eine Temperatursteigerung um nur 100 K schon eine Erhöhung der Reaktionsgeschwindigkeit um das $3^{10} = 59\,000$fache. Die RGT-Regel gilt innerhalb mittlerer Temperaturbereiche für viele anorganische und organische Reaktionen.

Eine Erhöhung der Frühfestigkeit des Betons erfolgt durch Warmbehandlung. Bei Erhöhung der Temperatur wird die Hydratationsgeschwindigkeit des Zements erhöht bzw. wird die Reaktionszeit verkürzt (Dampf-, Heißluft-, Heiz-, Infrarot-, Elektrobehandlung u. a.). Eine Abschätzung der erforderlichen Reaktionszeit τ_t nach dem Mischen zur Erreichung einer bestimmten Festigkeit bei der Temperatur t kann z. B. nach der SAULschen *Regel* erfolgen:

$$\frac{\tau_t}{\tau_{20}} = \frac{30}{t + 10}$$

τ_{20} ist die Reaktionszeit zur Erreichung der gleichen Festigkeit bei 20 °C.

Beispiel 21

Ein Beton entwickelt nach 16stündiger Erhärtung bei 20 °C eine Druckfestigkeit von 25 N/mm^2.
Nach welcher Zeit ist diese Festigkeit erreicht, wenn die Temperatur auf 50 °C erhöht wird?

Lösung:

$$\tau_t = \tau_{20} \frac{30}{t + 10} = 16 \cdot \frac{30}{50 + 10} = 8$$

Bei 50 °C hat der Beton nach 8stündiger Erhärtung eine Festigkeit von 25 N/mm^2 erreicht.

Während Gas- und Ionenreaktionen praktisch augenblicklich ablaufen, tritt bei Reaktionen, an denen feste Stoffe beteiligt sind, der Temperatureinfluß besonders deutlich hervor. Bei Festkörperreaktionen wird durch eine genügend große Temperaturerhöhung eine „Auflockerung" des Gitters hervorgerufen, die wiederum eine Steigerung der Diffusionsgeschwindigkeiten bewirkt. Da die Moleküle und Ionen im Gaszustand und im flüssigen Zustand leicht beweglich sind, liegen hier erheblich höhere Reaktionsgeschwindigkeiten vor als bei Festkörperreaktionen.

Mit der Vergrößerung der *Oberfläche* des festen Stoffes nimmt seine Reaktionsfähigkeit, d. h. die Geschwindigkeit chemischer Umsetzungen zu, da ein feingemahlener Festkörper energiereicher ist (höhere Oberflächenenergie) als ein grober Festkörper.

So steigt zum Beispiel die Festigkeit eines Betons nach 1 d etwa auf das Vierfache, wenn die spezifische Oberfläche des verwendeten Portlandzements von 3000 auf 4500 cm^2/g erhöht wird. Allgemein kann die Reaktionsfähigkeit grobgemahlener oder länger gelagerter Zemente durch Nachmahlen erhöht werden. Auch bei der Autoklavhärtung von Silicatbeton (durch HD-Dampfbehandlung) ist die Oberflächengröße des Quarzsandes ein wichtiger Faktor: von einem Teil des Sandes muß die Oberfläche durch Mahlung vergrößert werden. Des weiteren hängt die Erhärtung eines Kalkputzes:

$$Ca(OH)_2 + CO_2 + H_2O \rightarrow CaCO_3 + 2\,H_2O$$

von der Porosität des Putzes ab (größere Oberfläche).

Reaktionsgeschwindigkeiten lassen sich durch den Zusatz geeigneter *Katalysatoren* beschleunigen. So können Festkörperreaktionen (z. B. beim Zementbrennen) durch den Zusatz geeigneter Katalysatoren (hier auch als Mineralisatoren bezeichnet), die die Diffusionsgeschwindigkeiten erhöhen, beschleunigt werden.

2. Chemie des Wassers

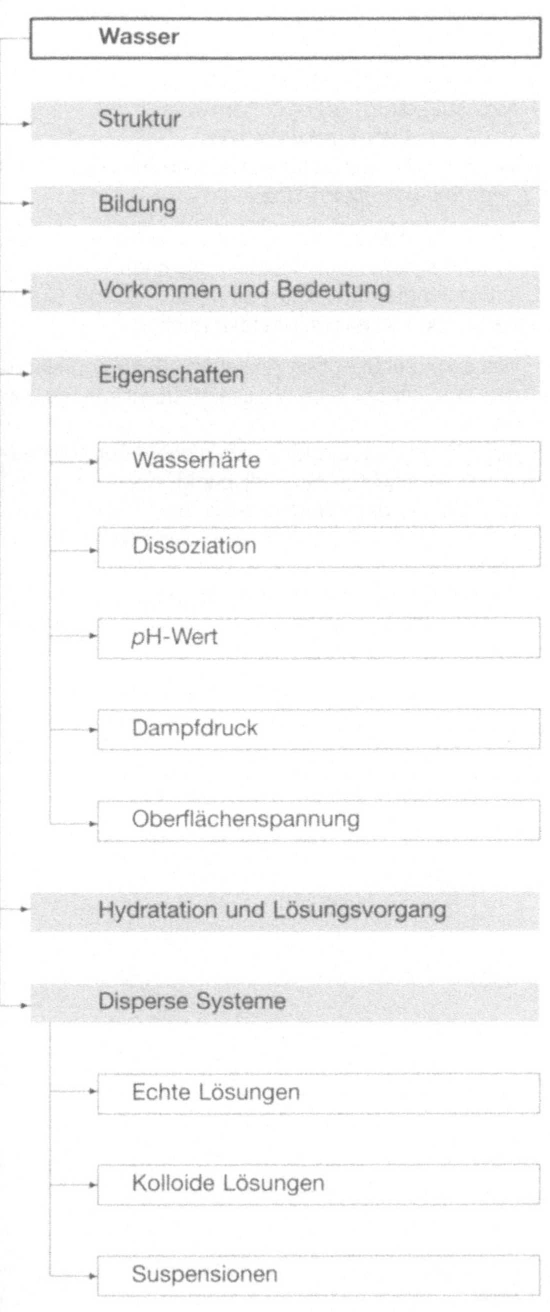

Wasser ist für viele Herstellungs- und Verarbeitungsprozesse von Baustoffen von Bedeutung, wie bereits einige technologische Bezeichnungen erkennen lassen:

- Zugabewasser
- Wasserzementwert
- Wasseraufnahme
- Wasseranspruch
- Wasserhärte
- Wasseraggressivität

Eingehende Kenntnisse über die Struktur und Eigenschaften des Wassers sind deshalb von grundlegender Bedeutung für die Erklärung und Beeinflussung vieler praktischer Stoffwandlungsprozesse im Bauwesen.

In diesem Kapitel werden neben den chemischen Eigenschaften des Wassers (Grundlagen der Autoprotolyse, der pH-Wert, die Hydratation, die Pufferung usw.) auch seine physikalischen Eigenschaften wie der Dampfdruck, die Oberflächenspannung usw. behandelt.

2.1. Struktur des Wassers

Das Wassermolekül ist aus einem Sauerstoffatom, das im Grundzustand 6 Elektronen auf der L-Schale hat, und 2 Wasserstoffatomen mit je einem Elektron auf der K-Schale im Grundzustand aufgebaut. Bei der Wasserbildung vereinigen sich die p_x- und p_y-Elektronen (siehe 1.2.1.) zu je einem bindenden Orbital. Neben den beiden bindenden Elektronenpaaren liegen zwei nicht gebundene Elektronenpaare vor (Bild 2.1.). Von diesen freien Elektronenpaaren gehen negative elektrische Kräfte aus, die in die Nähe kommende positive Teilchen anziehen und eventuell festhalten. Von den Protonen gehen positive elektrische Kräfte aus, die imstande sind, negative Ladungen, etwa das Elektronenpaar eines Atoms, falls letzteres ein nicht gebundenes freies Elektronenpaar aufweist, anzuziehen.

Der durch diese Anordnung der Protonen und Elektronen sich ergebende *tetraedrische Bau* des Wassermoleküls hat eine asymmetrische Verteilung der Ladungen zur Folge: Der Schwerpunkt der negativen Ladung fällt nicht mit dem Schwerpunkt der

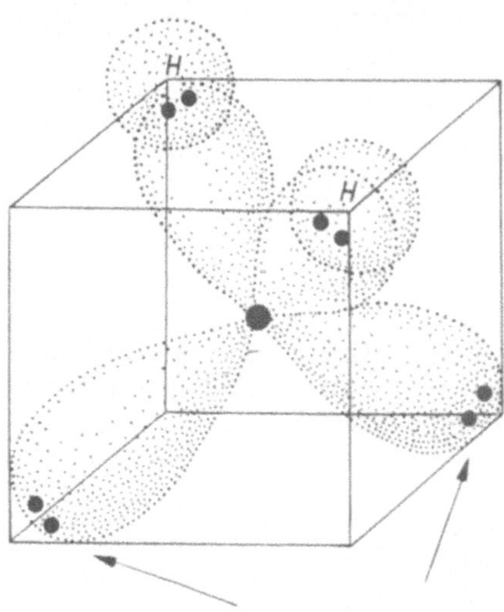

Bild 2.1.
Modell für die tetraedrische Struktur des Wassermoleküls
(O−H-Bindungen entstehen durch Überlappung von *p*-Atomorbitalen des O-Atoms mit *s*-Atomorbitalen der H-Atome)

positiven Ladung zusammen. Auf Grund dieser Ladungsverteilung bezeichnet man das Wassermolekül als ein *Dipolmolekül*. Die Stärke der Dipol-Eigenschaften wird durch die Dielektrizitätskonstante (DK) quantitativ ausgedrückt; Wasser hat bei 25 °C eine DK von 78,54 (Ethanol 25,8; Benzol 2,2). Die *geometrischen Abmessungen* des Wassermoleküls betragen:

Tafel 2.1.
Einige physikalische Eigenschaften von H_2O, NH_3 und CH_4

	Mol-Masse	F. °C	Kp. °C	H_v kJ/mol
H_2O	18	0	100	41
NH_3	17	− 78	− 33	23
CH_4	16	−183	−161	8

- O−H-Abstand $0{,}96 \cdot 10^{-8}$ cm
- Molekülradius $1{,}38 \cdot 10^{-8}$ cm
- H−O−H-Bindungswinkel 105°
- Winkel zwischen den freien Elektronenpaaren und dem Sauerstoffkern 120°.

In Bild 2.2. wird das Wassermolekül mit einem NH_3- und einem CH_4-Molekül verglichen.
Der Dipolcharakter ist für einige auffallende Eigenschaften des Wassers verantwortlich:

- Wassermoleküle üben Anziehungskräfte aufeinander aus, wobei sich Wasserstoffbrücken ausbilden.
- Auf Grund der starken Assoziation der Wassermoleküle sind der Schmelzpunkt, der Siedepunkt und die Verdampfungswärme des Wassers wesentlich höher als bei Verbindungen mit vergleichbarer Molekülmasse (Tafel 2.1.).
- Wasser besitzt ein ausgezeichnetes Lösevermögen für Salze und Verbindungen aus polaren Molekülen (z. B. Zucker).

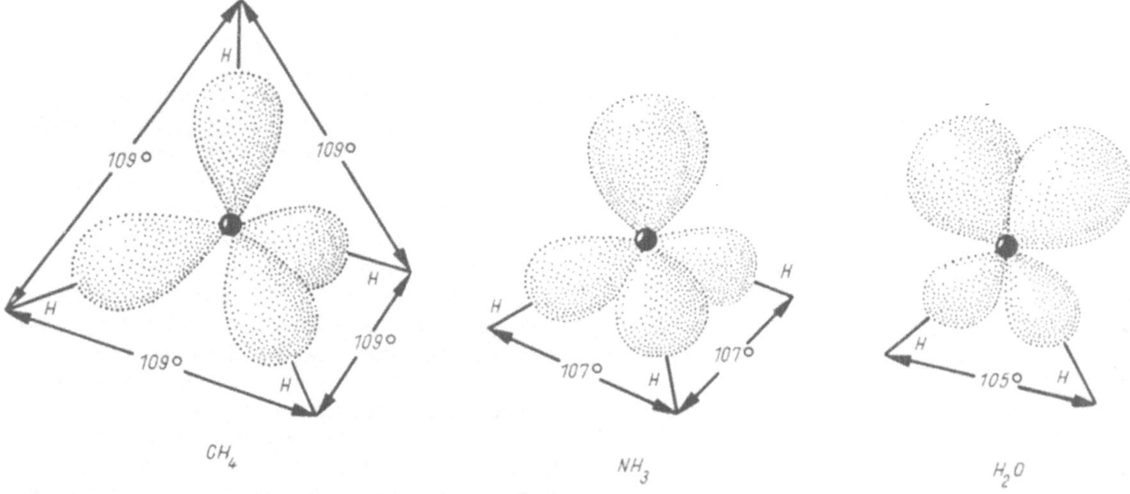

Bild 2.2.
Tetraedrische Struktur des Wassermoleküls (2 freie Elektronenpaare), verglichen mit der des Ammoniakmoleküls (1 freies Elektronenpaar) und der des Methanmoleküls (kein freies Elektronenpaar)

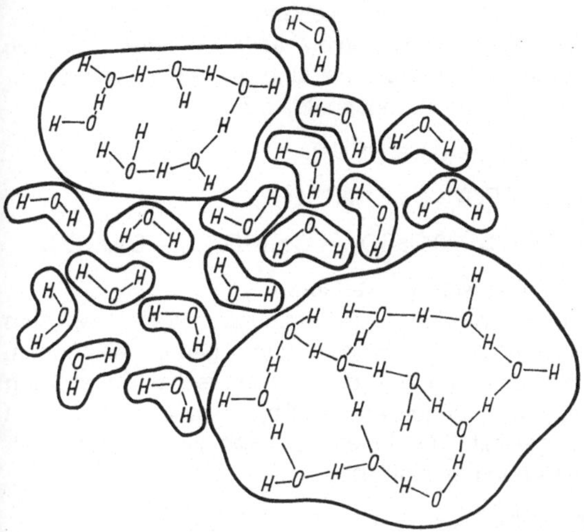

Bild 2.3.
Modell für die Anordnung der Wassermoleküle im flüssigen Wasser als Mischung von Netzwerken und Einzelmolekülen

Im festen Zustand (Eis) liegen die meisten Bindungen dieser Art vor; jedes O-Atom ist tetraedrisch von 4 H-Atomen umgeben, von denen 2 durch Atombindungen und 2 durch H-Brückenbindungen festgehalten werden. Beim Schmelzen bricht die Gitterordnung zusammen, jedoch ist auch im flüssigen Zustand noch eine gewisse Ordnung vorhanden. Bei der Untersuchung des umgekehrten Vorgangs, nämlich der Abkühlung von Wasserdampf, wurde festgestellt, daß beim Unterschreiten von 100 °C (Kondensation) die Bildung von Zweier-, Dreier-, Vierer- und höheren Aggregaten bis $(H_2O)_6$ eintritt. Diese Aggregation (Assoziation) nimmt bei weiter fallender Temperatur immer mehr zu, so daß bei 70 °C bereits Netzwerke (sog. fluktuierende „cluster") aus etwa 25 Molekülen, bei 20 °C aus 90 Molekülen und bei 0 °C (flüssig) aus etwa 100 Molekülen vorliegen. Bild 2.3. zeigt ein Strukturmodell des flüssigen Wassers (nach NÉMETHY und SCHERAGA).

2.2. Bildung des Wassers

Wasser kann durch Umsetzung einer Mischung aus Wasserstoff mit Sauerstoff (Knallgas) oder durch Umsetzung von Wasserstoff- mit Hydroxid-Ionen gebildet werden.

- Bei der Entstehung von flüssigem Wasser aus den Elementen wird folgende Wärme frei:

$$2\,H_2 + O_2 \rightarrow 2\,H_2O\,; \quad \Delta H = -572{,}8\ \text{kJ}$$

je Formelumsatz.

- Beim Vereinigen von H^+- und OH^--Ionen zu flüssigem Wasser entsteht folgende Wärme

$$H^+ + OH^- \rightarrow H_2O\,; \quad \Delta H = -57{,}15\ \frac{\text{kJ}}{\text{mol}}$$

2.3. Wasser in Natur und Technik

70,6 % der *Erdoberfläche* (= 360 Mill. km^2) sind in Form der Ozeane, Meere, Seen und Flüsse mit Wasser bedeckt. Die Gesamtmasse des auf der Erde vorkommenden Wassers beträgt schätzungsweise $1{,}6 \cdot 10^{21}$ kg Wasser. Die feste Erdkruste enthält an vielen Stellen auch Wasser in gebundener Form (z. B. Gipsstein mit 21 % Wassergehalt). *Natürliches Wasser* ist niemals rein. Regenwasser enthält gelöste Luft und Staub, besonders in Industriegebieten und Großstädten oft beträchtliche Mengen Schwefeldioxid. Regenwasser hat in Industriegebieten und Großstädten häufig einen *p*H-Wert < 5 (sauer). Die wichtigsten gelösten Bestandteile von Grund-, Quell- und Brunnenwasser sind neben O_2 und CO_2 eine Reihe von Salzen wie $Ca(HCO_3)_2$, $CaSO_4$, $MgCl_2$ u. a., die bei genügend hoher Konzentration (vgl. Kap. 4.6. und 6.) baustoffschädigend wirken können. Meerwasser enthält in der Regel größere Mengen gelöster Salze. Tafel 2.2. zeigt die mittleren Konzentrationen einiger Ionen in der Ost- und Nordsee.

Wie bereits in der Einleitung dieses Kapitels angedeutet wurde, spielt das Wasser im Bauwesen eine besondere Rolle. Zum Beispiel ist es nicht nur bei der Herstellung von Beton, zum Kalklöschen und zur Erhärtung von Gips erforderlich (Zugabewasser, Wasserzementwert u. a.), sondern auch bei der Herstellung von Ziegeln (Bereitung von Massen, die vor dem Brennen geformt werden) wird Wasser benötigt. Auch bei den verschiedenen Arten der Baustoffkorrosion ist das Wasser (z. B. in Form aggressiver Lösungen) oder die Luftfeuchtigkeit von besonderer Bedeutung.

Tafel 2.2.
Der Gehalt von Ostsee- und Nordseewasser an verschiedenen Ionen; Angaben in mg/l

Ionenart	Ostsee (Kieler Bucht)	Nordsee (Helgoland)
Na^+	4980	11050
K^+	180	400
Ca^{2+}	190	430
Mg^{2+}	600	1330
Cl^-	8960	19890
SO_4^{2-}	1250	2780
pH	>7	>8

2.4. Härte des Wassers

Die im Wasser gelösten *Erdalkalisalze,* insbesondere Ca- und Mg-Salze, bedingen die Wasserhärte, die quantitativ in sog. „Grad deutscher Härte" (im Ausland existieren andere Festlegungen) angegeben wird. $1\,°d$ entspricht $10\,mg\ CaO$ pro Liter bzw. $7,19\,mg\ MgO$ pro Liter. Weiches Wasser weist Härtegrade unter $8\,°d$, bei Werten über $18\,°d$ spricht man von hartem Wasser (Tafel 2.3.).

Die *Gesamthärte* (GH) eines Wassers setzt sich meist zusammen aus der

- *Carbonathärte* (KH), die im wesentlichen den Gehalt an gelösten $Ca(HCO_3)_2$ kennzeichnet, der beim Kochen unter Kesselsteinbildung ($CaCO_3$-Ausscheidung) verschwindet (temporäre Härte), und der
- *Nichtcarbonathärte* (NKH), die den Gehalt an allen anderen gelösten Ca- und Mg-Salzen (z. B. Sulfate und Chloride) kennzeichnet und beim Kochen nicht verschwindet (permanente Härte).

Angaben über die aggressive Wirkung von Wasser in Abhängigkeit vom Härtegrad und vom Kohlendioxid-Gehalt befinden sich in Kap. 4.6. und 6., wo auch Methoden zur praktischen Bestimmung angegeben werden.

Die *Beseitigung der Ca- und Mg-Ionen aus hartem Wasser* kann nach folgenden Verfahren bewirkt werden:

- *Kalk-Soda-Verfahren*

Dieses Verfahren wird häufig angewendet. $Ca(OH)_2$ und Na_2CO_3 werden mit dem Wasser in einer Enthärtungsanlage zusammengebracht, wobei sich die Erdalkalien in Form schwerlöslicher Carbonate bzw. Hydroxide als Schlamm abscheiden, z. B.:

$$Ca(OH)_2 + Ca(HCO_3)_2 \rightarrow 2\,CaCO_3\downarrow + 2\,H_2O$$

$$Ca(OH)_2 + MgSO_4 + 2\,H_2O$$

$$\rightarrow Mg(OH)_2\downarrow + CaSO_4 \cdot 2\,H_2O\downarrow$$

$$Na_2CO_3 + CaSO_4 \rightarrow CaCO_3\downarrow + Na_2SO_4$$

Tafel 2.3.
Wassereigenschaften und Härtegrade

Eigenschaft	°d	mval/l
sehr weich	0 … 4	0 …1,44
weich	4 … 8	1,44 … 2,88
mittelhart	8 … 12	2,88 … 4,32
ziemlich hart	12 … 18	4,32 … 6,84
hart	18 … 30	6,84 … 10,8
sehr hart	>30	>10,8

1 mval/l = 20,04 mg Ca^{2+} bzw. 12,16 mg Mg^{2+} pro Liter;
1 mval = 2,8 °d

- *Trinatriumphosphat-Verfahren*

Bei diesem wirksameren, aber teureren Verfahren kommt es zur Abscheidung des sehr schwerlöslichen Tricalciumphosphats, z. B.:

$$2\,Na_3PO_4 + 3\,Ca(HCO_3)_2$$

$$\rightarrow Ca_3(PO_4)_2\downarrow +6\,NaHCO_3$$

$$2\,Na_3PO_4 + 3\,CaSO_4 \rightarrow Ca_3(PO_4)_2\downarrow + 3\,Na_2SO_4$$

- *Ionenaustausch-Verfahren*

Bei Verwendung von Permutiten kommt es zum Austausch der Erdalkaliionen gegen Alkaliionen. Permutite werden durch thermische Behandlung von Mischungen aus Kaolin, Quarzsand und Soda hergestellt. Der Ionenaustausch ist aus folgender Gleichung ersichtlich:

$$Na_2[AlSi_2O_6]_2 + Ca^{2+} \rightarrow Ca[AlSi_2O_6]_2 + 2\,Na^+$$

Auch die Totalentsalzung (Kationen- und Anionenaustausch) ist möglich, wobei bestimmte *Kunststoffe,* z. B. Wofatite (Wofatite sind dotierte Phenolformaldehydharze), Lewatite, Duolite u. a. verwendet werden:

Beispielreaktionen (als Wasserverunreinigung wurde $CaSO_4$ angenommen):

1. Stufe:

$$H^+\text{-Harz} + CaSO_4 \rightarrow Ca^{2+}\text{-Harz} + H_2SO_4$$

2. Stufe:

$$OH^-\text{-Harz} + H_2SO_4 \rightarrow SO_4{}^{2-}\text{-Harz} + H_2O$$

$$\text{(„destilliertes" Wasser)}$$

Kunststoff-Ionenaustauscher können mittels NaCl-Lösung bzw. verdünnter Salzsäure und verdünnter Natronlauge regeneriert werden.

Die Herstellung von „destilliertem" Wasser (aqua dest.) durch Destillation (Verdampfen mit anschließender Kondensation) wird heute aus wirtschaftlichen Gründen nur noch in Ausnahmefällen durchgeführt.

2.5. Dissoziation und *p*H-Wert

Wasser ist stets zu einem sehr geringen Teil dissoziiert. Elektrolytische Dissoziation ist die Erscheinung, daß Salze, Säuren und Basen (Ionenverbindungen) in Wasser und in der Schmelze (z. T. vollständig) in Ionen zerfallen.

Dabei bilden sich Kationen (positiv geladen) und Anionen (negativ geladen). Die Summe der entstehenden Ladungen ist ausgeglichen, da ja alle Ionen aus vorher elektrisch neutralen Verbindungen entstanden sind. Die Ionen bewegen sich in wäßriger Lösung und in der Schmelze (beides sind Elektrolyte) regellos; nach Eindampfen oder Erstarren lagern sich die meisten Stoffe wieder geregelt (kristallin) zusammen.

Beispielgleichungen für Dissoziationen in Wasser (vereinfacht):

allgemein

elektrisch neutrale Verbindung

$\rightarrow$ Kation(en) + Anion(en)

Salze

NaCl $\quad \rightarrow Na^+ + Cl^-$

$CaCO_3 \quad \rightarrow Ca^{2+} + CO_3^{2-}$

$Al(NO_3)_3 \rightarrow Al^{3+} + 3\,NO_3^-$

Säuren

HCl $\quad \rightarrow H^+ + Cl^-$

$H_2SO_4 \rightarrow 2\,H^+ + SO_4^{2-}$

$H_3PO_4 \rightarrow 3\,H^+ + PO_4^{3-}$

Basen

NaOH $\quad \rightarrow Na^+ + OH^-$

$Ca(OH)_2 \rightarrow Ca^{2+} + 2\,OH^-$

$NH_4OH \quad \rightarrow NH_4^+ + OH^-$

Gemäß der Gleichung

$$H_2O + H_2O \rightarrow H_3O^+ + OH^-$$

läuft auch in reinstem Wasser in sehr geringem Ausmaß eine Dissoziation (protolytische Reaktion, Autoprotolyse) ab.

Vereinfacht man die Gleichung in der Weise, daß man für das Oxoniumion (H_3O^+) nur das Wasserstoffion (H^+, Proton) schreibt, so ergibt sich

$$H_2O \rightleftharpoons H^+ + OH^-$$

Diese Dissoziation ist aber so gering, daß von 10^{10} Molekülen des Wassers nur 14 Moleküle in Ionen zerfallen sind.

Das Massenwirkungsgesetz (MWG) der Autoprotolyse lautet:

$$K_c = \frac{c_{H^+} \cdot c_{OH^-}}{c_{H_2O}}$$

Die Gleichgewichtskonzentration c_{H_2O} unterscheidet sich, bedingt durch die äußerst geringe Dissoziation, nur sehr wenig von der Konzentration des gesamten undissoziierten Wassers.

Unter der Konzentration des undissoziierten Wassers ist diejenige Stoffmenge (Molzahl) zu verste-

hen, die in 1000 g (= 1 l) Wasser enthalten ist. In 18 g Wasser ist die Stoffmenge von 1 mol H_2O-Molekülen enthalten, so daß 1000 g Wasser aus

$$\frac{1000\,g}{18\,g/mol} = 55{,}6 \text{ mol } H_2O\text{-Molekülen}$$

bestehen bzw. in einem Liter Wasser die Konzentration 55,6 mol/l vorliegt.

Die Werte für die Gleichgewichtskonzentration c_{H_2O} und die Konzentration des gesamten Wassers können gleichgesetzt und c_{H_2O} kann in die Konstante K_c einbezogen werden. Das Produkt aus K_c und c_{H_2O} bezeichnet man als **Ionenprodukt des Wassers** K_w.

$$K_w = K_c \cdot c_{H_2O} = c_{H^+} \cdot c_{OH^-}$$

Bei 24 °C ergibt sich $K_w = 1{,}79 \cdot 10^{-16} \cdot 55{,}6 = 1{,}0 \times 10^{-14} \text{ mol}^2/l^2$.

Das Produkt der H^+-Ionenkonzentration und der OH^--Ionenkonzentration in Wasser bzw. wäßrigen Lösungen ist also konstant, und zwar (streng nur bei 24 °C) $10^{-14} \text{ mol}^2/l^2$.

$$c_{H^+} \cdot c_{OH^-} = 10^{-14} \text{ mol}^2/l^2$$

in aqua dest. ergibt sich

$$10^{-7} \text{ mol/l} \cdot 10^{-7} \text{ mol/l} = 10^{-14} \text{ mol}^2/l^2$$

(gleiche Anzahl von H^+- und OH^--Ionen, neutral)

Wird durch Zugabe von Säure zu Wasser die H^+-Ionenkonzentration erhöht, so sinkt die OH^--Ionenkonzentration durch verminderte Dissoziation des Wassers

z. B. $10^{-3} \text{ mol/l} \cdot 10^{-11} \text{ mol/l} = 10^{-14} \text{ mol}^2/l^2$

(H^+-Ionenüberschuß, sauer)

oder tendenziell umgekehrt bei Zugabe von Lauge

z. B. $10^{-12} \text{ mol/l} \cdot 10^{-2} \text{ mol/l} = 10^{-14} \text{ mol}^2/l^2$

(OH^--Ionenüberschuß, basisch)

Da die H^+-Ionenkonzentration mit der OH^--Ionenkonzentration korrespondiert (und umgekehrt), genügt zur Charakterisierung die Angabe einer Konzentration, die andere ergibt sich dann zwangsläufig.

Zur Kennzeichnung des Säure- bzw. Basizitätsgrades gibt man nur die Wasserstoffionenkonzentration an, und zwar nur den negativen Exponenten der Konzentration in mol/l. Dieser negative Exponent der H^+-Ionenkonzentration wird als pH-Wert bezeichnet (potentio hydrogenii = Wirksamkeit der Wasserstoffionen).

Tafel 2.4.
Abhängigkeit des Ionenproduktes $[H^+ \cdot OH^-]$ von der Temperatur

Temperatur °C	$-\lg K_w$	Temperatur °C	$-\lg K_w$
0	14,9435	24	14,0000
10	14,5346	40	13,5348
20	14,1669	60	13,0171

Anders ausgedrückt:

Der pH-Wert ist der negative dekadische Logarithmus der Wasserstoffionenkonzentration

$$pH = -\lg c_{H^+}$$

> $pH = 7$ neutral; > 7 basisch; < 7 sauer

Die Tafel 2.4. zeigt die Änderung des Ionenproduktes mit der Temperatur.
Wie die Zahlenwerte zeigen, darf der pH-Wert exakt nur bei 24 °C gemessen und angegeben werden, andernfalls resultieren Fehler.

Beispiel 22

Welche OH^--Ionen-Konzentration liegt vor in einer Säure, deren H^+-Ionen-Konzentration 1 mol/l beträgt; wie groß ist der pH-Wert?

Lösung:

$$c_{H^+} \cdot c_{OH^-} = 10^{-14} \frac{mol^2}{l^2}$$

$$1\,\frac{mol}{l} \cdot c_{OH^-} = 10^{-14} \frac{mol^2}{l^2}$$

$$pH = -\lg 1 = 0$$

Die OH^--Konzentration beträgt 10^{-14} mol/l, der pH-Wert 0. (In einer stark sauren Lösung sind stets noch OH^--Ionen enthalten.)

Beispiel 23

Welche H^+-Ionenkonzentration liegt in einer Lauge vor, deren OH^--Ionen-Konzentration 1 mol/l beträgt; wie groß ist der pH-Wert?

Lösung:

$$c_{H^+} \cdot c_{OH^-} = 10^{-14} \frac{mol^2}{l^2}$$

$$c_{H^+} \cdot 1\,\frac{mol}{l} = 10^{-14} \frac{mol^2}{l^2}$$

$$pH = -\lg 10^{-14} = 14$$

Die H^+-Ionen-Konzentration beträgt 10^{-14} mol/l, der pH-Wert 14. (Eine stark alkalische Lösung enthält stets noch H-Ionen.)

Beispiel 24

Welche H^+-Ionen-Konzentration hat eine schwache Lauge, deren pH-Wert 9,25 beträgt?

Lösung:

$$\lg c_{H^+} = -9,25 = 0,75 - 10$$

$$c_{H^+} = 5,62 \cdot 10^{-10} \frac{mol}{l}$$

Die schwache Lauge hat eine H^+-Ionen-Konzentration von $5,62 \cdot 10^{-10}$ mol/l.

Beispiel 25

Welchen pH-Wert hat gesättigtes Kalkwasser? Das Löslichkeitsprodukt von $Ca(OH)_2$ beträgt bei 20 °C $5,62 \cdot 10^{-6}$ mol^3/l^3.

Lösung:
Das Löslichkeitsprodukt L ergibt sich durch Multiplikation der Konzentration der maximal in Lösung befindlichen Ionen. Zum Beispiel beträgt das Löslichkeitsprodukt des $Ca(OH)_2$ in gesättigtem Kalkwasser bei 20 °C:

$$L = c_{Ca^{2+}} \cdot c_{OH^-}^2 = 5,62 \cdot 10^{-6} \frac{mol^3}{l^3}$$

Bei der Auflösung von x mol $Ca(OH)_2$ entstehen x mol Ca^{2+}-Ionen und $2x$ mol OH^--Ionen (es wird 100%ige Dissoziation angenommen). Damit ergibt sich

$$L = x \cdot (2x)^2 = 5,62 \cdot 10^{-6} \frac{mol^3}{l^3}$$

$$x = 1,112 \cdot 10^{-2} \frac{mol^3}{l^3}$$

Daraus folgt für die OH^--Ionen-Konzentration:

$$c_{OH^-} = 2x = 2,224 \cdot 10^{-2} \frac{mol}{l}$$

Diese steht in Beziehung zur H^+-Ionen-Konzentration nach dem Ionenprodukt:

$$c_{H^+} \cdot c_{OH^-} = K_w$$

$$c_{H^+} \cdot 2,224 \cdot 10^{-2} = 10^{-14} \frac{mol^2}{l^2}$$

$$c_{H^+} = 4,25 \cdot 10^{-13} \frac{mol^2}{l^2}$$

$$pH = -\lg 4,25 \cdot 10^{-13}$$

$$pH = 12,35$$

Gesättigtes Kalkwasser hat bei 20 °C einen pH-Wert von 12,35.
Exakt lassen sich H^+-Ionen-Konzentrationen wäßriger Lösungen nur innerhalb der Grenzwerte $10^0 \ldots 10^{-14}$ mol/l in Form von pH-Werten angeben (pH 0 ... 14). pH-Werte unter 0 (etwa -1 für eine 10 n-Säure) oder über 14 (etwa 15 für eine 10 n-Lauge) sind fehlerhaft, da die effektive H^+-Ionen-Konzentration bei diesen hohen Säure- bzw. Basenkonzentrationen von der theoretischen H^+-Ionen-Konzentration erheblich abweicht.

Die Dissoziation einer nicht zu konzentrierten Salzsäure

$$HCl + H_2O \rightleftharpoons H_3O^+ + Cl^-$$

ist nahezu 100%ig (= „starke" Säure, „starker" Elektrolyt). Die Dissoziation einer Essigsäure derselben Konzentration

$$CH_3COOH + H_2O \rightleftharpoons H_3O^+ + CH_3COO^-$$

ist dagegen viel geringer (= „schwache" Säure, „schwacher" Elektrolyt).

In konzentrierten Lösungen starker Elektrolyte führen die großen Ionenzahlen zur Behinderung der freien Beweglichkeit, die Anhäufung von Ionen entgegengesetzter Ladung um ein Zentralion führt zu einer gewissen Nahordnung. Der Bruchteil der frei wirksamen Ionen wird als *Aktivität a* bezeichnet:

$$\boxed{a = f_a \cdot c} \quad f_a \text{ Aktivitätskoeffizient}$$

Tafel 2.5. enthält die Aktivitätskoeffizienten einiger starker Elektrolyte bei 25 °C in Abhängigkeit von der Konzentration.

Als Maß für den elektrolytischen Zerfall schwacher Elektrolyte dient der *Dissoziationsgrad* α, der wie folgt definiert ist:

$$\alpha = \frac{\text{Anzahl der zerfallenen Moleküle}}{\text{Anzahl der Moleküle vor dem Zerfall}}$$

Als Dissoziationskonstante K_c wird die Konstante des MWG bei Anwendung dieses Gesetzes auf die elektrolytische Dissoziation bezeichnet; z. B. ergibt sich für Essigsäure

$$K_c = \frac{c_{H_3O^+} \cdot c_{CH_2COO^-}}{c_{CH_3COOH} \cdot c_{H_2O}}$$

Tafel 2.5.

Aktivitätskoeffizienten einiger starker Elektrolyte bei 25 °C in Abhängigkeit von der Konzentration

Elektrolyt	Aktivität bei der Konzentration in mol/1 000 g H_2O			
	1,0	0,1	0,01	0,001
HCl	0,709	0,769	0,904	0,965
H_2SO_4	0,186	0,379	0,543	0,837
HNO_3	0,720	0,785	0,902	0,965
NaOH	0,668	0,772	0,905	–
NH_4Cl	0,574	0,742	0,880	0,961
NaCl	0,664	0,786	0,906	0,966
K_2SO_4	0,342	0,441	0,715	0,889
$MgCl_2$	0,659	0,577	0,751	0,891
$CaCl_2$	0,505	0,531	0,730	0,883

Tafel 2.6.

Dissoziationskonstanten einiger schwacher Säuren bei 25 °C

Elektrolyt	Stufe	Dissoziationskonstante
H_2CO_3	1	$4{,}3 \cdot 10^{-7}$
	2	$5{,}6 \cdot 10^{-11}$
H_4SiO_4	1	$2{,}2 \cdot 10^{-10}$
	2	$2{,}0 \cdot 10^{-12}$
H_2SiO_3	1	$3{,}1 \cdot 10^{-10}$
	2	$1{,}7 \cdot 10^{-12}$

Im Falle des Calciumhydroxids ergeben sich zwei Konstanten, durch die Dissoziation von nur einem OH^--Ion bzw. von zwei OH^--Ionen pro Molekül

$$K_{c,1} = \frac{c_{(CaOH)^+} \cdot c_{OH^-}}{c_{Ca(OH)_2}}, \quad K_{c,2} = \frac{c_{Ca^{2+}} \cdot c_{OH^-}}{c_{(CaOH)^+}}$$

Tafel 2.6. beinhaltet einige Zahlen für Dissoziationskonstanten verschiedener Dissoziationsstufen.

Bei Kenntnis der Dissoziationskonstanten kann der pH-Wert einer Lösung eines *schwachen Elektrolyten* wie folgt berechnet werden:

Beispiel 26

Welchen pH-Wert hat eine 0,1 n-Essigsäure (Dissoziationskonstante $K_c = 1{,}8 \cdot 10^{-5}$ mol/l) bei Raumtemperatur?

Lösung:

$$HA \rightleftharpoons H^+ + A^- \quad (A = \text{Acetat} - \text{Ion})$$

$$K_c = \frac{c_{H^+} \cdot c_{A^-}}{c_{HA}} \frac{mol}{l}$$

Da je Acetat-Ion immer ein H^+-Ion entsteht, kann $c_{H^+} = c_{A^-}$ gesetzt werden:

$$K_c = \frac{c_{H^+}^2}{c_{HA}}$$

$$1{,}8 \cdot 10^{-5} = \frac{c_{H^+}^2}{0{,}1}$$

(Für c_{HA} kann näherungsweise die Gesamtkonzentration der Säure eingesetzt werden, da der abzuziehende Anteil der dissoziierten Säure nur klein ist.) Der pH-Wert ergibt sich zu

$$c_{H^+} = 1{,}34 \cdot 10^{-3} \frac{mol}{l}$$

$$pH = -(\lg 1{,}34 + \lg 10^{-3})$$

$$pH = -(0{,}13 - 3)$$

$$pH = 2{,}87$$

Der pH-Wert der 0,1 n-Essigsäure beträgt 2,87. (Bei Annahme vollständiger Dissoziation würde er 1 betragen.)

Der Zusammenhang zwischen dem Dissoziationsgrad α schwacher Säuren (oder Basen) und der Konzentration c_0 wird durch das OSTWALDsche Verdünnungsgesetz beschrieben:

$$\frac{\alpha^2}{1-\alpha} \cdot c_0 = K_c$$

Da K_c einen konstanten Wert hat, wächst der Dissoziationsgrad α mit abnehmender Konzentration und nimmt bei „unendlicher Verdünnung" den Wert 1 an. In stark verdünnten Lösungen sind deshalb auch schwache Säuren (oder Basen) nahezu vollständig dissoziiert.

Eine Folge der geringen Dissoziation schwacher Säuren (oder Basen) ist der Vorgang der *Hydrolyse,* der zur basischen Reaktion einer Soda- oder Natriumacetat-Lösung bzw. zur sauren Reaktion einer Ammonium- oder Zinkchlorid-Lösung führt. An folgendem Beispiel wird gezeigt, wie der pH-Wert einer hydrolysierenden Lösung berechnet werden kann.

Beispiel 27

Welchen pH-Wert zeigt eine 0,01 n-Lösung von Natriumacetat?

Lösung:
Der Gesamtvorgang kann wie folgt formuliert werden (NaA = Natriumacetat):

$$NaA + H_2O = HA + Na^+ + OH^-$$

Das Ionenprodukt des Wassers K_w, die Dissoziationskonstante der Essigsäure K_c und die Gesamtkonzentration c stehen zueinander in folgender Beziehung (vgl. Lehrbücher der physikalischen Chemie):

$$c_{OH^-} = c \cdot \sqrt{\frac{K_w}{K_c \cdot c}}$$

eingesetzt:

$$c_{OH^-} = 0{,}01 \cdot \sqrt{\frac{10^{-14}}{1{,}8 \cdot 10^{-5} \cdot 0{,}01}} \; \frac{mol}{l}$$

$$c_{OH^-} = 2{,}4 \cdot 10^{-6} \; \frac{mol}{l}$$

Die OH$^-$-Ionen-Konzentration steht in Beziehung zur H$^+$-Ionen-Konzentration nach dem Ionenprodukt:

$$c_{H^+} = \frac{10^{-14}}{2{,}4 \cdot 10^{-6}} \; \frac{mol}{l}$$

$$c_{H^+} = 4{,}2 \cdot 10^{-9} \; \frac{mol}{l}$$

$$c_{H^+} = 10^{-8{,}38} \; \frac{mol}{l}$$

$$pH = 8{,}38$$

Der pH-Wert einer 0,01 n-Natriumacetat-Lösung beträgt 8,38.

Pufferung tritt ein, wenn sich in der Lösung einer schwachen Säure gleichzeitig ein Salz dieser Säure befindet. Es resultiert eine Störung des Gleichgewichtes, die zur *Abstumpfung* der Säure (Erhöhung des pH-Wertes) führt. Entsprechend dem Massenwirkungsgesetz ist die Folge einer Erhöhung der Anionen-Konzentration die *Verkleinerung der H$^+$-Ionen-Konzentration* und damit Erhöhung der Konzentration der undissoziierten Säure

$$K_c = \frac{c_{H^+} \cdot c_{A^-}}{c_{HA}}$$

Zur Berechnung des pH-Wertes wird die Gleichung nach c_{H^+} aufgelöst:

$$c_{H^+} = K_c \cdot \frac{c_{HA}}{c_{A^-}}$$

Bei schwach dissoziierenden Säuren kann *näherungsweise* anstelle von c_{HA} die Gesamtkonzentration der Säure $c_{Säure}$, anstelle von c_{A^-} die Konzentration des Salzes c_{Salz} eingesetzt werden, die sich nur wenig durch die bei der Dissoziation der Säure entstehenden Anionen erhöht. Es ergibt sich:

$$c_{H^+} = K_c \cdot \frac{c_{Säure}}{c_{Salz}}$$

Die H$^+$-Ionen-Konzentration und damit der pH-Wert hängen entsprechend dieser Gleichung nur vom *Verhältnis* beider Konzentrationen ab, nicht von deren absoluter Höhe. Das folgende Beispiel soll die pH-Änderung einer Säure bei Salzzusatz in quantitativer Weise veranschaulichen:

Beispiel 28

In einem Liter 0,1 n-Essigsäure ($K_c = 1{,}8 \cdot 10^{-5}$ mol/l) werden 20 g Natriumacetat gelöst. Wie groß ist der pH-Wert dieser Lösung?

Lösung:

$$c_{H^+} = K_c \cdot \frac{c_{Säure}}{c_{Salz}}$$

Die Salzkonzentration beträgt 20 g/l oder 20/80 = 0,24 mol/l.
Eingesetzt:

$$c_{H^+} = 1{,}8 \cdot 10^{-5} \cdot \frac{0{,}1}{0{,}24} \; \frac{mol}{l}$$

$$c_{H^+} = 0{,}75 \cdot 10^{-5} = 10^{-5{,}12} \; \frac{mol}{l}$$

$$pH = 5{,}12$$

Ohne Salzzusatz liegt der pH-Wert der Säure bei 2,87 (s. Beispiel 26).

Pufferwirkungen zeigen z. B. der Erdboden (Humusboden), der die schwachen Humussäuren und deren Salze enthält, Zement-Wasser-Systeme, die die schwachen Kieselsäuren und deren Salze enthalten, sowie Ton-Wasser-Systeme, die aus „Tonsäuren" und deren Salzen, d. h. negativ geladenen Tonteilchen (Anionen) und H^+- sowie Metallionen bestehen.

2.6. Dampfdruck von Wasser und Lösungen

Der Dampfdruck (Dampfspannung, Dampftension, Sättigungsdruck) ist der Druck, der sich einstellt, wenn sich in einem geschlossenen Gefäß ein fester oder flüssiger Stoff im *Gleichgewicht* mit seinem Dampf befindet. Er ist eine charakteristische, nur von der Temperatur abhängige Größe. Bild 1.21. stellt das Zustandsdiagramm (p/T-Diagramm) des Wassers dar, Tafel 2.7. beinhaltet die Dampfdrücke von Wasser bzw. Eis bei verschiedenen Temperaturen. Zusätzlich enthält das Diagramm die Dampfdruckkurve einer wäßrigen Lösung. Der kleinere *Dampfdruck über einer Lösung* im Vergleich zum reinen Wasser hat die Erhöhung des Siedepunktes und Erniedrigung des Gefrierpunktes der Lösung zur Folge (man mache sich dies an Bild 1.21. klar!). Das Ausmaß der *Gefrierpunktserniedrigung* und *Siedepunktserhöhung* ist lediglich von der Konzentration bzw. der Anzahl der gelösten Moleküle (oder Ionen) je Volumeneinheit der Lösung abhängig (RAOULTsches Gesetz). Ein Mol eines gelösten Stoffes, gleich welcher Art, bewirkt bei einem bestimmten Lösungsmittel stets die gleiche Gefrierpunktserniedrigung und Siedepunktserhöhung. So werden der Siedepunkt des Wassers (100 °C bei 1 bar) je

Tafel 2.7.
Abhängigkeit des Dampfdruckes des Wassers bzw. Eises von der Temperatur

Temperatur °C	Dampfdruck bar
−20	0,00077
−10	0,00195
0	0,0062
10	0,0125
20	0,0233
40	0,0752
60	0,203
80	0,483
100	1,033
200	15,86
300	87,61
370	214,6

Tafel 2.8.
Siedepunkte von Calciumchlorid-Lösungen in Abhängigkeit von der Konzentration

g $CaCl_2$ auf 100 g Wasser	Siedetemperatur °C
6,0	101
25,0	105
41,5	110
69,0	120
101,0	130
137,0	140
178,0	150
222,0	160
268,0	170
305,0	180

mol/l um 0,51 K und der Gefrierpunkt um 1,86 K je mol/l verändert. Ist das Gelöste ein in der Lösung dissoziiert vorliegendes Salz, so tragen sowohl die Kationen als auch die Anionen zur Teilchenzahl bei. Ein Mol eines einwertigen vollständig dissoziierten Elektrolyten erniedrigt den Dampfdruck doppelt so stark wie ein Mol eines nicht dissoziierten Stoffes. Die quantitative Siedepunktserhöhung von Calciumchlorid-Lösungen in Abhängigkeit von der Konzentration ist in Tafel 2.8. angegeben.

Beispiel 29

Welchen Dampfdruck hat eine 2%ige KNO_3-Lösung bei 20 °C? (Der Dampfdruck des reinen Wassers beträgt bei 20 °C 0,02338 bar.)

Lösung:
Der Dampfdruck der Lösung ist gleich dem Produkt aus dem Molenbruch des Lösungsmittels und dem Dampfdruck des reinen Lösungsmittels:

$$p_L = x_{Lm} \cdot p_{Lm}$$

Die Lösung besteht aus 2 g KNO_3 und 98 g Wasser, bzw. aus $2/101 = 0,02$ mol KNO_3 und $98/18 = 5,44$ mol H_2O, insgesamt also aus 5,46 mol. Der Molenbruch des Wassers der Lösung ergibt sich damit zu

$$x_{Lm} = \frac{5,44}{5,46} = 0,996$$

eingesetzt:

$$p_L = 0,996 \cdot 0,02338 \text{ bar}$$

Eine 2%ige KNO_3-Lösung hat einen Dampfdruck von 0,02329 bar.

Beispiel 30

Mit wieviel Gramm Glykol muß ein Liter Wasser versetzt werden, damit der Gefrierpunkt bei −10 °C liegt? (relative Molekülmasse des Glykols: 62)

Lösung:

$$62\,g : -1,86\,°C = x : -10\,°C$$

$$x = 334\,g$$

Es müssen 334 g Glykol zugesetzt werden.

Beispiel 31

Eine Kochsalzlösung mit 12 g NaCl je Liter wird abgekühlt. Bei welcher Temperatur beginnt die Kristallisation, wenn eine 80%ige Dissoziation ($NaCl \rightleftharpoons Na^+ + Cl^-$) vorliegt? (relative Molekülmasse des NaCl: 58,5)

Lösung:

$$58,5\,g : -1,86\,°C = 12\,g : x$$

$$x = -0,385\,°C \text{ (keine Dissoziation)}$$

Bei 100%iger Dissoziation würde die Kristallisation bei

$$-0,385\,°C \cdot 2 = -0,770\,°C$$

beim Abkühlen beginnen, da in diesem Fall die doppelte Teilchenzahl vorläge. Bei 80%iger Dissoziation ergibt sich:

$$-0,385\,°C : 100\% = x : 80\%$$

$$x = -0,308\,°C$$

Damit folgt eine Erstarrungstemperatur F von

$$F = -0,308\,°C + (-0,385\,°C)$$

$$F = -0,693\,°C$$

Bei 80%iger Dissoziation beginnt die Kristallisation bei $-0,693\,°C$.

Die Wirkung von Frostschutzmitteln besteht im wesentlichen auf einer Gefrierpunktserniedrigung des Zugabewassers des Betons oder Mörtels, wobei meist parallel dazu eine Erstarrungs- und/oder Erhärtungsbeschleunigung auftritt.
Die *Gefrierpunktserniedrigung bzw. Siedepunktserhöhung* einer Lösung kann allgemein nach folgender Gleichung berechnet werden:

$$\Delta T = E \frac{m \cdot 1\,000}{M \cdot b}$$

$$\Delta T = \frac{K \cdot g}{mol} \cdot \frac{g}{g/mol \cdot g} = K$$

E molare Gefrierpunktserniedrigung bzw. Siedepunktserhöhung
m Masse des gelösten Stoffes in Gramm
M molare Masse des gelösten Stoffes
b Masse des Lösungsmittels in Gramm

Beispiel 32

Bei welcher Temperatur siedet eine bei 20 °C gesättigte Lösung von Magnesiumsulfat?
Sättigungskonzentration bei 20 °C: 25,8%
molare Masse des $MgSO_4$: 120,38 g/mol
molare Siedepunktserhöhung des Wassers: 0,51 K g/mol

Lösung:
Eine 25,8%ige $MgSO_4$-Lösung enthält 25,8 g $MgSO_4$ und 100 g − 25,8 g = 74,2 g Wasser, eingesetzt:

$$\Delta T = 0,51 \frac{K\,g}{mol} \cdot \frac{25,8\,g \cdot 1\,000}{120,38\,g/mol \cdot 74,2\,g}$$

$$\Delta T = 1,47\,K$$

Die Lösung siedet bei 101,47 °C.

Beim *Abkühlen einer ungesättigten Lösung* beginnt bei der durch die Gefrierpunktserniedrigung bestimmten Temperatur die Ausscheidung von Eiskristallen, wobei die Konzentration der Lösung ansteigt und der Gefrierpunkt weiter absinkt. Die vollständige Erstarrung erfolgt beim *kryohydratischen Punkt,* der im Falle einer Kochsalzlösung bei −21 °C (25%ige Lösung) liegt.
Beim *Abkühlen einer gesättigten Lösung* scheiden sich Kristalle des gelösten Salzes aus, oft unter Einbau von Wassermolekülen (Hydrate). Bei Erreichung des kryohydratischen Punktes erfolgt auch hier die vollständige Erstarrung.
Beim Bestreuen von Eis mit Salz tritt Verflüssigung (Auftauen) ein, da sich aus Eis und Salz eine Salzlösung bildet, deren Erstarrungstemperatur bei −21 °C liegt. Unmittelbar nach dem Zusammenbringen von Eis und Salz tritt vorübergehend eine Abkühlung durch den Entzug von Lösungs- und Schmelzwärme aus der Umgebung ein (Kältemischung).

2.7. Oberflächenspannung von Wasser und Lösungen

Die Anziehungskräfte (zwischenmolekulare Kräfte, Kohäsionskräfte), die auf ein Molekül im Inneren einer Flüssigkeit von seinen Nachbarn her einwirken, heben sich im zeitlichen Mittel gegenseitig auf (Bild 2.4. links). Dagegen wirken beim Annähern an die Oberfläche, etwa im Bereich 10^{-8} m, Kräfte, deren Resultierende eine nach innen wirkende Kraft darstellt (Binnen- oder Kohäsionsdruck; Bild 2.4. rechts).
Die Verschiebungsarbeit, die erforderlich ist, um neue Moleküle entgegen dem Binnendruck an die Oberfläche zu bringen, wird als Oberflächenspannung bezeichnet. Die Flüssigkeitsoberfläche läßt sich mit einer gespannten Membran vergleichen.

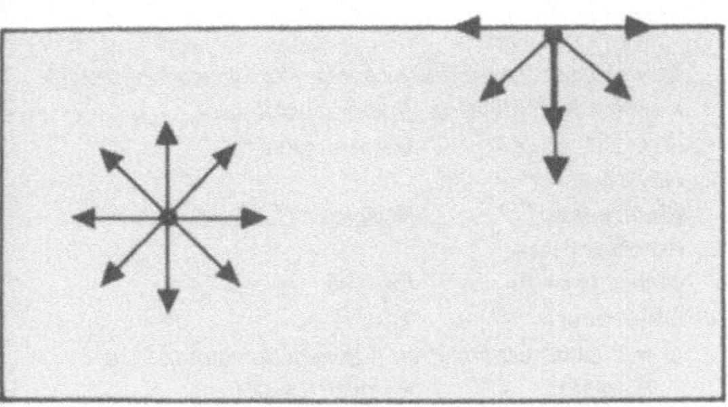

Bild 2.4.
Anziehungskräfte auf ein Molekül in einer Flüssigkeit

Da eine Oberflächenvergrößerung demnach nur durch Energiezufuhr zu erreichen ist, andererseits ein System aber stets bestrebt ist, den energieärmsten (stabilsten) Zustand anzunehmen, neigen Flüssigkeiten zur Ausbildung möglichst kleiner Oberflächen. (Die kleinste Oberfläche bei gegebenem Volumen hat die Kugel.)

Zum Vergleich der Oberflächenspannungen bezieht man auf 1 cm^2 neue Oberfläche und erhält so die **spezifische Oberflächenspannung** (N/m). Wasser hat zum Beispiel bei 20 °C den Wert 0,0726 N/m.

Das Produkt aus der Oberflächen-, Grenzflächenspannung und der Größe der Oberfläche ist die Oberflächenenergie; sind die Oberflächenspannung in N/m und die Oberfläche in m^2 angegeben, dann ist die Einheit der Oberflächenenergie Nm.

Einfluß der molekularen Kräfte angrenzender Stoffe

Anziehende Kräfte treten nicht nur zwischen Molekülen gleicher Art innerhalb eines Stoffes, sondern auch zwischen verschiedenen Stoffen auf. Die Ausbreitung einer Flüssigkeit auf der Oberfläche eines

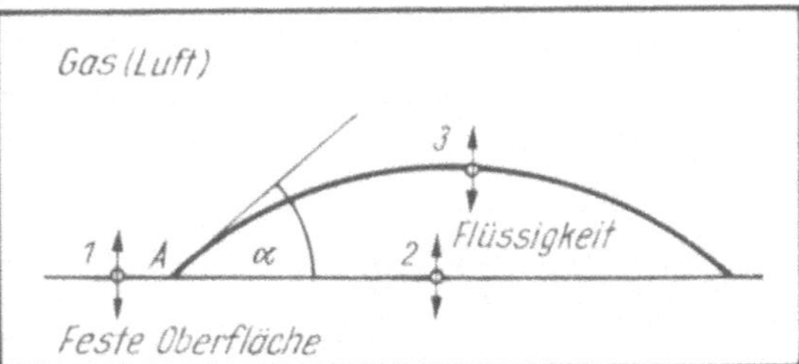

Bild 2.5.
Benetzung einer festen Oberfläche

1 Grenzflächenspannung zwischen fester Oberfläche und Gas (z. B. Luft) = σ_{FG}

2 Grenzflächenspannung zwischen fester Oberfläche und Flüssigkeit = σ_{FFL}

3 Oberflächenspannung der Flüssigkeit gegen Gas = σ_{FLG}

α Kontaktwinkel bei A

festen Stoffes wird als „Benetzung" bezeichnet. Ein Maß für die Benetzbarkeit ist der Kontakt-, Rand-, Grenzwinkel, der sich beim Aufsetzen des Flüssigkeitstropfens auf der festen Oberfläche einstellt (Bild 2.5.). In Punkt *A* stoßen die drei Stoffe F, FL und G zusammen; hier sind drei Oberflächen-, Grenzflächenspannungen (σ_{FG}, σ_{FFL}, σ_{FLG}) wirksam. Zwischen ihnen und dem Randwinkel gilt die YOUNG-DUPRÉ-Gleichung

$$\cos \alpha = \frac{\sigma_{FG} - \sigma_{FFL}}{\sigma_{FLG}}$$

(nur sinnvoll bei Quotient < 1; cos 0° = 1; bei $\sigma_{FG} - \sigma_{FFL} < \sigma_{FLG}$ keine vollständige Benetzung, bei $\sigma_{FG} - \sigma_{FFL} > \sigma_{FLG}$ vollständige Benetzung).

Bei Erniedrigung der Oberflächenspannung σ_{FLG} (Entspannung des Wassers) bildet sich ein kleinerer Randwinkel aus; die Benetzbarkeit wird erhöht. Stoffe, die dies bei ihrer Auflösung bewirken, werden als grenzflächenaktive, oberflächenaktive Stoffe, Netzmittel oder Detergentien bezeichnet. Sie sind z. B. für Waschmittel und Betonzusatzmittel bedeutend.

Enthält z. B. das Zugabewasser von Mörtel oder Beton grenzflächenaktive Stoffe, so ist die Verarbeitbarkeit im plastischen Zustand besser („Betonverflüssiger"); durch die damit mögliche Verringerung der Zugabewassermenge können bei gleichen Zementgehalten höhere Festigkeiten erreicht werden bzw. sind Zementeinsparungen bei gleicher Festigkeit möglich.

Bei Erhöhung der Grenzflächenspannung σ_{FFL} bildet sich ein größerer Randwinkel aus, die Benetzbarkeit wird schlechter. Dies hat im Bauwesen für die Hydrophobierung (Wasserabweisung) z. B. von Putzen, Natursteinen, Ziegeln u. a. Bedeutung. Die Hydrophobierung (z. B. durch Silicone und Silane) bewirkt, daß so behandelte Baustoffe vor Eintritt von nicht drückendem Wasser geschützt sind.

Damit werden auch keine korrosiven Stoffe oder Schmutz eingebracht. Diese wesentliche Bautenschutzmaßnahme ermöglicht aber weiterhin eine Wasserdampfdiffusion.

Die Oberflächenspannung ist auch mitverantwortlich für das *kapillare Steigvermögen* von Wasser in Baustoffen (aufsteigende Baufeuchtigkeit). Das Wasser wird durch die am Umfang der Kapillaren wirkende Oberflächenspannung gehalten. Die Steighöhe ist um so größer, je enger die Kapillaren und um so größer die Oberflächenspannung und um so niedriger die Viskosität ist (theoretisch: $H = 2\sigma \cdot \cos \alpha / \varrho \cdot g \cdot r$, wobei H = Steighöhe, r = Radius, ϱ = Dichte, g = Erdbeschleunigung; in Praxis: geringer).

Beim Verdunsten des Wassers aus Kapillaren wird auf die Kapillarwände eine Zugkraft ausgeübt, die zur *Trocknungsschwindung* führt. Bei Wasseraufnahme werden die Schwindkräfte wieder abgebaut; es tritt Quellung ein, die zur Wiederherstellung des Zustandes vor der Wasserverdunstung führt. Ein derartiger reversibler Prozeß liegt im Falle von Zementgel (s. Kap. 5.) vor:

Beispiel 33

Wie groß ist die Oberflächenenergie von 1 mol Wasser bei 20 °C, wenn seine Tröpfchen einen Radius von 0,001 mm haben?

Lösung:
Inhalt eines Tröpfchens:

$$I = \frac{4}{3} \cdot \pi \cdot 0{,}001^3 \, mm^3 = 4{,}18 \cdot 10^{-9} \, mm^3$$

Masse eines Tröpfchens:

$$m = 4{,}18 \cdot 10^{-12} \, g$$

Anzahl Tröpfchen in einem Mol Wasser:

$$Z = \frac{18}{4{,}18 \cdot 10^{-12}} = 4{,}3 \cdot 10^{12}$$

Oberfläche eines Tröpfchens:

$$O = 4 \cdot \pi \cdot 0{,}001^2 \, mm^2 = 12{,}56 \cdot 10^{-6} \, mm^2$$

Gesamtoberfläche aller Tröpfchen:

$$O_g = 4{,}3 \cdot 10^{12} \cdot 12{,}56 \cdot 10^{-6} \, mm^2$$
$$= 54 \cdot 10^4 \, cm^2$$
$$= 54 \, m^2$$

Oberflächenenergie:

$$E_0 = 54 \, m^2 \cdot 0{,}0726 \, N/m = 3{,}92 \, N \cdot m = 3{,}92 \, J$$

2.8.   Hydratation und Lösung

Als Hydratation (Hydratisierung, Hydration) wird ein Vorgang bezeichnet, bei dem Wasser gebunden wird. Dabei kann zwischen Salzhydratation und Ionenhydratation unterschieden werden. Eine Sonderstellung nimmt der Begriff „Zementhydratation" ein (s. unten).
Bei der *Hydratation von Salzen* werden Wassermoleküle in Form von Kristallwasser auf festen Gitterplätzen eingebaut oder bei der Anlagerung aufgespalten, wobei es zur Bildung von Hydroxiden oder Hydroxoverbindungen kommt.

Beispiele sind:

molekular gebundenes Wasser:

▶ $CaSO_4 + 2\,H_2O \rightarrow CaSO_4 \cdot 2\,H_2O$
▶ $Na_2CO_3 + 10\,H_2O \rightarrow Na_2CO_3 \cdot 10\,H_2O$

<table>
<tr><td colspan="2">1. Bewegliches Wasser
freies Wasser / Adsorptionswasser / Kapillarwasser / Zeolithwasser / Schichtwasser / Intergranularwasser</td></tr>
<tr><td></td><td>Beispiel: Zeolith</td></tr>
<tr><td>2. Kristallwasser
   (Gitterwasser)</td><td>Beispiele: $CaSO_4 \cdot 2\,H_2O$</td></tr>
<tr><td>3. Komplexwasser
   (Aquakomplexe)</td><td>Beispiel: $[Al(OH_2)_6]^{+++}$</td></tr>
<tr><td colspan="2">4. OH-Gruppen</td></tr>
<tr><td>   a) mit festen Gitterplätzen (vorwiegend heteropolare Bindung)</td><td>Beispiel: $Ca(OH)_2$</td></tr>
<tr><td>   b) an ein Zentralatom gebunden (vorwiegend kovalente Bindung)</td><td>Beispiel: $[Al(OH)_6]^{---}$</td></tr>
</table>

Bild 2.6.
Arten der Wasserbindung in festen Stoffen

konstitutiv gebundenes Wasser:

▶ $CaO + H_2O \rightarrow Ca(OH)_2$
▶ $3\,CaO \cdot Al_2O_3 + 6\,H_2O \rightarrow Ca_3[Al(OH)_6]_2$

Gelegentlich werden Bezeichnungen wie Kalkhydrat oder Calciumoxidhydrat für Calciumhydroxid verwendet. Das so gebundene „Wasser" wird als *konstitutiv gebundenes Wasser* bezeichnet. Bild 2.6. gibt einen Überblick über die Arten der Wasserbindungen in festen Stoffen. Bei der *Hydratation von Ionen* kommt es zur Bildung von Ionenhydraten oder Aquakomplexen (Bild 2.7.). Die bei der Dissoziation von Elektrolyten in Wasser entstehenden Ionen lagern auf Grund elektrostatischer Ion/Dipol-Wechselwirkungen Wassermoleküle an. Größe und Ladung der Ionen bestimmen die Anzahl der in der Hydrathülle gebundenen Wassermoleküle und ihre Bindungsfestigkeit. Eine modellmäßige Darstellung des Lösungsvorganges zeigt Bild 2.8. Das Bestreben der Ionen eines Kristalls, sich mit Wassermolekülen zu umhüllen (zu hydratisieren), ist als treibende Kraft für den von allein ablaufenden Lösungsprozeß zu betrachten.

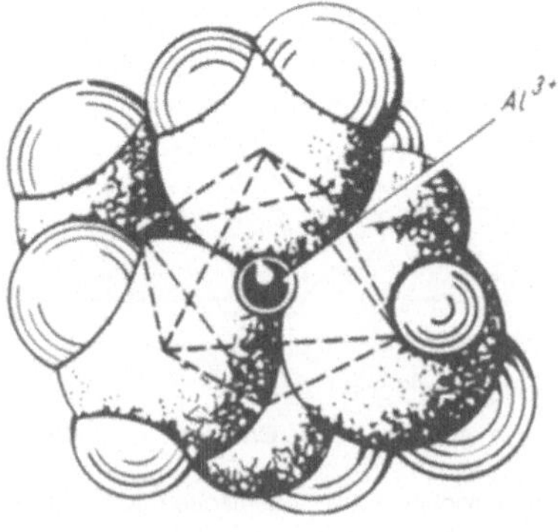

Bild 2.7.
Bau eines hydratisierten Aluminium-Ions

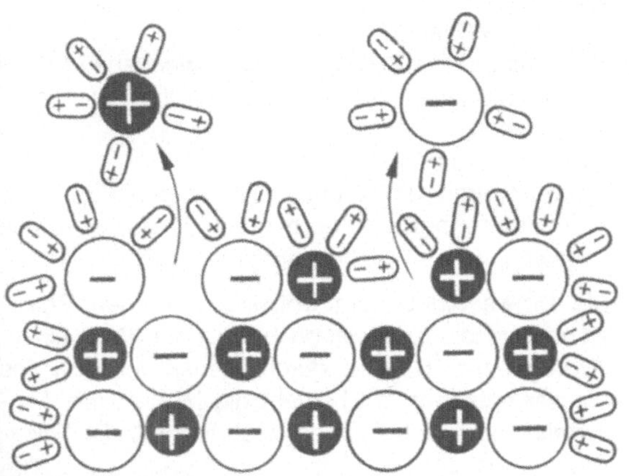

Bild 2.8.
Hydratation der Bausteine eines Ionenkristalls bei der Auflösung in Wasser

Kaliumchlorid hat eine Gitterenergie von 703,9 kJ/mol und zeigt beim Auflösen in Wasser eine Lösungswärme von 17,6 kJ/mol. Wie groß ist die *Hydratationsenthalpie?*

Lösung:

$$\Delta H_{Hydrat.} = \Delta H_{Lösung} - \Delta H_{Gitter}$$

$$= 17,6 - 703,9$$

$$= -686,3 \ kJ/mol$$

In 1-normalen Lösungen liegen folgende *Hydratationszahlen* (= Anzahl gebundener oder in unmittelbarer Nachbarschaft befindlicher Wassermoleküle) bei den Erdalkali-Ionen vor:

Mg^{2+}	14
Ca^{2+}	10...12
Sr^{2+}	8
Ba^{2+}	4

Unter der *Zementhydratation* wird der gesamte komplexe Prozeß der Reaktionen eines Zementes mit Wasser (Erstarren und Erhärten) verstanden. Dieser Prozeß, bei dem die Hydratation und die Hydrolyse eine Rolle spielen, besteht aus einer Reihe verschiedenartiger Reaktionen, wobei kinetische und strukturelle Parameter von Bedeutung sind. Der Prozeß der Zementhydratation wird in Kap. 4. behandelt.
Unter einer *Dehydratation* versteht man die Wasserabgabe durch thermische Zersetzung oder bei Einwirkung von Trockenmitteln oder im Vakuum. Eine *Rehydratation* ist der reversible Vorgang, nämlich die Wiederaufnahme von Wasser nach einer vorangegangenen Dehydratation. Die Herstellung und Erhärtung von Baugips ist ein Dehydratations-Rehydratationsprozeß.

Wieviel kg Wasser entweichen aus 1 t Gipsstein mit einem Gehalt von 92 % $CaSO_4 \cdot 2\,H_2O$ (Dihydrat) beim Erhitzen auf 150 °C?

Lösung:

$$CaSO_4 \cdot 2\,H_2O \rightarrow CaSO_4 \cdot \frac{1}{2}\,H_2O + \frac{3}{2}\,H_2O$$

Massengleichung:

$$172,17\ g = 145,15\ g + 27,02\ g$$

$$173,17\ g : 27,02\ g = 920\ kg : x$$

$$x = 144\ kg$$

Unter Entweichen von 144 kg Wasser kommt es zur Bildung von Calciumsulfat-Halbhydrat.

2.9.   Disperse Systeme

Unter dispersen Systemen (dispers = zerteilt) versteht man alle Arten der Zerteilung von Stoffen in anderen Stoffen. Dabei wird zwischen *disperser Komponente* (zerteilt vorliegender Stoff) und *Dispersionsmittel* (Dispersionsmedium, Verteilungsmittel, in welchen die dispersen Teilchen vorliegen) unterschieden. Je nach der Größe der Teilchen der dispersen Phase werden die dispersen Systeme in grob-, kolloid- und molekulardisperse Systeme eingeteilt. Zum Beispiel ist eine Zement-Wasser-Mischung oder ein Betongemenge ein grobdisperses, Wasserglas ein kolloiddisperses und eine Salz- oder Zuckerlösung ein molekulardisperses System. Es gilt die in Tafel 2.9. gezeigte Gliederung.
Die Eigenschaften disperser Systeme sind wesentlich von der Teilchengröße der dispersen Phase abhängig. Als Maß für den *Dispersionsgrad* wird meist der reziproke Durchmesser der Teilchen herangezogen, der jedoch strenggenommen nur für kugel- oder würfelförmige, monodisperse Feststoffe gilt, deren Korngrößen annähernd gleichgesetzt werden können (z. B. Portlandzementklinker, Granalien beim Halbtrockenverfahren).
Zur Kennzeichnung der Dispersität ist neben der Korngröße die Ermittlung der Korngrößenverteilung, der Kornform und der Kornformverteilung erforderlich. Zerkleinerungsprodukte sind polydisperse Feststoffe, die sich nur durch eine Korngrößenverteilung erfassen lassen, wobei zur mathematischen Beschreibung häufig folgende *Verteilungsfunktionen* herangezogen werden: die logarithmische Normalverteilung, die Potenzverteilung (GATES, GAUDIN und SCHUHMANN) und die Exponential-Potenzverteilung (ROSIN, RAMMLER und SPERLING).

Grobdisperse Systeme

Charakteristisch für grobdisperse Feststoffe, wie sie in der Bindebaustoffindustrie als Schüttgüter, in Trüben oder Stäuben vorliegen, ist ihr Aufbau aus einzelnen, nebeneinander liegenden Teilchen. Diese werden je nach dem Schlankheitsgrad als Fäden, Späne oder Körner bezeichnet. Bei *klastischen* Feststoffen (klastisch = durch Zerstörung älterer Gesteine entstanden), wie den natürlichen Mineralien der Rohstoffe oder den Zwischen- und Endprodukten der Baumaterialindustrie, treten praktisch nur Schlankheitsgrade (Länge/Durchmesser-Verhältnisse) kleiner als 5 auf. Die Korngrößenverteilung wird durch Sieb- und Sedimentationsanalysen ermittelt. Das Dispersionsmittel grobdisperser Stoffe kann gasförmig (z. B. Luft) oder flüssig (z. B. Wasser) sein.

Je nach dem Phasenzustand der das disperse System bildenden beiden Komponenten gibt es verschiedene Kombinationen: zum Beispiel stellt eine Zement-Wasser-Mischung eine s/l-Dispersion dar. Die hierbei verwendeten Buchstaben bedeuten: s = fest (solidus), l = flüssig (liquidus). Weiterhin sind die Buchstaben fl (= fließfähig), g (= gasförmig) und f (= geformt) in Gebrauch.

Kolloiddisperse Systeme

Als kolloid (abgeleitet von colla = Leim) werden disperse Systeme (Dispersionen) bezeichnet, deren disperse Komponente Teilchendurchmesser zwischen 1 nm und 500 nm besitzt. Teilchen können auch kolloide Eigenschaften aufweisen, wenn sie nicht in allen drei, sondern nur in einer Dimension oder in zwei Dimensionen kolloide Abmessungen besitzen. Beispiele sind die plättchenförmigen Tonmineral-Kristallite oder die nadelförmigen Asbestkristallite.

Die Zerteilung grober Stoffe in Teilchen kolloider Größe erfordert erhebliche Energie und ist in speziellen Kolloidmühlen oder durch geeignete Geräte möglich, die häufig nach dem Ultraschallprinzip arbeiten. Der Vorgang, der zu einer möglichst feinen Verteilung eines Stoffes in einem anderen führt, wird als *Dispergieren* bezeichnet. Dispergiermittel (Dispergatoren) erleichtern diesen Prozeß, indem sie die Grenzflächenspannung zwischen den beiden Komponenten des Systems erniedrigen (z. B. Emulgatoren). Die Teilchen der dispergierten Phase (Dispergens oder Dispergent) hängen nicht zusammen, sondern sind jeweils durch Schichten des Dispersionsmittels (auch als Dispergator bezeichnet) voneinander getrennt.

Kolloiddisperse Systeme können in zwei Zustandsformen vorliegen:

- *Solzustand*
  flüssiges System
  Die dispergierten Teilchen sind weitgehend voneinander getrennt und frei beweglich.
- *Gelzustand*
  erstarrtes Sol
  Die dispergierten Teilchen sind weitgehend miteinander raumnetzartig verbunden, so daß eine freie Bewegung der Teilchen nicht mehr möglich ist.

Die Umwandlung vom Solzustand in den Gelzustand wird als *Koagulation* bezeichnet. Wird einem Hydrogel zum Beispiel durch Gefriertrocknung das Wasser entzogen, so besteht die Möglichkeit, feinverteilte oberflächenreiche Festkörper (z. B. Silicagel) zu erhalten.

Bestimmte Gele, zum Beispiel Bentonit-Wasser-Mischungen mit nur wenigen Prozent Feststoffanteil, lassen sich durch mechanische Bewegung (z. B. Schütteln) verflüssigen, d. h. in den Solzustand überführen, und verfestigen sich im Ruhezustand von allein wieder. Diese besondere rheologische Eigenschaft bestimmter kolloider Systeme wird als *Thixotropie* bezeichnet. Derartige Gel-Sol-Gel-Umwandlungen sind in der Regel beliebig oft wiederholbar.

Für die Eigenschaften kolloider Stoffe ist in erster Linie die Größenordnung der *spezifischen Oberfläche O* bzw. der *spezifischen Grenzfläche S_0* maßgebend (s. Kap. 4.3. und 5.6.):

$$O = \frac{s}{m} \ [\text{cm}^2 \cdot \text{g}^{-1}]$$

s Oberfläche (Grenzfläche) der Teilchen in cm^2
m Masse der dispergierten Teilchen in g

$$S_0 = \frac{s}{v} \ [\text{cm}^{-1}]$$

v Volumen in cm^3

Spezifische Oberflächen kolloider Teilchensysteme liegen zwischen 9 und 6000 $\text{m}^2 \cdot \text{g}^{-1}$. Bei der Zementerhärtung erfolgt z. B. der Übergang des grobdispersen Wasser-Zement-Systems mit etwa 0,3 $\text{m}^2 \times \text{g}^{-1}$ in den kolloiddispersen Zementstein mit etwa 300 $\text{m}^2 \cdot \text{g}^{-1}$. Die spezifische Zementoberfläche von 0,3 $\text{m}^2 \cdot \text{g}^{-1}$ entspricht 3000 $\text{cm}^2 \cdot \text{g}^{-1}$ (= BLAINE-Wert). Im kolloiddispersen Zementstein wird die spezifische Oberfläche durch die innere Oberfläche des Porensystems gebildet. Die erhöhte Hydratationsgeschwindigkeit besonders feinegemahlener Zemente (>4000 $\text{cm}^2 \cdot \text{g}^{-1}$) ist auf die vergrößerte spezifische Oberfläche und damit erhöhte Grenzflächenenergie zurückzuführen.

Kolloide Dispersionen in Wasser zeigen folgende optische Effekte: bei Teilchengrößen im Grenzbereich grobdispers/kolloiddispers wird ein einfallender

Lichtstrahl stark gestreut (TYNDALL-Effekt), mit abnehmender Größe der Kolloidteilchen wird der TYNDALL-Effekt schwächer. Im Grenzbereich kolloiddispers/molekulardispers ist senkrecht zur Bestrahlung mit weißem Licht eine bläuliche Opaleszenz zu beobachten, während das durchgehende Licht rötlich erscheint. Dieser als RAYLEIGH-Streuung bezeichnete Effekt kommt zustande, weil die Teilchendurchmesser klein gegenüber der Wellenlänge des Lichts sind.

Kolloide Teilchen können sowohl kristallin (z. B. Tonminerale) als auch amorph sein (z. B. kolloide Kieselsäure). Zementstein, das Hydratationsprodukt von Zementen, besteht aus amorphen und kristallinen Anteilen.

Molekulardisperse Systeme

Wäßrige molekulardisperse Systeme enthalten gelöste Teilchen in Form von Molekülen, Atomen oder Ionen (s. Kap. 2.5.…2.7.). Bei diesen Systemen ist es nicht mehr sinnvoll, von einer Oberfläche der dispersen Phase zu sprechen, da diese mit keinerlei optischen Mitteln mehr nachweisbar ist. Auch Eigenschaften wie die Grenzflächenenergie oder -spannung verschwinden in diesem Zustand. Mischungen aus Flüssigkeiten (z. B. Wasser – Alkohol), Gasmischungen (z. B. Luft) oder Flüssigkeiten mit gelösten Gasen stellen molekulardisperse Systeme dar.

3.   Chemie der metallischen Baustoffe

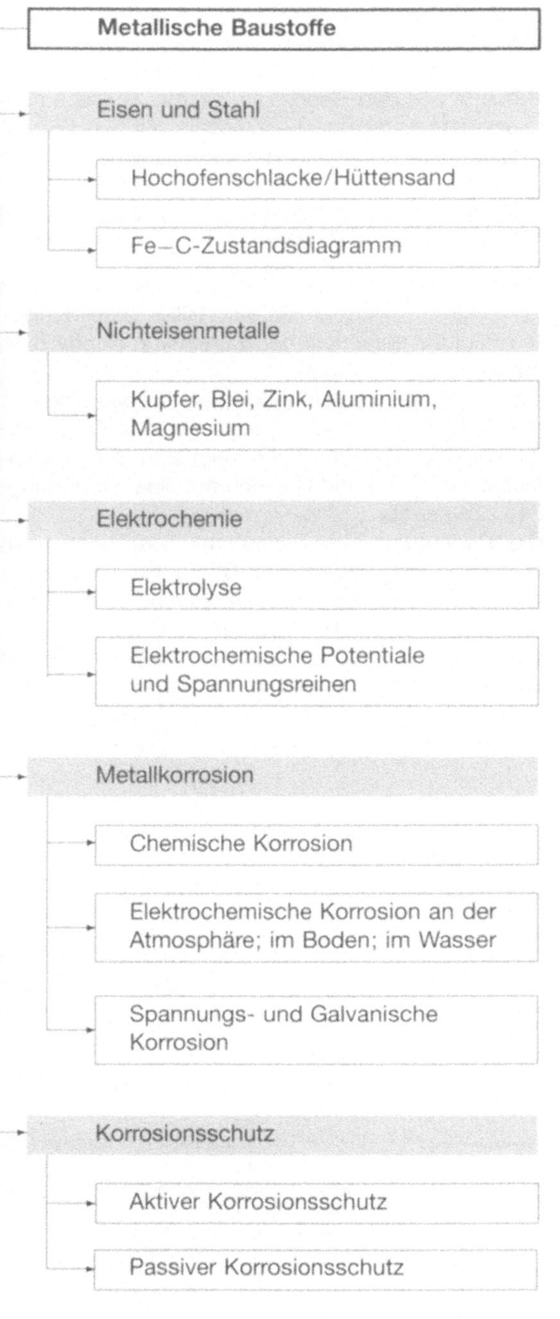

Die metallischen Baustoffe unterscheiden sich von den nichtmetallischen Baustoffen in ihren chemischen und technologischen Eigenschaften zum Teil erheblich, so daß sich jeweils spezifische Anwendungsgebiete ergeben. Die für die Verwendung als Baustoff meist in erster Linie wichtigen Festigkeiten zeigt folgende Vergleichstabelle:

Baustoff	Druckfestigkeit N/mm^2	Zugfestigkeit N/mm^2
Stahl	700...850	300...1 900
Aluminium	200...300	70...110
Beton	2...120	1...15
Baugips	2...50	0,8...2,5
Kunststoffe	60...300	8...80
Glasfaserverstärkte Kunststoffe	300...500	200...400
Holz	5...25	1...20

Neben dem Eisen spielen die Schwermetalle *Kupfer, Zink, Blei* und *Chrom* für bestimmte Bauaufgaben eine Rolle. Wichtig als metallische Baustoffe sind auch in zunehmendem Maß die Leichtmetalle *Aluminium* und *Magnesium*.

Im Anschluß an die für das Bauwesen wichtigen Eigenschaften der Schwer- und Leichtmetalle werden die Grundlagen der *Elektrochemie* und der *Korrosion* sowie des Korrosionsschutzes behandelt. Die Korrosion im Bauwesen, insbesondere der *Rostprozeß*, führt zu erheblichen *Substanzverlusten, vermindert den Gebrauchswert der Bauwerke* und *verursacht Folgeschäden und -kosten.* Wegen der volkswirtschaftlichen Auswirkungen dieser Zerstörungsprozesse wird in diesem Kapitel ausführlich auf die physikalisch-chemischen Grundlagen dieser Vorgänge sowie auf die Möglichkeiten zur Vermeidung bzw. Verminderung der Korrosionsschäden eingegangen.

3.1.   Eisen und Stahl

Eisen, das in der Erdrinde am häufigsten vorkommende Schwermetall, ist der in Form von Stahl ($<$1,9% C) und Gußeisen ($>$1,9% C) am meisten verwendete metallische Werk- und Baustoff. *Roheisen* wird durch Reduktion oxidischer Eisenerze (Fe_2O_3 — Roteisenerz, Fe_3O_4 — Magneteisenerz, α-FeOOH — Brauneisenerz oder Limonit) überwiegend im Hochofen gewonnen, wobei u. a. nachfolgende Reaktionen ablaufen:

▶ $Fe_2O_3 + 3\,C \rightarrow 2\,Fe + 3\,CO$

▶ $Fe_2O_3 + 3\,CO \rightarrow 2\,Fe + 3\,CO_2$

▶ $C + CO_2 \rightarrow 2\,CO$

Dabei entsteht als Nebenprodukt je Tonne Roheisen etwa eine Tonne *Schlacke,* die sich aus der Gangart (mineralische Verunreinigungen im Erz) und den entsprechenden Zuschlägen bildet, zum Beispiel:

▶ $SiO_2 \quad + 2\,CaCO_3 \rightarrow Ca_2SiO_4 + 2\,CO_2$
　Gangart　Zuschlag　　Schlacke

Die Schlacke, die in der Regel aus 35 ... 55% CaO/MgO, 30 ... 40% SiO_2, 10 ... 15% Al_2O_3 und kleinen Mengen MnO und FeO besteht, ändert ihre Eigenschaften mit der Abkühlungsgeschwindigkeit:

● *Langsame Kühlung*
Es entsteht ein Material, das beständig ist (Stückschlacke) und in Form von Schotter und Splitt oder in Form gegossener Pflastersteine verwendet wird.

● *Schnelle Kühlung*
Beim Abschrecken in Wasser entsteht amorpher, latent-hydraulischer Schlackensand (Hüttensand), der nach Mahlung hydraulische Eigenschaften zeigt und damit für die Herstellung von Bindebaustoffen verwendet werden kann, z. B. für Hüttenzemente (Hochofenzemente).

● *Kühlung mit wenig Wasser*
Wird die heiße, fließende Schlacke mit wenig Wasser versetzt, dann entsteht unter Aufschäumen Hüttenbims, der als Zuschlagstoff für die Herstellung von Leichtbeton verwendet wird.

Eisen zeigt eine große *Wandelbarkeit seiner Eigenschaften,* die folgende Ursachen hat:

● Eisen tritt bei verschiedenen Temperaturen in verschiedenen Kristallmodifikationen auf.
● Im flüssigen Eisen läßt sich eine große Zahl von Metallen und Nichtmetallen lösen (Begleitelemente aus den Eisenerzen: Si, Mn, P, S u. a.; zugesetzte Legierungsbestandteile: Cr, Ni, Mo, W, V, Co u. a.; insbesondere wechselnde Mengen von C).
● Warmbehandlung (Glühen, Härten, Vergüten) und Kaltverformung verändern die Eigenschaften.

Durch Legierung und Warmbehandlung können z. B. Härten zwischen 60 und 1000 Brinell-Einheiten HB (das entspricht den Härten von Kupfer bzw. Topas) erhalten werden.

Das wichtigste Legierungselement für das Eisen ist der Kohlenstoff. Das *Eisen-Kohlenstoff-Diagramm* für sonst unlegiertes Eisen zeigt Bild 3.1. (vereinfachte Form). Fe und C bilden nur eine Verbindung: Fe_3C *Zementit.*

Die Bedeutung des Diagramms liegt darin, daß durch die Gegenwart von C die Phasengrenzen verschoben werden; die Veränderungen der Phasengrenzen mit der Zusammensetzung und der Temperatur ist die Grundlage der Legierungs- und Wärmebehandlungsmethoden. Das Fe—C-Dia-

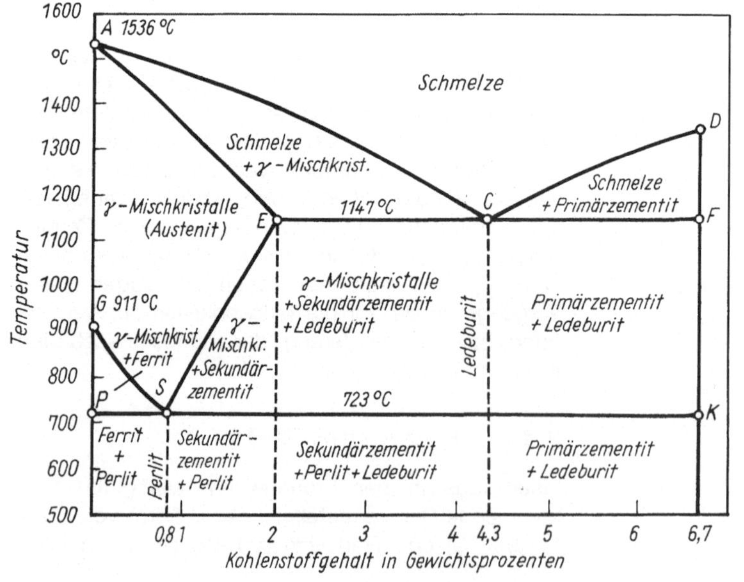

Bild 3.1.
Eisen-Kohlenstoff-Zustandsdiagramm (vereinfacht)

Perlit = Gefüge aus Ferrit und Zementit (eutektoide Mischung)
Ledeburit = Gefüge aus Ferrit und Zementit (Eutektikum)
Zementit = Eisencarbid Fe_3C

gramm wurde wie andere Mehrstoffdiagramme durch zahlreiche thermische Analysen (Erhitzungs- und Abkühlungskurven) experimentell aufgestellt. Bei der Abkühlung von reinem Fe (C-frei) scheidet sich aus der Schmelze δ-Fe (kubisch raumzentrierte Elementarzelle, Kantenlänge $a_0 = 0,293$ nm) bei 1536 °C aus. Fe wandelt sich bei 1401 °C in γ-Fe um (kubisch flächenzentrierte Elementarzelle, Kantenlänge $a_0 = 0,365$ nm). Bei 911 °C wandelt sich γ-Fe in α-Fe um (kubisch raumzentrierte Elementarzelle, Kantenlänge $a_0 = 0,287$ nm; oberhalb 769 °C nicht magnetisierbar, deshalb manchmal auch gesondert als β-Fe bezeichnet). Diese drei Modifikationen zeigen unterschiedliche Eigenschaften, insbesondere vermag γ-Fe Kohlenstoff aufzunehmen, zu lösen, was die anderen Modifikationen nicht ohne Veränderungen können.

Durch C-Zugabe werden die Umwandlungspunkte verschoben, und es treten neue auf. Das im Bild 3.1. gezeigte Diagramm stellt die Verhältnisse mit im Fe_3C (Zementit) gebundenen Kohlenstoff dar. Der Linienzug ACD ist die Liquiduslinie, oberhalb derer alles flüssig ist. Der Linienzug AECF ist die Soliduslinie, unterhalb derer alles fest vorliegt.

Beispiel 36

Welche Vorgänge laufen bei Abkühlungen von Fe–C-Schmelzen ab? (vgl. S. 28/29)

1. Beispiel: Fe–C-Legierung mit 0,3 % C
Bei etwa 1520 °C scheiden sich aus der Schmelze γ-Mischkristalle (Austenit) mit einem C-Gehalt von etwa 0,1 % aus. Bei weiterer Abkühlung reichert sich die Restschmelze (entlang der Linie A–C) an C an; die sich ausscheidenden γ-Mischkristalle bauen zunehmend mehr C (entlang der Linie A–E) ein. Bei einer Temperatur von etwa 1480 °C wird die Soliduslinie erreicht. Der letzte Teil der Restschmelze erstarrt zu γ-Mischkristallen mit 0,3 % C. Die zunächst unterschiedlichen C-Gehalte gleichen sich durch Diffusion (Bewegung der Atome im festen Zustand) aus. Die hier vorliegenden γ-Mischkristalle haben einen C-Gehalt von 0,3 %. Bei weiterer Abkühlung auf etwa 830 °C und darunter scheidet sich im festen Zustand Ferrit aus (Ferrit = praktisch reines Fe); entsprechend reichern sich die verbleibenden γ-Mischkristalle mit C an (entlang der Linie G–S), bis sie bei 723 °C einen C-Gehalt von 0,8 % aufweisen. Im eutektoiden Punkt S scheidet sich Perlit aus (Perlit = eutektisches Gefüge, bestehend aus nebeneinanderliegenden feinen Lamellen Ferrit und Zementit). Ein Stahl mit einem C-Gehalt von 0,3 % (z. B. Baustahl) besteht demnach bei Raumtemperatur aus Ferrit und Perlit (Bild 3.2.).

2. Beispiel: Fe–C-Legierung mit 1,6 % C
Bei etwa 1430 °C scheiden sich aus der Schmelze erste γ-Mischkristalle (Austenit) mit einem C-Gehalt von etwa 0,6 % aus. Bei weiterer Abkühlung reichert sich die Restschmelze an C an; die sich ausscheidenden γ-Mischkri-

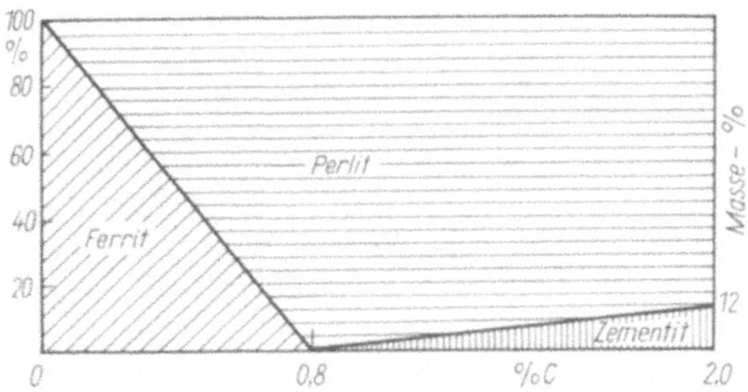

Bild 3.2.
Ferrit-, Perlit- und Zementitanteile in „unlegiertem" Stahl in Abhängigkeit vom C-Gehalt

stalle bauen zunehmend mehr C ein. Bei einer Temperatur von etwa 1230 °C wird die Soliduslinie erreicht. Der letzte Teil der Restschmelze erstarrt zu γ-Mischkristallen mit 1,6 % C. Durch Diffusion erreichen unter Gleichgewichtsbedingungen alle γ-Mischkristalle einen C-Gehalt von 1,6 %. Bis zur Temperatur von etwa 1000 °C treten keine Veränderungen ein. Bei tieferen Temperaturen treten Umwandlungen im festen Zustand auf; Zementit (Fe_3C mit einem C-Gehalt von 6,7 %) scheidet sich aus; die verbleibenden γ-Mischkristalle verarmen an C (entlang der Linie E–S). Schließlich scheidet sich im eutektoiden Punkt S aus den Rest-γ-Mischkristallen Perlit aus. Ein Stahl mit einem C-Gehalt von 1,6 % (z. B. Werkzeugstahl) besteht demnach bei Raumtemperatur aus Zementit und Perlit (s. Bild 3.2.).

3. Beispiel: Fe–C-Legierung mit 3 % C
Bei etwa 1300 °C beginnt die Ausscheidung der ersten γ-Mischkristalle mit einem C-Gehalt von etwa 1,3 % aus der Schmelze. Bei weiterer Abkühlung reichert sich die Restschmelze an C an, die sich ausscheidenden γ-Mischkristalle bauen zunehmend mehr C ein. Bei einer Temperatur von 1147 °C liegen γ-Mischkristalle mit etwa 2 % C neben einer eutektischen Restschmelze mit 4,3 % C vor. Die eutektische Restschmelze erstarrt zu Ledeburit (= eutektisches Gemenge/Gefüge aus 52 % Zementit und 48 % γ-Mischkristallen). Bei weiterer Abkühlung (<1147 °C) scheiden die γ-Mischkristalle zunächst Sekundärzementit aus und werden selbst zunehmend C-ärmer. Unter 723 °C wandeln sich die letzten γ-Mischkristalle in Perlit um.

Die Linien (Umwandlungstemperaturen) des Fe–C-Diagramms werden durch Begleitelemente und Legierungsbestandteile z. T. wesentlich verschoben.
Die Bilder 3.3. bis 3.6. zeigen das Stahlgefüge unlegierter Stähle mit steigendem C-Gehalt.
Die Eigenschaften des „unlegierten" Stahls lassen sich nicht nur durch ihren C-Gehalt, sondern darüber hinaus durch Kaltverformung (z. B. Walzen) und durch Warmbehandlung (z. B. Glühen, Härten, Vergüten) verändern (s. dazu Lehrbücher der Bau- und Werkstoffkunde).
Baustähle müssen bei ausreichender Festigkeit gut verformbar sein. Sie haben einen niedrigen C-Ge-

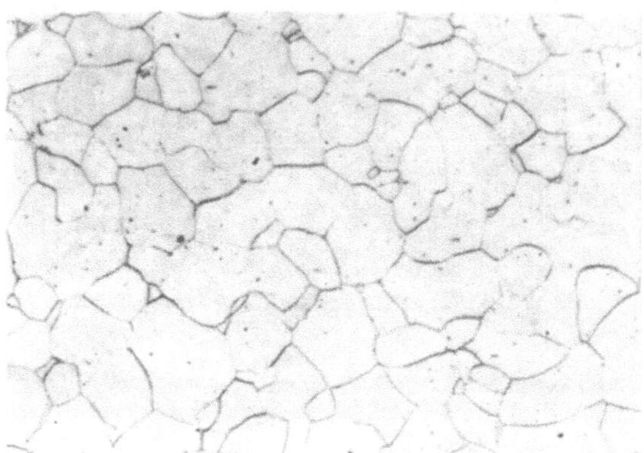

Bild 3.3.
Ferrit (Körner leicht gestreckt); etwa 0,01 % C

Bild 3.5.
Perlit (lamellenartige Ausbildung) mit Ferrit (weiße Flächen); 0,7 % C

halt von 0,05 … 0,65% und werden häufig vergütet (kombinierte Warmbehandlung, bestehend aus Härten und Anlassen). Werkzeugstähle haben höhere C-Gehalte (<1,7%), sie sind besser härtbar, aber spröder. Bei C-Gehalten von mehr als etwa 2% liegt Roh- oder Gußeisen vor.

Eine zusätzliche Veränderung der Eigenschaften ist durch Legieren (Zugabe von Legierungselementen) möglich. Dadurch nehmen Festigkeit und Härte allgemein zu, dagegen nehmen Dehn- und Schmiedbarkeit ab. Bestimmte Legierungselemente verändern außerdem bestimmte Eigenschaften, z. B. erhöhen Cr und Ni die Korrosionsbeständigkeit, W und V die Verschleißfestigkeit.

Nichtrostende Stähle (s. a. S. 76) enthalten vorwiegend Chrom und Nickel als Legierungsbestandteile, z. B.

■ X5 CrNi18 9 (V_2A-Stahl):
18,5 % Cr, 9 % Ni, Rest Fe

■ X5 CrNiMo18 10 (V_4A-Stahl):
17,5 % Cr, 10,0 % Ni, 2,2 % Mo, Rest Fe

Wetterfeste Baustähle enthalten (in Masse-%) $\leq$0,15 C; 0,1 … 0,4 Si; <0,05 P; <0,035 S; 0,5 … 0,8 Cr; 0,3 … 0,5 Cu; $\leq$ 0,40 Ni (s. a. S. 76).

Charakteristisch für die chemischen Eigenschaften des Eisens in seinen Verbindungen ist das Auftreten in den beiden Wertigkeitsstufen 2+ und 3+ sowie der leichte Wertigkeitswechsel $Fe^{2+} \rightleftharpoons Fe^{3+}$ im Falle löslicher Eisenverbindungen.

Gegen die *Einwirkung von Kalkwasser*, $Ca(OH)_2$, ist Eisen beständig, auch gegen andere kalte Laugen, was in betontechnologischer Hinsicht wichtig ist. Auch ein verrosteter Bewehrungsstahl zeigt noch eine gute Haftung zum Beton, da der Rost durch den Zement chemisch gebunden wird (Bildung von Calciumferrathydraten) und das Rosten die Rauhigkeit der Oberfläche des Stahls erhöht (Narbenbildung).

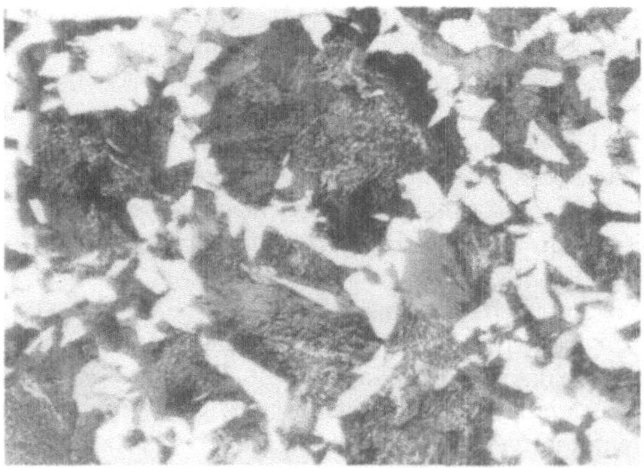

Bild 3.4.
Perlit (lamelliert) und Ferrit (weiß); 0,4 % C

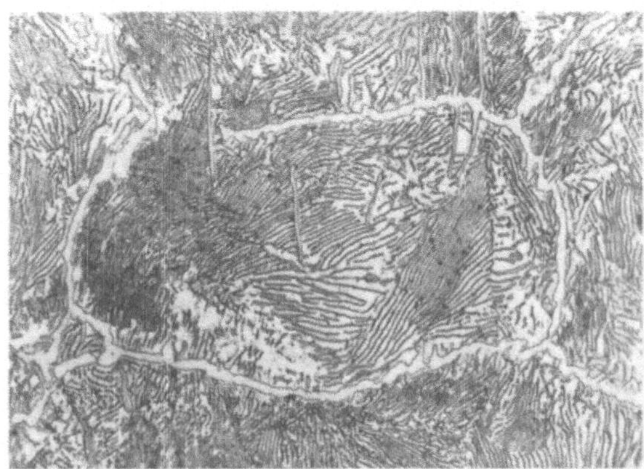

Bild 3.6. Perlit (lamelliert) mit Sekundär-Zementit (weiße Linien an Korngrenzen); etwa 1 % C

Das in vielen Gesteinen vorkommende Eisen(II)-carbonat (Siderit) wird von CO_2-haltigen Wässern unter Bildung von löslichem *Eisenhydrogencarbonat* angegriffen:

$$FeCO_3 + CO_2 + H_2O \rightarrow Fe(HCO_3)_2$$

(Eine analoge Reaktion ist die Bildung von $Ca(HCO_3)_2$ aus $CaCO_3$ bei der Einwirkung kalkaggressiver Kohlensäure.)
Wirkt auf $Fe(HCO_3)_2$-Lösungen Luftsauerstoff ein, so fällt Eisen(III)-hydroxid aus, das den braunen Schlamm in Wassergräben, die braune Färbung des Kesselsteins und u. U. Verstopfungen von Wasserleitungsrohren verursacht:

$$4\,Fe(HCO_3)_2 + O_2 + 2\,H_2O \rightarrow 4\,Fe(OH)_3 + 8\,CO_2$$

Als braune bis rote eisenhaltige *Zementfarben,* die beständig gegen das Bindemittel sowie licht- und wetterecht sind, dienen Ocker, Umbra und Englischrot.

3.2. Nichteisenmetalle

Kupfer ist ein duktiles Metall mit hellrotem Metallglanz. Es hat einen sehr kleinen *elektrischen Widerstand* von

$$1{,}55 \cdot 10^{-6}\ \Omega \cdot cm \text{ bei } 0\,°C$$

und ein sehr großes *Wärmeleitvermögen* von

$$1394\ kJ \cdot m^{-1} \cdot h^{-1} \text{ bei } 0\,°C$$

An trockener Luft bildet sich auf der Oberfläche des Kupfers langsam ein Überzug aus einer dünnen, fest haftenden Schicht von rotbraunem Kupfer(I)-oxid Cu_2O. Bei höheren Temperaturen bildet sich schwarzes Kupfer(II)-oxid CuO, das leicht abblättert. In freier Atmosphäre erfolgt die Bildung von *Patina* $Cu_2(OH)_2$ (CO_3, SO_4, Cl_2).
Die gute *Witterungsbeständigkeit des Kupfers* erlaubt seine Anwendung als Material für die Dachabdeckung von Sonderbauten und in manchen Fällen als Fugendichtung (bei Brücken, Tunneln und Staumauern). Die bekanntesten *Kupferlegierungen* sind *Messing* (Cu + Zn) und *Bronzen* (z. B. Cu + Sn oder Cu + Al u. a.).

Zink ist ein Metall mit bläulich-weißem Metallglanz. An der Luft überzieht sich Zink schnell mit einer Schicht aus Oxid (ZnO) und Hydroxidcarbonat ($Zn_2(OH)_2CO_3$), die als Schutzschicht wirkt.
Das Metall ist zwischen 100 und 150 °C weich und dehnbar, außerhalb dieses Temperaturbereichs jedoch spröde.
Auf Grund der guten *Witterungsbeständigkeit* finden Zinkbleche und verzinkte Eisenbleche verbreitet Anwendung im Bauwesen, z. B. für Dachrinnen, Regenfallrohre, Maueranschlußbleche, Dachabdeckungen usw.
Eine durch Pressen verfestigte Mischung aus Papiermasse und Zinkchlorid-Lösung eignet sich zur Herstellung von Dichtungen (Vulkanfiber).
Als *Zinkfarben* werden verwendet: Zinkweiß (ZnO), Zinkgelb ($ZnCrO_4 \cdot Zn(OH)_2 \cdot H_2O$), Lithopone ($ZnS$ + $BaSO_4$). Zinksulfid mit Spuren Cu oder Ag leuchtet im Dunkeln nach Lichteinwirkung (Lumophore). Weißes Zinkoxid färbt sich oberhalb 445 °C gelb und wird bei Abkühlung wieder weiß (Thermochromie).

Blei ist ein bläulichgraues, auf frischer Schnittfläche glänzendes, weiches und dehnbares Metall, das sich mit dem Fingernagel ritzen läßt. Lösliche Bleiverbindungen sind giftig.
Einige Bleiverbindungen, die als *Farben* verwendet werden, sind $Pb(CH_3COO)_2 \cdot Pb(OH)_2$ (Bleiweiß), $PbCrO_4$ (Chromgelb) und Pb_3O_4.
Dieses intensiv rote Bleioxid Pb_3O_4 *(Mennige)* enthält das Blei in den Oxidationsstufen $+2$ und $+4$, was zur Formel Pb_2PbO_4 ($2\,PbO \cdot PbO_2$) führt. Das analoge Fe_3O_4 hat einen anderen Aufbau: $FeFe_2O_4$ ($FeO \cdot Fe_2O_3$).
Metallisches Blei wurde gelegentlich als Schmelzkitt zum Befestigen von Eisendübeln in Mauerwerk oder Naturstein verwendet (Vergießen mit geschmolzenem Blei) und im Dachbereich eingesetzt.

Chrom ist silberweiß (leicht bläulich glänzend) — es ist nicht lötbar. Bis 600 °C ist die Oberfläche anlaufbeständig, sie überzieht sich schnell mit einer dünnen, fest haftenden Oxidschutzschicht. Chrom ist ein wichtiger Legierungsbestandteil für Eisen; es erhöht die Festigkeit und chemische Widerstandsfähigkeit des Stahls. Als Chromfarben werden verwendet: $PbCrO_4$ (Chromgelb), $PbCrO_4 \cdot Pb(OH)_2$ (Chromrot), Cr_2O_3 (Permanentgrün). Letzteres ist auch färbender Bestandteil in Gläsern (grüne Farbe) und in einigen Edelsteinen (z. B. im Smaragd).

Aluminium ist ein silberweißes Leichtmetall (Dichte 2,7 g/cm^3). Eine frische Metalloberfläche überzieht sich sehr schnell mit einer dünnen Oxidhaut, die sehr dicht ist und so das darunterliegende Metall vor weiterer Oxidation schützt. Wird die Bildung der Oxidschicht durch Amalgamieren (Verreiben eines Tropfens Hg) verhindert, so bilden sich nach wenigen Minuten millimeterstarke Schichten aus $Al(OH)_3$. Diese Reaktion offenbart den unedlen Charakter des Aluminiums.
Bei der Reaktion einer Mischung aus *Aluminiumgrieß* und Fe_3O_4 werden in wenigen Sekunden

Temperaturen von 2400 °C erreicht.

$$8\,Al + 3\,Fe_3O_4 \rightarrow 4\,Al_2O_3 + 9\,Fe$$

$$\Delta H = -3010\,\frac{kJ}{Umsatz}$$

Das dabei entstehende weißglühende, dünnflüssige Eisen kann zur Herstellung von Schweißnähten verwendet werden (*aluminothermisches Schweißverfahren,* AT), z. B. zur Betonstahl- oder Schienenschweißung, wobei elektroenergie-unabhängig gearbeitet werden kann.

Die wäßrigen Lösungen von Aluminiumsalzen reagieren infolge von Hydrolyse sauer; z. B.

$$Al_2(SO_4)_3 + 6\,H_2O \rightleftharpoons 2\,Al(OH)_3 + 3\,H_2SO_4$$

Wichtige aluminiumhaltige Mineralien (Ausgangsmaterialien vieler Baustoffe) sind in Kap. 4. genannt.

In feinverteilter Form wird metallisches Aluminium als Treibmittel bei der Herstellung von *Porenbeton* verwendet. Mit alkalisch reagierenden Bindemitteln tritt dabei folgende Reaktion ein:

$$2\,Al + 3\,Ca(OH)_2 + 6\,H_2O \rightarrow Ca_3[Al(OH)_6]_2 + 3\,H_2$$

(Anstelle von Al können auch andere Treibmittel eingesetzt werden, zum Beispiel Ferrosilicium $FeSi_2$, Calciumcarbid CaC_2.)

Magnesium ist ein silberglänzendes Leichtmetall (Dichte 1,74 g/cm^3). Es überzieht sich an der Luft mit einer dünnen, zusammenhängenden, mattweißen Oxid-Hydroxid-Schicht, die das Metall gegen *Witterungseinflüsse* beständig macht.

Die magnesiumreichste Legierung ist *Elektron,* das zu >90 % aus Mg (Rest Al) besteht. Wegen der niedrigen Dichte von 1,8 g/cm^3, der hohen Festigkeit und der guten Beständigkeit findet es Verwendung für leichte Konstruktionen.

3.3. Grundlagen der Elektrochemie

Die Elektrochemie umfaßt Theorie und Praxis der chemischen Vorgänge, die unter Zufuhr strömender Elektrizität ablaufen oder durch die elektrischer Strom erzeugt wird.

Die Kenntnis der grundlegenden Zusammenhänge der Elektrochemie ist wesentlich zum Verständnis der Vorgänge, die bei der elektrochemischen Korrosion der Baumetalle ablaufen. Die Anwendung elektrochemischer Gesetzmäßigkeiten erfolgt bei der Erzeugung galvanischer, korrosionsbeständiger Metallschichten (Vernickeln, Verchromen) und bei der elektrolytischen Oxidation (Eloxal-Verfahren) sowie beim kathodischen Rostschutz.

3.3.1. Elektrolytische Dissoziation und Elektrolyse

Voraussetzung für elektrochemische Korrosionsprozesse ist die elektrolytische Dissoziation (s. Kap. 2.5.), die zum Auftreten von Ionen in wäßriger Lösung führt. Auch *reinstes Wasser* ist auf Grund seiner Autoprotolyse ein Stromleiter, dessen Leitfähigkeit allerdings wegen der sehr kleinen Anzahl von Ionen nur sehr gering ist. Nicht nur Ionenkristalle (wie z. B. NaCl), die bereits im festen Zustand aus Ionen aufgebaut sind (echte Elektrolyte), z. B.

▶ $NaCl \rightarrow Na^+ + Cl^-$

sondern auch Stoffe, die erst mit Wasser protolytisch reagieren (potentielle Elektrolyte), leiten in wäßriger Lösung den Strom, z. B.

▶ $HCl + H_2O \rightleftharpoons H_3O^+ + Cl^-$
▶ $NH_3 + H_2O \rightleftharpoons NH_4^+ + OH^-$

Der Ladungstransport erfolgt durch die *Ionen;* die zur Kathode, dem Minuspol, wandernden Ionen werden als *Kationen* (z. B. Na^+), die zur Anode wandernden Ionen als *Anionen* (z. B. Cl^-) bezeichnet (Anode: Elektronenabgabe; Kathode: Elektronenaufnahme).

Beim Stromdurchgang durch ein Metall (oder Graphit) treten keine chemischen Veränderungen ein (Elektronenleiter, Leiter 1. Klasse). Dagegen finden bei Elektrolyten (Ionenleiter, Leiter 2. Klasse) chemische Umwandlungen statt, z. B. Zersetzungen, Abscheidungen usw. Vorgänge dieser Art werden als *Elektrolysen* bezeichnet. Die chemischen Wirkungen des elektrischen Stromes beruhen auf der Veränderung der Ionenladungen.

Beispiel 37

Welche Reaktionsprodukte entstehen bei der Elektrolyse einer Kochsalz-Lösung?

Lösung:
Die Kochsalz-Lösung enthält folgende Ionen:

Na^+, H^+, Cl^-, OH^-

Die „edleren" Ionen (s. Kap. 3.3.3.), das sind die mit dem „positiveren" Potential, werden jeweils zuerst entladen, anschließend dann, wenn diese vollständig entladen sind, auch die anderen Ionen.

Kathode: $H^+ + e^- \rightarrow H$; $2\,H \rightarrow H_2$
Anode: $Cl^- \rightarrow Cl + e^-$; $2\,Cl \rightarrow Cl_2$

Es kommt zur Wasserstoff- und Chlorentwicklung. Sind alle Chlor-Ionen verbraucht, dann werden auch OH-Ionen entladen:

Anode: $OH^- \rightarrow OH + e^-$; $\quad 4\,OH \rightarrow 2\,H_2O + O_2$

Die Chlorentwicklung wird durch eine Sauerstoffentwicklung abgelöst. (H^+ kann nicht aufgebraucht werden, da es durch die Autoprotolyse des Wassers immer wieder neu gebildet wird.)

Beispiel 38

Welche Reaktionsprodukte treten bei der Elektrolyse einer Kupfersulfatlösung auf?

Lösung:
Die Kupfersulfatlösung enthält folgende Ionen: Cu^{2+}, H^+, $SO_4{}^{2-}$, OH^-. Die edleren Ionen (s. Kap. 3.3.3.) werden zuerst entladen:

Kathode: $Cu^{2+} + 2\,e^- \rightarrow Cu$; $\quad$ Anode: $OH^- \rightarrow OH + e^-$

Die OH-Radikale reagieren sofort weiter:

$4\,OH \rightarrow 2\,H_2O + O_2$,

daneben erfolgt Kupferabscheidung.
Nach vollständiger Cu-Abscheidung:

$H^+ + e^- \rightarrow H$; $\quad 2\,H \rightarrow H_2$.

Die Aufnahme von Elektronen durch Kationen ist ein Reduktionsvorgang *(kathodische Reduktion)*, die Abgabe von Elektronen der negativ geladenen Ionen an der Anode ist ein Oxidationsvorgang *(anodische Oxidation)*. Da bei Elektrolysen immer beide Prozesse ablaufen, sind sie typische Redoxvorgänge. Die anodische Oxidation wird technisch z. B. beim Eloxalverfahren angewandt.
Den Zusammenhang zwischen der geflossenen Strommenge und der abgeschiedenen bzw. entladenen Stoffmenge geben die beiden FARADAY*schen Gesetze:*

1. Die abgeschiedene Stoffmenge m ist der Strommenge $A \cdot s$ proportional.
2. Gleiche Strommengen entladen äquivalente Stoffmengen aus verschiedenen Elektrolyten.

Zur Abscheidung einwertiger Ionen sind 96490 A · s/val (FARRADAY-*Konstante*) erforderlich. Bei zweiwertigen Ionen verdoppelt sich und bei dreiwertigen Ionen verdreifacht sich die Strommenge.

Beispiel 39

Eine $CuSO_4$-Lösung wird 50 Minuten lang durch einen Strom von 1,5 A elektrolytisch zersetzt. Wieviel Gramm Kupfer werden ausgeschieden?

Lösung:
rel. Atommasse des Kupfers: 63,54

$$96\,490\,\frac{A \cdot s}{val} : \frac{63,54}{2}\,\frac{g}{val} = [1,5\,A \cdot (50 \cdot 60)\,s] : x$$

$$x = 1,48\,g$$

Es werden 1,48 g Kupfer abgeschieden.

Beispiel 40

Wie lange dauert es, bis bei einer Stromstärke von 1,2 A eine 300 cm² große Eisenfläche mit einer Nickelschicht von 0,01 mm Dicke überzogen ist? ($D_{Ni} = 8,9\,g/cm^3$)

Lösung:

$$300\,cm^2 \cdot 0,001\,cm \cdot 8,9\,\frac{g}{cm^3} = 2,67\,g\,Ni$$

$$96\,490\,\frac{A \cdot s}{val} : \frac{58,69}{2}\,\frac{g}{val} = (1,2\,A \cdot x\,s) : 2,67\,g$$

$$x = 7\,320\,s \,\hat{=}\, \underline{\underline{122\,min}}$$

Bei einer praktischen Stromausbeute von z. B. 90 % würde sich die Zeit auf 122/0,9 = 135,5 min erhöhen.

3.3.2. Elektrische Leitfähigkeit

Zur *quantitativen* Erfassung der elektrischen Leitfähigkeit eines Leiters 2. Klasse wird die *spezifische Leitfähigkeit* $\varkappa$ (griech. kappa) verwendet, die den reziproken Widerstand eines cm³ Lösung darstellt, gemessen zwischen 2 Elektroden von je 1 cm² Fläche und in einem Abstand von 1 cm:

$$\varkappa = \frac{1}{\varrho}\,; \quad [\varrho] = \frac{cm^2}{cm} \cdot \Omega\,; \quad [\varkappa] = \Omega^{-1}\,cm^{-1}$$

Die $\varkappa$-Werte einiger Flüssigkeiten zeigt Tafel 3.1., die Abhängigkeit von der Temperatur Tafel 3.2.
Mit steigender *Konzentration* wächst die spezifische Leitfähigkeit und erreicht ihren maximalen Wert, wenn die Anzahl der frei beweglichen Ionen am größten ist. Erhöht man die Konzentration noch weiter, so behindern sich die Ionen gegenseitig, und gleichzeitig nimmt der Dissoziationsgrad ab (Bild 3.7.). Die Änderung der spezifischen Leitfähigkeit einer PZ/Wasser-Mischung während der Hydratation und Er-

Tafel 3.1.
Spezifische Leitfähigkeit einiger Leiter bei 18 °C in $\Omega^{-1}\,cm^{-1}$

Leiter	spez. Leitfähigkeit
Chemisch reines Wasser	0,000 000 038 1
Destilliertes Wasser	0,000 01
5%ige NaCl-Lösung	0,067 2
5%ige Natronlauge	0,196 9
5%ige Salzsäure	0,394 8
Kupfer (bei 0 °C)	645 000

Tafel 3.2.
Spezifische Leitfähigkeit einiger Lösungen in Abhängigkeit von der Temperatur in $\Omega^{-1}\,cm^{-1}$

Temperatur °C	Schwefel-säure 30%ig[1])	$MgSO_4$-Lösung 17,4%ig[2])	Gipswasser gesättigt
15	0,702 8	0,045 55	0,001 734
16	0,715 7	0,046 76	0,001 782
17	0,727 5	0,047 99	0,001 831
18	0,739 8	0,049 22	0,001 880
19	0,752 2	0,050 46	0,001 928
20	0,764 5	0,051 71	0,001 976
21	0,776 8	0,052 97	0,002 024
22	0,789 0	0,054 24	
23	0,801 3	0,055 51	
24	0,813 5	0,056 79	
25	0,825 7	0,058 08	

[1]) Hergestellt durch Auffüllen von 378 g 97%iger Schwefelsäure mit Wasser zu 1 Liter Flüssigkeit (Dichte bei 18 °C: 1,223 g/cm³).

[2]) Hergestellt durch Lösung von 552 g $MgSO_4 \cdot 7\,H_2O$ mit Wasser zu 1 Liter Lösung (Dichte bei 18 °C: 1,190 g/cm³).

härtung zeigt Bild 3.8. Nachdem bei der Erhärtung die Bildung der festen Hydrate eingesetzt hat, fällt die Leitfähigkeit, da hierbei das Wasser in zunehmendem Maße chemisch gebunden wird bzw. teilweise ver-

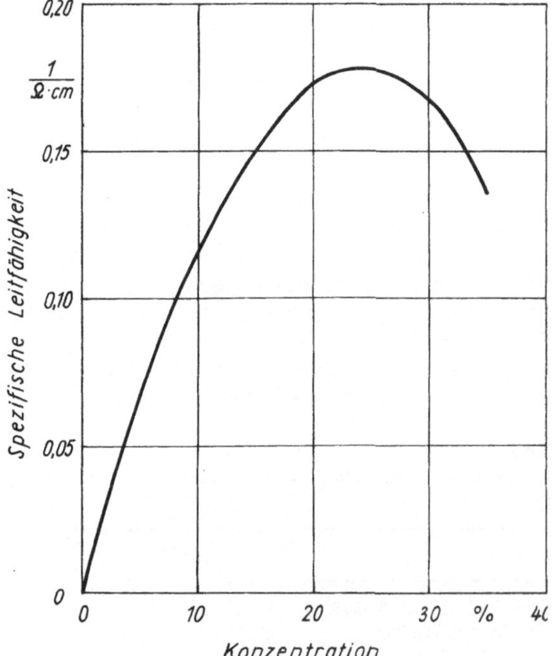

Bild 3.7.
Abhängigkeit der spezifischen Leitfähigkeit von Calciumchloridlösungen von der Konzentration bei 18 °C

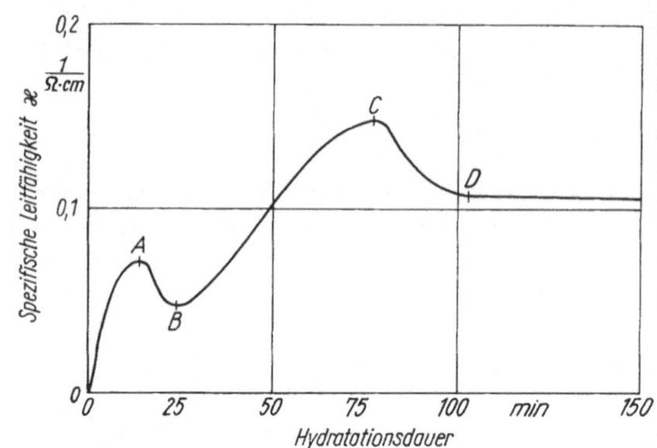

Bild 3.8.
Änderung der spezifischen Leitfähigkeit einer Mischung aus Portlandzement und Wasser während der Erhärtung

0–A Lösungsphase
A–B Bildung erster Reaktionsprodukte (z. B. Ettringit)
B–C Anstieg der Ca^{2+}- und OH^--Konzentration bis zur Übersättigung
C–D Ausscheidung von CSH-Phasen und Portlandit
ab D Lösungs- und Ausscheidungsprozesse im Gleichgewicht

dunstet und damit die Anzahl der für den Ladungstransport verwendbaren Ionen vermindert wird.

Auf Grund der elektrischen Leitfähigkeit des *Frischbetons* kann die Erhärtung durch direkte Behandlung mit Wechselstrom beschleunigt werden, wobei die Temperatur (JOULEsche Wärme) ansteigt, was den Beschleunigungseffekt bewirkt. 1 kWh erzeugt dabei 3600 kJ. Die Behandlungsdauer wird durch leitfähigkeitserhöhende Zusätze verkürzt. Zum Beispiel erhöhen Zusätze von 1% $CaCl_2$ oder 1% NaCl (bezogen auf die Zementmasse) die spezifische Leitfähigkeit von 0,0008 (ohne Zusatz) auf 0,0020 bzw. 0,0023 $\Omega^{-1}\,cm^{-1}$ (nicht erlaubt bei bewehrtem Beton wegen der möglichen Stahlkorrosion durch Chloride). Auch in Wasser oder einem anderen Medium dispergierte, sehr kleine Teilchen, die aber bedeutend größer als Ionen sind (z. B. fein gemahlene *Tone* oder polymere organische Moleküle), bewegen sich beim Anlegen einer elektrischen Spannung. Dies beweist, daß sie *elektrisch geladen* sind. Geladene Teilchen der Größe 1...500 nm (Durchmesser) werden als *Kolloidteilchen* bezeichnet; ihre Bewegung (Wanderung) im Gleichspannungsfeld nennt man *Elektrophorese*.

Da jede Kolloiddispersion nach außen *elektrisch neutral* ist, können die gleichnamig geladenen Kolloidteilchen nicht die alleinigen Ladungsträger sein. Eine gleich große, entgegengesetzte Ladung muß im Dispersionsmittel in Form hydratisierter Ionen vorliegen.

Werden die Kolloidteilchen „festgehalten", etwa in Form eines feuchten, porösen *Mauerwerks,* so wird

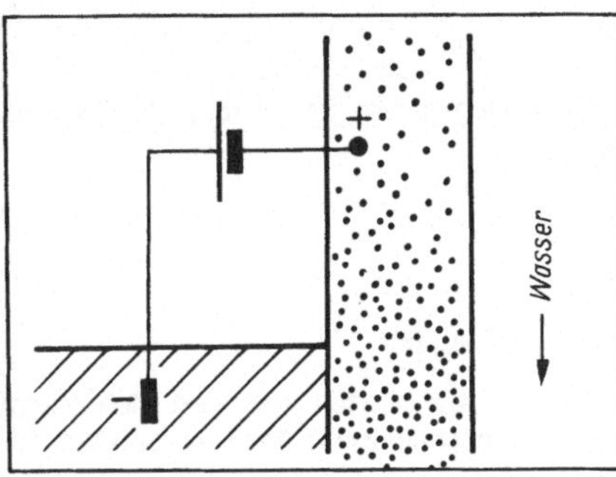

Bild 3.9.
Bautrockenlegung
Entfeuchtung von Mauerwerk durch Elektroosmose

beim Anlegen einer Spannung die flüssige Phase in Bewegung gesetzt; sie wandert zur Kathode. Dieser Effekt, der als *Elektroosmose* bezeichnet wird, kann zur *Bautrockenlegung,* Entfeuchtung und Trockenhaltung von Gebäuden verwendet werden. In ein Mauerwerk (meist mit ungenügender horizontaler Sperrung) werden Elektroden eingesetzt, und eine Gleichspannung wird so angelegt, daß die positiv geladenen, hydratisierten Ionen und damit das Wasser nach unten wandern (Bild 3.9.). Das Mauerwerk ist wie Tonteilchen und andere silicatische Kolloidteilchen negativ geladen. Das Prinzip ist einfach, dagegen ist die technische Ausführung kompliziert. Hauptprobleme sind die genaue Wahl der anzulegenden Spannung und die Bestimmung der optimalen Lage für die korrosionsbeständigen Elektroden.

3.3.3. Elektrochemische Potentiale und Spannungsreihen

Chemische Reaktionen sind mit *Energieänderungen* (Abgabe oder Aufnahme von Energie) verbunden, wobei die Energie in Form von Wärme, Licht oder Elektrizität auftritt. Eine Anordnung, bei der die Energie in Form von *Elektrizität* abgegeben wird, wird als *galvanisches Element* bezeichnet. Der umgekehrte Vorgang, die Umwandlung elektrischer Energie in chemische Energie, ist die *Elektrolyse.*
Ein galvanisches Element ist immer aus zwei Halbelementen aufgebaut. Bei dem in Bild 3.10. dargestellten galvanischen Element, dem DANIELL-*Element,* geht das *Zink in Lösung,* da es im Vergleich mit Kupfer das unedlere Metall ist:

▶ $Zn \rightarrow Zn^{2+} + 2\,e^-$ (Oxidationsprozeß)

Gleichzeitig werden durch die Elektronen an der Anode Kupferionen entladen:

▶ $Cu^{2+} + 2\,e^- \rightarrow Cu$ (Reduktionsprozeß)

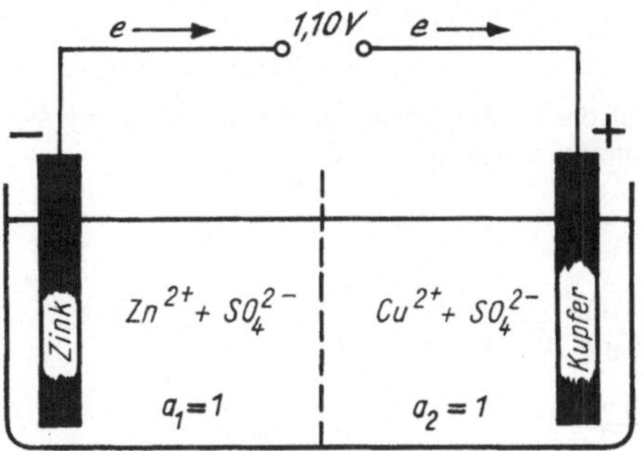

Bild 3.10.
DANIELL-Element

Beide chemischen Prozesse laufen bei äußerer, leitender Verbindung der beiden Metallplatten von allein ab, da die an der Zn-Platte frei werdenden Elektronen zur Cu-Platte gelangen können, wo sie zur Entladung der Cu^{2+}-Ionen benötigt werden. Der Kontakt im Inneren des Elementes ist durch ein Diaphragma (poröse Scheidewand) gegeben.
Bei gleichen Halbelementen, aber unterschiedlichen Elektrolytkonzentrationen kommt es ebenfalls zu einem Stromfluß *(Konzentrationskette),* wie in Bild 3.11. schematisch dargestellt. Zur Berechnung der Spannung *E* (elektromotorische Kraft EMK) einer Konzentrationskette wird die folgende Gleichung verwendet:

$$E = \frac{RT}{zF}\,\ln\frac{a_1}{a_2}$$

R　allgemeine Gaskonstante ($8{,}314$ W s mol^{-1} K^{-1})
T　absolute Temperatur (K)
z　Wertigkeit des Metalls
F　FARADAYsche Konstante ($96\,490$ A s val^{-1})
a_1　Konzentration (Aktivität) des Halbelementes mit der höheren Konzentration
a_2　Konzentration (Aktivität) des Halbelementes mit der niedrigeren Konzentration

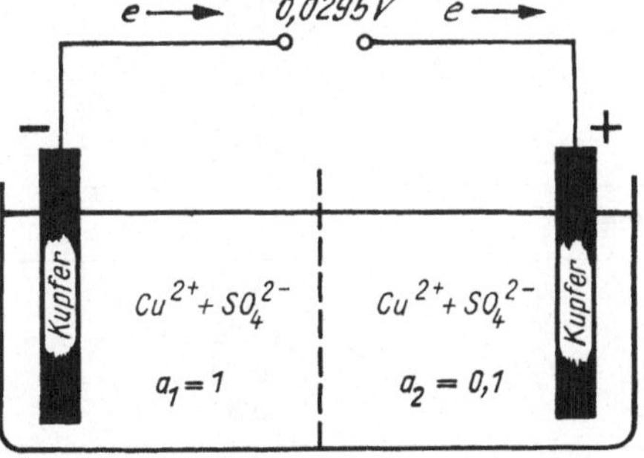

Bild 3.11.
Konzentrationskette

Beispiel 41

Wie groß ist die Spannung der in Bild 3.10.b. dargestellten Konzentrationskette bei 25 °C?

Lösung:

$$E = \frac{8{,}314 \cdot 298}{2 \cdot 96\,490}\ 2{,}3\ \lg\frac{1}{0{,}1}$$

$$E = \underline{0{,}029\,5\ V}$$

Sind zwei verschiedenartige Halbelemente gekoppelt (z. B. DANIELL-Element), dann ergibt die Differenz der Einzelpotentiale der Halbelemente das Potential des Elements:

$$\boxed{E = E_1 - E_2}\quad (E_1 > E_2)$$

Für Berechnungen müssen die *Konzentrationen* der potentialbildenden Ionen in den Halbelementen bekannt sein. Liegen 1 n-Lösungen vor, so bezeichnet man die gegen eine Normalwasserstoffelektrode gemessenen Potentiale als *Normalpotentiale E^0*. In Tafel 3.3. sind die Normalpotentiale einiger Halbelemente, geordnet nach abfallender Spannung, angegeben *(Spannungsreihe)*.

Tafel 3.3.
Elektrochemische Spannungsreihe (Normalpotentiale E^0)[1]) für Kationen und Anionen bei 25 °C und $a = 1$

Element	V
Kationenbildner	
K/K^+	$-2{,}92$
Ca/Ca^{2+}	$-2{,}76$
Na/Na^+	$-2{,}71$
Mg/Mg^{2+}	$-2{,}38$
Al/Al^{3+}	$-1{,}71$
Zn/Zn^{2+}	$-0{,}76$
Fe/Fe^{2+}	$-0{,}41$
Fe/Fe^+	$-0{,}05$
$H_2/2\,H^+$	$\pm0{,}00$
Cu/Cu^{2+}	$+0{,}34$
Ag/Ag^-	$+0{,}80$
Au/Au^{3+}	$+1{,}42$
Anionenbildner	
$2\,F^-/F_2$	$+2{,}87$
$2\,Cl^-/Cl_2$	$+1{,}36$
$2\,OH^-/1/2\,O_2 + H_2O$	$+0{,}40$
S^{2-}/S	$-0{,}51$

[1]) Normalpotential, gemessen gegen die Normalwasserstoffelektrode

Beispiel 42

Berechne die Spannung des in Bild 3.10.a. dargestellten DANIELL-Elements!

Lösung:

$$E = E_1{}^0 - E_2{}^0$$

$$E = +0{,}34 - (-0{,}76) = \underline{1{,}10\ V}$$

Die Konzentration der Cu^{2+}-Ionen verringert sich infolge ihrer Entladung und Abscheidung laufend, so daß das Potential des Halbelements laufend kleiner wird.

Die Berechnung der Spannung von Halbelementen *(Halbpotentiale)* bei *beliebiger Konzentration* erfolgt nach der NERNSTschen *Gleichung*

$$\boxed{E_1 = E_1{}^0 + \frac{RT}{zF}\ \ln a_1}$$

Beispiel 43

Berechne die Spannung eines DANIELL-Elements, in dem $a_{CuSO_4} = 0{,}1$ mol/l und $a_{ZnSO_4} = 0{,}01$ mol/l betragen!

Lösung:

$$E = E_1 - E_2 = E_1{}^0 - E_2{}^0 - \frac{RT}{zF}\ \ln\frac{a_1}{a_2}$$

$$E = 0{,}34 - (-0{,}76) + \frac{8{,}314 \cdot 298}{2 \cdot 96\,490}\ 2{,}3\ \lg\frac{0{,}1}{0{,}01}$$

$$E = \underline{1{,}129\,5\ V}$$

Ein technisch wichtiges galvanisches Element ist der *Bleiakkumulator,* bei dessen Ladung und Entladung der folgende chemische Prozeß abläuft:

Tafel 3.4.
Praktische Spannungsreihen (nach OELSNER)

Praktische Spannungsreihe für Wasser pH 6,0 Metall	mV[1])	Praktische Spannungsreihe für Meerwasser pH 7,5 Metall	mV[1])
Silber	$+195$	Silber	$+149$
Kupfer	$+140$	Nickel	$+46$
Nickel	$+118$	Kupfer	$+10$
Aluminium	-169	Blei	-259
Zinn	-175	Zink (Zn 98,5)	-284
Blei	-283	Stahl	-335
Stahl	-350	Cadmium	-519
Cadmium	-574	Aluminium	-667
Zink (Zn 98,5)	-823	Zinn	-809

[1]) Potentialangaben beziehen sich auf die Normalwasserstoffelektrode.

▶ $2\,PbSO_4 + 2\,H_2O \underset{\text{Entladung}}{\overset{\text{Ladung}}{\rightleftharpoons}} PbO_2 + 2\,H_2SO_4 + Pb$

In einem entladenen Akku ist demnach der Säuregrad zurückgegangen, was an der Dichte der Akkusäure erkennbar ist.

Auch für *Redoxvorgänge,* bei denen keine vollständige Entladung, sondern nur eine Ladungsänderung erfolgt, z. B.

$Fe^{2+} \rightleftharpoons Fe^{3+} + e^-$

liegen die Normalpotentiale tabellarisch vor. Sie ergeben sich, wenn beide Ionenarten (oxidierte und reduzierte Form, im Beispiel Fe^{3+} und Fe^{2+}) die Aktivität 1 haben. Weichen sie von diesem Wert ab, so kann jedes Halbpotential nach folgender Gleichung berechnet werden:

$$E_1 = E_1{}^0 + \frac{RT}{Fz}\,\ln\frac{a_{ox}}{a_{red}}$$

z Anzahl der bei dem Redoxvorgang aufgenommenen oder abgegebenen Elektronen.

Aus der *Spannungsreihe* können folgende Tatsachen abgeleitet werden:

- Je *negativer* das Normalpotential ist, um so größer ist die Neigung des Metalls, in den *Ionenzustand* überzugehen, d. h. Elektronen abzugeben bzw. in *Lösung* zu gehen oder *Verbindungen* zu bilden.
- *Unedle* Metalle haben negative; *edle* Metalle positive Normalpotentiale; unedle Metalle drängen edle Metalle aus ihren Lösungen, z. B. beim Eintauchen von Zink oder Eisen in $CuSO_4$-Lösung:

$Zn + Cu^{2+} \rightarrow Zn^{2+} + Cu\downarrow$

- *Wasserstoff* wird durch Metalle mit *negativeren* E^0-*Werten* aus dem Ionenzustand in den atomaren Zustand überführt, z. B.:

$Zn + 2\,H^+ \rightarrow Zn^{2+} + H_2$

Diese Metalle sind säurelöslich, wobei allerdings die Lösungsgeschwindigkeit durch die Bildung von Schutzschichten beeinträchtigt sein kann. Metalle mit *positiven* E^0-*Werten* (Edelmetalle) sind in Säuren unlöslich. Sie lösen sich jedoch in Gegenwart von Sauerstoff oder in oxidierenden Säuren, wo zunächst Oxide gebildet werden.

- Das Bestreben der *Nichtmetalle,* in den Ionenzustand überzugehen, ist um so größer, je *positiver* (edler) das Normalpotential ist.
- Spannungen *galvanischer Elemente* lassen sich mit Hilfe der E^0-Werte der Spannungsreihe *berechnen.*

- Die Normalpotentiale gelten nur bei den angegebenen Bedingungen. Da Art und Konzentration des Elektrolyts, Temperatur u. a. unter praktischen Bedingungen stark wechseln, ergeben sich von den Normalpotentialen abweichende Korrosionspotentiale (Elektrodenpotentiale unter Korrosionsbedingungen). Beispiel für sogenannte „praktische" Spannungsreihen zeigt Tafel 3.4.

3.4. Metallkorrosion

Die zahlreichen äußeren Einwirkungen, denen die Baumetalle in der Praxis ausgesetzt sind, führen oft zu erheblichen Korrosionsschäden, wenn keine Gegenmaßnahmen ergriffen werden. Unter *Korrosion* versteht man allgemein die *unbeabsichtigte Zerstörung von Werkstoffen* (Metalle, Betone, Kunststoffe u. a.), die durch *chemische* und/oder *elektrochemische* Reaktionen des Werkstoffes mit der Umgebung hervorgerufen wird und von der *Oberfläche* oder den Kristallkorngrenzen des Materials ausgeht. Die schädigenden Veränderungen schreiten allmählich *nach der Tiefe* des Materials fort.

DIN 50900 (Ausgabe 1975), Korrosion der Metalle, definiert: „Korrosion ist die Reaktion eines metallischen Werkstoffes mit seiner Umgebung, die eine meßbare Veränderung des Werkstoffes bewirkt und zu einem Korrosionsschaden führen kann. Die Reaktion ist in den meisten Fällen elektrochemischer Art, sie kann aber auch chemischer Art sein." Als Korrosionsschaden wird ebenda die „Beeinträchtigung der Funktion eines metallischen Bauteiles oder eines ganzen Systems durch Korrosion" definiert.

Nach einer Studie von HOAR (1971, Report of the Committee on Corrosion and Protection) entstehen in Großbritannien Korrosionsverluste im Wert von 3,5 % des Bruttosozialproduktes. Überträgt man diesen Wert kritiklos auf die Bundesrepublik Deutschland, so errechnet sich daraus ein jährlicher Korrosionsverlust in Höhe von etwa 40 Mrd. DM (Bruttosozialprodukt etwa 1200 Mrd. DM/a). Mögen die Korrosionsverluste in der Bundesrepublik Deutschland auch vermutlich niedriger liegen (bei 2,5 % des Bruttosozialproduktes), so bleibt dennoch die volkswirtschafliche Bedeutung der Korrosion und des Korrosionsschutzes unbestritten.

Zur Erhaltung der Substanz und des Gebrauchswertes der verbauten *Metalle,* insbesondere des Stahls, ist eine genaue Kenntnis über die Einflüsse erforderlich, denen die Metalle Widerstand zu leisten vermögen, und solchen, denen sie möglichst nicht ausgesetzt werden dürfen. Aus der Kenntnis dieser Zusammenhänge und den zugrunde liegenden Gesetzmäßigkeiten leiten sich die praktischen Möglichkeiten des *Korrosionsschutzes* ab.

An erster Stelle unter den konstruktiven Baumaterialien steht der Stahlbeton. In Zukunft wird der Umfang der in Stahlbeton ausgeführten Konstruktionen sicher noch wachsen. Einer der Hauptvorteile der Stahlbetonkonstruktionen gegenüber den metallischen Konstruktionen ist ihre Beständigkeit gegenüber vielen natürlichen und industriellen Medien in der Regel ohne die Anwendung von Schutzschichten. Während an feuchter Luft ungeschützter Stahl korrodiert, wird Beton dagegen fester (Ausnahme sehr feuchter Beton, der Frost-Tau-Wechseln ausgesetzt ist).

Eine prinzipielle Möglichkeit zum Schutz von Konstruktionen ist die Veränderung der Umgebung. Mit der zunehmenden Intensivierung der Maßnahmen des Umweltschutzes wird ein wesentlicher Schritt in dieser Richtung getan.

Die Erfahrung zeigt jedoch auch, daß sogar in nicht verunreinigter feuchter Luft Stahlbetonelemente wegen Korrosion der Bewehrung zerstört werden. Aus der Analyse der Schäden folgt, daß die Hauptursachen für die Unbeständigkeit eine zu dünne Beton-deckung der Bewehrung und eine ungenügende Dichtigkeit des Betons sind.

Aus ökonomischen Gründen muß der Korrosionsschutz optimal sein. Sowohl eine ungenügende als auch eine zu hohe Beständigkeit der Konstruktionen und Erzeugnisse sind insgesamt ungünstig: erstere verbilligt die Herstellung, verteuert aber die Nutzung; im zweiten Falle liegen die Verhältnisse umgekehrt.

Mit der Errichtung immer neuer Industrieanlagen nimmt die Bedeutung des Korrosionsschutzes ständig zu, da *Industrieluft* wesentlich stärker korrodiert als *Landluft*. Verzinktes Stahlblech z. B. ist deshalb unterschiedlich lange haltbar, was einerseits von der Zinkauflagendicke und andererseits von der Aggressivität der Atmosphäre abhängt (Bild 3.12.).

Die Korrosion kann nach ihren Reaktionsmechanismen wie folgt gegliedert werden:

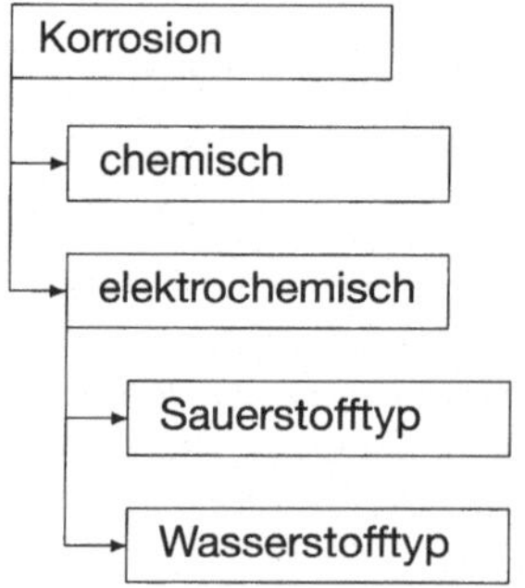

Eine Verstärkung der chemischen und elektrochemischen Korrosion kann bei gleichzeitiger Einwirkung einer statischen Zugspannung eintreten; diese Art der Korrosion wird als Spannungskorrosion bezeichnet.

Ein Sonderfall der Korrosion durch „vagabundierende" Gleichströme im feuchten Erdreich ist die galvanische Korrosion.

3.4.1.   Chemische Korrosion von Metallen

Allen chemischen Korrosionsprozessen der Metalle liegt die *Oxidbildung* der Metalle zugrunde, bei der sich Metallatome in Metallionen umwandeln. Nach dem 2. Hauptsatz der Thermodynamik streben alle Stoffe nach dem *niedrigsten Energiezustand*. Dieses Prinzip führt im Falle der Metalle zu den im Bild 3.13. dargestellten Übergängen.

Die Affinität der unedlen Metalle zu Sauerstoff ist so groß (Tafel 3.5.), daß an frischen Metalloberflächen sofort Oxidbildung eintritt. Ist dieses Oxid im angrenzenden Medium *löslich*, so geht der Angriff weiter, die Korrosion bzw. Auflösung schreitet fort.

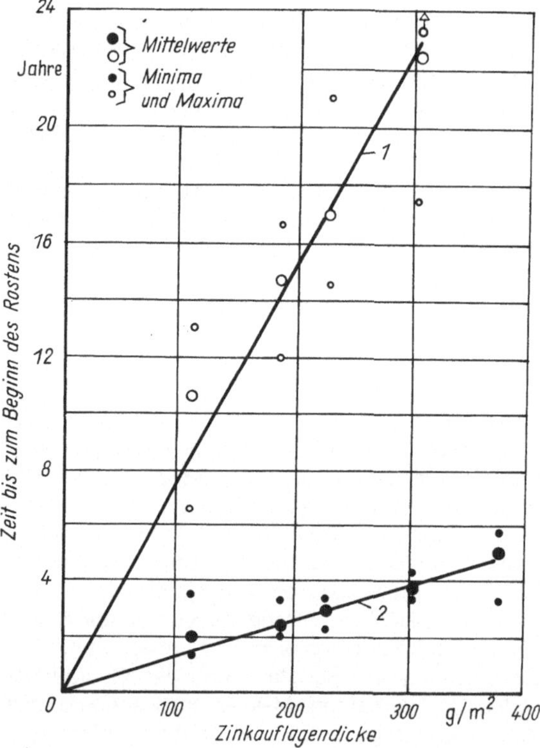

Bild 3.12.
Korrosion von verzinktem Stahlblech in Abhängigkeit von der Dicke der Zinkauflage und der Art der Atmosphäre (übliche Zinkauflagen 400 bis 700 g/m²)

1 Landluft (State College – Pennsylvania)
2 Industrieluft (Altoona – Pennsylvania)

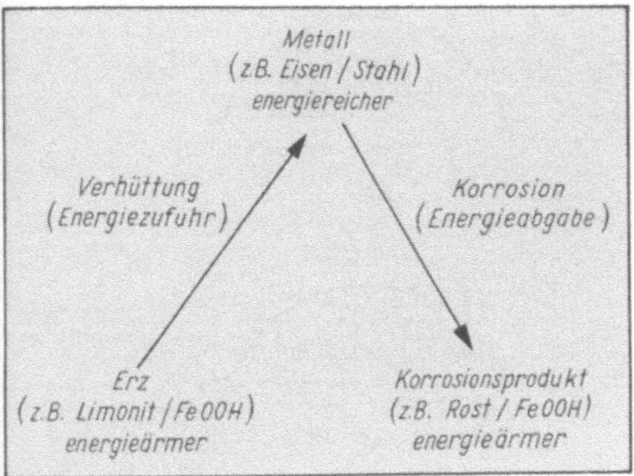

Bild 3.13.
Energie- und Materialänderungen bei Verhüttung und Korrosion

Ist das Oxid jedoch *unlöslich,* so kommt der Angriff zum Stillstand, falls sich eine *dichte Oxidschicht* ausbildet. Dies hängt vom *Verhältnis der Gitterparameter* des Oxids zu denen des Metalls und vom Verhältnis der Dichten (Tafel 3.6.) ab.

Die Entstehung dichter Oxid- und anderer dichter und gut haftender Reaktionsschichten spielt eine wichtige Rolle für den *Selbstschutz* der Metalle (Al, Zn u. a.). Entscheidend für die Korrosion ist die *Nahtstelle* zwischen Metall und Oxid. Auch schwerlösliche Salze können Schutzschichten bilden, wie die Beständigkeit des Bleis gegen Schwefelsäure zeigt.

Entstehen *lösliche Reaktionsprodukte,* so verlangsamt sich die Reaktion in dem Maße, wie die angreifende Substanz verbraucht wird. Als Beispiele sind die Vorgänge beim Angriff eines Tropfens Salzsäure auf eine Eisenoberfläche (Bild 3.14.) und beim Angriff eines Tropfens Natronlauge auf die Aluminiumoberfläche (Bild 3.15.) schematisch dargestellt.

Die Korrosion ist in starkem Maße vom *pH*-Wert der angreifenden Lösung abhängig. Auch Salze können durch Hydrolyse saure oder basische Lösungen ergeben, die aggressiv reagieren. Lösliche

Tafel 3.5.
Affinität einiger Metalle zu Sauerstoff

Übergang Metall/Metalloxid	Affinität kJ/mol
Al/Al$_2$O$_3$	1 620
Zn/ZnO	318
Fe/FeO	244
Ni/NiO	216
Cu/CuO	127
Ag/Ag$_2$O	11,3
Au/Au$_2$O$_3$	−166

Salze mit Schwermetallen bilden hauptsächlich die Ionen Cl^-, SO_4^{2-}, NO_3^- und NO_2^-.

Eisen löst sich in Salzsäure und in Schwefelsäure auf. Im Falle konzentrierter Salpetersäure (oder Schwefelsäure) findet jedoch in der Kälte kein Angriff statt infolge der *Passivierung* des Eisens durch oxidierende Säuren.

Auch *Chlorid-* und *Sulfationen* (Baugips, Magnesiabinder, Streusalz) greifen Eisen an, wobei es zur Bildung löslicher Eisensalze kommt, z. B.:

▶ $Fe + 2\,Cl^- \rightarrow FeCl_2 + 2\,e^-$

Die H^+-Ionen zur Bindung der Elektronen werden dem anwesenden Wasser entnommen:

▶ $2\,e^- + 2\,H^+ \rightarrow H_2$

Gegen die Einwirkung von *Kalkwasser,* $Ca(OH)_2$, ist Eisen beständig, was in betontechnologischer Hinsicht wichtig ist. Auch ein angerosteter *Bewehrungsstahl* zeigt noch eine gute Haftung im Beton, da der Rost durch den hydratisierenden Zement chemisch zu Calciumferrathydraten gebunden wird.

Als Hauptbestandteil des *Rostes,* der bei der atmosphärischen Korrosion des Eisens entsteht, tritt Eisenoxidhydroxid auf:

$4\,Fe + 2\,H_2O + 3\,O_2 \rightarrow 4\,FeO(OH)$

Tafel 3.6.
Dichten einiger Baumetalle sowie ihrer Oxide und Hydroxide in g/cm^3

Metall	Dichte	Oxid	Dichte	Hydroxid	Dichte
Fe	7,9	FeO	5,7	Fe(OH)$_2$	3,4
		Fe$_2$O$_3$	5,3	Fe(OH)$_3$	3,1
		Fe$_3$O$_4$	5,2	FeO(OH)	3,8
Al	2,7	γ-Al$_2$O$_3$	3,4	Al(OH)$_3$	2,5
		α-Al$_2$O$_3$	4,0	γ-AlOOH	3,0
Zn	7,1	ZnO	5,7	Zn(OH)$_2$	3,1
Mg	1,7	MgO	3,6	Mg(OH)$_2$	2,4

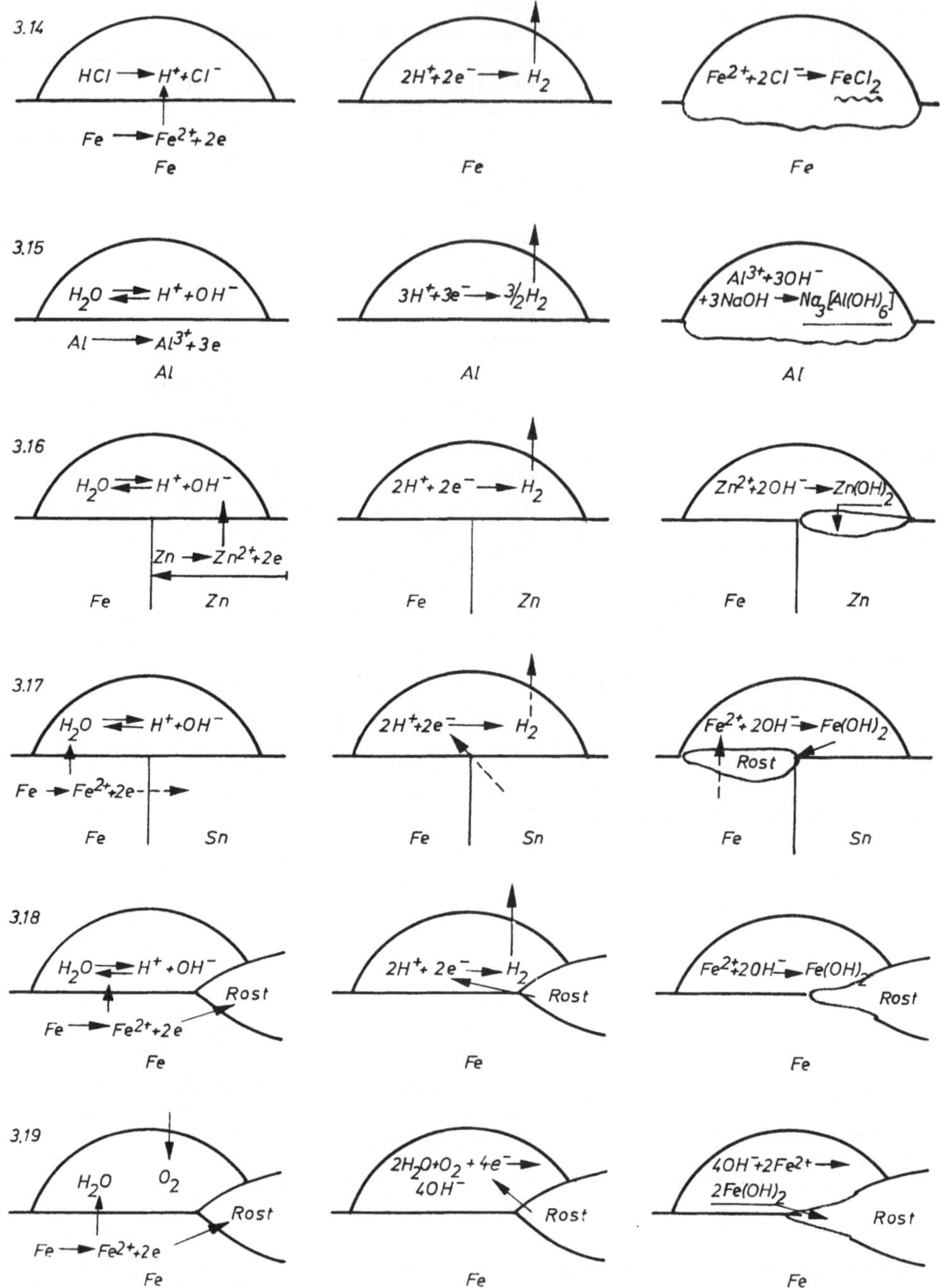

Bild 3.14.
Korrosion von Eisen beim Angriff von Salzsäure

Bild 3.15.
Korrosion von Aluminium beim Angriff von Natronlauge

Bild 3.16.
Elektrochemische Korrosion bei einem Eisen/Zink-Element

Bild 3.17.
Elektrochemische Korrosion bei einem Eisen/Zinn-Element

Bild 3.18.
Elektrochemische Korrosion bei einem Eisen/Rost-Element (Wasserstoffkorrosion)

Bild 3.19.
Elektrochemische Korrosion bei einem Eisen/Rost-Element (Sauerstoffkorrosion)

Rost als Korrosionsprodukt ist ein fest haftendes bis plattig loses, mehr oder weniger poröses Gemenge verschiedener Oxide des 2- und 3-wertigen Eisens unterschiedlicher Hydratationsgrade (s. auch Kap. 3.4.2.2.).

Kupfer bildet in trockener Luft an der Oberfläche langsam eine Schicht aus rotem Kupfer(I)-oxid Cu_2O. Bei höheren Temperaturen bildet sich schwarzes Kupfer(II)-oxid CuO, das leicht abblättert.

Wegen des halbedlen Charakters des Cu ist seine technische Verwendung auch an Stellen, wo es mit dem Erdboden in Berührung kommt, ohne besonderen Schutz möglich. Wirkt aber Ammoniak auf Cu ein, so färbt sich das Metall zunächst schwarz und bildet dann lösliches, blaues, giftiges Tetramminkupferhydroxid:

▶ $2\,Cu + 8\,NH_3 + 2\,H_2O + O_2 \rightarrow 2\,[Cu(NH_3)_4](OH)_2$

Bei der Verwendung von Kupfer in der Nähe von Viehställen und sanitären Anlagen ist deshalb Vorsicht geboten.

Zink überzieht sich an der Luft sehr schnell mit einer Schicht aus Oxid und Hydroxidcarbonat, die als Schutzschicht wirkt und eine weitere Oxidation unterbindet. Zink löst sich in allen Säuren leicht auf, aber auch in Laugen, was das amphotere Verhalten des Zinks zeigt:

▶ $Zn + H_2SO_4 \rightarrow ZnSO_4 + H_2$
▶ $Zn + 2\,NaOH + 2\,H_2O \rightarrow Na_2[Zn(OH)_4] + H_2$

Ein Sonderfall der Zinkkorrosion ist das Verhalten bei Schwitzwasserbildung (Taupunktunterschreitung). Schwitzwasser kann sich beispielsweise auf verzinkten kalten Wasserleitungsrohren oder an der Unterseite von Zinkblechdächern ansammeln. Ist der Zutritt von CO_2 stark gehemmt (bei längerer Schwitzwasserbedeckung keine Austrocknungsperiode), so kommt es zur Ausbildung von „Weißrost", der aus porösem, schlecht haftendem Zinkhydroxid und Zinkoxid besteht und keine schützende Deckschicht darstellt. Dies ist besonders kritisch, wenn die Zinkoberfläche noch nicht lange bewittert war und sich somit noch keine übliche Schutzschicht ausgebildet hatte. Das Zink wird hierbei erheblich korrodiert; es kann zu „Durchfressungen" kommen. – Zur Vermeidung derartiger Schäden sind die weißen Neubildungen abzubürsten, und für eine bessere Belüftung (erhöhte CO_2-Zufuhr) ist zu sorgen. Auch im *Erdboden* wird Zn angegriffen, wenn dieser Cl^--, SO_4^{2-}-, NO_3^-- oder NH_4^+-Ionen enthält. In Berührung mit *Zement-, Kalk-* (basisch) und *Gipsmörtel* zeigt Zn einen geringen, gleichmäßigen Angriff. Ursache dafür ist das amphotere Verhalten des Zinks, d. h., es ist in der Lage, sich in Laugen (oder Säuren) aufzulösen.

Saure Reaktionsprodukte aus UV-bestrahltem ungeschütztem, insbesondere geblasenem Bitumen können an wenig geneigten Dächern bei geringen Niederschlagsmengen deutliche Zinkabtragungen verursachen. UV-Schutz, z. B. durch genügende Kiesdeckung, verhindert diese Schadensursache. Beim Korrosionsschutz von Zn (und Al) mit bituminösen Produkten dürfen nur phenolfreie Beschichtungen und Pappen (aus reinem Bitumen ohne Teerbestandteile) verwendet werden, da Phenole sauer wirken. Salzhaltige Holzschutzmittel können Zn korrodieren.

Blei ist gegen nichtoxidierende Säuren im allgemeinen beständig, zumal dann, wenn sich an der Oberfläche schwerlösliche Salze bilden, z. B. $PbSO_4$. In *Salpetersäure* löst sich Pb leicht auf:

▶ $Pb + 4\,HNO_3 \rightarrow Pb(NO_3)_2 + 2\,H_2O + 2\,NO_2$

Aber auch *nichtoxidierende Säuren* greifen Blei an, wenn gleichzeitig Sauerstoff (Luft) einwirken kann:

▶ $2\,Pb + 4\,CH_3COOH + O_2$
$\rightarrow 2\,Pb(CH_3COO)_2 + 2\,H_2O$

Bei der Einwirkung von *CO_2-haltigem Wasser* erfolgt die Bildung von schwerlöslichem Bleihydrogencarbonat:

▶ $2\,Pb + 4\,CO_2 + 2\,H_2O + O_2 \rightarrow 2\,Pb(HCO_3)_2 \downarrow$

Dagegen greift CO_2-freies Wasser Blei in Gegenwart von Luftsauerstoff an (vgl. Schwitzwasser-Korrosion bei Zn):

▶ $2\,Pb + 2\,H_2O + O_2 \rightarrow 2\,Pb(OH)_2$

Da die *löslichen* Bleiverbindungen *giftig* sind, muß dies bei der Verwendung von Bleirohren für Trinkwasserleitungen beachtet werden (Bleimantelrohre mit Zinneinlage).

Hartes Wasser greift Blei weniger an, da schwerlösliche Verbindungen an der Oberfläche des Bleis gebildet werden:

▶ $Pb^{2+} + SO_4^{2-} \rightarrow PbSO_4 \downarrow$
▶ $2\,Pb^{2+} + CO_3^{2-} + 2\,OH^- \rightarrow PbCO_3 \cdot Pb(OH)_2 \downarrow$

Zur Vermeidung von Korrosion in Bleirohren muß das Wasser eine Härte von $>8\,°d$ aufweisen. *Kalk-* und *Zementmörtel* greifen Blei an, wobei es zur Bildung von schwach löslichem $Pb(OH)_2$ kommt (Löslichkeit: $4,8 \cdot 10^{-6}$ mol/l). *Gipsmörtel* greifen nicht an.

Aluminium ist gegen *oxidierende Säuren* in der Kälte beständig. Andere Säuren lösen die Oxidschicht auf und greifen dann das Metall an:

▶ $2\,Al + 6\,HCl \rightarrow 2\,AlCl_3 + 3\,H_2 \uparrow$

Auch säurehaltige Industrieluft und stark salzhaltige Meeresatmosphäre greifen an, so daß Beschichtungen sinnvoll sind.

Gegen *Laugen* ist Al nicht beständig:

▶ $2\,Al + 6\,NaOH + 6\,H_2O \rightarrow 2\,Na_3[Al(OH)_6] + 3\,H_2$

Aluminium oder aluminiertes Stahlblech dürfen deshalb nicht mit alkalisch reagierenden Baustoffen in Berührung gebracht werden (Beschichtung erforderlich).

Gegen sauer oder basisch reagierende *Salze* ist Al ebenfalls nicht beständig, das seine Ursache im amphoteren Verhalten des Al hat. Die angreifende Wirkung nimmt in nachstehender Reihenfolge ab:

$Cl^- > NO_3^- > SO_4^{2-}$

$Na^+ > K^+ > NH_4^+ > Ca^{2+} > Mg^{2+}$

Bei der Einwirkung von *Meerwasser* tritt starke Korrosion ein, ebenso bei Berührung mit Magnesiabinder.

Magnesium ist gegen *Säuren* und sauer reagierende Salze sehr unbeständig:

▶ $Mg + 2\,HCl \rightarrow MgCl_2 + H_2$

Ausnahmen bilden *Flußsäure* und *Chromsäure,* in welchen Mg beständig ist, da sich Schutzschichten bilden.

Gegen *Laugen* und alkalisch reagierende Salze ist Magnesium beständig. Metallisches Mg kann deshalb mit alkalisch reagierenden Baustoffen in Berührung kommen bzw. zusammen verbaut werden.

Gegen *weiches Wasser* ist Mg ebenfalls beständig, jedoch greifen Chlorionen (Meerwasser) stark an, da diese die Schutzschichtbildung hemmen bzw. die Schutzschichten durchdringen.

Tafel 3.7. gibt Anhaltsangaben zur Baumetallkorrosion durch nichtmetallisch-anorganische Baustoffe.

3.4.2. Elektrochemische Korrosion von Metallen

3.4.2.1. Grundlagen

Wie am Beispiel 42 (Bild 3.10.) gezeigt wurde, gehen bei leitender Verbindung (oder Berührung) der Zinkplatte (Anode) mit der Kupferplatte (Kathode) Elektronen vom Zink zum Kupfer über, die durch den Prozeß

▶ $Zn \rightarrow Zn^{2+} + 2\,e^-$

entstehen. Die Folge dieser Ionenbildung ist die Abtragung der Zinkplatte.

Derartige Elemente liegen auch bei der elektrochemischen Korrosion vor. Neben der direkten Berührung zweier verschiedener Metalle können sie auch durch anodisch und kathodisch wirkende Bereiche an der Oberfläche eines Metalls entstehen (= *Lokalelemente*). Derartige Lokalelemente liegen z. B. im Stahl zwischen Ferrit- und Zementitkristallen vor. Elementbildung tritt außerdem bei der Ablagerung von Metalloxiden auf einer Metalloberfläche ein, da die Oxide edler als das Metall sind und somit die Kathode darstellen. (Voraussetzung ist, daß die Oxide den Strom leiten.)

Elektrochemische Korrosion tritt aber nur ein, wenn an der Kontaktstelle ein *Elektrolyt* zugegen ist, wozu bereits Feuchtigkeitsspuren ausreichen.

Auch an einer Metallphase kann ein elektrochemisches Korrosionselement entstehen, wenn im Elektrolyten Konzentrationsunterschiede vorliegen.

Die Metallauflösung besteht in einem Redoxvorgang, bei dem das Metall unter Elektronenabgabe in hydratisierte Ionen übergeht:

Anodische Reaktion (Oxidation)

$$Me + x\,H_2O \rightarrow (Me \cdot x\,H_2O)^{n+} + n \cdot e^-$$

und die entstehenden Elektronen entweder Wasserstoffionen oder Sauerstoff reduzieren:

Tafel 3.7.
Anhaltsangaben zur Baumetallkorrosion durch nichtmetallisch-anorganische Baustoffe
(Erklärung: + keine Korrosion; − Korrosion)

Nichtmetallisch-anorganische Baustoffe	Baumetalle					
	Al	Pb	unleg. Stahl	nichtrost. Stahl	Cu	Zn
Basisches Milieu (z. B. Kalk-, Zementmörtel, Beton)	−	−	+	+	+	−
Sulfate (z. B. Baugips)	−	+	−	−	+	−
Chloride (z. B. Magnesiabinder, PVC-Verbrennungsgase, Streusalz)	−	+	−	−	−	−

Kathodische Reaktion (Reduktion)

▶ $2\,H^+ + 2\,e^- \rightarrow H_2$ (Wasserstoffkorrosionstyp)
▶ $O_2 + 2\,H_2O + 4\,e^- \rightarrow 4\,OH^-$ (Sauerstoff-
$\qquad\qquad\qquad\qquad\qquad\qquad$ korrosionstyp)

Die Wasserstoffkorrosion findet nur in *saurer* Lösung (*p*H < 4), die Sauerstoffkorrosion dagegen bei Anwesenheit von Sauerstoff in neutralem oder alkalischem Medium statt.
Da der Sauerstoffkorrosionstyp für die Baumetallkorrosion, insbesondere in der Atmosphäre, wesentlich bedeutender ist als der Wasserstoffkorrosionstyp, wird er in Bild 3.20. ausführlich erläutert.
Mit den Bildern 3.16. bis 3.19. (Seite 70) werden einige elektrochemische Korrosionsfälle erläutert.
Anode wird stets die „unedlere" Metallphase, die damit auch der Korrosion unterliegt. Sie hat gegenüber der Kathode ein negatives Potential. Je größer die Potentialdifferenz ist, desto stärker ist die Korrosion an der „unedleren" Phase/Anode. Einen Anhalt für die Elektrodenpotentiale geben die Spannungsreihen, die aber jeweils streng nur für bestimmte Bedingungen (Art und Konzentration des Elektrolyts, Temperatur u. a.) gelten (s. Tafeln 3.3. und 3.4.). Das Korrosionspotential (Elektrodenpotential unter Korrosionsbedingungen) kann also von den genannten Potentialen abweichen. Für die Abtragung/Korrosion ist außerdem das Größenverhältnis von Anode zu Kathode von wesentlicher Bedeutung. Ist die Anode im Verhältnis zur Kathode klein, so ist die anodische Abtragung besonders stark. Günstiger verhält sich eine große Anode neben einer kleinen Kathode.
Berühren sich *Eisen und Zink* (verzinktes Stahlblech), so geben die unedleren Zinkatome Elektronen ab, die zum Eisen übergehen. In Gegenwart von Wasser (Bild 3.16.) reagieren die Elektronen mit H^+-Ionen unter Bildung von H_2 (Korrosion vom H-Typ). Die Zn^{2+}-Ionen reagieren mit OH-Ionen des Wassers unter Bildung von Zinkhydroxid, das nach Überschreiten des Löslichkeitsproduktes ausfällt und sich auf dem Zink als Korrosionsprodukt ablagert. Das Eisen wird dabei nicht angegriffen, beim Zink ist ein *Flächenabtrag* festzustellen.
Berühren sich *Eisen und Zinn* (Weißblech), so ist in diesem Element das Zinn der edlere Partner (vgl. Tafel 3.3.). Eisen korrodiert unter primärer Bildung von $Fe(OH)_2$, das sekundär in Rost übergeht (Bild 3.17.). Das Zinn bleibt dabei unverändert. Praktisch treten *Lochfraß (Tiefenabtrag)* und Unterrosten ein.
Berühren sich *Eisen und Rost* in Gegenwart eines sauren Elektrolyten, so werden Elektronen des Eisens an den edleren Rost abgegeben. Wie Bild 3.18. (Wasserstofftyp) zeigt, ist die Folge davon eine Erweiterung des Rostbereiches. Tritt gleichzei-

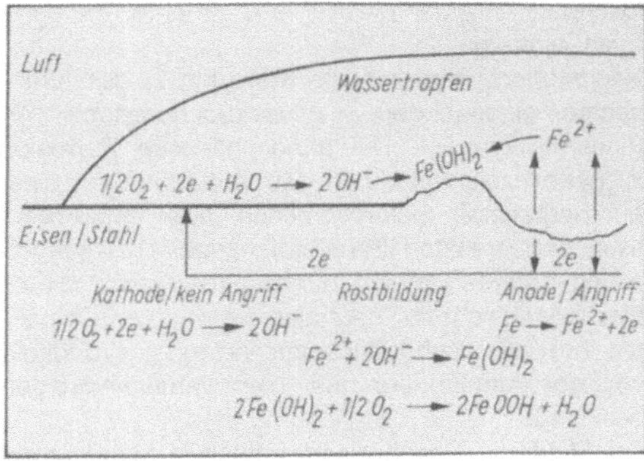

Bild 3.20.
Elektrochemische Korrosion vom Sauerstofftyp (Wassertropfenkorrosion)
Im Wassertropfen bildet sich durch unterschiedliche Sauerstoffkonzentration ein Korrosionspotential derart aus, daß im Bereich geringer Sauerstoffkonzentrationen (unter Wassertropfenmitte) die Anode, dagegen am Rande des Wassertropfens die Kathode vorliegt.
An der Anode treten Fe-Ionen in den Elektrolyten; Elektronen bleiben im Metall zurück;
$Fe \rightarrow Fe^{2+} + 2e$
An der Kathode treten die Elektronen (s. Anode) mit dem Elektrolyten in Reaktion:
$2\,e + 1/2\,O_2 + H_2O \rightarrow 2\,OH^-$
Die nun im Elektrolyten vorliegenden OH^-- und Fe^{2+}-Ionen reagieren in einem Grenzbereich zu $Fe(OH)_2$, das zu Rost oxidiert wird:
$Fe^{2+} + 2\,OH^- \rightarrow Fe(OH)_2$
$2\,Fe(OH)_2 + 1/2\,O_2 \rightarrow 2\,FeOOH\ (Rost) + H_2O$

tig in Wasser gelöster *Sauerstoff* mit in die Reaktion ein, so kommt es zur Korrosion vom Sauerstofftyp (Bild 3.19., vgl. Bild 3.20. andere Darstellung). Es bildet sich primär $Fe(OH)_2$, das sofort in Rost übergeht. Wenn man bei der elektrochemischen Korrosion einen der Teilschritte verhindert, läßt sie sich im Prinzip *unterbinden* (zumindest, wenn der elektrochemische Mechanismus allein die Korrosion bestimmt). So kann man z. B. durch völlige *Entfernung des Sauerstoffs* aus dem Wasser die Sauerstoffkorrosion in Kesselanlagen vermeiden.
Die Korrosion von Stahl im Beton wird in Kap. 4.6.2. behandelt.

3.4.2.2. Metallkorrosion an der Atmosphäre

Die Metallkorrosion im Bauwesen kann grundsätzlich ablaufen in den Bereichen

Atmosphäre
Wasser/wäßrige Lösungen
Boden.

Zusätzlich können Sonderbeanspruchungen, wie z. B. chemische Einflüsse (Säuren, Laugen, Salzlösungen), Kondenswasser und erhöhte Temperaturen, eintreten.

Nachstehend wird auf die Korrosion in der Atmosphäre eingegangen, die elektrochemischer Art (Sauerstofftyp) ist. Die atmosphärische Korrosion ist gekennzeichnet durch das Vorhandensein einer nur begrenzten Elektrolytmenge, aber einer praktisch unbegrenzten Sauerstoffmenge. Die unregelmäßig auftretende und dünne Flüssigkeitsschicht/Elektrolytschicht hat neutralen oder sauren Charakter, ihre chemische Zusammensetzung wird direkt von der Atmosphäre und ihren Verunreinigungen beeinflußt.

Der Elektrolyt Regenwasser enthält in Mitteleuropa in der Regel

$$2\,H_2O + CO_2 \rightleftharpoons H_3O^+ + HCO_3{}^-$$

$$2\,H_2O + SO_2 \rightleftharpoons H_3O^+ + HSO_3{}^-$$

Weitere „Verunreinigungen" (Ionenbildungen) sind im Regenwasser nicht selten.

Voraussetzung für die Entstehung fester Korrosionsprodukte auf allen Baumetallen ist das zeitlich unregelmäßige Auftreten der Flüssigkeit, da bei abnehmender Flüssigkeitsmenge leicht das Löslichkeitsprodukt der Reaktionsprodukte überschritten wird und diese dann als feste Phasen ausfallen. Bedingt durch die unterschiedlich zusammengesetzten Elektrolyte, durch die unterschiedlichen Naß-Trocken-Perioden u. a., sind die Neubildungsschichten aus Korrosionsprodukten auch auf ein und dem gleichen Metall unterschiedlich in ihrer Zusammensetzung und Struktur; ihre Genese ist also abhängig vom Klima.

Nach DIN 55928, Teil 1, werden unterschieden:

- *Grundklima*
  Bei diesem landschaftsgebundenen Klima werden unterschieden:
  kaltes Klima, gemäßigtes Klima, trockenes Klima, warmfeuchtes Klima, Meeresklima. Die atmosphärische Korrosion nimmt im allgemeinen etwa in nachstehender Reihenfolge ab:
  Meeresklima, warmfeuchtes Klima, gemäßigtes Klima, trockenes Klima, kaltes Klima. Erhebliche örtliche Abweichungen treten auf.
- *Makroklima*
  Das Makroklima beschreibt die örtlichen Bedingungen am Bauobjekt. Es werden unterschieden:
  Landatmosphäre (in Mitteleuropa kaum noch anzutreffen), Stadtatmosphäre, Industrieatmosphäre und Meeresatmosphäre (Tafel 3.8.).
- *Mikroklima*
  Das Mikroklima beschreibt die unmittelbar am einzelnen Bauteil herrschenden Bedingungen. Zum Beispiel herrschen an einem dem Erdboden

Tafel 3.8.
Einteilung des Makroklimas in Atmosphärentypen
(DIN 55928, Teil 1)

Atmosphärentyp	Kennzeichen
Land-atmosphäre (L)	meist ländliche oder kleinstädtische Gebiete ohne nennenswerte Verunreinigungen an Schwefeldioxid und anderen korrosionsfördernden Schadstoffen
Stadt-atmosphäre (S)	durch Schwefeldioxid und andere Schadstoffe verunreinigte Atmosphäre in dichtbesiedelten Gebieten ohne starke Industrieansammlungen
Industrie-atmosphäre (I)	stark durch Schwefeldioxid und andere Schadstoffe verunreinigte Atmosphäre, typisch für Ballungsgebiete der Industrie und Bereiche, die in der Hauptwindrichtung solcher Gebiete liegen
Meeres-atmosphäre (M)	vorwiegend durch Chloride verunreinigte Atmosphäre, typisch für das Meer und einen schmalen Küstenstreifen

Die Atmosphärentypen gehen ineinander über, z. B. kann die Meeresatmosphäre bei Industrieansammlungen an der Küste eine Mischung aus Meeresatmosphäre und Industrieatmosphäre sein.

nahen und gegen ihn geneigten Stahlblech auf der Oberseite schwächere korrosive Bedingungen als auf dessen Unterseite; die Unterschicht einer Brücke über einen Fluß ist anders beansprucht als die Fahrbahnseite.

Die Korrosionsgefährdung wird besonders vom Makro- und Mikroklima beeinflußt.

Nachstehende in der Atmosphäre auftretende Stoffe können die Baumetallkorrosion beeinflussen:

Kohlendioxid (CO_2), in natürlicher Atmosphäre mit 0,035 Vol.-% enthalten, ist an der Bildung schützender (sekundärer) Korrosionsprodukte von Nichteisenmetallen beteiligt. — Da die Luftkohlensäure im Elektrolyten Regenwasser nur einen pH-Wert von 5 ... 6 hervorruft und bei diesem pH-Wert in Gegenwart von ausreichend Sauerstoff auch (ebenso wie bei pH = 7) Sauerstoffkorrosion abläuft (also keine Korrosion vom Wasserstofftyp erzeugt wird), dürfte CO_2 die atmosphärische Metallkorrosion nicht negativ beeinflussen.

Schwefeldioxid (SO_2) entsteht z. B. bei der Verbrennung fossiler Brennstoffe. Es tritt am stärksten in Stadt- (meist <0,04 ppm) und Industrieatmosphäre (meist 0,04 ... 0,07 ppm) auf. Dieses reaktionsfähige Gas, das nach Oxidation und Reaktion mit Wasser zur Schwefelsäure führt, fördert die atmosphärische Korrosion stark.

Schwefelwasserstoff (H_2S) ist nur in Ausnahmefällen, z. B. nahe von Toilettenanlagen oder im Abwasserbereich, in korrosionsfördernden Konzentrationen vorhanden. In der Regel liegt der Gehalt bei $<0,06$ ppm. Tendenziell das gleiche gilt für Ammoniak (NH_3).
Stickstoffoxide, Chlor, Chlorwasserstoff, Ameisensäure, Essigsäure u. a. treten nur nahe von entsprechenden Industriebetrieben in solchen Konzentrationen auf, daß sie die Korrosion ungünstig beeinflussen können.
Chloride, insbesondere Natriumchlorid, tritt als Luftverunreinigung vor allem in Küstengebieten auf (etwa 100 $\mu g/m^3$, in Brandungsnähe höher). In Industrie- und Stadtatmosphäre liegen die Chloridgehalte <30 $\mu g/m^3$. Sie fördern die Korrosion deutlich.
Stäube, die sehr unterschiedlich zusammengesetzt sind, können besonders in Industrie- und Stadtatmosphäre durch korrosive Bestandteile (z. B. Sulfate) und durch das Ansammeln und Halten von Feuchtigkeit die Korrosion, insbesondere im Frühstadium, fördern.

Korrosionsverhalten von unlegierten und niedriglegierten Stählen an der Atmosphäre

Das Rosten, bewirkt durch die Reaktionen der elektrochemischen Korrosion des Stahls, wurde in Bild 3.15. bereits erläutert. Vereinfacht kann das Rosten mit nachstehender Gleichung beschrieben werden:

$$2\,Fe + H_2O + 1\frac{1}{2}\,O_2 \rightarrow 2\,FeOOH$$

(zumindest zunächst meist γ-FeOOH/Lepidokrokit).

Die ersten Korrosionsprodukte ($Fe(OH)_2$, $Fe(OH)_3$) sind körnig und liegen lose auf der Stahloberfläche (Flugrost). Mit dem weiteren Zutritt von H_2O und O_2 zum Stahl (zwischen den ersten Korrosionsprodukten hindurch) und damit durch die Bildung weiterer Oxidationsprodukte sowie durch die Umbildung der primären Reaktionsprodukte verdichtet sich die Rostschicht und führt zu einem festeren Verbund auf der Stahloberfläche. Diese Schicht kann die weitere Korrosion hemmen, bei unlegiertem Stahl aber nicht verhindern. Die Schutzwirkung und Zusammensetzung dieser Schicht und ebenso die Intensität des Rostens sind abhängig von ihrem Alter, vom Sauerstoff- und Wasserangebot, von der Aggressivität der Atmosphäre sowie von den Legierungselementen des Stahls.
In der Atmosphäre beginnen die Korrosionsreaktionen bei relativen Luftfeuchtigkeiten etwa oberhalb 65 %. Dann ist neben dem stets ausreichenden Sauerstoffangebot das Mindestwasserangebot vorhanden. Höhere relative Luftfeuchtigkeiten fördern das Rosten stärker (trockene, entfeuchtete Luft = Korrosionsschutz).
Als Beispiel für den Einfluß der atmosphärischen Verunreinigungen auf das Rosten soll die Wirkung des Sulfats (vereinfacht) dargestellt werden.
Durch Oxidation entsteht im Elektrolyten aus Schwefeldioxid Schwefelsäure (in Gegenwart geeigneter Katalysatoren):

$$SO_2 + \frac{1}{2}\,O_2 + H_2O \rightarrow H_2SO_4$$

Dieses reagiert mit Eisen und Sauerstoff zu Eisen-(II)-sulfat und Wasser:

$$Fe + H_2SO_4 + \frac{1}{2}\,O_2 \rightarrow FeSO_4 + H_2O$$

Das Eisen(II)-sulfat wird vom Sauerstoff zu Eisen-(III)-sulfat oxidiert und hydrolysiert zu Rost und Schwefelsäure:

$$2\,FeSO_4 + \frac{1}{2}\,O_2 + 3\,H_2O \rightarrow 2\,FeOOH + 2\,H_2SO_4$$

Bemerkenswert ist, daß als Endprodukt neben Rost wieder Schwefelsäure entsteht, die erneut Eisen zu lösen vermag und so wiederum zur Rostbildung beiträgt. Die Schwefelsäure kann also im steten Kreislauf erhebliche Mengen Eisen in Rost umsetzen. Zwar können auch beim Eisen unlösliche Eisen-Schwefel-Verbindungen entstehen wie bei anderen Baumetallen, es kann auch durch Abfallen und Auswaschen von Rost dem Kreislauf ein Teil des Sulfats entzogen werden, die Zufuhr an SO_2/SO_4^{2-} aus der Industrieluft ist aber in jedem Falle größer.
Einen entscheidenden Einfluß auf die Schutzwirkung der Korrosionsschicht können die Legierungsbestandteile ausüben. Leichtlegierte Stähle mit etwa 0,5 % Cu, Cr, Ni, Mn und Si (s. Abschn. 3.1.) werden als wetterfeste Baustähle bezeichnet (s. Stahl-Eisen-Werkstoffblatt 087). Auf ihrer Oberfläche entstehen vor weiterer Korrosion schützende Rostschichten. Diese Korrosionsschutzschichtbildung beruht vermutlich darauf, daß das in SO_2-haltiger Atmosphäre entstehende $FeSO_4$ bei Anwesenheit von Cu, Ni und Cr in schwerlösliche Hydroxidsulfate überführt und in die Poren der Rostschicht abdichtend eingebaut wird. Cr kann durch Cr-Oxidbildung auch zu einer unlöslichen passivierenden Deckschicht beitragen.
Die Bildung dieser dichten und fest haftenden Korrosionsschutzschichten, die weitere Korrosionsschutzarbeiten in der Regel erübrigen, läuft besonders günstig in der aggressiven SO_2-reichen Industrieatmosphäre ab. Die Bildung der Deckschicht dauert etwa 1,5 bis 3 Jahre in Abhängigkeit

Tafel 3.9.
Aggressivität verschiedener europäischer Klimate (nach
T. Songa)
(Anmerkungen: Ostende 1/unmittelbar am Meer, Ostende 2/250 m
vom Meer entfernt, Bari 2000 m vom Meer entfernt)

Versuchsstationen		Relativer Korrosionsgrad (Ostende 1 = 100) nach Jahren				
		1	2	3	4	5
Ostende 1	Meeresluft	100	100	100	100	100
Ostende 2		52,8	42,9	35,0	36,2	35,2
Cuxhafen		30,5	24,5	23,4	22,4	22,4
Bari		19,3	13,1	12,8	12,1	11,5
Milano	Industrieluft	70,4	49,8	41,6	37,7	32,0
Schiedam		61,2	44,5	45,2	41,0	37,7
Mülheim		40,9	35,9	36,0	34,8	37,5
Lüttich		50,4	35,7	31,4	27,5	26,5
Düsseldorf		38,6	32,8	29,7	26,9	26,5
Eupen	Landluft	26,0	22,4	20,3	19,0	18,5
Olpe		25,8	22,1	20,2	18,3	17,4
St.-Germain		24,7	19,8	19,1	18,0	18,5
Aosta		–	14,9	12,3	11,8	10,5

von den Umweltbedingungen. Während die Rostungsverluste in den ersten drei Jahren etwa 130 g/m^2 und Jahr betragen, liegen sie später bei 10 g/m^2 und Jahr ($\widehat{=}$ Dickenabnahme 0,001 mm/ Jahr). Während ihrer Entstehung ändert sich der Farbton von Hellbraun über Braun bis Braunviolett. Bei Beschädigung der Schicht läuft der Prozeß erneut ab, die Schutzschicht heilt.

Treten häufig Erschütterungen oder andere Bewegungen an der Schutzschicht auf, so kann die Schutzwirkung verlorengehen. Für Beschichtungen bietet der wetterfeste Stahl einen gut geeigneten Untergrund, der die Unterrostungsgefahr entscheidend mindert.

Achtung: Zu Beginn Rostfahnen möglich! Ungeeignet sind wetterfeste Stähle für den Einsatz in Küstennähe (Chloride, auch bei Streusalzkontakt) und im Tief- bzw. Wasserbau (dauernde Durchfeuchtung).

Den klimatisch bedingten Einfluß auf die Stahlkorrosion veranschaulicht Tafel 3.9.

Korrosionsverhalten von nichtrostendem Stahl an der Atmosphäre

Als nichtrostende Stähle werden „Edelstähle" bezeichnet, die durch ihre Legierungszusätze, insbesondere von Chrom, Nickel und Molybdän, korrosionsbeständig gegen zahlreiche Medien sind (s. Stahl-Eisen-Werkstoffblatt 400 und DIN 17440). Sie enthalten alle mindestens 12,5% Chrom („Re-

Tafel 3.10.
Zusammensetzung von Baustählen

Stahlsorte		Chemische Zusammensetzung			
Kurzname	Werkstoff-Nr.	max. % C	% Cr	% Ni	% Mo
X8Cr17	1.4016	0,10	16,5	–	–
X5CrNi189	1.4301	0,07	18,5	9,0	–
X5CrNiMo1810	1.4401	0,07	17,5	10,0	2,2

sistenzgrenze"), oberhalb dieses Grenzwertes vermögen sie sich in Gegenwart von Sauerstoff zu passivieren. Mit steigendem Chromgehalt wird die Passivierbarkeit leichter, die Korrosionsbeständigkeit steigt. Die zähe Schutzschicht besteht vorwiegend aus Chromoxid. Sie bildet sich neu bei Beschädigung. Eine weitere Verbesserung der Korrosionsbeständigkeit wird durch Nickel- und/oder Molybdänzusätze erreicht. Häufig im Bauwesen angewendete Stähle zeigt Tafel 3.10.

Die unterschiedliche chemische Zusammensetzung bedingt unterschiedliches Korrosionsverhalten:

Chrom-Stahl (X8Cr17) sollte an der freien Atmosphäre nicht angewandt werden.

Chrom-Nickel-Stahl (X5CrNi189) ist in Land- und nicht besonders aggressiver Stadtatmosphäre beständig. In stärker verschmutzter Atmosphäre muß mit einer Rostbildung gerechnet werden. Eine häufige Reinigung kann aber auch hier das gute Aussehen des „Edelstahls" erhalten.

Chrom-Nickel-Molybdän-Stahl　　(X5CrNiMo1810) eignet sich auch bei Anwendung in Meeres- und Industrieatmosphäre. Eine regelmäßige Reinigung ist auch hier zu empfehlen.

Zur Befestigung von hinterlüfteten Fassadenplatten sind seit 1974 durch allgemeine bauaufsichtliche Zulassung des Institutes für Bautechnik, Berlin, die austenitischen Stähle 1.4301; 1.4541 (Cr–Ni–Ti-Stahl); 1.4401; 1.4571 (Cr–Ni–Mo–Ti-Stahl) zugelassen.

Korrosionsverhalten von Zink, verzinktem Stahl und Titanzink an der Atmosphäre

Das günstige Verhalten von Zink an der Atmosphäre zeigen zahllose Anwendungsfälle, wie z. B. Dacheindeckungen, Regenrinnen, Leitungsmasten. Auf Zink bilden sich bei relativen Luftfeuchtigkeiten ab etwa >70% festhaftende Schutzschichten, die überwiegend aus Zinkhydroxidcarbonat ($Zn_2(OH)_2CO_3$), untergeordnet aus Zinkoxid und Zinkhydroxid, bestehen.

$$2\,Zn + H_2O + CO_2 + O_2 \rightarrow Zn_2(OH)_2CO_3$$

Diese Deckschichten können durch Witterungseinflüsse oberflächlich nach und nach abgetragen werden, gleichzeitig bilden sie sich aber aus dem darunterliegenden Zink neu. Damit wird kontinuierlich Zink verbraucht, und ein Zinküberzug bzw. ein Zinkblech wird dünner. Die Zinkabtragung ist abhängig von der Zusammensetzung der Atmosphäre. In nachstehender Reihenfolge nimmt die korrosive Wirkung ab:

Industrieatmosphäre	$\approx 8 \ldots 20$ µm Abtrag/Jahr
Meeresatmosphäre	$\approx 3 \ldots 15$ µm/Jahr
Stadtatmosphäre	$\approx 4 \ldots\ 8$ µm/Jahr
Landatmosphäre	$\approx 2 \ldots\ 4$ µm/Jahr.

Die Zinkabtragung verläuft flächenhaft etwa linear zur Zeit, somit kann man aus Zinkdicke und Abtragung pro Zeiteinheit die ungefähre Schutzdauer ermitteln.

Beispiel:
Zinküberzug von 100 µm Dicke ($\hat{=}$ 700 g/m² Zinkauflage)
ergibt nach den obengenannten Abtragwerten nachstehende ungefähre Schutzdauer (in Jahren):

Landatmosphäre	Stadtatmosphäre
25 … 50	12 … 25
Meeresatmosphäre	Industrieatmosphäre
7 … 40	5 … 12

Diese erheblichen Streubreiten sind bedingt durch die Schwankungen der Zusammensetzung eines Atmosphärentyps (Makroklimas) sowie durch unterschiedliche Einsatzbedingungen (Mikroklimate; Beispiel: Ein um 45° geneigtes verzinktes Blech wies auf der Oberseite dreifache Abtragungsverluste gegenüber der Unterseite auf).
Einen besonders starken und ungünstigen Einfluß auf das Korrosionsverhalten des Zinks übt das SO_2/SO_4^{2-} der Atmosphäre aus. Die entstehende Schwefelsäure führt zur Bildung leichtlöslicher Sulfate, die abgetragen werden.

$$2\,Zn + 2\,SO_2 + O_2 + 2\,H_2O \rightarrow 2\,ZnSO_4 + 2\,H_2$$

Die Erhöhung der atmosphärischen SO_2-Konzentration (besonders in Stadt- und Industrieatmosphäre), damit die Erhöhung der Sulfataufnahme in das Korrosionsprodukt, verläuft proportional mit der Erhöhung der Abtragungsverluste. Da die SO_2-Konzentration in der Winteratmosphäre (bedingt durch die Heizungen) um ein mehrfaches höher liegen kann als im Sommer, erfolgt im Winter in der Regel eine erheblich stärkere Zinkabtragung.
Im pH-Bereich von etwa 6 … 12,5 weist Zink eine gute Beständigkeit auf, dagegen nimmt bei pH-Werten <6 und >12,5 der Zinkangriff schnell zu

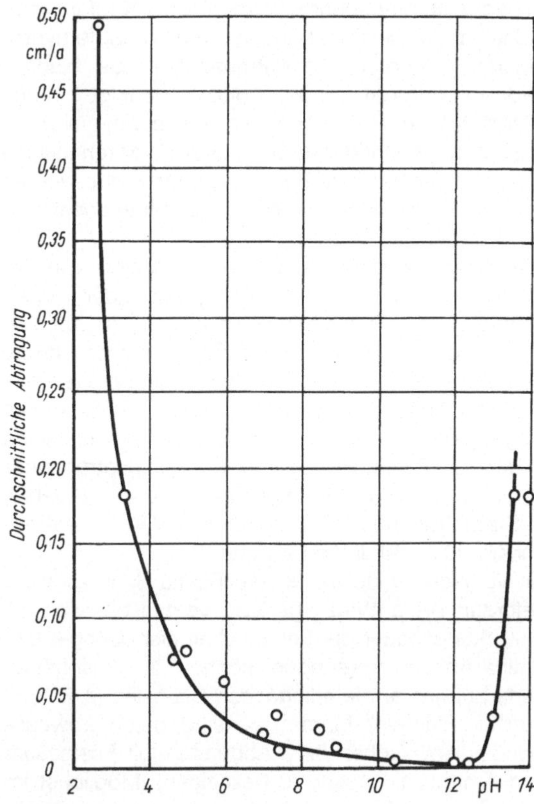

Bild 3.21.
Korrosionsgeschwindigkeit von Zink in Abhängigkeit vom pH-Wert der Lösung

(Bild 3.21.). Regenwasser hat in Stadt- und Industrieatmosphäre häufig einen pH-Wert <5!
Die Aussagen in diesem Abschnitt gelten für Rein-Zinkteile, für Zinküberzüge und für Titanzink. Wesentliche Unterschiede wurden nicht beobachtet.

**Korrosionsverhalten von Kupfer
an der Atmosphäre**

Auch Kupfer hat sich seit Jahrhunderten als Baumetall in der Atmosphäre bewährt. Dies ist bedingt durch die Bildung festhaftender, witterungsbeständiger und ungiftiger Schutzschichten. Die Oberfläche überzieht sich zunächst mit einer schützenden Kupferoxidschicht, die ihre Farbe von Rotbraun über Dunkelbraun nach Anthrazitgrau verändert. Später bildet sich die bekannte grüne Patina. Diese Patina hat je nach umgebender Atmosphäre eine unterschiedliche Zusammensetzung, die zusammenfassend der Formel $Cu_2(OH)_2(CO_3, Cl_2, SO_4)$ entspricht.

Reaktionsbeispiel:

$$2\,Cu + H_2O + CO_2 + O_2 \rightarrow Cu_2(OH)_2CO_3$$

In Industrieatmosphäre herrscht das Kupferhydroxidsulfat, in Meeresatmosphäre das Kupferhydroxidchlorid und in Landatmosphäre das Kupferhydroxidcarbonat vor, dies bedingt auch unterschiedliche Farbnuancen, die durch Verunreinigungen verstärkt werden können. Mechanische Beschädigungen der Patina-Schutzschicht werden durch Neubildungen gleicher Zusammensetzung wieder „geheilt".

Die Bildungsgeschwindigkeit ist abhängig von der Zusammensetzung der Atmosphäre, der unterschiedlichen Feuchtigkeitseinwirkung u. a. Beschleunigend auf die Patinabildung wirken: große Regenmengen, hohe Durchschnittstemperaturen, nicht zu steile Anordnung am Bau ($<80°$), saures Regenwasser u. a. Dies bedingt unterschiedliche Zeiten zur Patinabildung, die in Industrieatmosphäre 5 ... 8 Jahre, in Meeresatmosphäre 4 ... 6 Jahre, in Stadtatmosphäre 8...12 Jahre und in Landatmosphäre 20 ... 30 Jahre betragen.

An vertikalen Flächen ist die Patina-Schutzschicht tiefbraun bis anthrazit gefärbt; vermutlich, weil die Einwirkungsdauer der Feuchtigkeit hier geringer ist. Patina-Abschwemmungen können zu unschönen Verfärbungen an tieferliegenden Bauteilen (z. B. verputzten Flächen) führen; sie sind durch abwechselndes Abwaschen bzw. Abbürsten mit Essigsäure und Ammoniakwasser zu beseitigen. (Möglichst im Rahmen einer Gesamtreinigung, sonst Fleckenbildung!)

Die aus Schmutzwässern, Klär-, Toilettenanlagen, bestimmten Industriebetrieben u. a. entweichenden Gase Ammoniak (NH_3) und Schwefelwasserstoff (H_2S) — Faulgase — können in Gegenwart von Feuchtigkeit Kupfer schädigen. Deshalb sind Geruchsverschlüsse oder Belüftungseinrichtungen erforderlich. Besonders hohe Schwefeldioxidkonzentrationen, wie sie z. B. direkt über Kaminen auftreten können, haben auch zu Korrosionsschäden an Kupfer geführt.

Die Kupferlegierungen zeigen ein ähnliches Korrosionsverhalten wie reines Kupfer; Messing verhält sich in der Regel etwas ungünstiger, Zinn-Bronze etwas günstiger.

Korrosionsverhalten von Aluminium an der Atmosphäre

Daß sich Aluminium an der Atmosphäre bewährt, steht außer Zweifel und zeigt z. B. die über 25 Jahre alte Dachhaut der Dortmunder Westfalenhalle und die fast 70jährige Eros-Statue auf dem Piccadilly Circus in London.

Das Korrosionsverhalten des Aluminiums wird entscheidend bestimmt von der spontanen Aluminiumoxid-Bildung in der Atmosphäre:

$$4\,Al + 3\,O_2 \rightarrow 2\,Al_2O_3$$

Das entstehende Aluminiumoxid ist praktisch wasserunlöslich im neutralen Bereich, reagiert nicht mit dem CO_2 der Luft und bildet eine zusammenhängende, praktisch porenfreie Schutzschicht. Diese passivierende Schutzschicht bildet sich bei mechanischer Beschädigung schnell neu („selbstheilend"). An Luft entstehen etwa nachfolgende Schichtdicken:

nach 1 Minute	$1 \cdot 10^{-9}$ m
nach 1 Tag	$5 \cdot 10^{-9}$ m
nach 1 Monat	$10 \cdot 10^{-9}$ m

Diese Schichtdicken entsprechen näherungsweise nur wenigen Moleküllagen (z. B. nach 1 Monat etwa 20). Sie werden deshalb meist durch anodische Oxidation verstärkt.

Von Säuren (pH-Wert etwa <4) und von Laugen (pH-Wert etwa >10) wird Aluminium angegriffen (s. Bild 3.22.).

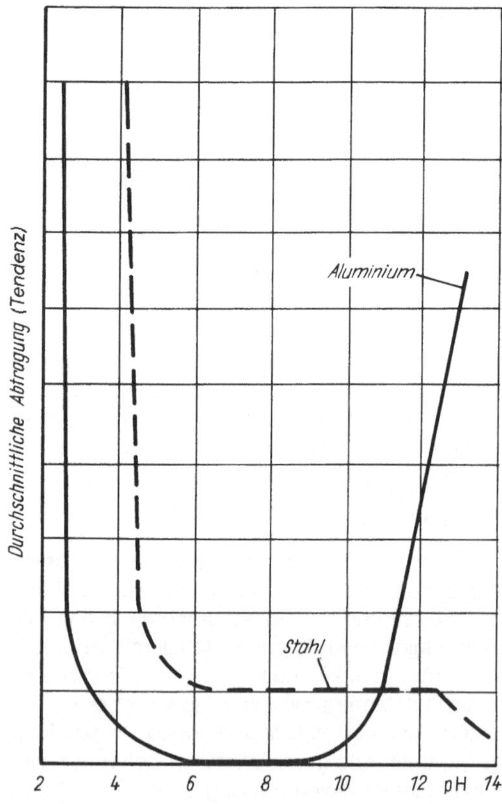

Bild 3.22.
Zusammenhang zwischen dem pH-Wert einer Lösung und der Korrosionsgeschwindigkeit von Baustahl und Aluminium

Das bisher Gesagte gilt strenggenommen nur für reines Aluminium, im Bauwesen werden aber Legierungen verwendet – ganz besonders vom Typ AlMgSi. Die unterschiedlichen Gefügebestandteile der Legierungen verursachen eine Heterogenität im Inneren und natürlich auch an der Oberfläche. Dadurch bedingt entsteht auf der Oberfläche auch eine heterogene Oxidschicht, die durch ihr elektrochemisch heterogenes Verhalten in kleinsten Bereichen zu lokalen Angriffen, zu Lochfraß führen kann. Da sich aber im Laufe der Zeit dieser Struktur mit Sicherheit, z. B. durch wiederum neugebildete Korrosionsprodukte, wandelt und da diese Neubildungen auch den weiteren Angriff in die Tiefe bremsen, kommt es nicht zu Schädigungen, sondern es entsteht eine mehr oder weniger gleichmäßige Aufrauhung der Oberfläche, die von der Oxidschicht mit eingelagerten atmosphärischen Verunreinigungen bedeckt ist. Der im Laufe der Zeit zunehmend hemmende Einfluß der Korrosionsprodukte bewirkt ein Nachlassen der Einflüsse der Legierungsbestandteile. Die Gefügebestandteile der Legierungen bilden unterschiedliche Potentialdifferenzen aus. So sind z. B. die Ausscheidungen in den Legierungstypen AlMn und AlMg anodisch („unedler") als die hier kathodische Matrix („edler"), umgekehrt sind die Verhältnisse bei der Legierung vom Typ AlZnMg. Bei dem Legierungstyp AlMgSi gibt es sowohl anodisch als auch kathodisch gegenüber der Matrix wirkende Ausscheidungen. Diese Ausscheidungen können Korrosionserscheinungen verursachen. Treten sie zusammenhängend entlang der Korngrenzen auf, so kommt es zu interkristalliner Korrosion (anodische Ausscheidung geht in Lösung, kathodische Ausscheidung bewirkt Angriff der Kornränder).

Die Anwendung dieser Legierungen wirft weitere Fragen auf: Wird sich z. B. eine AlMn-Legierung (kleinere Potentialdifferenz zwischen Matrix und Ausscheidungen) oder AlMg-Legierung (größere Potentialdifferenz zwischen Matrix und Ausscheidungen, aber zusätzlich positiv korrosionshemmende Schutzschichtbildung aus Magnesiumoxid) in der Atmosphäre günstiger verhalten? Versuchsergebnisse von LOMMEL zeigten, daß sich in Industrieatmosphäre der Typ AlMn, dagegen in Meeresatmosphäre der Typ AlMg3 günstiger verhält.

Kupferhaltige Aluminiumlegierungen sind in der Atmosphäre (insbesondere Meeresatmosphäre) nur unter Vorbehalt anzuwenden. Offensichtlich können Cu-Ausscheidungen zu Kontaktkorrosion führen. Der Anwender sollte bei der Legierungsauswahl die Erfahrungen der Werkstoffhersteller erfragen und nutzen.

Rostverunreinigungen auf Al-Oberfläche (hier anodisch) bewirken ein Aufrauhen durch den hier kathodisch wirkenden Rost (s. Tafel 3.11.). Spaltkorrosion – verursacht durch Potentialunterschiede, die durch unterschiedliche Belüftung der benetzenden Flüssigkeit entstehen – ist auch hier möglich. Enge Spalten werden sich zwar durch die Korrosionsprodukte selbst verstopfen, und bei weiten Spalten kommt es zu Austrocknungen wie an Oberflächen allgemeiner Lage, bei einer kritischen Breite aber treten – besonders in Meeresatmosphäre – Schäden auf. Eine Dichtung der Spalten, auch bei anderen Baumetallen, mit elastischen Dichtungsstoffen ist zu empfehlen.

Korrosionsverhalten von Blei an der Atmosphäre

Blei hat sich seit Jahrhunderten an der Atmosphäre bewährt, z. B. für Dachdeckungen an Teilen des Kölner Doms und der Notre Dame in Paris: Auf der Bleioberfläche bildet sich eine Schutzschicht, die im wesentlichen aus Bleihydroxidcarbonat $(Pb_2(OH)_2CO_3)$ besteht. In SO_2/SO_4^{2-}-haltiger Atmosphäre wird auch Bleisulfat in diese Schutzschicht eingebaut, die sich dadurch von Grau nach Blauschwarz verfärbt. Auch geringe Mengen Bleioxid können enthalten sein. Wird die Schutzschicht mechanisch beschädigt, so bildet sie sich schnell neu.

Die Abtragungsraten nehmen in der Reihenfolge nachstehender Makroklimate ab: Industrieatmosphäre, Meeresatmosphäre, Stadtatmosphäre, Landatmosphäre.

Bei ständig schwingender Bewegung wird eine ausreichende Schutzschichtbildung verhindert. Die Schutzschichtbildung bleibt auch dann aus, wenn nicht genügend CO_2 an das Blei herantreten kann. Bei ständig CO_2-armer oder -freier Wasserbedeckung bilden sich leichter lösliches Bleihydroxid $(Pb(OH)_2)$ bzw. wasserhaltige Oxide, die nicht

Tafel 3.11.
Abtragungsraten der wichtigsten Baumetalle in Abhängigkeit vom Atmosphärentyp (μm/Jahr)

Metall	Landatmosphäre	Stadtatmosphäre	Industrieatmosphäre	Meeresatmosphäre
Unlegierter Stahl	10…65	30…70	40…170	20…200
Kupfer	<0,5	1…2	1…5	1…2
Al-Werkstoffe	<0,1	0,1…1,0	1…3	≈1,0
Zink	1…2	4…8	8…20	3…15
Blei	<0,3	≈ 0,5	0,5…2	0,5…1

Tafel 3.12.
Anhaltsangaben zur Kontaktkorrosion an Baumetallen in der Atmosphäre

(Erklärung: + keine Korrosion; − Korrosion; × in Meeresatmosphäre tritt Korrosion ein)

	Al	Pb	Unleg. Stahl	Nichtrost. Stahl	Cu	Zn
Al		−	−	± ×	−	+
Pb	−		±	±	+	−
Unleg. Stahl	−	±		−	−	±
Nichtrost. Stahl	± ×	±	−		+	±
Cu	−	+	−	+		−
Zn	+	−	±	±	−	

schützend wirken und abgetragen werden (vgl. Schwitzwasserkorrosion bei Zink).

Zusammenfassend zeigt Tafel 3.11. die Abtragungsraten der wichtigsten Baumetalle in μm/Jahr in Abhängigkeit von den Atmosphärentypen.

Anhaltsangaben zur Kontaktkorrosion an Baumetallen in der Atmosphäre gibt Tafel 3.12.

3.4.2.3. Metallkorrosion im Boden

Die Metallkorrosion im Boden wird insbesondere durch mineralogische, chemische und physikalisch-chemische Einflußfaktoren bestimmt. Es kommt zur Ausbildung elektrochemischer Elemente. Diese können bereits auf kleinen, nur wenige mm² großen Metalloberflächen im Boden auftreten, obwohl hier noch einigermaßen einheitliche Umweltbedingungen herrschen.

Bei ausgedehnten Rohrleitungsnetzen sind einheitliche Umweltbedingungen ganz sicher nicht gegeben. Verschiedene Bodenarten, unterschiedliche Durchlässigkeit für Luft und Wasser, unterschiedliche Feuchtigkeitsgehalte u. a. ergeben für Oxidationsmittel ungleiche Diffusionsgeschwindigkeiten zur Eisenoberfläche. Als Ergebnis entstehen örtlich getrennte anodische und kathodische Bereiche, d. h. „Makroelemente". Dies ermöglicht Korrosion, überwiegend Lochfraß.

Besonders wesentliche Einflußfaktoren sind:
- Bodenarten
- spezifischer Bodenwiderstand/spezifische Leitfähigkeit
- Redoxpotential
- pH-Wert
- Gehalt an Cl^-, SO_4^{2-}, S^{2-}, $CaCO_3/MgCO_3$
- Wasserkapazität und Wassergehalt

Die natürlichen Böden lassen sich in Kalk-, Sand-, Ton- und Humusböden gliedern. Folgende Dreiecke im Dreieckskoordinatensystem können aufgestellt werden:

humusfrei: Kalk − Sand − Ton
tonfrei: Humus − Kalk − Sand
sandfrei: Kalk − Humus − Ton
kalkfrei: Sand − Ton − Humus

Werden diese Dreiecke zusammengebaut, so ergibt sich eine gleichseitige Pyramide, nach dem Auseinanderklappen ihrer Flächen entsteht Bild 3.23. Die Schraffur deutet auf die Aggressivität der Böden gegenüber Metallen an; da jedoch längst nicht alle Einflußfaktoren berücksichtigt sind, lassen sich hieraus nur ungenaue Voraussagen ableiten.

Sandböden sind meist wenig angreifend, da sie kaum korrosionsfördernde Bestandteile enthalten und einen guten Wasserabfluß ermöglichen. *Tonböden* fördern durch ihre Wasserundurchlässigkeit und den dadurch bedingten, meist hohen Feuchtigkeitsgehalt den Angriff. Ist der Boden jedoch völlig wassergesättigt und enthält das Wasser keinen gelösten Sauerstoff, so tritt keine Korrosion auf, vorausgesetzt, andere korrosive Stoffe wie Chloride und Sulfate sind nicht vorhanden.

Kalkböden wirken korrosionshemmend durch ihren Chemismus und bieten in der Regel einen guten Wasserabfluß. Sie enthalten seltener korrosionsfördernde Stoffe.

Kalkarme *Humusböden,* auch Moor-, Marsch- und Sumpfböden fördern die Korrosion stark durch ihre humosen und häufig durch weitere korrosive Anteile. Sie sind zusätzlich in der Regel stark durchfeuchtet; auch die biologische Korrosion durch sulfatreduzierende Bakterien kann hier wirken.

Künstliche Böden, z. B. aufgeschüttete Müll- und Schlackenböden sowie z. B. durch Streusalz, Düngemittel und Abwässer verunreinigte Böden, sind meist aggressiv.

Die „Beurteilung von Böden hinsichtlich ihres Korrosionsverhaltens auf erdverlegte Rohrleitungen und Behälter aus unlegierten und niedriglegierten Eisenwerkstoffen" enthält das Arbeitsblatt GW 9 des Regelwerks Korrosion · Rohrleitungen des DVGW.

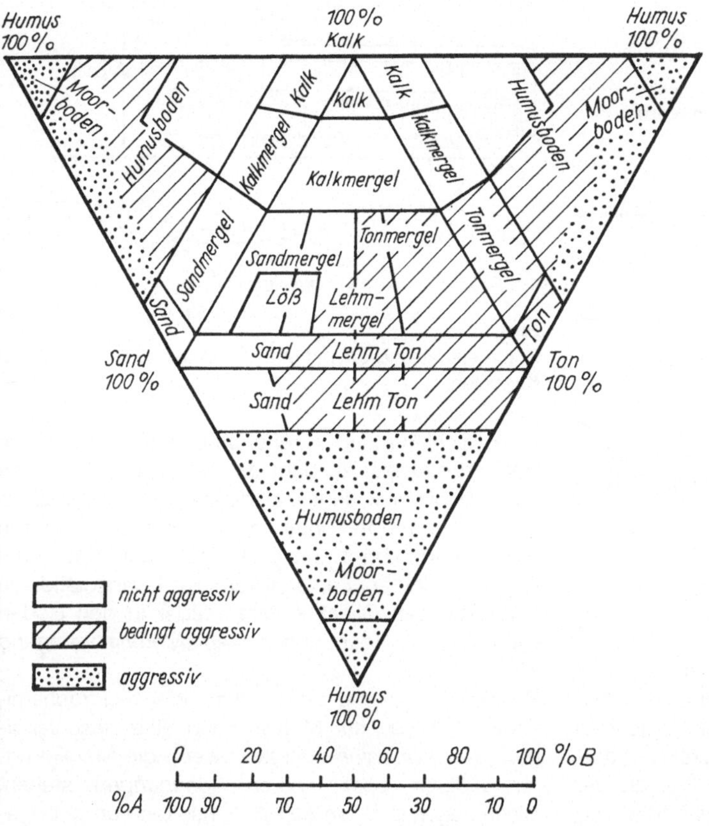

Bild 3.23.
Überblick über die natürlichen Böden
Anhaltswerte zur Metallkorrosion (nach KLAS und STEINRATH)

In vielen Fällen kann die *Bestimmung der spezifischen Leitfähigkeit,* die insbesondere durch den Elektrolytgehalt geprägt wird, eine ausreichende Grundlage für die *Beurteilung* der voraussichtlichen Angriffsneigung eines Bodens sein. Ferner gibt die Leitfähigkeit einen Anhalt für die Planung, die Auslegung und die örtliche Lage von Aktivanoden beim *kathodischen Korrosionsschutzverfahren.* In Tafel 3.13. wird die spezifische Leitfähigkeit mit dem zu erwartenden Korrosionsangriff in Zusammenhang gebracht.

Das *Redoxpotential* gibt einen Anhaltspunkt über die im Boden vor sich gehenden Reduktions- und Oxidationsprozesse. Aus der Höhe des Redoxpotentials ist z. B. zu erkennen, ob die durch Mikroben bewirkte Sulfatreduktion im anaeroben Erdreich begünstigt wird. Das Redoxpotential ermittelt man an Ort und Stelle durch die *Messung des Potentials* einer eintauchenden Platinelektrode gegen eine Kalomelelektrode als Bezugselektrode. In Tafel 3.14. wird der Grad der Bodenaggressivität in Abhängigkeit vom Redoxpotential angegeben.

Chlorid-, Sulfat- und Sulfidgehalte sowie niedrige pH-Werte begünstigen, Carbonatgehalte erniedrigen die Korrosionsgefahr. Hohe Wassergehalte (etwa $>20\,\%$) fördern den Angriff, ebenso wie dies in Luft-Wasser-Wechselzonen geschieht.

Tafel 3.13.
Elektrische Leitfähigkeit von Böden und Korrosion

Spezifische Leitfähigkeit Ω^{-1} cm^{-1}	Korrosionsangriff
$>10^{-3}$	sehr stark aggressiv
$10^{-3}\ldots3{,}3\cdot10^{-4}$	stark aggressiv
$3{,}3\cdot10^{-4}\ldots2{,}0\cdot10^{-4}$	aggressiv
$2{,}0\cdot10^{-4}\ldots1{,}0\cdot10^{-4}$	mäßig aggressiv
$1{,}0\cdot10^{-4}\ldots5{,}0\cdot10^{-5}$	schwach aggressiv
$<5{,}0\cdot10^{-5}$	praktisch nicht aggressiv

Tafel 3.14.
Grad der Bodenaggressivität in Abhängigkeit vom Redoxpotential

Redoxpotential mV	Ausmaß des Angriffs
<100	starker Angriff
$100\ldots200$	mäßiger Angriff
$200\ldots400$	schwacher Angriff
>400	kein Angriff

Tafel 3.15.
Korrosionsverluste von Mastsockeln in Finnland
(nach VON EIJNSBERGER)

Bodenart	Durchschnittlicher Korrosionsverlust g/m^2 und Jahr	
	Stahl	Zink
Sand	90	20
Ton	230	110
Torf	210	140

Durch hohe Zinkauflagen auf Stahl ($\geq 900\ g/m^2$) kann dessen Nutzungsdauer z. T. wesentlich verlängert werden. In stark aggressiven Böden, z. B. in Torf- und Marschböden, wird auch Zn erheblich korrodiert und bietet keinen dauerhaften Schutz (Tafel 3.15.).
Kupfer ist auch im Erdboden beständiger als Zn.

3.4.3. Galvanische Korrosion und Spannungskorrosion

An den *im Boden verlaufenden Installationen* kann eine weitere Korrosion durch den Vorgang der *Elektrolyse* unter dem Einfluß einer außerhalb liegenden Stromquelle, die *Streuströme* liefert, zustande kommen. Für das Ausmaß der in diesem Fall an der Eisenoberfläche stattfindenden *Materialabtragung* gelten die FARADAYschen Gesetze der Elektrolyse.
Bei dieser Korrosionsart spielt der *Gehalt des Bodens an Elektrolyt* eine wesentliche Rolle. Ein hoher Elektrolytgehalt, eine hohe spezifische Leitfähigkeit des Bodens begünstigt diese Korrosion.
Als wichtigste *Stromerzeuger* kommen mit Gleichstrom betriebene Straßenbahnen, Kranbahnen, Schweißeinrichtungen und alle weiteren Gleichstromanlagen in Frage, bei welchen *ein Leiter geerdet* ist. Besonders in Stadtgebieten können erhebliche Korrosionserscheinungen an Rohrleitungen und Installationen unter der Erde auftreten. Die zum Betrieb einer Gleichstrombahn gehörigen *Umformer- und Gleichrichteranlagen,* die den Fahrstrom liefern, sind entlang der Bahnlinie an verschiedenen Stellen angeordnet. Meist ist der *positive Pol* mit dem Fahrdraht verbunden, so daß die *Schienen als Rückleiter* dienen. Der Rückstrom fließt aber nicht nur durch die Schienen zum negativen Pol zurück (technische Stromrichtung), sondern durch *jeden Leiter,* mit dem sie in Verbindung stehen. Die Verbindung zwischen der Schiene und der Rohrleitung bzw. Installation ist durch das *feuchte, leitende Erdreich* gegeben. Bild 3.24. zeigt den Verlauf des Stromes im Bereich der Schienen und der in der Nähe verlegten Installation. Gleichrichter, Oberlei-

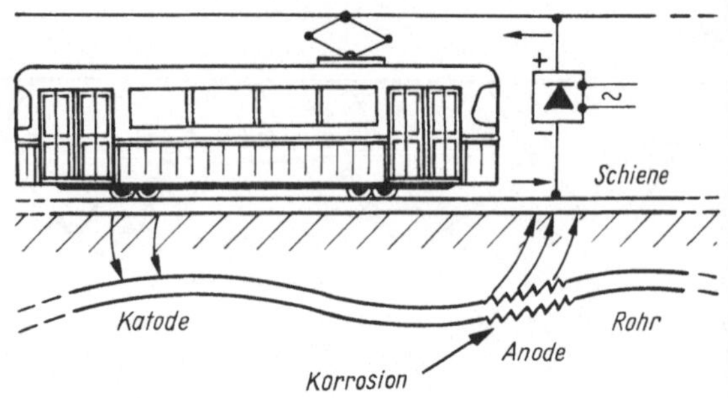

Bild 3.24.
Durch elektrische Streuströme hervorgerufene galvanische Korrosion

tung, Schiene und Straßenbahnmotor bilden den *Hauptstromkreis,* zu dem der Korrosionsstromkreis im Nebenschluß liegt. An der neben der Straßenbahnschiene oder unter ihr im Erdreich verlegten Rohrleitung kommt es zur Stromaufnahme aus dem Erdreich, der an Fehlerstellen der Rohrisolation in der Nähe des Gleichrichters wieder in den Boden fließt, wo es zur *anodischen Materialabtragung* kommt.
Bei der Einwirkung chemischer oder elektrochemischer Einflüsse auf Metalle kann eine *Beschleunigung der Korrosion* eintreten, wenn die Metalle unter *äußeren oder inneren Spannungen* stehen. Diese liegen z. B. an den Außenseiten von gebogenem Metall, im Spannstahl von Spannbeton und an Schweißverbindungen vor.
Durch *Zugspannungen* wird ein „Öffnen" der Korngrenzen des metallischen Werkstoffes bzw. der auf dem Metall befindlichen Deckschichten bewirkt, wodurch das Korrosionsmittel *schneller* in das Werkstoffinnere eindringen kann. Die durch die Wechselwirkung von Korrosion und Spannung hervorgerufene Querschnittsverminderung führt schließlich zur *Rißbildung,* wenn der Querschnitt örtlich so stark geschwächt ist, daß an diesen Stellen die Zugfestigkeit überschritten wird.
Ein besonderer Fall ist die *Spannungsrißkorrosion,* bei der oft schon nach kurzer Zeit plötzlich Risse auftreten, ohne daß eine mechanische Schädigung bis zum Zeitpunkt des ersten Anrisses vorlag.

3.5. Korrosionsschutz

Bereits beim *Entwurf,* bei der *Konstruktion,* bei der *Werkstoffauswahl* (s. Baustofflehre und Werkstofftechnik) und bei der *Ausführung* eines Bauwerkes müssen die Möglichkeiten der Korrosion und des *Korrosionsschutzes* beachtet werden.
Beim *Zusammentreffen zweier Stoffe,* z. B. Werkstoff und umgebendes Medium, gibt es grundsätz-

Tafel 3.16.
Welche Baumetalle erfordern Korrosionsschutz?

Metall	Korrosionsschutz	
	erforderlich	vorteilhaft
Unlegierter Stahl	ja	–
Wetterfester Stahl	nein	ja
Nichtrostender Stahl	nein	–
Verzinkter Stahl, Zink	nicht unbedingt	ja
Kupfer	nein	–
Blei	nein	–
Aluminium	nein	ja

lich zwei Möglichkeiten:

- *Der Werkstoff wird nicht angegriffen.*
  Er ist entweder korrosionsstabil (z. B. Edelmetalle) oder korrosionspassiv (z. B. Schutzschichten, bestimmte pH-Werte beim Fe).
- *Der Werkstoff wird angegriffen.*
  In diesem Fall muß die Frage beantwortet werden, durch welche Maßnahmen der Korrosionsschutz gewährleistet werden kann.

Zur *Vermeidung elektrochemischer Korrosion* sollte der „Mischbau" (Bauausführung mit direktem Kontakt verschiedener Metalle) weitgehendst vermieden werden. Ist dies nicht möglich, so müssen von der Berührungsstelle der Metalle *Elektrolytlösungen ferngehalten* oder die Metalle gegeneinander *elektrisch isoliert* werden (Lack- oder Bitumenbeschichtungen, Gummischeiben, Dachpappe usw.).
Der Korrosionsschutz im engeren Sinne kann in

- aktiven Schutz und
- passiven Schutz

unterteilt werden. Beim aktiven Korrosionsschutz werden entweder der Baustoff oder das Korrosionsmittel so beeinflußt, daß keine Korrosion eintritt. Beim passiven Korrosionsschutz wird das Zusammentreffen von Baustoff und Korrosionsmittel verhindert.
Wesentliche Hinweise zu diesem Gebiet enthält DIN 55928 „Korrosionsschutz von Stahlbauten durch Beschichtungen und Überzüge". Welche Metalle Korrosionsschutz erfordern, zeigt Tafel 3.16. (vgl. Tafel 3.11. und 3.15.).

3.5.1. Aktiver Korrosionsschutz

Die **Beeinflussung des Korrosionsmittels** (Ziel: nicht angreifend) wird durch geeignete Zusätze von Stoffen mit korrosionsverhindernder bzw. -vermindernder Wirkung (Inhibitoren) erreicht. Zum Beispiel können saure Leitungswässer (gegebenenfalls

durch angreifende Kohlensäure) am sinnvollsten bereits in den Wasserwerken aufbereitet, z. B. mit $Ca(OH)_2$ oder NaOH neutralisiert, werden.
Die **Beeinflussung des Werkstoffes/Baustoffes** (Ziel: nicht angreifbar) wird durch den *kathodischen Korrosionsschutz* erreicht. Dabei wird zur Kompensierung des Korrosionsstromes ein entgegengerichteter Schutzstrom (Gleichstrom), dessen Stärke mindestens gleich dem Korrosionsstrom sein muß, in Gegenwart eines Elektrolyten (feuchter Erdboden, Fluß-, Meerwasser u. a.) auf die zu schützende Metalloberfläche geleitet. Die der Kathode zufließenden Elektronen decken den Bedarf zur elektri-

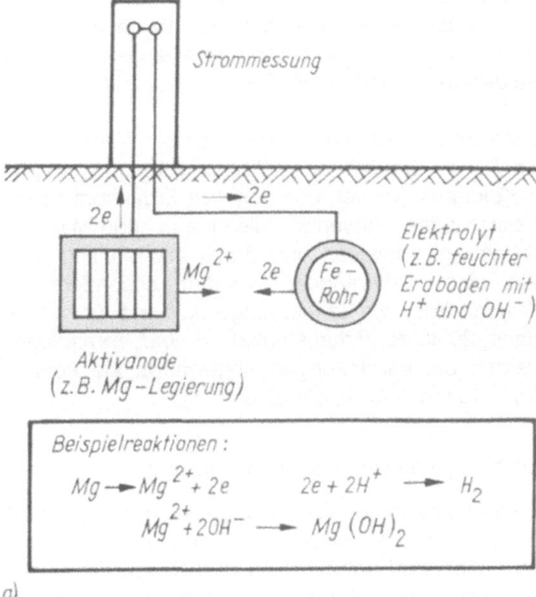

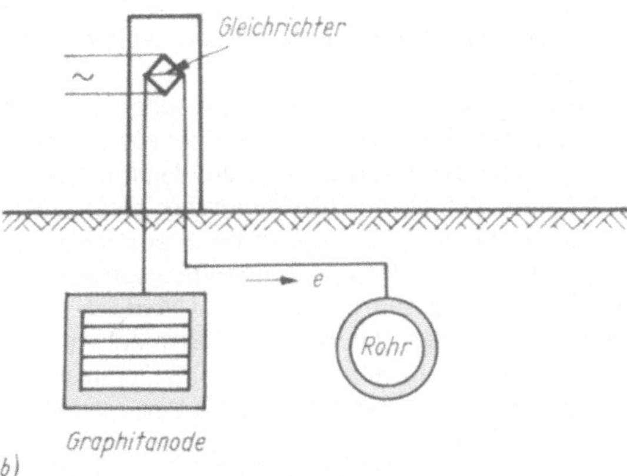

Bild 3.25.
Kathodischer Schutz erdverlegter Rohrleitungen
a) durch Aktivanode; b) durch Fremdstrom

schen Neutralisation (Reduktion) der an die Metall-oberfläche gelangenden Kationen. Dadurch wird das Potential der zu schützenden Oberfläche so weit abgesenkt, daß der Austritt von positiven Me-tallionen (nur diese sind möglich) aus dem Werk-stoff verhindert, d. h. nicht mehr möglich wird. Die Korrosion wird also durch *aktiven elektrischen Ein-griff* vermieden; zusätzlich werden andere Schutz-maßnahmen, z. B. Beschichtungen, angewendet.

Der Schutzstrom wird durch Verbinden der zu schüt-zenden Objekte (Tanks, Spundwände, Schleusento-re, Rohrleitungen u. a.) mit Aktivanoden (Opferano-den) oder mit Anoden, die aus dem Stromnetz durch Umformung gespeist werden, gewonnen (Bild 3.25.). Aktivanoden (Opferanoden), die aus Zink-, Magne-sium- oder Aluminiumlegierungen bestehen und in eine aktivierende Bettungsmasse eingesetzt sind, werden in *gut leitenden Böden* (spezif. Widerstand $2\,000 \ldots 5\,000\,\Omega \cdot$ cm) verwendet.

Beim *Fremdstromverfahren* wird als Werkstoff für die Anode *Graphit* oder *Siliciumeisen,* eingebettet in Koksgrus zur Verringerung des Erdausbreitungs-widerstandes, verwendet, die eine geringe Material-abtragung aufweisen und damit ökonomisch gün-stig sind. *Opferanoden* werden besonders für kleinere Teile, wie Tanks, eingesetzt und für minde-stens 20 Jahre dimensioniert. *Fremdstromanlagen* werden bei Fernleitungen angewandt; sie können $30 \ldots 40$ km Leitung schützen.

3.5.2. Passiver Korrosionsschutz

Beim passiven Korrosionsschutz werden *trennende Schutzschichten* zwischen Korrosionsmittel und Bau-/Werkstoff gebracht. Diese müssen dicht sein. Sie können *aus Metallen, aus organischen Stoffen* oder seltener *aus nichtmetallisch-anorganischen Stoffen* (z. B. Emaille, Zementmörtel) bestehen. Die ersten beiden Stoffgruppen werden nachstehend besprochen.

Vor jeder Beschichtung (mit organischen Stoffen) und jedem Überzug (mit Metallen) ist die zu schützen-de Oberfläche sorgfältig zu reinigen, damit sie einen tragfähigen Schutzschicht-Untergrund bietet. So-wohl artfremde (z. B. Öl-, Farbreste, Staub) als auch arteigene Stoffe (z. B. Rost, Zunder) müssen von der Oberfläche (z. B. Eisen/Stahl) entfernt werden.

Zur *Reinigung der Oberflächen* sind mechanische (z. B. Sandstrahlen), thermische (z. B. Flammstrah-len) und chemische Verfahren (z. B. Beizen) geeig-net und im Einsatz.

● Rostumwandler

Bei Verwendung von *Phosphorsäure* als Rostum-wandler bildet sich Eisen(II)-phosphat, das fest haf-

tet und damit theoretisch ein guter Haftgrundver-mittler für Beschichtungen ist. Die Schwierigkeit bei der Anwendung liegt aber darin, daß bei *zu wenig* Phosphorsäure Restrost zurückbleibt und bei *zu viel* das Eisen auch mit angegriffen wird. Da in bei-den Fällen die Korrosion weitergeht, ergeben sich bei der Anwendung Schwierigkeiten. Für Stahlbau-ten sind Rostumwandler nicht zugelassen.

● Roststabilisatoren

Die Stabilisierung von Rost kann theoretisch durch Auftragen eines *Restrost-Primers* erfolgen. Zum Beispiel können ZnO oder Al_2O_3 verwendet werden, die mit Fe_2O_3 bzw. FeO stabile Verbindungen erge-ben sollen:

$$ZnO + Fe_2O_3 \rightarrow ZnFe_2O_4$$

$$FeO + Al_2O_3 \rightarrow FeAl_2O_4$$

Auch das Auftragen bestimmter Komplexbildner, wie Tannin, Acetylaceton oder $K_4[Fe(CN)_6]$, kann theoretisch zur festen Bindung des Rostes führen. Für Stahlbauten sind Roststabilisatoren ungeeignet.

Metallische Überzüge

● *Galvanisieren*

Zur Herstellung galvanischer Metallüberzüge wird die Elektrolyse angewandt (Bild 3.26.). Das zu be-schichtende Metall wird als Kathode, das beschich-tende Metall als Anode geschaltet. Als Elektrolyt (Elektrolysebad) wird eine Salzlösung des beschich-tenden Metalls verwendet. Dabei scheiden sich die Kationen des Elektrolyts (beschichtendes Metall) auf der Kathode (zu beschichtendes Metall) ab. Die Anode wird nach und nach gelöst und liefert so Metallionen an den Elektrolyten und damit auch zur Beschichtung. Bei der praktischen Durchführung sind viele Details (Konzentration, Zusammenset-

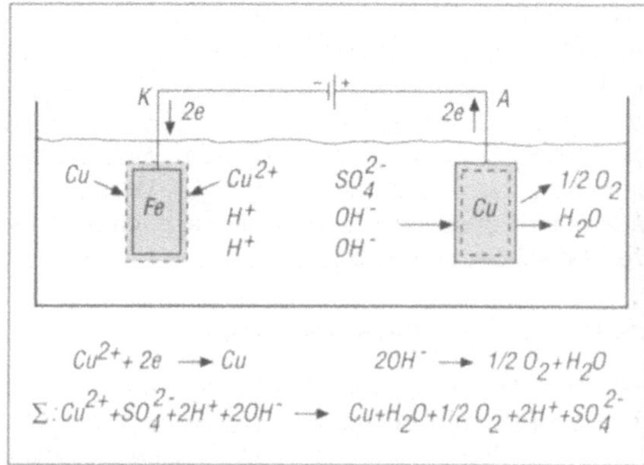

Bild 3.26.
Galvanische Verkupferung eines Eisen-Stahl-Teiles

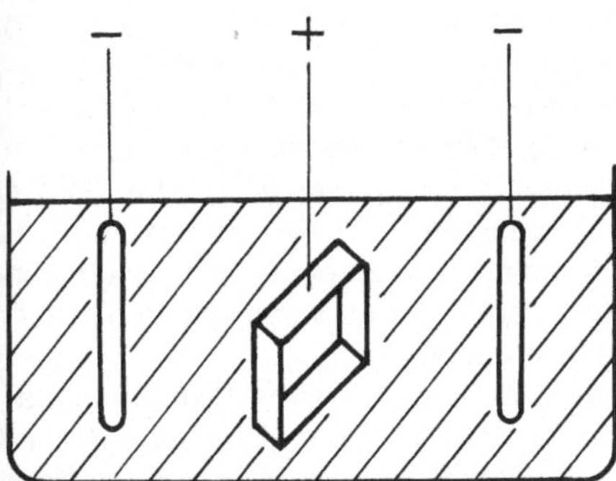

Bild 3.27.
Aloxidieren (Eloxieren)
Anode: zu oxidierendes Werkstück aus Aluminium
Bad: Schwefelsäure oder Oxalsäure

zung und Temperatur des Elektrolyten, Spannung, Stromstärke u. a.) zu beachten, denn nur so können dichte und gut haftende Schutzschichten erzielt werden. Zur besseren Haftung werden auch Zwischenschichten aus einem anderen Metall galvanisiert (z. B. Kupfer auf Eisen unter Nickel).
Galvanisieren wird auch zur Verstärkung der natürlichen, schützenden Oxidschicht des *Aluminiums* durch anodische Oxidation verwendet (Bild 3.27., Eloxieren oder Aloxidieren). Die auf diese Weise erzeugten etwa 0,02 mm dicken Schichten sind sehr hart und elektrisch isolierend. Die Elektrolysebäder enthalten neben Schwefelsäure im allgemeinen noch Oxalsäure und Chromsäure sowie teilweise auch Farbstoffe, die sich in die Oxidschicht einlagern. Eine Verstärkung der Oxidschicht tritt auch beim Behandeln mit einer heißen Lösung von Na_2CrO_4 und Na_2CO_3 ein (Chromatisieren). Die dabei entstehende Schicht ist grau gefärbt und bildet einen guten Haftgrund für Farbanstriche. Die künstlich verstärkten Oxidschichten, die außerdem auch die Verschleißfestigkeit erhöhen, haben dem Aluminium einen wesentlich vergrößerten Anwendungsbereich geschaffen.
Schutzschichten von besonderer Härte und mit guten Isoliereigenschaften werden auf *Magnesium* und Mg-Legierungen durch anodische Oxidation in alkalischen Bädern erzeugt. Diese Schichten zeigen grüne Farbe (Elomagverfahren). Gelbe Überzüge werden durch Behandlung in einem salpetersauren $K_2Cr_2O_7$-Bad erzeugt.

● *Schmelztauchen, Aufspritzen*
Das Aufbringen von *Zinkschichten* auf Eisengegenständen erfolgt meist nach dem Verfahren der *Feuerverzinkung*. Nach dem Entfetten und Beizen (in verdünnter Schwefelsäure) werden die Stahlgegenstände in das Zinkbad getaucht, das aus geschmolzenem Zink (F. 420 °C) besteht. Abschrekken an der Luft oder in Wasser erzeugt die bekannten Zinkblumen. Je m^2 Eisenoberfläche werden etwa 400 ... 900 g Zink verbraucht. In vielen Fällen bietet allein die Feuerverzinkung einen ausreichenden Korrosionsschutz, in anderen Fällen ist eine zusätzliche Beschichtung sinnvoll bzw. erforderlich (Feuerverzinkung plus Beschichtung = *Duplex-System*). In aggressiver Atmosphäre oder aggressiven Böden wird durch Feuerverzinkung plus Beschichtung die Schutzwirkung entscheidend erhöht, und zwar auf eine Dauer des 1,5- bis 2,5fachen Wertes der Summe der Einzelschutzdauern. Die Begründung dafür ist, daß ein Unterrosten bei rissigen Beschichtungen verhindert wird. Beschichtungssysteme können direkt in der Verzinkerei auf die frische Zinkoberfläche (z. B. Chlorkautschuk) oder später auf die angewitterte Oberfläche (z. B. Epoxidharz mit Polyamidhärtern) aufgebracht werden.
Liegen größere, sperrige Bauteile vor oder sind Beschädigungen auszubessern, so wird zum Aufbringen der Zinkschicht das Verfahren der *Spritzverzinkung* angewandt. Das mittels Preßluft in einer Spritzpistole zerstäubte Zink wird dabei durch ein vor der Düse gebildetes Brenngas/Sauerstoff-Gemisch aufgeschmolzen. Auch Al wird aufgespritzt.

● *Diffusionsverfahren*
Die zu schützenden Metallteile werden z. B. mit chromhaltigen Substanzen in abgeschlossenen Behältern auf etwa 1100 °C erhitzt *(Diffusionschromieren)*. Die Cr-Verbindungen verdampfen, wodurch das Chrom gleichmäßig an alle zu schützenden Stellen der Oberfläche herangetragen wird. Durch Diffusion (Platzwechsel Fe−Cr) entsteht eine Schutzschicht, die außen eine sehr dünne, reine Cr-Schicht darstellt, unter welcher der Cr-Gehalt kontinuierlich nach innen abnimmt. Da Stahl noch bei 12,5 % Cr *korrosionshemmend* ist, wird das Diffusionschromieren so weit durchgeführt, bis die äußere 0,1 mm dicke Schicht einen Cr-Gehalt von >12,5 % aufweist. Da die *Haftung* dieser Schutzschicht besonders gut ist, verhält sich ein so behandelter Stahl wie ein Cr-Stahl.

Organische Beschichtungen

Organische Stoffe werden überwiegend als Beschichtung (früher: Anstriche) aufgebracht, aber auch die Anwendung von Folien aus Kunststoffen ist möglich. Für eine langjährige Nutzungsdauer von Beschichtungen sind unbedingt alle nachstehenden Voraussetzungen zu erfüllen:

1. einwandfreier Zustand der zu schützenden Oberfläche

2. fachgerechte Verarbeitung der Beschichtungsstoffe
3. Auswahl geeigneter Beschichtungsstoffe
4. Mindestschichtdicke der Beschichtung je nach Anforderungen.

Phosphatieren (eine anorganische Behandlung auf Stahl, Zn, Al) wird hier erwähnt, da es sich u. a. als Untergrundbehandlung für organische Beschichtungen eignet.

Beim *Phosphatieren* werden eisenhaltige Zn- und Mn-Phosphatschichten durch Tauchen in Lösungen aus Zn- und Mn-Dihydrogenphosphat, Phosphorsäure und Zusätzen erzeugt. Die Phosphorsäure *beizt* zunächst die Metalloberfläche, auf der die ausgeschiedenen Kristalle von Zn- bzw. Mn-Phosphat eine Schutzschicht von 0,002 ... 0,02 mm Dicke bilden, die porös ist. Sie vermag etwa 13mal soviel *Öl* wie eine blanke Stahloberfläche aufzunehmen.

Schutzschichten mit niedrigerer Porosität und höherer Haftfestigkeit erreicht man, wenn sich *Mischphosphate* abscheiden. Das ist möglich, wenn man Zn-, Ca- und Mn-haltige Bäder verwendet. Dabei kommt es z. B. zur Bildung von schwerlöslichem *Scholzit* $Zn_2Ca(PO_4)_2 \cdot 2\,H_2O$.

Die geringe Porosität von Phosphatschichten kann noch durch Nachbehandlung, z. B. mit Chromatbädern, verringert werden. Trotzdem bieten die Phosphatschichten allein nur einen *zeitweiligen Schutz*. Das Phosphatieren eignet sich jedoch sehr gut als *Untergrundbehandlung* für das Aufbringen von Korrosionsschutzschichten.

Beschichtungsstoffe bestehen aus Bindemittel (z. B. Leinöl, Chlorkautschuk, Epoxidharz), Pigment (z. B. Eisenglimmer, TiO_2/Titanweiß, Pb_3O_4/Mennige) und meist Lösungs-, Verdünnungs- oder Dispersionsmitteln. Weiteres dazu s. im Kap. 5.

Korrosionsschutzbeschichtungen müssen zwei Aufgaben erfüllen:

- schützende, ggf. passivierende Wirkung auf den Untergrund
- Widerstandsfähigkeit gegen äußere Einflüsse.

Dazu ist eine lückenlose, in mehreren Arbeitsgängen aufzubringende Beschichtung erforderlich. Die Mindestschichtdicken betragen z. B.

in Stadtluft etwa 200 µm,
in Industrieluft etwa 300 µm.

Trotzdem können im Laufe der Zeit durch die Beschichtung genügende Mengen Sauerstoff und Wasser diffundieren, so daß es auf der Metalloberfläche auf Grund der dort vorhandenen anodischen und kathodischen Bereiche zur Korrosion kommt.

Die Korrosion wird weiter dadurch gefördert, daß das Bindemittel durch die Einwirkung von *Lichtenergie* zusammen mit *Sauerstoff* und *Feuchtigkeit* hydrolysiert wird. Dabei entstehen oft saure, die Korrosion fördernde Spaltprodukte, die bei Fehlen von aktiven Pigmenten nicht neutralisiert und unschädlich gemacht werden können. Schädigungen werden oft erst dann erkannt, wenn es zum Abplatzen der Beschichtung kommt.

Die *Passivierung des Stahls* ist wie folgt zu verstehen: Obwohl der Stahl in Abhängigkeit von der atmosphärischen Belastung mehr oder weniger schnell korrodiert (rostet), so kann er doch in einen Zustand gebracht werden, in dem er sich nahezu *wie ein Edelmetall* verhält. Es ist heute als gesichert anzusehen, daß diese Passivierung auf eine hauchdünne Oxidhaut, eine festhaftende, dichte Eisenoxidschicht, zurückzuführen ist. Die Verhältnisse sind so ähnlich wie beim Chrom oder Aluminium, die auch durch diese Oxidschichten passiviert werden.

Diese besondere Passivierung der Stahloberfläche kann zum Beispiel durch Eintauchen in *konzentrierte Salpetersäure* erreicht werden. Die dabei erzeugte Oxidschicht wird jedoch bereits durch Schlag oder Erschütterung zerstört, wodurch das Eisen wieder aktiviert wird (Stahl kann auch durch Zulegieren von Chrom und Nickel passiviert werden, wobei sich stabilere Deckschichten ausbilden. Diese Deckschichten werden aber durch reduzierende Stoffe oder u. U. schon bei mangelnder Sauerstoffzufuhr zerstört. Der „Edelstahl" kann dadurch fast so korrosionsaktiv wie normaler Stahl werden.)

Wenn die *Stahloberfläche* dauernd in einem *passiven Zustand* gehalten werden soll, muß dafür gesorgt werden, daß die oxidische und für die Passivierung verantwortliche Schicht dauernd erhalten bleibt und sich dort, wo sie durch mechanische Einwirkungen beschädigt wird, nachbildet.

Für die **Passivierung der Stahloberfläche** eignen sich besonders solche Anstriche, die mit *Bleimennige* pigmentiert sind. Andere Pigmente mit passivierender Wirkung sind Bleistaub, Bleicyanamid $Pb=N-N=C$, Calciumplumbat Ca_2PbO_4, Zinkstaub und Zinkchromat $3\,ZnCrO_4 \cdot K_2Cr_2O_7$.

Der *Wirkmechanismus von Bleimennige* kann wie folgt beschrieben werden: Während Bleimennige (Pb_3O_4) und Bleioxid (PbO) *hohe spezifische Widerstände* von etwa $10^8\,\Omega \cdot cm$ haben und damit als Nichtleiter anzusehen sind, liegt der Wert für Bleidioxid (PbO_2) mit $2,5\,\Omega \cdot cm$ wesentlich *niedriger*. Damit ist freies PbO_2 ein *Elektronenleiter* und kann deshalb trotz seines höheren Oxidationspotentials (= Vermögen, O an Fe abzugeben) allein nicht als

Korrosionsschutz verwendet werden. Daraus ist zu ersehen, daß die speziellen Eigenschaften der Bleimennige in ihrem Oxidationsvermögen in Verbindung mit ihrer geringen Leitfähigkeit und ferner darin zu suchen sind, daß das bei der Reduktion entstehende PbO ebenfalls einen hohen spezifischen Widerstand hat.

Wird eine Stahloberfläche mit einem *Bleimennige-Leinölanstrich* versehen, so tritt zunächst noch keine Korrosion ein, da die zu einer Reaktion notwendigen Komponenten Sauerstoff und Wasser noch fehlen. Im Laufe der Zeit können jedoch geringe Mengen *Feuchtigkeit* und Luft an die Grenzschicht Metalloberfläche/Anstrichfilm *diffundieren*. Es würde damit ein Korrosionsprozeß einsetzen, wie er in Bild 3.18. bzw. 3.19. schematisch dargestellt ist, da die Stahloberfläche niemals frei von Oxid ist und damit selbst sandgestrahlte Flächen anodische und kathodische Bereiche aufweisen. Das bedeutet, daß in der Praxis immer auf Rost (Restrost) gestrichen wird.

In **Gegenwart von Mennige** treten nun folgende Umsetzungen ein:

• *Kathodische Bereiche* (Rost)
Der hier entstehende Wasserstoff wird durch Mennige zu Wasser oxidiert, wobei diese selbst zu *PbO* reduziert wird. PbO bildet auf dem Eisen eine unlösliche und nur äußerst schwach leitende korrosionshemmende Deckschicht aus, die außerdem mit den Fettsäuren des Bindemittels (z. B. Leinöl) *Bleiseifen* bildet.

• *Anodische Bereiche* (Eisen)
An diesen geht infolge des hier herrschenden Lösungsdruckes Eisen zunächst als Eisen(II)-Ion in Lösung, das aber sofort durch die an der Kathode gebildeten OH-Ionen als $Fe(OH)_2$ abgeschieden wird. (Der Luftsauerstoff könnte dieses primär gebildete $Fe(OH)_2$ zu $Fe(OH)_3$ oxidieren; es würde sich Rost bilden, der aber auf Grund seiner Struktur zur Ausbildung schützender Deckschichten allein nicht geeignet ist.) In Gegenwart von Mennige oxidiert jedoch diese das $Fe(OH)_2$ zu *FeOOH*. Das dabei entstehende PbO vermischt sich mit letzterem und wächst zusammen mit diesem auf der Eisenoberfläche zu einer besonders festen und dichten, passivierenden, *korrosionshemmenden Deckschicht* auf. Die nicht verbrauchte Menge enthält ein Oxidationspotential aufrecht, durch das eine weitere Reaktion an den anodischen Bereichen verhindert wird (Bild 3.28.). Daneben reagiert auch das an der Anode entstehende PbO mit dem Leinöl unter *Bleiseifenbildung*. Die Bleimennige reagiert darüber hinaus mit den

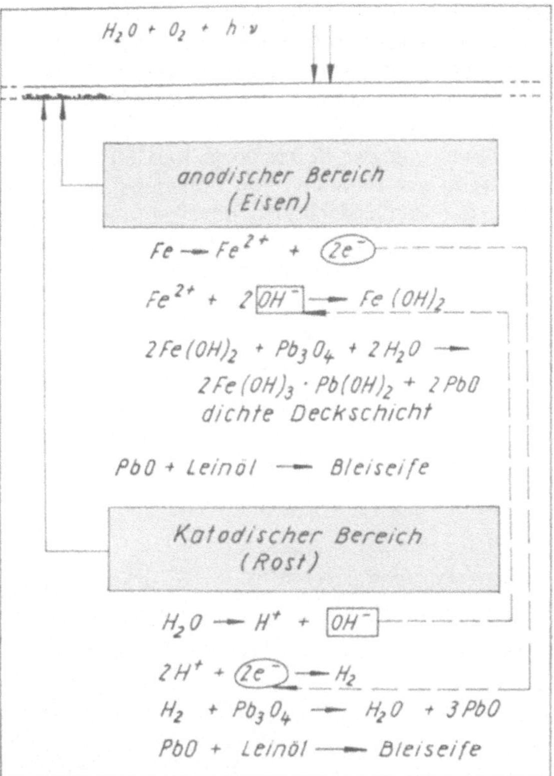

Bild 3.28.
Korrosionsschutz durch Bleimennige-Leinöl-Beschichtung einer Stahloberfläche mit Restrost
Vorgänge beim Durchtritt von Wasser durch die Poren des Beschichtungsfilmes

sauren Spaltprodukten anderer Bindemittel und verhindert so, daß diese *sauren Produkte* korrosionsfördernd wirken können. Wird ein Bleimennigeanstrich *mechanisch beschädigt,* so kommt es nicht zur fortschreitenden Unterrostung, da die Mennige auf Grund ihres Oxidations- und Passivierungsvermögens die Entstehung anodischer Bereiche an der Auflagefläche des Anstriches auf der Stahloberfläche verhindert. Bei Bleimennigeanstrichen kann beobachtet werden, daß *verletzte Stellen* durch die Bildung zweiwertiger Bleiverbindungen (Bleihydrogencarbonat) regelrecht vernarben. Bleimennige läßt sich in allen üblichen Bindemitteln, wie Leinöl, Alkydharze, Urethanharze, Epoxidharze usw. (s. Kap. 5.), sowie in entsprechenden Bindemittelkombinationen verwenden.

• *Penetrierbeschichtungsstoffe*
Als solche werden *unpigmentierte Beschichtungsstoffe* verwendet, die den Rost durchtränken und

die Rostteilchen umhüllen sollen. Es handelt sich meist um Alkydharzkombinationen. Der Anstrich ohne aktive und korrosionsschützende *Pigmente* hemmt zwar den Zutritt korrodierender Mittel, unterbindet ihn aber nicht.

Zur *Beurteilung der Korrosion* (s. Kap. 6.) bzw. zur Aufklärung der Ursachen von Schadensfällen sind neben der Berücksichtigung physikalischer Faktoren, wie Temperatur, mechanische Belastung usw., auch *chemische Faktoren* in Betracht zu ziehen.

Dabei erstreckt sich die chemische Untersuchung auf folgende Materialien:

- eingesetzte Werkstoffe
- angreifende Medien
- Korrosionsprodukte

Die Entnahme repräsentativer Proben der Korrosionsprodukte ist schwierig, wenn es sich um sehr dünne Schichten oder in feste Stoffe eingebettete Produkte handelt.

4. Chemie der nichtmetallisch-anorganischen Baustoffe

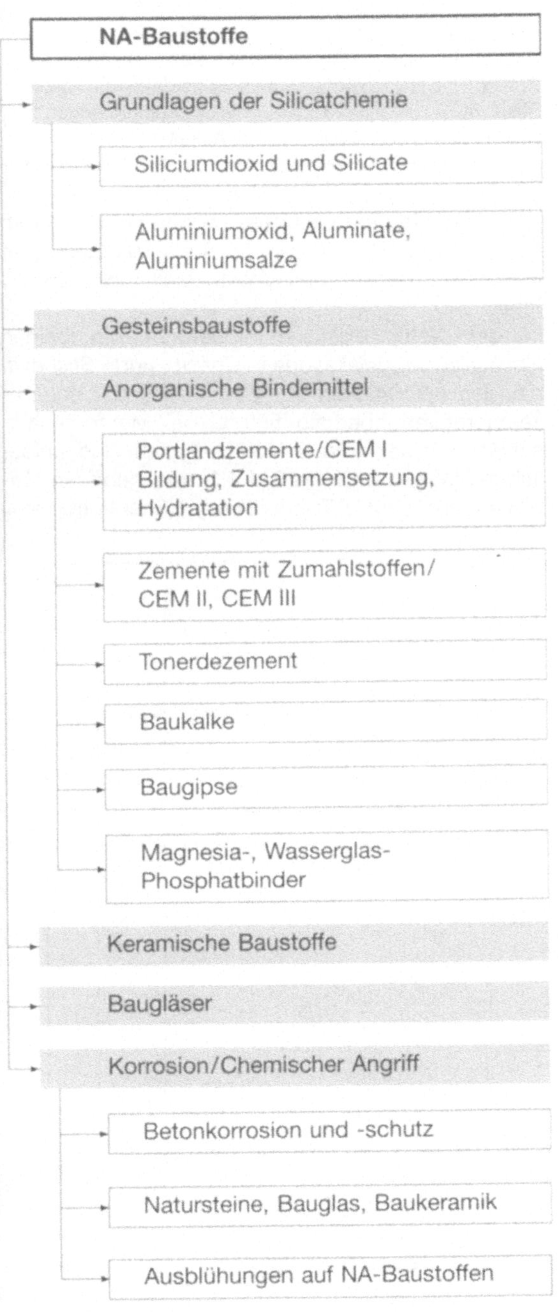

Der *Anteil* der nichtmetallisch-anorganischen Bau- und Werkstoffe (Natursteine, Bindemittel, Keramik, Glas) am gegenwärtigen *Werkstoffeinsatz* ist mit 85 % weit höher als der Anteil der metallischen Werkstoffe (Eisen, Stahl, Aluminium, Kupfer u. a.) mit etwa 10 % und der Anteil der organischen Werkstoffe (Holz, Kunststoffe, Elastomere, Textilien u. a.) mit etwa 5 %. Der größte Teil der nichtmetallisch-anorganischen Werkstoffe wird als Baustoffe verwendet. Die Prozesse bei der Herstellung und Verarbeitung nichtmetallisch-anorganischer Baustoffe sind ihrem Wesen nach *stoffwandelnde*, d. h. *chemische Prozesse*. Die Basis für das Verständnis der Herstellungsprozesse, der praktischen Eigenschaften und der anwendungstechnischen Zusammenhänge ist daher die Kenntnis der ablaufenden chemischen Vorgänge. Anhand der Stoffumwandlungsvorgänge können die *Möglichkeiten zur gezielten Beeinflussung der Baustoffeigenschaften* abgeleitet werden. Aufbauend auf den Grundlagen der Chemie der *Silicate* und *Aluminate,* werden die vier Hauptgruppen der nichtmetallisch-anorganischen Baustoffe

- Gesteinsbaustoffe
- Bindemittel
- keramische Baustoffe
- Bauglas

behandelt, wobei der Schwerpunkt auf die Darlegung der *chemischen Vorgänge* und der davon abhängigen technischen Eigenschaften gelegt ist. Den Abschluß bildet eine systematische Darstellung der zerstörenden chemischen Einflüsse, die in der Praxis auf die einzelnen Vertreter dieser Baustoffgruppen einwirken, sowie die Angabe der Möglichkeiten für praktische Gegenmaßnahmen (Korrosionsschutz). Die in dem Fachgebiet „Baustofftechnologie" zu behandelnde praktische Verwendung wird hier nur gestreift.

4.1. Grundlagen der Chemie der Silicate und Aluminate

Die Elemente Silicium und Aluminium sind nach dem Sauerstoff die häufigsten Elemente der Erdrinde. Mehr als 90% der festen Erdkruste bestehen aus Si- und Al-Verbindungen. Sie bilden die Basis für große Industrien: Zement, Keramik, Glas.

4.1.1. Siliciumdioxid

Silicium kommt in der Natur nicht frei vor, da es gegenüber Sauerstoff sehr reaktionsfähig ist:

$$\blacktriangleright \quad Si + O_2 \rightarrow SiO_2 ; \quad \Delta H = -859{,}3\,\frac{kJ}{mol}$$

Siliciumdioxid kommt in der Natur in reiner, kristalliner Form vorwiegend als *Quarz,* aber auch als *Tridymit* und *Cristobalit* u. a. vor. Als Gemengebestandteil sind Quarzkristalle in vielen *Gesteinen* enthalten, z. B. Sandstein, Granit, Gneis sowie Sand, Kies u. a. (Feuerstein enthält im wesentlichen sehr kleine Quarzkristalle).
Amorphe Vorkommen sind Opal und Kieselgur.
Beim *Erhitzen* von SiO_2 wandelt sich bei 575 °C *Quarz,* die einzige bei Zimmertemperatur stabile Modifikation, unter Ausdehnung in *Hochquarz* um. Bei weiterem Erhitzen entsteht oberhalb 870 °C unter weiterer Ausdehnung Hochtridymit, der oberhalb 1470 °C in Hochcristobalit übergeht. Tafel 4.1. gibt einen Überblick über die *Dichten* der SiO_2-Modifikationen, Bild 4.1. zeigt die Umwandlungen anhand eines *p/T*-Diagramms. Die Modifikationen des Tri-

Tafel 4.1.
Die verschiedenen Modifikationen des Siliciumdioxids

Modifikation	Dichte g/cm³	Beständigkeitsbereich °C
Quarz	2,66	bis 575
Hochquarz	2,60	575…870
Tridymit (γ)	2,27	bis 117
Tridymit (β)	2,30	117…163
Hochtridymit	2,30	163…1 470
Cristobalit	2,33	bis 225/262
Hochcristobalit	2,21	225/262…1 730
Coesit	3,01	(Höchstdruckmodifikatio-
Stishovit	4,03	nen, beständig gegen HF)
Kieselglas	2,20	metastabil

dymits können nur existieren, wenn Fremdionen im Gitter eingebaut sind; in reinstem Zustand geht Hochquarz direkt in Hochcristobalit bei 1 050 °C über.
In der Natur existieren außerdem die beiden *Höchstdruckmodifikationen Coesit* und *Stishovit,* die sich bei Drücken oberhalb 30000 bar und bei Temperaturen oberhalb 500 °C bei Meteoriteneinschlägen bilden. Diese Modifikationen sind unlöslich in Flußsäure. Die in Bild 4.1. angegebenen Modifikationen sind z. T. *enantiotrop* (Enantiotropie =

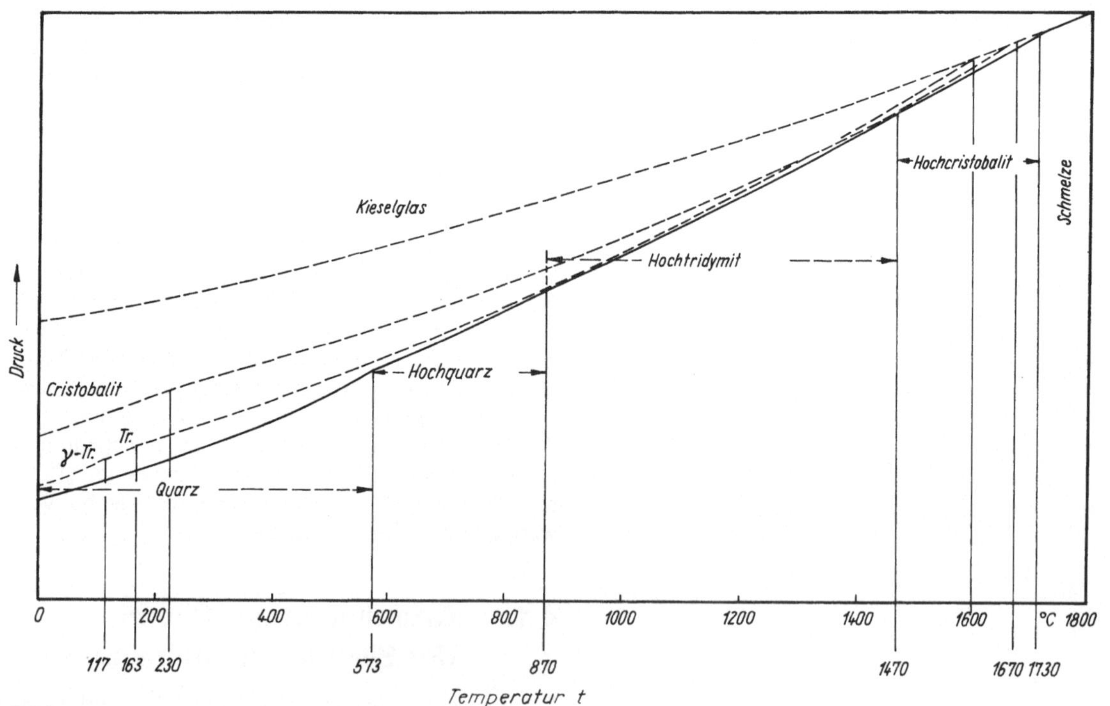

Bild 4.1.
Zustandsdiagramm (Phasendiagramm) des Siliciumdioxids

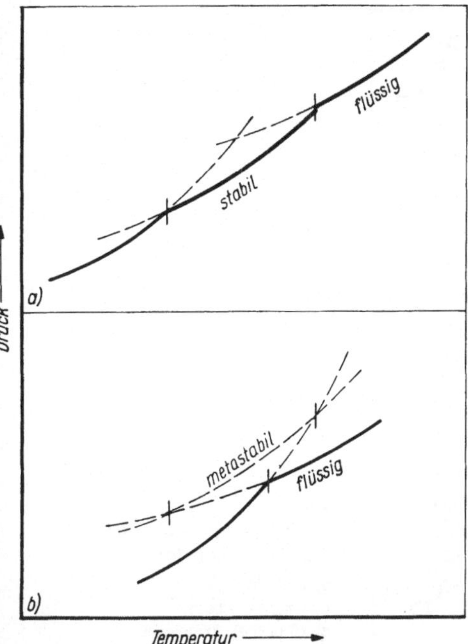

Bild 4.2.
Modifikationsänderung bei
a) Enantiotropie
b) Monotropie

wechselseitige Umwandelbarkeit) und z. T. *monotrop* (Monotropie = einseitige Umwandelbarkeit). In Bild 4.2. sind die beiden Arten der Modifikationsänderung schematisch dargestellt.
Geschmolzenes SiO_2 bildet bei rascher Abkühlung eine amorphe, glasige Masse *(Kieselglas)*, die keinen Schmelzpunkt, sondern ein Erweichungsintervall zeigt wie generell alle Gläser. Die *thermische Ausdehnung* des Kieselglases ist so klein, daß es auf Rotglut erhitzt und in Wasser eingetaucht werden kann, ohne zu zerspringen.
Siliciumdioxid wird als wesentlicher Bestandteil von vielen *Sanden* und *Kiesen* in großen Mengen zur Herstellung von *Beton* und *Mörtel* sowie in Form reinen Quarzsandes zur *Glas*fabrikation gebraucht.

4.1.2. Kieselsäuren und Silicate

Zur Darstellung der Kieselsäure H_4SiO_4 (= $2\,H_2O$ · SiO_2) gibt es verschiedene Möglichkeiten, z. B.

• Ansäuern von Alkalisilicat-Lösungen:

$$Na_2SiO_3 + 2\,HCl + H_2O \rightarrow H_4SiO_4 + 2\,NaCl$$

• Hydrolyse zersetzlicher Siliciumverbindungen:

$$SiCl_4 + 4\,H_2O \rightarrow H_4SiO_4 + 4\,HCl$$

• Verseifung von Kieselsäureestern:

$$Si(OCH_3)_4 + 4\,H_2O \rightarrow H_4SiO_4 + 4\,CH_3OH$$

Die H_4SiO_4-Lösungen sind sehr unbeständig. Es kommt bereits nach wenigen Minuten zur Bildung von $H_6Si_2O_7$-Molekülen:

▶ $2\,H_4SiO_4 \rightarrow H_6Si_2O_7 + H_2O$

wobei sich Si−O−Si-Bindungen ausbilden.
Der Prozeß der *Wasserabspaltung* (= Polykondensation) geht von allein weiter, so daß nach einigen Tagen nur noch höhermolekulare Kieselsäuren (Polykieselsäuren) mit rel. Molekülmassen >1000 vorliegen.
Höhermolekulare Kieselsäuren mit definierter Struktur lassen sich wie folgt darstellen:

• *Polymetakieselsäure* $(H_3SiO_3)_n$

durch Hydrolyse von $SiCl_4$ und Entwässerung des Gels mittels 90%igen Methanols oder Äthanols

• *Polydikieselsäure* $(H_2Si_2O_5)_n$

durch Ansäuern einer Wasserglaslösung und Entwässerung des Gels mittels Aceton

Die *Dissoziation* einer H_2SiO_3-Lösung ist *pH*-abhängig, wie Tafel 4.2. zeigt.
Erreichen die Polykieselsäuren rel. Molekülmassen von etwa 6000, so tritt *Gel-Bildung* ein: Es lagern sich die im *Sol-Zustand* (Sol = „Lösung" kolloider Teilchen) befindlichen Polykieselsäuren (Primärteilchen) an einigen Stellen zusammen, wobei unter Wasseraustritt weitere Si−O−Si-Bindungen ausgebildet werden. Das Sol wandelt sich dabei in eine halbsteife, elastische Masse, das Gel, um. Die *Entwässerung* dieser Masse führt zu porigen Produkten mit großer innerer Oberfläche, die als *Kieselgel* bezeichnet werden.

Tafel 4.2.
Anteil an H_2SiO_3, $HSiO_3^-$ und SiO_3^{2-} am Gesamtgehalt einer Polymetakieselsäurelösung in Abhängigkeit vom *pH*-Wert

pH	H_2SiO_3 M.-%	$HSiO_3^-$ M.-%	SiO_3^{2-} M.-%
6	100	−	−
8	99	0,995	0,005
10	49,995	49,995	0,01
10,3	16,666	66,66	16,66
10,7	0,01	83,33	16,66
12	0,01	49,995	49,995
12,3	0,01	33,33	66,66
13	0,001	9,099	90,9
14	−	0,99	99,01

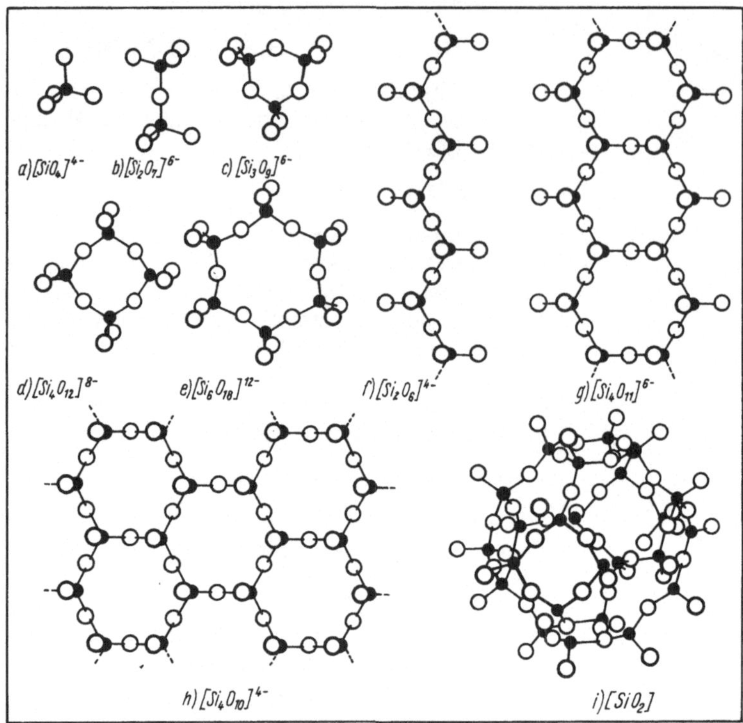

Bild 4.3.
Verknüpfungsmöglichkeiten
der SiO$_4$-Tetraeder

a) Inselsilicat;
b) Gruppensilicat;
c), d) und e) Ringsilicate;
f) Kettensilicat;
g) Bandsilicat;
h) Blattsilicat;
i) Gerüstsilicat (Raumnetzsilicat)

Silicate, die Metallsalze der Kieselsäuren, lassen sich formal nach der dualistischen Schreibweise als Verbindungen mit SiO$_2$ definieren, z. B. CaSiO$_3$ = CaO · SiO$_2$ oder Ca$_2$SiO$_4$ = 2 CaO · SiO$_2$.
Natürliche Silicate kommen als Mineralien vor. (Mineralien sind homogene, anisotrope, natürliche Bestandteile der festen Erdrinde, z. B. Quarz.) Sie können gesteinsbildend auftreten. (Gesteine sind in sich gleichartig zusammengesetzte, sich weiträumig erstreckende Teile der Erdkruste, die aus mehreren Mineralarten, seltener aus einer Mineralart, fest oder locker aufgebaut werden, z. B. Granit, bestehend aus Quarz, Feldspat und Glimmer.) Natürliche Silicate haben fast ausschließlich kristallinen Charakter; amor-phe silicatische Verbindungen oder silicatische Gläser, z. B. Obsidian (eine Art plötzlich erstarrter Lava), spielen nur eine untergeordnete Rolle.
Als *strukturelle Grundeinheit* liegt in den Silicaten das *SiO$_4$-Tetraeder* vor, das aus vier um ein Siliciumatom regelmäßig angeordneten Sauerstoffatomen besteht. Diese Tetraeder sind über ihre Ecken miteinander verbunden, wobei sich Si−O−Si-*Bindungen* bilden. Da von einem Tetraeder 1...4 O-Brükken ausgehen können, ergibt sich eine *Vielfalt* unterschiedlicher Anordnungen, d. h. Silicatstrukturen (Bild 4.3.).
Im SiO$_2$ (Quarz) ist die Verknüpfung so vollständig, daß *jedes* O-Atom gleichzeitig zwei SiO$_4$-Tetraedern

Tafel 4.3.
Silicatarten

Bezeichnung		Vernetzung	Beispiele	
Inselsilicate	Nesosilicate	keine	Mg$_2$[SiO$_4$]	Forsterit
Gruppensilicate	Sorosilicate	eindimensional	Ca$_2$Mg[Si$_2$O$_7$]	Åkermanit
Ringsilicate	Cyclosilicate	eindimensional	Al$_2$Be$_3$[Si$_6$O$_{18}$]	Beryll
Kettensilicate	Inosilicate	eindimensional	Mg$_2$[Si$_2$O$_6$]	Enstatit
Bandsilicate	Inosilicate	eindimensional	Ca$_6$(OH)$_2$[Si$_6$O$_{17}$]	Xonotlith
Schichtsilicate	Phyllosilicate	zweidimensional	Mg$_3$(OH)$_2$[Si$_4$O$_{10}$]	Talk
			Al$_4$(OH)$_8$[Si$_4$O$_{10}$]	Kaolinit
Gerüstsilicate	Tektosilicate	dreidimensional	(SiO$_2$)$_n$	Quarz
			K[AlSi$_3$O$_8$]	Orthoklas

Tafel 4.4.
Schmelzpunkte von Alkaliverbindungen in °C

Verbindung	Li	Na	K
Me_2O	1727	920	490
MeOH	471	319	410
MeCl	614	800	772
Me_2CO_3	720	854	900
Me_2SO_4	857	884	1069
Me_2SiO_3	1188	1089	980
Me_4SiO_4	1250	1018	–

Tafel 4.5.
Löslichkeiten von Alkaliverbindungen in Wasser bei 20 °C
(in g Salz in 100 g Wasser)

Verbindung	Li	Na	K
MeOH	12,2	108,4	112
Me_2CO_3	1,33	21,58	112
$MeHCO_3$	–	9,6	33,2
MeCl	81,2	35,85	34,37
Me_2SO_4	36,0	19,4	11,1

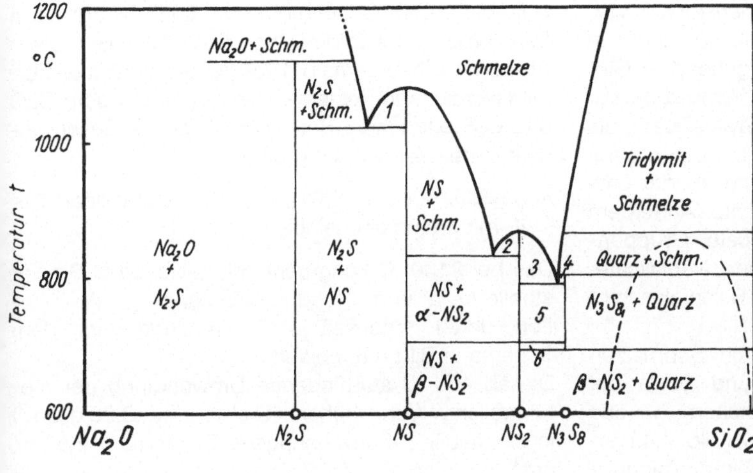

Bild 4.4.
System Na_2O-SiO_2 (N–S)

1 NS und Schmelze;
2 und *3* NS₂ und Schmelze;
4 N₃S₈ und Schmelze;
5 α-NS₂ und N₃S₈;
6 β-NS₂ und N₃S₈

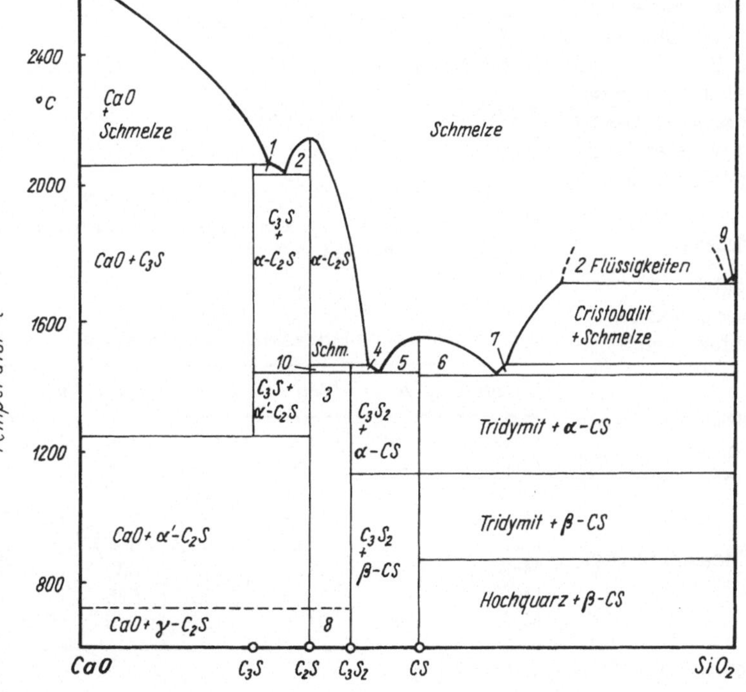

Bild 4.5.
System $CaO-SiO_2$ (C–S)

1 C₃S und Schmelze;
2 α-C₂S und Schmelze;
3 C₃S₂ und α'-C₂S;
4 C₃S₂ und Schmelze;
5 und *6* α-CS und Schmelze;
7 Tridymit und Schmelze;
8 C₃S₂ und γ-C₂S;
9 Cristobalit und Schmelze;
10 C₃S₂ und α-C₂S

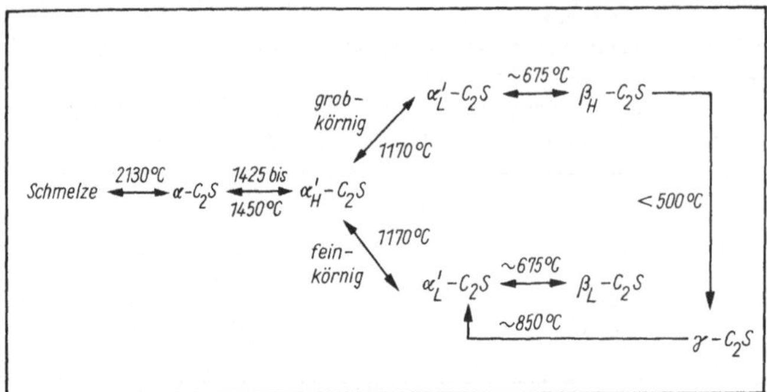

Bild 4.6.
Modifikationen des C_2S

angehört. Es resultiert eine *dreidimensionale Vernetzung* (Gerüst- oder Tektosilicate), die auch in den Feldspäten, Zeolithen und weitgehend in Gläsern vorliegt. Bei *zweidimensionaler Vernetzung* der Tetraeder entstehen Schicht- oder Phyllosilicate, als deren Vertreter Tone und Glimmer zu nennen sind. Die *eindimensionale Verknüpfung* führt zu der großen Gruppe der Ketten- oder Inosilicate. Außerdem existieren noch Ring- oder Cyclosilicate, Gruppen- oder Sorosilicate sowie Insel- oder Neosilicate. Eine Übersicht mit entsprechenden Beispielen gibt Tafel 4.3.

Natriumsilicate erhält man z. B. durch Schmelzen von Mischungen aus Quarzsand und Soda bei 1200 ... 1400 °C. Das Schmelzverhalten ist aus dem Zustandsdiagramm $Na_2O{-}SiO_2$ (Bild 4.4.) ersichtlich. Die Schmelzpunkte von Alkaliverbindungen enthält Tafel 4.4.

Wäßrige Lösungen der Alkalisilicate werden als *Wasserglas* bezeichnet. Im technischen Natronwasserglas ist das Verhältnis Na_2O zu $SiO_2 = 1 : 3,3$ (Lösung aus Polymeta- und Polydisilicaten). Die *basische Reaktion* von Wasserglaslösungen beruht auf der Hydrolyse. Die Löslichkeiten weiterer Alkaliverbindungen sind in Tafel 4.5. zusammengestellt.

Calciumsilicate sind wichtige Bestandteile

- der meisten hydraulischen Bindemittel
- von basischen und sauren Hochofenschlacken
- in Entglasungsprodukten technischer Natronsilicatgläser.

Im *Zustandsdiagramm $CaO{-}SiO_2$* (Bild 4.5.) treten 2 *kongruent* (unzersetzt) und 2 *inkongruent* (unter Zersetzung) schmelzende Verbindungen auf (vgl. S. 93).

- *Ca_3SiO_5* (3 CaO · SiO_2; C_3S[1]); Tricalciumsilicat; Alit, mit Fremddioneneinbau)

Das bei 2070 °C schmelzende C_3S *zerfällt beim Schmelzen* unter Bildung von CaO-Kristallen. Beim Abkühlen tritt unterhalb 1250 °C ein ähnlicher Zerfall (allerdings im festen Zustand) ein, bei dem CaO und C_2S entstehen. Bei 1175 °C ist die Geschwindigkeit des Zerfalls am größten.

- Ca_2SiO_4 (2 CaO · SiO_2; C_2S; Dicalciumsilicat; Belit, mit Fremddioneneinbau)

Das bei 2130 °C kongruent schmelzende C_2S zeigt stabile (α, α' und γ) und eine instabile (β) Modifikation, deren gegenseitige Umwandlung nach dem Schema in Bild 4.6. abläuft.

Die ab 400 °C stattfindende Umwandlung der metastabilen β-Form höherer Dichte (D = 3,28 g/cm^3) in die stabile γ-Form geringerer Dichte (D = 2,97 g/cm^3), die sich als „Zerrieseln" zu erkennen gibt, hat ihre Ursache in der Dichteabnahme.

- $Ca_3Si_2O_7$ (3 CaO · 2 SiO_2, C_3S_2)

In der Natur: Rankinit; keine hydraulische Aktivität

- $CaSiO_3$ (CaO · SiO_2, CS)

In der Natur: Wollastonit, keine hydraulische Aktivität

Die Tafeln 4.6. und 4.7. zeigen die Schmelzpunkte der Ca-Silicate und anderer Erdalkaliverbindungen sowie die Löslichkeit in Wasser.

Tafel 4.6.
Schmelzpunkte von Erdalkaliverbindungen (in °C)

Verbindung	Be	Mg	Ca	Sr	Ba
MeO	2535	2642	2580	2430	1644
Me(OH)$_2$	–	350 Z	520 Z	535 Z	408 Z
MeCl$_2$	440	708	772	873	962
MeCO$_3$	110 Z	545 Z	897 Z	1290 Z	1360 Z
MeSO$_4$	550	1124 Z	1450 Z	1605 Z	1580 Z
MeSiO$_3$	–	1557	1540	1580	1604
Me$_2$SiO$_4$	–	1885	2130	1588	–
MeAl$_2$O$_4$	1870	2135	1605	2015	1830

(Z = Zersetzung)

---

[1] In der Zementchemie übliche Abkürzungen:
S–SiO_2, A–Al_2O_3, F–Fe_2O_3, C–CaO, M–MgO, H–H_2O, $\bar{s}$–SO_3.

Tafel 4.7.
Löslichkeit von Erdalkaliverbindungen in Wasser bei 20 °C
(in g Salz in 100 g Wasser)

Verbindung	Mg	Ca	Sr	Ba
$Me(OH)_2$	0,0029	0,165	0,81	4,18
$MeCO_3$	0,179	0,0014	0,0011	0,0017
$Me(HCO_3)_2$	7,49[*])	1,66	–	–
$MeCl_2$	54,2	74,5	53,9	37,2
$MeSO_4$	35,6	0,202	0,015	0,00032

[*]) bei 18 bar CO_2-Druck

Die *Calciumsilicathydrate* spielen bei der Zementerhärtung eine wichtige Rolle. Die Festigkeit und andere Betoneigenschaften hängen von der Art und Beschaffenheit der bei der Umsetzung von *Alit* und *Belit* mit Wasser entstehenden Neubildungen ab. Tafel 4.8. enthält eine Auswahl der wichtigsten Ca-Silicathydrate und deren Zusammensetzung. Welche davon im konkreten Fall entstehen, hängt von einer Reihe von Einflußgrößen ab, von denen Temperatur, Wasserzementwert, Mahlfeinheit des Zementes, Kornverteilung und vor allem die Zusammensetzung des Zementes einige der wichtigsten sind.
Im Zementstein wurden CSH-Phasen unterschiedlicher Zusammensetzung gefunden. Allgemein kann festgestellt werden, daß bei der PZ-Erhärtung unter 100 °C äußerst *schlecht kristallisierte Produkte* entstehen, die eine exakte Identifizierung sehr schwierig machen.
Zu den *Silicathydraten* können auch folgende Verbindungen gerechnet werden:

$Al_4[(OH)_8/Si_4O_{10}]$	Kaolinit
$Al_4[(OH)_8/Si_4O_{10}] \cdot 4\,H_2O$	Halloysit
$Mg_3[(OH)_2/Si_4O_{10}]$	Talk
$Mg_6[(OH)_8/Si_4O_{10}]$	Serpentin

Tafel 4.8.
Zusammensetzung einiger Calciumsilicathydrate
(CSH-Phasen)

Name	Summenformel	Abkürzung
Hillebrandit	$2\,CaO \cdot SiO_2 \cdot H_2O$	C_2SH
Afwillit	$3\,CaO \cdot 2\,SiO_2 \cdot 3\,H_2O$	$C_3S_2H_3$
Foshagit	$5\,CaO \cdot 3\,SiO_2 \cdot 3\,H_2O$	$C_5S_3H_3$
Xonotlit	$6\,CaO \cdot 6\,SiO_2 \cdot H_2O$	C_6S_6H
Riversideit	$5\,CaO \cdot 6\,SiO_2 \cdot 3\,H_2O$	$C_5S_6H_3$
9-Å-Tobermorit	$5\,CaO \cdot 6\,SiO_2 \cdot 2\,H_2O$	$C_5S_6H_2$
11-Å-Tobermorit	$5\,CaO \cdot 6\,SiO_2 \cdot 5\,H_2O$	$C_5S_6H_5$
14-Å-Tobermorit	$5\,CaO \cdot 6\,SiO_2 \cdot 9\,H_2O$	$C_5S_6H_\delta$
Gyrolit	$2\,CaO \cdot 3\,SiO_2 \cdot 2\,H_2O$	$C_2S_3H_2$
Okenit	$3\,CaO \cdot 6\,SiO_2 \cdot 6\,H_2O$	$C_3S_6H_6$
C–S–H(I)	$C_{0,8\ldots1,5}SH_{0,5\ldots2,5}$	
C–S–H(II)	$C_{1,8\ldots2,0}SH_{1\ldots4}$	

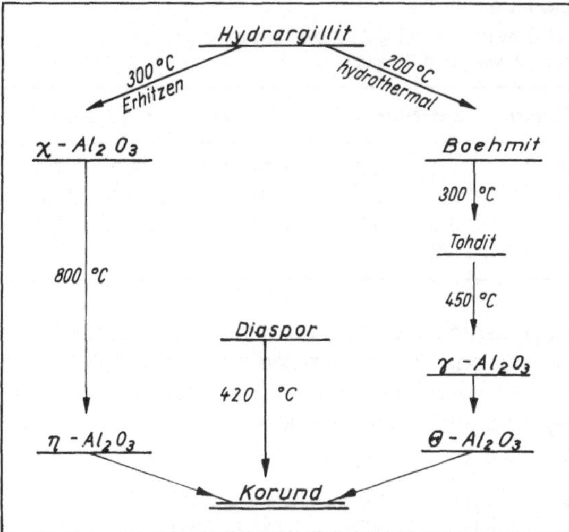

Bild 4.7.
Wasserhaltige und wasserfreie Phasen des Aluminiumoxids

Hydrargillit = $Al(OH)_3$; Boehmit und Diaspor = $AlO(OH)$; Tohdit = $5\,Al_2O_3 \cdot H_2O$

Die bei der Hydrolyse von gasförmigem SiF_4 entstehende *Hexafluorokieselsäure*

▶ $3\,SiF_4 + 3\,H_2O \rightarrow 2\,H_2SiF_6 + H_2SiO_3$

ist eine starke, giftige Säure, die zum Fluatieren von Beton (Herstellung kapillardichter Oberflächen) und als bakterien- und insektentötendes Mittel angewandt wird.

4.1.3. Aluminiumoxide und -hydroxide

Aluminiumoxid Al_2O_3 (Korund) zeichnet sich durch einen hohen Schmelzpunkt (2040 °C) und hohen chemischen Widerstand aus. Es bildet sich beim

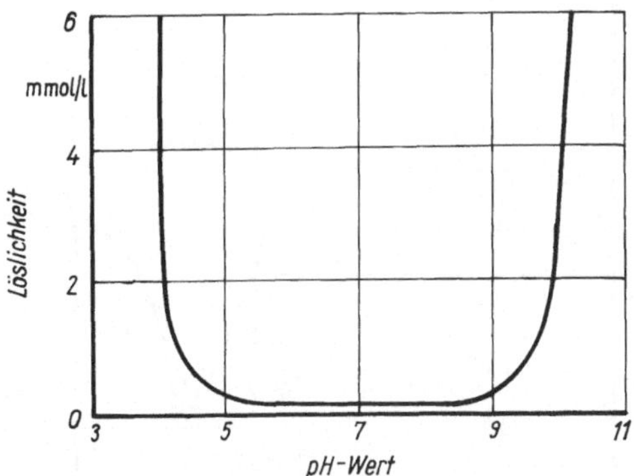

Bild 4.8.
Löslichkeit von Aluminiumhydroxid in Abhängigkeit vom pH-Wert

Tafel 4.9.
pH-Bereiche von Hydroxidfällungen
(nach JANDER und BLASIUS)

Kation	pH-Bereich	Kation	pH-Bereich
Ti^{4+}	0 … 13,0	Zn^{2+}	6,0 … 7,0
Fe^{3+}	2,2 … 7,0	Mn^{2+}	8,4 … 10,0
Al^{3+}	3,8 … 6,5	Mg^{2+}	10,5 … 11,0
Fe^{2+}	5,8 … 8,5		

Entwässern und Glühen von Aluminiumhydroxid $Al(OH)_3$ oder Aluminiumoxidhydroxid $AlO(OH)$ (Bild 4.7.). Diese beiden Verbindungen zeigen *amphotere* Eigenschaften, d. h., sie lösen sich sowohl in Säuren als auch in Laugen:

▶ $Al(OH)_3 + 3\,HCl \rightarrow AlCl_3 + 3\,H_2O$
▶ $Al(OH)_3 + 3\,NaOH \rightarrow Na_3[Al(OH)_6]$

Verbindungen mit Al im Anion werden als *Aluminate* bezeichnet; im vorliegenden Falle handelt es sich um Natriumhexahydroxoaluminat, das auch als wasserfreies Produkt Na_3AlO_3 bekannt ist.
Bild 4.8. zeigt die Abhängigkeit der *Löslichkeit* vom *pH-Wert* der Lösung bei konstanter Temperatur. In Tafel 4.9. ist der *pH*-Bereich, in dem $Al(OH)_3$ als schwerlöslicher Niederschlag ausfällt, angegeben und den entsprechenden Bereichen anderer Metallhydroxide gegenübergestellt.

4.1.4. Aluminiumsalze und Aluminate

Auf Grund seines amphoteren Verhaltens kann Al sowohl als Kation als auch im Anion von Salzen auftreten. Die wäßrigen Lösungen von Al-Salzen reagieren infolge des Eintretens von *Hydrolyse* sauer, z. B.

▶ $Al_2(SO_4)_3 + 6\,H_2O \rightleftharpoons 2\,Al(OH)_3 + 3\,H_2SO_4$

Hydratisiertes $AlCl_3 \cdot 6\,H_2O$ kann aus diesem Grund nicht entwässert werden; es kommt beim Erhitzen zur Abspaltung von HCl:

▶ $[Al(H_2O)_6]Cl_3 \rightarrow [Al(H_2O)_3(OH)_3] + 3\,HCl$

Doppelsalze der allgemeinen Formel
$Me^+\,Me^{3+}(SO_4)_2 \cdot 12\,H_2O$
werden als *Alaune* bezeichnet, z. B. $KAl(SO_4)_2 \cdot 12\,H_2O$.
Den *Aluminaten* liegt die hypothetische „Aluminiumsäure" H_3AlO_3 bzw. $H_3[Al(OH)_6]$ zugrunde.
Im *System $CaO-Al_2O_3$* (Bild 4.9.) liegen fünf chemische Verbindungen vor, von denen vier inkongruent und eine kongruent schmelzen: C_3A (Aluminatphase in PZ-Klinkern), $C_{12}A_7$, CA und CA_2 (in Tonerdezementen) und CA_6 (im Schmelzkorund). Das Calcium-(12:7)-aluminat existiert nicht in völlig wasserfreiem Zustand.
Im *System $MgO-Al_2O_3$* tritt als einzige Verbindung der Spinell $MgAl_2O_4$ auf, der ein Vertreter der Gruppe der Spinelle der allgemeinen Zusammensetzung $Me^{2+}Me_2^{3+}O_4$ ist.

Alumosilicate

Aluminiumionen können auf Grund ihres Radienverhältnisses zu O-Ionen von 0,39 sowohl tetraedrisch als auch oktaedrisch von O-Ionen umgeben sein (vgl. Tafel 1.11.). Die *tetraedrische Anordnung* ergibt sich, wenn SiO_4-Tetraeder durch AlO_4-Tetraeder ersetzt sind. Dies ist der Fall in Alumosilicaten. Beispiele sind die *Feldspäte* mit ihren wichtigsten Vertretern:

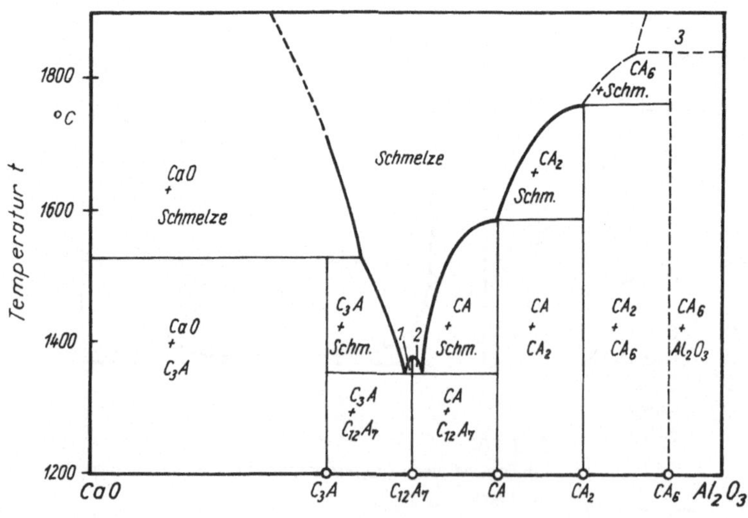

Bild 4.9.
System $CaO-Al_2O_3$ (C–A)
1 und *2* $C_{12}A_7$ und Schmelze;
3 Korund und Schmelze

Tafel 4.10.
Grundformeln für die Zusammensetzung von Tonmineralien und verwandter Mineralien

Tonmineral	Summenformel	Strukturformel	
Kaolinit	$Al_2O_3 \cdot 2\,SiO_2 \cdot 2\,H_2O$	$Al_4[(OH)_8/Si_4O_{10}]$	$Al_2[Si_2O_5](OH)_4$
Serpentin	$3\,MgO \cdot 2\,SiO_2 \cdot 2\,H_2O$	$Mg_6[(OH)_8/Si_4O_{10}]$	
Talk	$3\,MgO \cdot 4\,SiO_2 \cdot H_2O$	$Mg_3[(OH)_2/Si_4O_{10}]$	
Montmorillonit	$Al_2O_3 \cdot 4\,SiO_2 \cdot 5\,H_2O$	$Al_2[(OH)_2/Si_4O_{10}] \cdot 4\,H_2O$	$Al_2[Si_2O_5]_2(OH)_2 \cdot 4\,H_2O$
Halloysit	$Al_2O_3 \cdot 2\,SiO_2 \cdot 4\,H_2O$	$Al_4[(OH)_8/Si_4O_{10}] \cdot 4\,H_2O$	$Al_2[Si_2O_5](OH)_4 \cdot 2\,H_2O$
Illit	$3\,Al_2O_3 \cdot 6\,SiO_2 \cdot 4\,H_2O \cdot K_2O$	$Al_2(K,\,H_3O)[(OH)_2/AlSi_3O_{10}]$	

- $Na[AlSi_3O_8]$ Albit
- $K[AlSi_3O_8]$ Orthoklas
- $Ca[Al_2Si_2O_8]$ Anorthit

Da das AlO_4-Tetraeder, verglichen mit dem SiO_4-Tetraeder, eine zusätzliche negative Ladung aufweist, muß ein *Ausgleich der Ladung* durch Kationen erfolgen.

Auch Cordierit $2\,MgO \cdot 2\,Al_2O_3 \cdot 5\,SiO_2$ (kleiner thermischer Ausdehnungskoeffizient) enthält AlO_4-Tetraeder.

Aluminiumsilicate

In den Al-Silicaten liegen AlO_6-Oktaeder vor. Die *oktaedrische Anordnung* tritt nicht nur im Korund, im Cyanit $Al_2[O/SiO_4]$ und im Grossular $Al_2Ca_3(SiO_4)_3$, einem Vertreter der Granate $Me_2^{3+}Me_3^{2+}(SiO_4)_3$ auf, sondern auch z. T. in den *Tonmineralien* (Tafel 4.10.). Tone können durch Verwitterung und chemische Zersetzung der Feldspäte entstanden sein:

▶ $2\,K[AlSi_3O_8] + 2\,H_2O + CO_2$
    $\rightarrow Al_2[(OH)_4/Si_2O_5] + 4\,SiO_2 + K_2CO_3$

Als kleinste Struktureinheit tritt im Kristallgitter des Kaolinits

▶ $Al_4[(OH)_8/Si_4O_{10}]$

auf.

Es gibt auch Verbindungen, in denen AlO_4-Tetraeder *neben* AlO_6-Oktaedern auftreten.
Typische Vertreter sind:

- $Al_3^{[6]}[Al_3^{[4]}Si_2O_{13}] = 3\,Al_2O_3 \cdot 2\,SiO_2$
  Mullit
- $AlAl[O/SiO_4] = Al_2O_3 \cdot SiO_2$
  Sillimanit

In einem Mineral wurde die 4er neben der 5er Koordination gefunden:

$Al^{[6]}Al^{[5]}[O/SiO_4] = Al_2O_3 \cdot SiO_2$
Andalusit

4.2. Chemie der Gesteinsbaustoffe

Gesteine sind heterogene *Mineralgemenge,* die aus natürlich entstandenen *Kornverbänden* einer oder mehrerer Mineralarten bestehen. Sie bilden größere, geologisch selbständige Körper in der Erdkruste. Nach der *Festigkeit* des Kornverbandes kann man einteilen in

- Festgesteine (z. B. Sandstein, Tonschiefer)
- Lockergesteine (z. B. Sand, Ton)

Festgesteine, deren Verfestigung durch natürliche Prozesse erfolgt ist, werden im Bauwesen z. B. als Setzsteine und für Bekleidungen verwendet; *Lockergesteine* bedürfen einer künstlichen Verfestigung (Sand und Kies → Beton: Schluff und Ton → Baugrundverbesserung), wobei Bindemittel zur Anwendung gelangen.

4.2.1. Festgesteine

Die wichtigsten Mineralien der Erdkruste (gesamte Erdkruste bis 16 km Tiefe = 100 %) sind:

Feldspäte (60 %)
Inosilicate (15 %)
Quarz (12 %)
Glimmer (3 %)
Tonmineralien (1,5 %)
Calcit (1,5 %)
Dolomit (0,1 %)

Chemisch handelt es sich dabei im wesentlichen um Silicate, Oxide und Carbonate.
Nach der *Entstehungsweise* (Gesteinsgenese) unterscheidet man:

- *Magmatite* (z. B. Granit, Syenit, Basalt, Diabas, Porphyr)
- *Sedimentite/Sedimentgesteine* (z. B. Sandstein, Tonschiefer, Kalkstein, Grauwacke)
- *Metamorphite* (z. B. Gneis, Glimmerschiefer, Granulit, Marmor)

Die Bildung der **Magmatite** erfolgt durch Erstarrung silicatischer Schmelzen (Magmen) in der äußeren Erdkruste (Tiefengesteine) oder an der Erdoberfläche (Ergußgesteine). Das Magma entstammt tieferen Schichten der Erdkruste ($t \approx 1200\,°C$). Die mit fallender Temperatur stattfindende Kristallisation erfolgt gesetzmäßig in bestimmten *Ausscheidungsfolgen* (Kristallisationsdifferentiation), denen binäre, ternäre bzw. quarternäre Schmelzdiagramme zugrunde liegen. Da der Schmelzfluß bis zu 10 % flüchtige Bestandteile (H_2O, CO_2 u. a.) enthält, kommt es schließlich zu hydrothermalen Bindungen (z. B. Calcit, Fluorit, Zeolithe). Je nach dem SiO_2-Gehalt unterscheidet man chemisch zwischen sauren ($>65\,\%$ SiO_2), intermediären und basischen ($<52\,\%$ SiO_2) Magmatiten.

Die Bildung von **Sedimentgesteinen** erfolgt chemisch-physikalisch oder biogen.

Die *chemisch-physikalische Bildung* läuft in den Schritten ab:

- Verwitterung vorhandener (primärer) Gesteine durch Temperaturwechsel (-spannungen), Frost-Tau-Wechsel, Lösung und Ausscheidung u. a.
- Transport (in der Regel) der Verwitterungsprodukte
- Ablagerung der Verwitterungsprodukte meist im marinen Bereich
- Verfestigung (Diagenese)

So entstehen die klastischen (Bruchstück-)Sedimentgesteine wie Konglomerate, Grauwacken, Sandsteine, Tonsteine u. a.

Salzgesteine, auch Gips und manche Kalksteine, sind Verdunstungsrückstände von Meerwasser.

Die *biogene Bildung* setzt die Mitwirkung von Organismen (Muscheln; Korallen; Einzellern, z. B. Foraminiferen, Radiolarien; Schnecken u. a.) voraus. Schalen oder Skeletteile lagern sich ab, werden verfestigt und führen insbesondere zu biogenen Kalksteinen (z. B. „Muschelkalk").

Die Bildung von **Metamorphiten** erfolgt durch Metamorphose.

Unter Metamorphose versteht man die Umkristallisation vorhandener Gesteine im festen Zustand oder unter teilweiser Aufschmelzung meist in größerer Erdtiefe (Druck- und Temperaturerhöhung) im Rahmen von Gebirgsbildungsprozessen. Dabei spielen heterogene Reaktionen eine wesentliche Rolle, z. B. entsteht aus Calcit und Quarz durch Druck- und Temperaturerhöhung das Mineral Wollastonit (typisches Mineral für Metamorphite) sowie CO_2:

$$CaCO_3 + SiO_2 \;\rightarrow\; CaSiO_3 \;\; + CO_2$$
Calcit + Quarz → Wollastonit + Kohlendioxid

Tafel 4.11.
Druckfestigkeiten von Gesteinsbaustoffen

Gestein	Druckfestigkeit N/mm^2
Magmatite	
Granit, Syenit, Diorit, Gabbro, Porphyr, Diabas	160...300
Basalt, Melaphyr	250...400
Basaltlava	80...150
Sedimentgesteine	
Quarzitische Sandsteine (einschließlich Quarzite)	120...300
Sonstige Sandsteine	30... 80
Dichte Kalksteine (einschließlich Marmor)	80...180
Sonstige Kalksteine, Travertin	20... 80
Metamorphite	
Gneise	160...280
Quarzit, Marmor siehe Sedimentgesteine	

Die *Festigkeit* der Gesteinsbaustoffe hängt ab von

- der Art und Gestalt der Mineralien
- der Eigenfestigkeit der Mineralien
- der Festigkeit des Kornverbandes
- dem Porengehalt.

Während die in der Regel richtungsabhängigen Eigenfestigkeiten im allgemeinen sehr hoch sind (z. B. Quarz: $2200...2800\,N/mm^2$), ist die Druckfestigkeit von Kornverbänden (Gesteine) wesentlich kleiner (z. B. Granit $160...300\,N/mm^2$), wie Tafel 4.11. zeigt.

Weichgesteine wie Kalkstein und Schiefer haben Druckfestigkeiten zwischen 20 und 80 N/mm^2.

4.2.2.   Lockergesteine

Lockergesteine (Erdbaustoffe), deren Bestandteile unterschiedliche chemisch-mineralogische Zusammensetzung aufweisen können, sind entweder *bindig* oder *rollig* (nichtbindig). Tafel 4.12. zeigt die vom Durchmesser der Teilchen abhängigen Bezeichnungen.

Nichtbindige Lockergesteine (Sande, Kiese) werden in erster Linie als Zuschlagstoffe für die Herstellung von Mörtel und Beton verwendet.

Ein besonderes Kennzeichen der *Tiefbauarbeiten* besteht darin, daß sie im Gegensatz zum Hochbau sehr stark von den örtlichen Bedingungen, vor allem von den Baugrundverhältnissen und den anstehenden Lockergesteinen abhängen. Eine spezielle Art der Baugrundverbesserung ist die *Bodenstabili-*

Tafel 4.12.
Teilchendurchmesser in Lockergesteinen

Allgemeine Bezeichnung	Teilchendurchmesser mm	Spezielle Bezeichnung
Bindige Lockergesteine	<0,002	Tone (am häufigsten)
	0,002...0,063	Schluffe
Nichtbindige Lockergesteine	0,063...2,0	Sande
	>2,0	Kiese

sierung, durch die in erster Linie das Vermögen oberflächennaher Schichten der Einwirkung von Wasser und Frost zu widerstehen, verbessert wird. Eine andere Art ist die *Bodenverfestigung,* bei der durch Zugabe von Bindemitteln oder Chemikalien die einzelnen Partikel des Lockergesteins miteinander verkittet werden. Auf diese Weise wird die Scherfestigkeit erhöht, die Zusammendrückbarkeit und Verformbarkeit sowie die Durchlässigkeit verringert.

Nach den *Wirkprinzipien* lassen sich die Verfahren zur Baugrundverbesserung in physikalische, chemische und biologische Verfahren unterteilen. Bei der *chemischen* Baugrundverbesserung werden unterschiedliche Chemikalien und technische Stoffe verwendet. Wird z. B. Portlandzement (PZ) als Zusatz verwendet, so steigt der notwendige Bedarf von 3...6% bei Kiessanden auf 9...16% bei Tonen. Ungeeignet sind Lockergesteine mit organischen Bestandteilen oder Sulfaten, da diese die PZ-Erhärtung negativ beeinflussen.

Die Verfestigung/Stabilisierung von *Tonen* durch *Kalk* (CaO oder $Ca(OH)_2$) beruht auf dem Austausch einwertiger Ionen (Na^+, K^+, H^+) gegen Ca^{2+}-Ionen, wobei es zur Zusammenlagerung der kolloiden Tonteilchen (Ca-Brücken) und damit zur Krümelbildung kommt (Bodenstabilisierung). Auch bestimmte *Stein- und Braunkohlenfilteraschen* eignen sich als Bindemittel, wobei außerdem eine Verbesserung der Kornverteilung erreicht werden kann.

Weitere Mittel zur Baugrundverbesserung sind Bitumen, Teer, Chromlignin und Kunststoffprodukte, wie Epoxidharze, Harnstoff-Formaldehydharze u. a. Die erreichbare *Druckfestigkeit,* z. B. eines tonigen Schluffes, beträgt bei Zusatz von 5% PZ und 0,5% NaOH rd. $10 \, N/mm^2$.

Technisch werden die chemischen Zusätze durch *Einmischen* (Baumischverfahren), *Einpressen* (Injektionsverfahren) oder *Elektroosmose* (geeignet für Wasserglas, Kunstharze oder Salzlösungen) in das Lockergestein eingeführt. Die Baugrundverbesse-

rung dient zur Sanierung und Verstärkung von *Gründungen,* zur *Befestigung* von Tragschichten von Baustraßen und Lagerflächen, zur Herstellung von *Tragschichten* für Straßen- und Gleisstrecken und zu Abdichtungsmaßnahmen im *Wasserbau* und *Bergbau.*

Neuerdings werden zum Einbau von Rohrleitungen (Wasser, Abwasser, Gas, Fernwärme) selbsthärtende Suspensionen (vgl. Kap. 2.9.) verwendet, die aus dem vor Ort beim Grabenaushub anfallendem Bodenmaterial oder aus gemahlenem Recyclingmaterial (0...8 mm) und geeigneten Verflüssiger- und Verfestigerzusätzen hergestellt werden. Das Einbringen der Suspension erfolgt in flüssiger Form, die Verfestigung ist nach wenigen Stunden beendet, wobei eine Druckfestigkeit von ca. $1 \, N/mm^2$ nicht überschritten wird, um eine leichte Entfernung bei Reparaturarbeiten zu gewährleisten. Vorteile sind die Vergleichmäßigung von Setzungen, die Verringerung der notwendigen Grabenbreite, das Entfallen von Verdichtungsarbeit beim Einbau und das schnelle Schließen von Gräben und Kanälen.

4.3. Chemie der anorganischen Bindemittel

Die Aufgabe von Bindemitteln (Bindebaustoffe) besteht darin, körnige Materialien zu binden, d. h., die einzelnen Körner miteinander zu einem Festkörper zu verbinden (Klebstoffe und Leime dienen zur Verbindung von Flächen).

Bei Berührung der meisten anorganischen Bindemittel mit Wasser oder wäßrigen Lösungen treten *chemische Reaktionen* ein, deren Reaktionsprodukte in mehr oder weniger gut kristalliner Form in Erscheinung treten.

4.3.1. Verfestigungsprozesse

Als Verfestigung im Sinne der *Baustoffbildung* können Prozesse bezeichnet werden, bei denen ein fluides Ausgangssystem in ein festes Endprodukt übergeht oder bei denen sich ein weniger festes System in ein solches von höherer Festigkeit umwandelt. Neben *chemischen Reaktionen* spielen dabei *Lösungs- und Kristallisationsprozesse* sowie *Vorgänge an Grenzflächen* eine Rolle.

Die Verfestigung eines nach Zugabe von Wasser erhärtenden Baustoffes (z. B. Frischmörtel oder -beton) erfolgt in zwei nicht scharf trennbaren Etappen. Die zunächst erfolgende *Erstarrung* ist der Übergang eines breiig-plastischen Zustands in ein Gebilde von zunächst noch geringer Festigkeit. Die sich anschließende *Erhärtung* ist der Vorgang, bei dem das erstarrte System sich weiter verfestigt.

(Oft wird die Erstarrung als „Abbinden" und der gesamte Prozeß als „Erhärtung" bezeichnet.)
Eine wesentliche Rolle bei der Erhärtung von Bindemitteln spielt die *Bildung schwerlöslicher Niederschläge.* Es können folgende Möglichkeiten unterschieden werden:

Vermischen von Lösungen

Dabei können Fällungen oder Niederschläge entstehen, wenn durch Umsetzung entsprechender Ionen schwerlösliche Salze gebildet werden und das Löslichkeitsprodukt dieser Salze überschritten wird. Zum Beispiel entsteht eine Fällung aus Gipskristallen, wenn die eine Lösung Ca^{2+}-Ionen und die andere SO_4^{2-}-Ionen enthält:

$$Ca^{2+} + SO_4^{2-} + 2\,H_2O \rightarrow CaSO_4 \cdot 2\,H_2O \downarrow .$$

Häufig werden Wassermoleküle von den ausfallenden Salzen in Form von Hydratwasser (Kristallwasser) gebunden, z. B. auch bei folgender Reaktion:

$$Ca(NO_3)_2 + 4\,H_2O \rightarrow Ca(NO_3)_2 \cdot 4\,H_2O .$$
$$\text{(Mauersalpeter)}$$

Viele Calciumsalze sind schwerlöslich: $CaCO_3$, CaF_2, Ca-Silicathydrate, Ca-Aluminathydrate, Ca-Sulfathydrate.
Bei *Zusatz starker Säuren oder Laugen* werden in entsprechenden Salzlösungen *schwache* Säuren bzw. Basen in Freiheit gesetzt, z. B.

$$Na_2SiO_3 + H_2SO_4 \rightarrow H_2SiO_3 \downarrow + Na_2SO_4 .$$

Einwirkung von Gasen auf Lösungen

Beim Einleiten von CO_2 in eine $Ba(OH)_2$-Lösung entsteht ein Niederschlag aus $BaCO_3$:

$$Ba(OH)_2 + CO_2 \rightarrow BaCO_3 \downarrow + H_2O .$$

Wird SiF_4 in Wasser eingeleitet, so entsteht neben leicht löslicher Fluorokieselsäure schwerlösliche Kieselsäure:

$$3\,H_2O + 3\,SiF_4 \rightarrow H_2SiO_3 \downarrow + 2\,H_2SiF_6 .$$

Einwirkung von Lösungen auf Festkörper

Ein fluides System aus einem dispersen Festkörper und Wasser kann erhärten, wenn die Bildung schwerlöslicher Reaktionsprodukte mit entsprechendem Gefüge möglich ist. Dabei können zwei unterschiedliche *Mechanismen* vorliegen:

- *Hydratation über die Lösung* (Bild 4.10b)

Zunächst geht ein Teil des Festkörpers in Lösung, aus der schwerlösliche Reaktionsprodukte nach Überschreiten des Löslichkeitsprodukts (übersät-

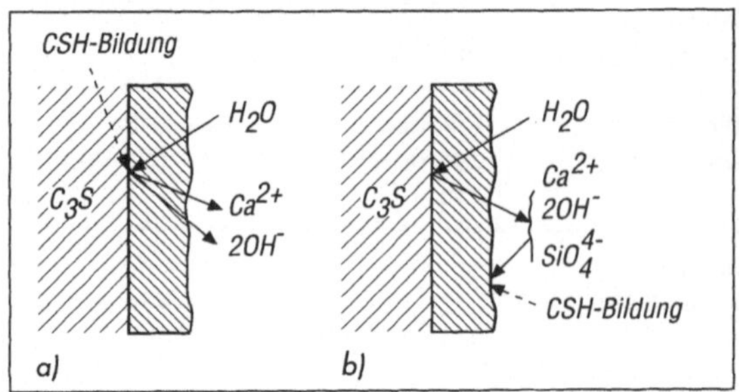

Bild 4.10.
Hydratationsmechanismen anorganischer Bindebaustoffe
a) topochemisches Modell; b) Lösungs-Fällungs-Modell

tigte Lösung) auskristallisieren. Zum Beispiel bildet sich bei der Erhärtung von *Baugips* (Halbhydrat) eine übersättigte Gipslösung, aus der sich Gipskristalle ausscheiden.

- *Hydratation als topochemischer Vorgang* (Bild 4.10a)

Bei der Bildung von CSH-Phasen aus Alit oder Belit und Wasser tritt keine übersättigte Lösung auf, sondern es liegt ein direkter Übergang von der wasserfreien zur Hydratphase vor.

Zersetzung von Lösungen

Beim Erwärmen einer Ca-Hydrogencarbonat-Lösung zersetzt sich diese:

$$Ca(HCO_3)_2 \rightarrow CaCO_3 \downarrow + H_2O + CO_2 .$$

Verdampfen des Lösungsmittels

Wird die Konzentration einer Lösung durch Verdampfen oder Verdunsten des Lösungsmittels über die Sättigungskonzentration erhöht, so kristallisiert das überschüssige Salz aus. Kristallisation kann ebenfalls eintreten, wenn die Löslichkeit als eine stoff- und temperaturabhängige Größe durch *Abkühlen* verändert wird. Bei den meisten Lösungen tritt bei Temperaturerniedrigung eine Verringerung der Löslichkeit ein.
Die Zusammensetzung der wichtigsten Vertreter der nichtmetallisch-anorganischen Bindemittel sowie ihre Erhärtungsart zeigt die Übersicht in Tafel 4.13.

4.3.2.　Portlandzement

Zemente wie Portlandzement (CEM I), Hochofenzement (CEM III), Portlandhüttenzement (CEM II-S), Portlandpuzzolanzement (CEM II-P) und Tonerdezement, welche die größte Gruppe der anorganischen Bindemittel darstellen, sind feingemahlene *hydraulische Bindemittel,* die nach der Vermischung

Tafel 4.13.
Zusammensetzung und Erhärtungsart der nichtmetallisch-anorganischen Bindemittel

Bindemittelart	Phasenzusammensetzung (Hauptphasen)	Erhärtungsart			
		hydraulisch	hydratisch	carbonatisch	Neutralisation
Portlandzement	C_3S, β-C_2S, C_3A, $C_2(A, F)$	×	×	$(×)^1)$	—
Tonerdezement	CA, CA_2	×	×	—	—
Baukalk/Luftkalk	C, CH	$(×)^2)$	—	×	×
Baugips	$2C\bar{s} \cdot H$	—	×	—	—
Anhydritbinder	$C\bar{s}$	—	×	—	—
Magnesiabinder	$M\bar{s}$, $MgCl_2$, MH	—	×	—	$(×)^3)$
Wasserglasbinder	$N:S$ $(2,4 \dots 3,0\ N:S)$	—	×	×	×
Phosphatbinder	$AH_3(MH)$, H_3PO_4	—	×	—	×

$C = CaO$, $S = SiO_2$, $A = Al_2O_3$, $F = Fe_2O_3$, $\bar{s} = SO_3$, $H = H_2O$, $M = MgO$, $N = Na_2O$
[1]) Carbonatisierung der äußeren Schichten des PZ-Betons
[2]) Hydraulische Kalke
[3]) Bildung von Hydroxosalzen

mit Wasser („Anmachen") sowohl an der Luft als auch unter Wasser erhärten. Der Begriff „hydraulisch" umfaßt die Eigenschaften: „wasserbindend", „wasserfest" und „unter Wasser erhärtend". Ein Produktionsschema zeigt Bild 4.11.

4.3.2.1. Bildung und Zusammensetzung von Portlandzement

Zur Herstellung von Portlandzement werden Mischungen (sog. „Rohmehle") aus *Kalkstein und Ton* (oder Ausgangsstoffe ähnlicher Zusammensetzung, wie z. B. Mergel) sowie Korrekturstoffe (z. B. Quarzsand, Eisenerz) bis zur *Sinterung* erhitzt, d. h. bis auf Temperaturen (1400 ... 1500 °C), bei denen *partielles Schmelzen* eintritt (Schmelzanteil 20 ... 30 %).
Zur Erzielung optimaler Eigenschaften ist eine *optimale chemische Zusammensetzung* des Rohmeh-

les und damit des PZ-Klinkers, des erkalteten Sinterprodukts, neben anderen Eigenschaften erforderlich. Der Spielraum für die Zusammensetzung eines Rohmehls ist klein; er ist aus der Lage des *Portlandzementfeldes* im Dreistoffsystem $CaO–Al_2O_3–SiO_2$, das auch als RANKIN-*Diagramm* bezeichnet wird, abzulesen (Bild 4.12.). Entscheidend ist der *Kalkgehalt* des Zementes, da zu niedriger Kalkgehalt einen Abfall der Festigkeit, dagegen zu hoher Kalkgehalt die Erscheinung des Kalktreibens verursacht (s. Kap. 4.6.). Zur Berechnung des *optimalen Kalkgehalts* werden die folgenden Kennwerte verwendet:

Hydraulischer Modul HM

$$HM = \frac{CaO}{SiO_2 + Al_2O_3 + Fe_2O_3}$$

Grenzwerte: $HM = 2{,}0 \dots 2{,}4$

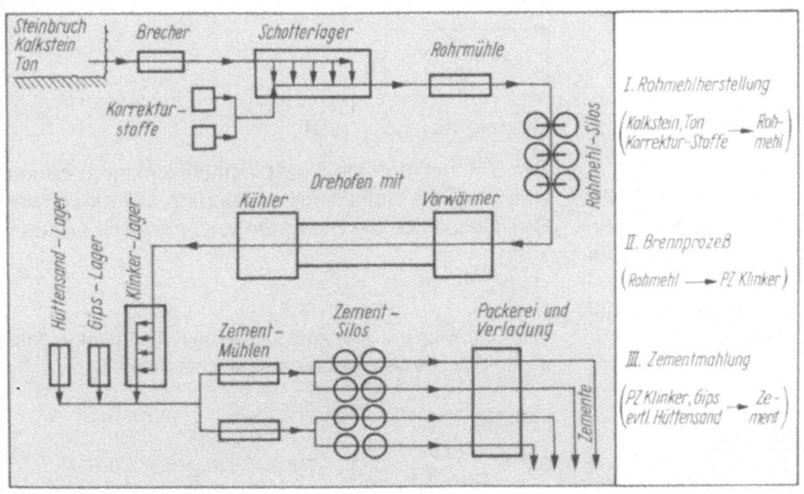

Bild 4.11.
Produktionsschema von Portlandzement und Hüttenzement

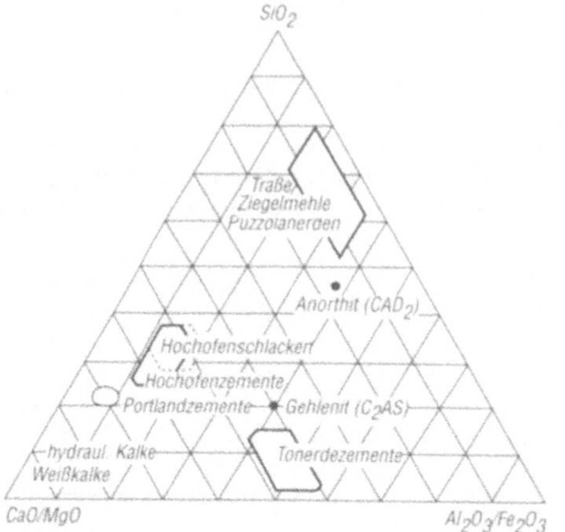

Bild 4.12.
System Kalk—Tonerde—Kieselsäure (RANKIN-Diagramm)

Kalkstandard KSt I

$$KSt\,I = \frac{100 \cdot CaO}{(2,8 \cdot SiO_2) + (1,1 \cdot Al_2O_3) + (0,7 \cdot Fe_2O_3)}$$

Grenzwerte: KSt = 90...100%

(Die sauren Oxide SiO_2, Al_2O_3 und Fe_2O_3 werden auch als *Hydraulefaktoren* bezeichnet. In die Gleichungen sind die analytisch bestimmten Oxide in Masseprozent einzusetzen.

Beispiel 44

Die chemische Analyse eines Rohmehles zur Herstellung von PZ ergab 66,2% CaO; 20,6% SiO_2; 6,6% Al_2O_3 und 3,1% Fe_2O_3. Wie groß sind der hydraulische Modul und der Kalkstandard?

Lösung:

$$HM = \frac{66,2}{20,6 + 6,6 + 3,1} = \underline{\underline{2,2}}$$

$$KSt\,I = \frac{100 \cdot 66,2}{(2,8 \cdot 20,6) + (1,1 \cdot 6,6) + (0,7 \cdot 3,1)}$$

$$= \underline{\underline{98,6\%}}$$

Bei KSt I (nach KÜHL) wird der Berechnung die mögliche Bildung der Phasen C_3S, $C_{12}A_7$ und C_4AF zugrunde gelegt. Bei KSt II wurden die Faktoren für SiO_2, Al_2O_3 und Fe_2O_3 verbessert. Unter zusätzlicher Berücksichtigung des MgO ergibt sich der KSt III (nach SPOHN, WOERMANN und KNÖFEL),

Kalkstandard III bei ≤2% MgO

$$KSt\,III = \frac{100(CaO + 0,75 \cdot MgO)}{(2,80 \cdot SiO_2) + (1,18 \cdot Al_2O_3) + (0,65 \cdot Fe_2O_3)}$$

Kalkstandard III bei >2% MgO

$$KSt\,III = \frac{100(CaO + 1,5)}{(2,80 \cdot SiO_2) + (1,18 \cdot Al_2O_3) + (0,65 \cdot Fe_2O_3)}$$

Ein PZ-Klinker mit KSt = 100 enthält den höchsten CaO-Gehalt, der unter technischen Bedingungen an seine Hydraulefaktoren gebunden werden kann (optimaler CaO-Gehalt).

Beispiel 45

Welcher Kalkstandard ergibt sich, wenn das Rohmehl von Beispiel 44 zusätzlich einen Gehalt von 2,0% MgO aufweist?

Lösung:

$$KSt\,III = \frac{100(66,2 + 0,75 \cdot 2,0)}{(2,8 \cdot 20,6) + (1,18 \cdot 6,6) + (0,65 \cdot 3,1)}$$

$$= \underline{\underline{100,3\%}}$$

Das Ergebnis weist darauf hin, daß der Kalkgehalt sehr hoch liegt. Der Kalksteingehalt des Rohmehls sollte evtl. verringert werden.

Neben den Kalkkennwerten HM und KSt gibt es weitere Quotienten, die einen schnellen Überblick über die chemische Charakteristik eines Zementrohmehls gestatten:

Silicatmodul SM

$$SM = \frac{SiO_2}{Al_2O_3 + Fe_2O_3}$$

Grenzwerte: 1,8 ... 3,9

Mit steigendem SM nimmt die Festigkeit zu, das Sinterverhalten verschlechtert sich.

Tonerdemodul TM

$$TM = \frac{Al_2O_3}{Fe_2O_3}$$

Grenzwerte: 1,5 ... 2,9

Der TM hat auf die Festigkeitsentwicklung keinen wesentlichen Einfluß; mit sinkendem TM nimmt der C_3A-Gehalt ab, die Schmelze wird niedriger viskos.

Beispiel 46

Wie groß sind der Silicatmodul und der Tonerdemodul für das in Beispiel 44 angegebene Zementrohmehl?

Lösung:

$$SM = \frac{20,6}{6,6 + 3,1} = \underline{\underline{2,1}}, \quad TM = \frac{6,6}{3,1} = \underline{\underline{2,1}}$$

Tafel 4.14.
Chemische Umsetzungen bei der thermischen Behandlung von PZ-Rohmehl
(Hauptreaktionen beim Klinkerbrand)

Temperatur °C	Vorgang	Chemische Umsetzung
20 ... 200	Abgabe von freiem Wasser (Trocknung)	
200 ... 450	Abgabe von adsorbiertem Wasser	
450 ... 600	Tonzersetzung, dabei Bildung von Metakaolinit	$Al_4(OH)_8Si_4O_{10} \rightarrow 2(Al_2O_3 \cdot 2\,SiO_2) + 4\,H_2O$
600 ... 950	Metakaolinitzersetzung, dabei Bildung einer reaktionsfähigen Oxidmischung	$Al_2O_3 \cdot 2\,SiO_2 \rightarrow Al_2O_3 + 2\,SiO_2$
800 ... 1 000	Kalksteinzersetzung, dabei Bildung von CS und CA	$CaCO_3 \rightarrow CaO + CO_2$ $3\,CaO + 2\,SiO_2 + Al_2O_3$ $\rightarrow 2(CaO \cdot SiO_2) + CaO \cdot Al_2O_3$
1 000 ... 1 300	Kalkaufnahme durch CS und CA, Bildung von C$_4$AF	$CS + C \rightarrow C_2S$ $2C + S \rightarrow C_2S$ $CA + 2\,C \rightarrow C_3A$ $CA + 3\,C + F \rightarrow C_4AF$
1 300 ... 1 450	weitere Kalkaufnahme durch C$_2$S	$C_2S + C \rightarrow C_3S$

Die *chemischen Umsetzungen,* die bei der thermischen Behandlung eines PZ-Rohmehls mit steigender Temperatur stattfinden, sind in Tafel 4.14. angegeben. Bei der *maximalen Brenntemperatur* liegen die Silicate in ′fester Form vor, der Rest ist geschmolzen. Bei der *Abkühlung* kristallisieren die Aluminat- und die Ferratphase. Die Kühlung muß rasch erfolgen, da das C$_3$S sonst unter Bildung von C$_2$S und CaO wieder zerfällt.

Die Änderung der Art der *Bindung des CaO* im Bereich 700 ... 1000 °C während der Aufheizung wird

an einem speziellen Beispiel in Bild 4.13. gezeigt. Die Bildung der einzelnen Klinkerphasen erfolgt an unterschiedlichen Stellen im *Drehrohrofen,* wie in Bild 4.14. schematisch dargestellt ist.

Die angegebenen Hauptreaktionen werden von *Nebenreaktionen,* die z. B. unter Mitwirkung von Alkalien ablaufen, überlagert. Dies zeigt die chemische Analyse von Klinkerphasen (Tafel 4.15.), nach der die technischen Klinkerphasen Fremdionen (in Form fester Lösungen) enthalten.

Alit (C$_3$S) zerfällt unterhalb 1250 °C, so daß für eine schnelle Abkühlung des Klinkers gesorgt werden muß (s. o.). Dabei wird ein metastabiler Zustand „eingefroren" (hoher Gehalt an innerer Energie), der zu einer hohen hydraulischen Aktivität des Zements führt. In dem in PZ vorkommenden Alitkristallen können z. B. bis zu 2 % Ca^{2+} durch Mg^{2+}, bis zu 0,45 % Si durch Al und bis zu 1 % Ca durch Al substituiert sein.

Belit (C$_2$S) stellt die β-Modifikation des Dicalciumsilicats dar. Belitkristalle enthalten z. B. >0,2 % Alkali-

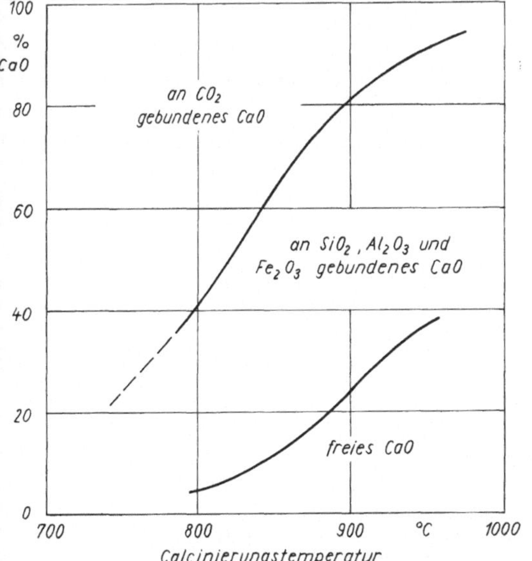

Bild 4.13.
Bindung des CaO während der Calcinierung von CaCO$_3$ in der Schwebe (nach HASTRUP)

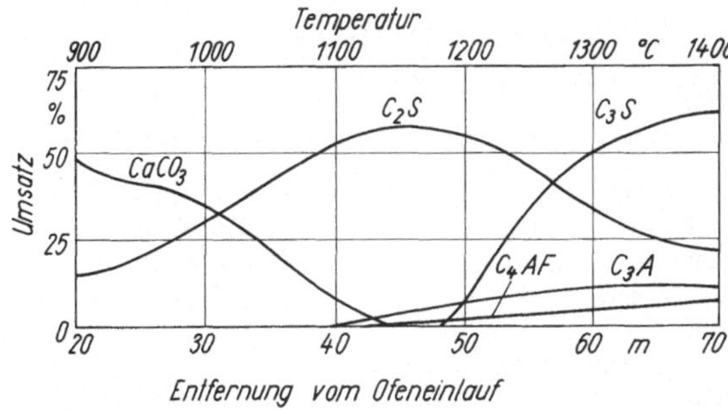

Bild 4.14.
Phasenbildung des PZ-Klinkers im Drehrohr einer Trockenbrennanlage mit Rohmehlvorwärmer

Tafel 4.15.
Experimentell ermittelte chemische Zusammensetzung der Klinkerphasen eines Portlandzementklinkers (in Masse-%)

Chemische Zusammensetzung	Alit	Belit	Aluminatphase	Ferratphase
CaO	69,70	63,20	59,50	51,40
SiO_2	24,90	31,50	4,21	2,28
Al_2O_3	1,12	1,84	27,52	19,60
Fe_2O_3	0,64	0,96	5,76	22,52
MgO	0,89	0,48	0,85	3,18
K_2O	0,19	0,75	0,66	–
Na_2O	0,06	0,19	0,25	–
TiO_2	0,16	0,24	0,48	1,60
P_2O_5	–	0,28	–	–

oxide, die die β-Form stabilisieren, die allein hydraulische Aktivität aufweist.

In der *Ferratphase* (C_4AF) ist das Verhältnis $Al_2O_3:Fe_2O_3$ nicht immer genau 1, was durch die Schreibweise $C_2(A, F)$ (Mischkristallreihe) ausgedrückt werden kann.

Nicht gebundenes CaO (= *„freier Kalk"*) und MgO = (Periklas) sind in den meisten Klinkern enthalten. Ihre Gehalte sollen aber jeweils unter etwa 2 % liegen, da sonst Treiberscheinungen in einem mit diesen Zementen hergestellten Beton zu erwarten sind.

Wichtig für die Untersuchung des Verlaufs des Klinkerbrandes und der Erhärtungsprozesse ist die Kenntnis der *Phasenzusammensetzung* des Klinkers

bzw. des Portlandzements (s. Bild 6.5. und 6.8.). Zur Berechnung wird häufig die *Phasenberechnung nach* BOGUE angewendet, bei der von der chemischen Analyse ausgegangen wird und als Ergebnis ein *potentieller Phasenbestand* erhalten wird.

Zur Vereinfachung der Rechnung leitete BOGUE nachstehende Formeln ab (für Klinker, bei denen C_3S, C_2S, C_3A und C_4AF im Gleichgewicht stehen, Klinker mit mittlerem Kalkgehalt):

$$C_3S = 4,071\,0\ CaO - 7,602\,4\ SiO_2$$
$$\qquad - 1,429\,7\ Fe_2O_3 - 6,718\,7\ Al_2O_3,$$
$$C_2S = 2,867\,5\ SiO_2 - 0,754\,4\ C_3S,$$
$$C_3A = 2,650\,4\ Al_2O_3 - 1,692\,0\ Fe_2O_3,$$
$$C_4AF = 3,043\,2\ Fe_2O_3.$$

Der Phasengehalt kann am besten mikroskopisch mittels Punktzählmethode bestimmt werden. Das Ergebnis ist der „aktuelle" Phasengehalt, der durch Umrechnung der bestimmten prozentualen Flächenanteile in Masseprozente unter Berücksichtigung der Dichten der Klinkerphasen ermittelt wird (Dichten: Alit 3,15 g/cm^3, Belit 3,28 g/cm^3, Aluminat 3,04 g/cm^3, Ferrit 3,76 g/cm^3). Die aktuellen Klinkerphasengehalte weichen von den theoretischen „potentiellen" Werten etwas ab (vgl. Tafel 6.8.), da der Phasenrechnung die reinen Phasen C_3S, C_2S, C_3A und C_4AF zugrunde liegen und demzufolge nur die Oxide des Ca, Si, Al und Fe berücksichtigt werden.

Normale PZ-Klinker bzw. CEM I enthalten 50…75 % Alit, 5…20 % Belit, 5…15 % Aluminat und 5…15 % Ferrat.

Die chemische Analyse eines PZ-Klinkers ergab 67,35 % CaO, 21,65 % SiO_2, 6,52 % Al_2O_3 und 2,98 % Fe_2O_3 (Rest MgO, TiO_2, SO_3, K_2O u. a.). 1,28 % des CaO sind Freikalk.
Berechne den potentiellen Phasengehalt nach BOGUE!

Lösung:

Berechnung des gebundenen Kalkes:

67,35 % − 1,28 % = 66,07 %

Berechnung der Klinkerphasen (durch stöchiometrisches Rechnen):

vorhanden	6,52 % Al_2O_3	66,07 % CaO	
2,98 % Fe_2O_3 binden	1,90 % Al_2O_3 und	4,19 % CaO zu	9,07 % C_4AF
Reste	4,62 % Al_2O_3	61,88 % CaO	
4,62 % Al_2O_3 binden		7,62 % CaO zu	12,24 % C_3A
Rest		54,26 % CaO	
21,65 % SiO_2 binden		40,42 % CaO zu	62,07 % C_2S
Rest		13,84 % CaO	
13,84 % CaO binden		42,51 % C_2S zu	56,35 % C_3S
Rest		19,56 % C_2S	

Ergebnis: 56 % C_2S, 20 % C_2S, 12 % C_3A, 9 % C_4AF. (alle Angaben in Masseprozent)

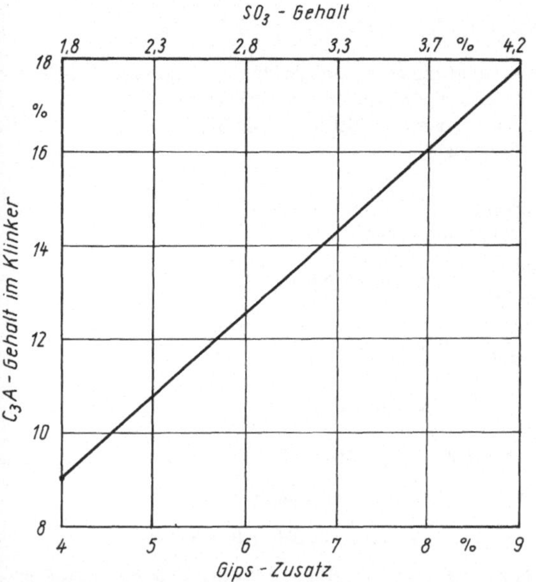

Bild 4.15.
Optimaler SO_3-Gehalt von Portlandzementen in Abhängigkeit vom C_3A-Gehalt (nach KUHS)

Spezialzemente haben z. T. eine abweichende Phasenzusammensetzung: HS-Zemente (Zemente mit hohem Sulfatwiderstand) sind CEM I mit $<3\%$ C_3A und $<5\%$ Al_2O_3 oder CEM III/B mit $\geq70\%$ Hüttensand (s. auch Abschn. 4.6.2.2.).

Weißzement enthält kein $C_2(A, F)$.
NW-Zemente (Zemente mit niedriger Hydratationswärme nach 7 Tagen <270 J/g) sind entweder hüttensandreiche CEM III/B oder belitreiche CEM I. NA-Zemente (Zemente mit niedrigem wirksamem Alkaligehalt) sind CEM I mit $\leq0,60\%$ Na_2O-Äquivalent oder hüttensandreiche CEM III/B ($\geq50\%$ Hüttensand) mit $\leq1,10\%$ Na_2O-Äquivalent (s. auch Abschn. 4.6.2.2.). Zur *Herstellung von Zement* werden die Klinker feingemahlen (spezif. Oberfläche $2500 \ldots 6000$ cm^2/g), wobei durch die Anwendung von *Mahlhilfsmitteln* (z. B. Triethanolamin) der Mühlendurchsatz gesteigert wird. Stets müssen $5\ldots8\%$ Gips und/oder *Anhydrit* zugegeben werden, um eine zu schnelle Erstarrung zu verzögern.
Zu hohe Halbhydrat-Gehalte im Zement sind ungünstig, da sie zum Frühansteifen des Zementleims führen können. Der optimale *Sulfatzusatz* hängt insbesondere vom C_3A-Gehalt (Bild 4.15. und 4.16.) und der Feinheit des Zementes ab.

4.3.2.2. Hydratation von Portlandzement

Unter der *Zementhydratation* wird der gesamte komplexe Prozeß der Reaktionen eines Zementes mit Wasser (Erstarren und Erhärten) verstanden.
Bei der Hydratation der Klinkerphasen *Alit* und *Belit,* die zusammen etwa 80% des Phasenbestandes eines Portlandzementes ausmachen, werden schlecht kristallisierte Ca-Silicathydrate (vgl. Tafel

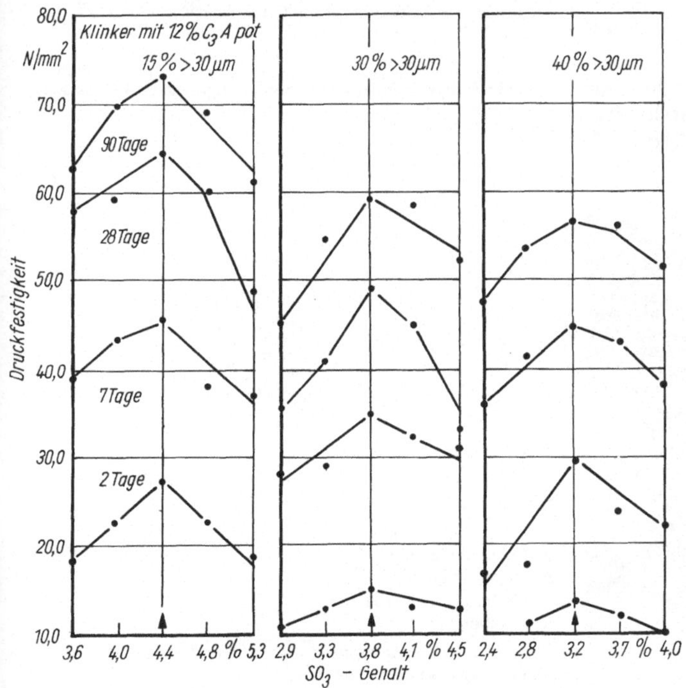

Bild 4.16.
Optimaler SO_3-Gehalt von Portlandzementen in Abhängigkeit von der Feinheit (nach KNÖFEL)

Bild 4.17.
CSH-Phasen als Hydratationsprodukte von Portlandzement

4.8.) gebildet. Die allgemeinen Hydratationsgleichungen lauten:

▶ $C_3S + (3 - x + y)\,H \rightarrow C_xSH_y + (3 - x)\,CH$

Beispiel:

$2\,C_3S + 6\,H \rightarrow C_3S_2H_3 + 3\,CH$

▶ $C_2S + (2 - x + y)\,H \rightarrow C_xSH_y + (2 - x)\,CH$

Beispiel:

$C_2S + 2\,H \rightarrow CSH + CH$

Bei $x = 0{,}5 \ldots 1{,}5$ und $y = 0{,}5 \ldots 2{,}5$ liegen CSH(I)-Phasen, bei $x = 1{,}5 \ldots 2{,}0$ und $y = 1{,}0 \ldots 4{,}0$ liegen CSH(II)-Phasen vor.
CSH(I)-Phasen sind blättchenförmig, CSH(II)-Phasen faserige Bündel, deren Fasern aufgerollte Folien mit eingelagerten CH-Schichten sind (Bild 4.17. und 4.18.).

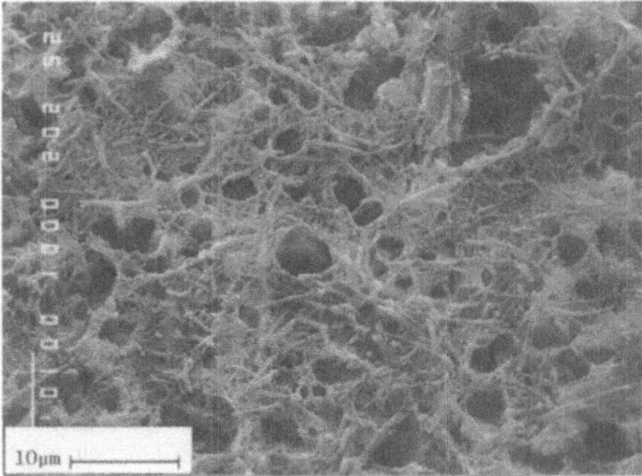

Bild 4.18.
Zementstein mit CSH-Phasen

Wie lautet die Reaktionsgleichung, wenn die CSH-Phase, die bei der Hydratation von C_3S entsteht, die chemische Zusammensetzung 49,1 % CaO, 35,1 % SiO_2 und 15,8 % H_2O besitzt?

Lösung:
Umrechnung in Mol

$$\frac{49{,}1}{56{,}08} = 0{,}876 \text{ mol CaO bzw. } \frac{0{,}876}{0{,}584} = 1{,}5 \text{ mol CaO}$$

$$\frac{35{,}1}{60{,}085} = 0{,}584 \text{ mol SiO}_2 \text{ bzw. } \frac{0{,}584}{0{,}584} = 1 \text{ mol SiO}_2$$

$$\frac{15{,}8}{18{,}015} = 0{,}877 \text{ mol H}_2\text{O bzw. } \frac{0{,}877}{0{,}584} = 1{,}5 \text{ mol H}_2\text{O}$$

Es handelt sich um Afwillit $C_{1{,}5}SH_{1{,}5}$ (bzw. $C_3S_2H_3$).

Die allgemeine Reaktionsgleichung lautet:

$C_3S + (3 - x + y)\,H \rightarrow C_xSH_y + (3 - x)\,CH$

Mit $x = 1{,}5$ und $y = 1{,}5$ ergibt die folgende spezielle Reaktionsgleichung:

$C_3S + 3\,H \rightarrow C_{1{,}5}SH_{1{,}5} + 1{,}5\,CH$

Bei der PZ-Hydratation bilden sich bei Berührung mit Wasser zunächst nur *Monosilicat*-Anionen. Nach 1 Tag lassen sich praktisch nur *Disilicat*-Anionen nachweisen, die nach längerer Hydratation z. T. in *Polysilicat*-Anionen (Erhärten) übergehen (WIEKER). Natürliche Tobermorite bestehen dagegen aus hochmolekularen Polysilicaten oder Doppelketten-

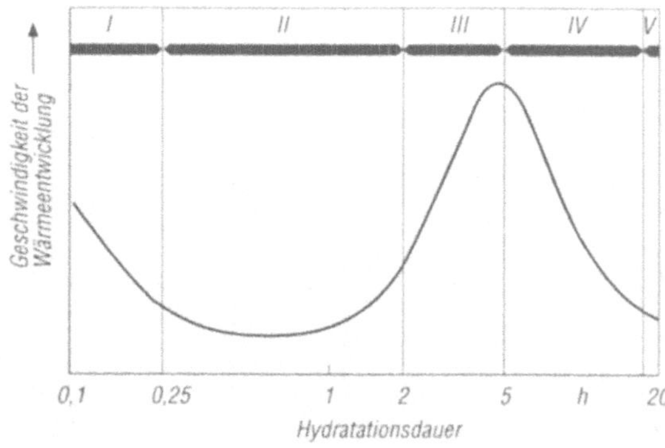

Bild 4.19.
Geschwindigkeit der Wärmeentwicklung bei der Hydratation von Tricalciumsilicat

I   Induktionsperiode
II Dormate Periode
III Akzelerationsperiode
IV Retardationsperiode
V   Finalperiode

(Auch der Hydratationsprozeß von Portlandzement kann in diese fünf Perioden eingeteilt werden.)

silicaten. Es ist nicht gerechtfertigt, die bei der PZ-Hydratation entstehenden Hydrate als Tobermoritphasen oder tobermoritähnliche Phasen zu bezeichnen.

Wie der Verlauf der Wärmeentwicklungsgeschwindigkeit bei der Hydratation von Tricalciumsilicat zeigt (Bild 4.19.) bestehen zwei Perioden schneller Wärmeentwicklung. Die unmittelbar nach der Wasserzugabe eintretende rapide Wärmeentwicklung ist nach etwa 15 min beendet. Es schließt sich eine Periode relativer Inaktivität an, die dormate Periode, in welcher der plastische Zustand bestehen bleibt. Die eigentliche Hydratation beginnt nach etwa 2 Stunden und erreicht ihre größte Geschwindigkeit nach etwa 5 Stunden. Danach klingt die Reaktion ab. Nach etwa 18 Stunden ist die Hydratationsgeschwindigkeit nur noch klein. Die Reaktionsfolge bei Berührung von C_3S mit Wasser zeigt Tafel 4.16.

Die Reaktion der *Aluminatphase* mit Wasser liefert das stabile, kubische Hexahydrat:

▶ $C_3A + 6\,H \rightarrow C_3AH_6$

Zum Unterschied von Alit und Belit wird hier *kein* Calciumhydroxid abgespalten. In Gegenwart von $Ca(OH)_2$ entstehen hexagonale Ca-Aluminathydrate, z. B.:

▶ $C_3A + CH + 12\,H \rightarrow C_4AH_{13}$

In Gegenwart von Calciumsulfat entstehen komplexe Ca-Aluminatsulfathydrate:

▶ $C_3A + C\bar{s} + 12\,H \rightarrow C_3A \cdot C\bar{s} \cdot H_{12}$
Monosulfat

▶ $C_3A + 3\,C\bar{s} + 32\,H \rightarrow C_3A \cdot (C\bar{s})_3 \cdot H_{32}$
Trisulfat

Trisulfatkristalle (Ettringit, AF_t) sind (meist) *stäbchenförmig* (Bild 4.57.), Monosulfatkristalle (AF_m) sind *blättchenförmig*. Bei Übergängen zwischen beiden treten *Volumenänderungen* ein (Dichten: Monosulfat 2,03 g/cm³, Trisulfat 1,78 g/cm³).

Die erstarrungsverzögernde Wirkung des Gipszusatzes beruht nach LOCHER, RICHARTZ und SPRUNG darauf, daß sich in Gegenwart von Sulfat bereits in den ersten Minuten der Reaktion auf den C_3A-Oberflächen ein feinkristalliner Belag von Trisulfat bildet, der aber das Gefüge des Zementleims nicht deutlich verändert und ein gegenseitiges Bewegen der Körner weiterhin ermöglicht. Erst nach Stunden entstehen durch Sammelkristallisation oder Rekristallisation aus den kleinen, dicht auf den Oberflächen liegenden Kristallen größere langprismatische, stäbchenförmige Trisulfatkristalle, die eine gegenseitige Verzahnung der Zementpartikel und damit eine erste Verfestigung hervorrufen. – Ist kein Sulfat anwesend, so hydratisiert das C_3A zu dünntafeligen Calciumaluminathydraten, diese überbrücken sofort durch die Bildung eines kartenhausähnlichen Gefüges den wassergefüllten Porenraum, verknüpfen die Zementpartikel und verursachen damit sofort nach der Zugabe des Wassers eine erste Verfestigung. – Die Erstarrungsverzögerung wird also durch unterschiedliche Gefügeentwicklung im Zementleim erreicht.

Hydratisieren Ca-Aluminate in Gegenwart von Ca-Silicaten, so können *quarternäre Hydrate* der Hydrogranatreihe entstehen:

$$(C_3AH_6) - C_3ASH_4 - C_3AS_2H_2 - (C_3AS_3).$$

Je 2 Mol Wasser sind durch 1 Mol SiO_2 ersetzbar. Daneben kann auch *Gehlenithydrat* C_2ASH_8 entstehen.

Tafel 4.16.
Reaktionsfolge bei der Hydratation von C_3S

Reaktionsperiode Nr.	Bezeichnung der Periode	Reaktionskinetik	Chemischer Vorgang	Auswirkung auf das Betonverhalten
I	Induktionsperiode	chemisch gesteuert, schnell	Starthydrolyse, Inlösunggehen von Ionen	Einstellung des basischen pH-Wertes
II	dormate Periode	durch Kristallkeimbildungsgeschwindigkeit gesteuert, langsam	Fortsetzung des Inlösunggehens von Ionen	Ansteifen, Erstarrungsbeginn
III	Akzelerationsperiode	chemisch gesteuert, schnell	Beginn der Bildung von CSH-Phasen	Erstarrungsende und Erhärtungsbeginn
IV	Retardationsperiode	chemisch und durch Diffusion gesteuert, langsam	Fortsetzung der Bildung von CSH-Phasen	bestimmt die Frühfestigkeit
V	Finalperiode	diffusionsgesteuert, langsam	nur noch geringe Bildung von CSH-Phasen	bestimmt die Spätfestigkeit

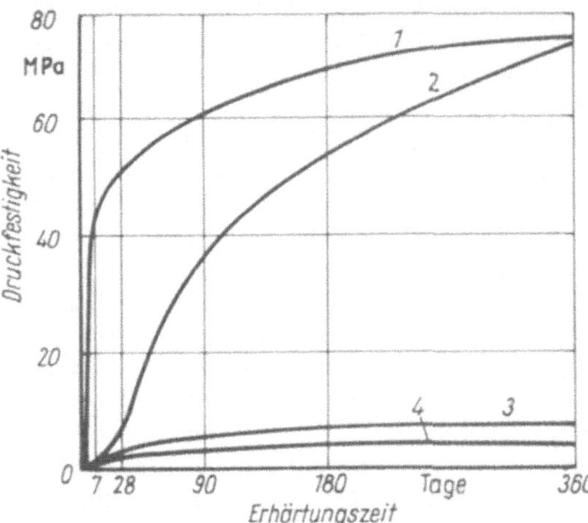

Bild 4.20.
Druckfestigkeit der PZ-Klinkerphasen nach unterschiedlichen Hydratationszeiten, $W/Z = 0{,}5$ (nach BOGUE)
1 C_3S; *2* $\beta\text{-}C_2S$; *3* C_2A; *4* C_4AF

Bei der Reaktion der *Ferratphase* mit Wasser bilden sich kompléxe Calciumaluminatferratsulfathydrate (AFm und AFt).

Die unterschiedliche *Hydratationsgeschwindigkeit* und Festigkeitsentwicklung der einzelnen Klinkerphasen geht aus den in Bild 4.20. dargestellten Festigkeiten in Abhängigkeit von der Hydratationszeit hervor. Die dabei freiwerdenden Hydratationswärmen zeigt Tafel 4.17.

Als *Maß* für den Fortgang von hydratischen Verfestigungsprozessen kann die Wasserbindung in Form des *Hydratationsgrades* α_h bzw. der *prozentualen Hydratation* H_h ($H_h = \alpha_h \cdot 100\,\%$) verwendet werden:

$$\alpha_h = \frac{m_{Z,0} - m_{Z,t}}{m_{Z,0}}$$

$m_{Z,0}$　Masse des nicht hydratisierten Zementes zur Zeit $t = 0$

$m_{Z,t}$　Masse des nicht hydratisierten Zementes zur Zeit t

Experimentell kann der Hydratationsgrad nach folgender Gleichung bestimmt werden:

$$\alpha_h = \frac{m_{W,t}}{m_{W,\max}}$$

$m_{W,t}$　Masse des von einer bestimmten Zementmenge zur Zeit t nach Wasserzugabe gebundenen Wassers

$m_{W,\max}$　Masse des theoretisch von der gleichen Zementmenge bei vollständiger Hydratation gebundenen Wassers

Tafel 4.17.
Molmassen und Hydratationswärmen der Klinkerphasen

Bestandteil	Molmasse g/mol	Hydratationswärme kJ/mol	J/g
Alit 3 CaO · SiO_2 (C_3S)	228,3	−130	−570
Belit β-2 CaO · SiO_2 (β-C_2S)	172,3	− 44,6	−260
Aluminatphase 3 CaO · Al_2O_3 (C_3A)	270,2	−242	−900
Ferratphase 2 CaO · (Al_2O_3, Fe_2O_3), z. B. 4 CaO · Al_2O_3 · Fe_2O_3 (C_4AF)	486,0	−208	−430

Über die m_{max}-Werte von Zementen gibt es *unterschiedliche* Angaben, da der Wassergehalt der entstehenden Hydrate vom Wasserzementwert

$$W/Z\text{-Wert} = \frac{\text{Masse Wasser}}{\text{Masse Zement}},$$

der Temperatur und anderen Parametern abhängt. Ein mittlerer Wasserzementwert, der bei CEM I zur vollständigen Wasserbindung führt, liegt bei etwa 0,35.

Die *Struktur* der Hydratationsprodukte in einem Zementstein aus CEM I nach 28tägiger Hydratation zeigt Bild 4.21. Nach der Hydratation liegen im Zementstein mehr als 70 % Ca-Silicathydrate neben Calciumhydroxid und komplexen Hydraten vor. Diese Neubildungen haben eine größenordnungsmäßig 1000mal größere *Oberfläche* als der Ausgangsstoff Zement: Zementstein etwa 300 m²/g, Zement etwa 0,3 m²/g. Für die *Festigkeit* ist die sehr große Oberfläche von Bedeutung, da sie *Ad-*

Bild 4.21.
Hydratation eines CEM I (Zustand nach 28 d Hydratationsdauer)

häsion und *Adsorption* in starkem Maße ermöglicht. Kräfte zwischen Nadeln, nadelförmigen Kristallen, Borsten u. ä. sind im letzten Falle modellmäßig feststellbar, wenn zwei ineinandersteckende Bürsten (vergleichbar mit Kristallfilzen aus Hydratationsprodukten) gegeneinander verschoben werden.

Es existieren zwei klassische Theorien der Zementerhärtung: Die *Kristalltheorie* von LE CHATELIER (1882) unterscheidet zwischen zwei Perioden:

- Inlösunggehen von Klinkerbestandteilen, wobei Hydrolyse und Hydratation stattfinden. Das Resultat ist eine an Hydraten übersättigte Lösung.
- Ausscheidung sich verfilzender, nadelförmiger Kristalle.

Die *Kolloidtheorie* von MICHAELIS (1892) unterscheidet ebenfalls zwischen zwei Teilprozessen:

- Bildung einer kolloiden Grundmasse aus Ca-Silicathydraten, -Aluminathydraten und -Ferrithydraten (= Gel-Bildung)
- Schrumpfung dieser kolloiden Grundmasse (= Hydrogel) infolge „innerer Absaugung" des Wassers durch noch nicht hydratisierten Zement (Gel-Schrumpfung).

Weitere Vorstellungen entwickelten z. B. REHBINDER (Strukturbildungstheorie, 1960), KEIL (Festwassertheorie, 1961), POWERS (1961), MTSCHEDLOW-PETROSSIAN (Strukturumwandlungstheorie, 1967), KONDO (Hydratationstheorie, 70er Jahre) und WITTMANN (Münchner Modell 1977). KÄSSNER und GEBAUER haben ein Softwaresystem entwickelt (COBET-Methode), mit welchem es möglich ist, Erhärtungsfestigkeiten von Betonen für beliebige Rezepturen, Betontemperaturen und Erhärtungszeiten voraus zu berechnen.

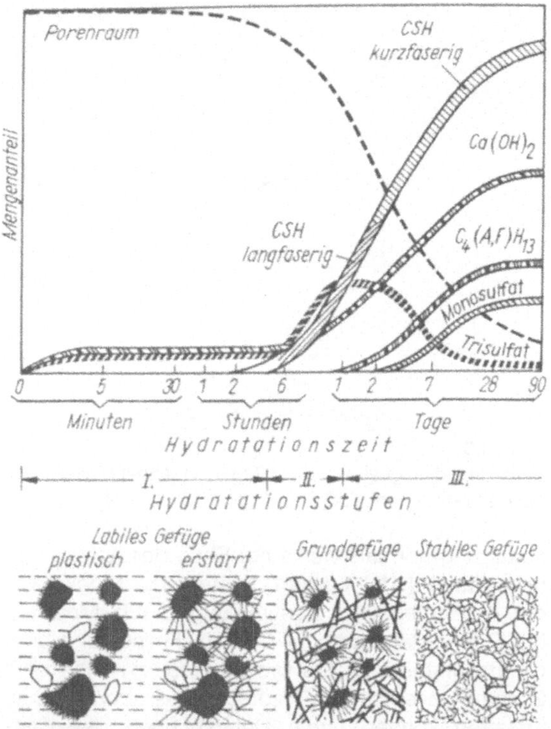

Bild 4.22.
Schematische Darstellung der Bildung der Hydratphasen und der Gefügeentwicklung bei der Hydratation des Zements

Das Bild 4.22. zeigt die Hydratphasen- und Gefügeentwicklung im Zementleim und -stein (nach LOCHER, RICHARTZ und SPRUNG).
Der Verfestigungsprozeß wird in die Teilabschnitte *Ansteifen*, *Erstarren* und *Erhärten* unterteilt. Da die

Tafel 4.18.
Reaktionsfolge bei der Hydratation von Portlandzement

Reaktionsperiode Nr.	Bezeichnung der Periode	Zeitraum der Periode	Vorgang	Strukturbildung
I	Induktionsperiode	<15 min	Hydratation von C_3A und C_4AF, Bildung von AF_m- und AF_t-Phasen	Ausbildung der Grundstruktur (Primärstruktur)
II	dormate Periode	15…60 min[1]	topochemische Reaktion von C_3S mit Wasser, CSH-Keimbildung	(Erstarrungsbeginn)
III	Akzelerationsperiode	1…5 h[2]	Hydratation von C_3S, CSH-Bildung	Beginn der Ausbildung der Sekundärstruktur, Erstarrungsende und Erhärtungsbeginn
IV	Retardationsperiode	5…24 h	weitere C_3S-Hydratation, Beginn der C_2S-Hydratation	Verdichtung der Sekundärstruktur, Frühfestigkeit
V	Finalperiode	>24 h	C_3S- und C_2S-Hydratation	weitere Verdichtung der Sekundärstruktur, Spätfestigkeit

[1] bis zu 3 h
[2] von 1…2 h bis 5…8 h

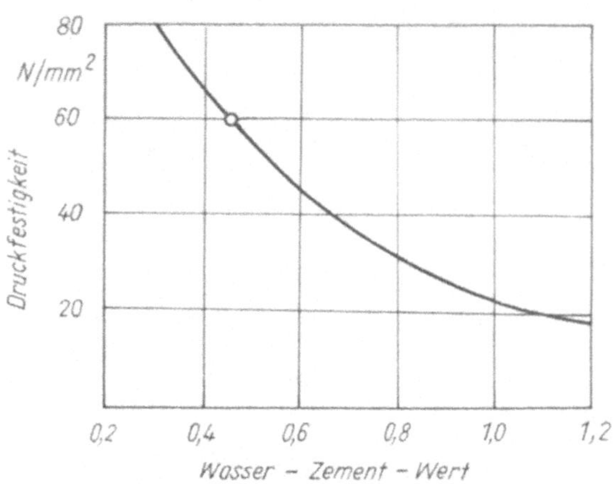

Bild 4.23.
Betondruckfestigkeit nach 28 Tagen in Abhängigkeit vom Wasserzementwert (60 N/mm² bei $W/Z = 0{,}45$)

Erstarrung normalerweise am Ende der Anfangsperiode (Tafel 4.18.) beginnt, besteht die Möglichkeit der experimentellen Bestimmung durch Messung der C₃S-Hydratation, der Ca(OH)₂-Freisetzung oder der Trisulfatbildung. Die Ursachen für ein anormales Erstarrungsverhalten wie zu schnelles oder falsches Erstarren können durch Untersuchung des C₃A-Gips-Systems ermittelt werden.
Die *Festigkeit* eines Zementsteins oder Betons ist um so größer, je kleiner der *Wasserzementwert* ist, wie Bild 4.23. zeigt. In der Praxis ist jedoch ein *W/Z*-Wert von 0,4 so niedrig, daß sich schlechte Verarbeitung ergibt. Es wird deshalb mit höheren *W/Z*-Werten gearbeitet (oder es werden Betonzusatzmittel eingesetzt, s. Kap. 4.3.2.3.). Höhere *W/Z*-Werte führen jedoch zu geringeren Festigkeiten, was auf die zunehmende *Porosität* zurückzuführen ist. Da für die Festigkeit nur die Kräfte zwischen den Feststoffen maßgeblich sind, bedeutet steigende Porosität abfallende Festigkeit. Das zugegebene Wasser, das nicht chemisch oder physikalisch gebunden wird, hinterläßt nach der Trocknung Kapillarporen im Beton. Das Bild 4.24. zeigt die Zusammenhänge zwischen Kapillarporosität, *W/Z*-Wert, Hydratationsgrad und Wasserdurchlässigkeit.
Bezüglich der *Volumenänderungen* im Frischbeton bzw. Beton unterscheidet man:

■ *Inneres Schwinden*

Volumenverringerung des ganz jungen, noch nicht völlig erstarrten Betons infolge von Wasserentzug (z. B. Austrocknung).

■ *Schrumpfen*

Volumenverringerung durch die chemische Wasserbindung bei der Hydratation, da das Volumen der

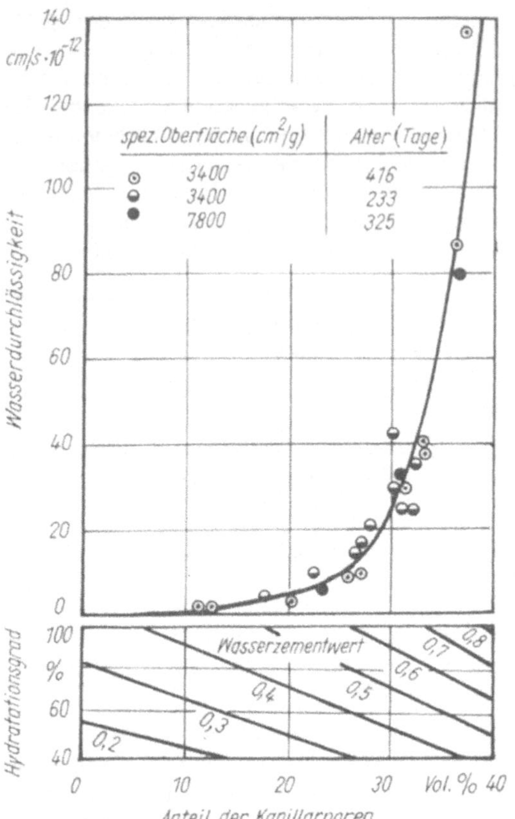

Bild 4.24.
Wasserdurchlässigkeit von Zementstein in Abhängigkeit von der Kapillarporosität, vom Wasserzementwert und vom Hydratationsgrad des Zements (nach T. C. Powers)

Neubildungen immer kleiner ist als die Summe der Volumina des Bindemittels und des Wassers (Abnahme um 2 bis 8 cm³ bei 100 cm³ Frischbeton). Schrumpfrisse zeigt Bild 4.25. Das Schrumpfen ist irreversibel.

■ *Schwinden und Quellen*

Volumenänderung des Betonbauteils durch Abgabe oder Aufnahme von Wasser, das vom Zementstein abgegeben bzw. gebunden wird. In Abhängigkeit von Luftfeuchtigkeit, der Temperatur usw. „arbeitet" ein Betonbauteil, wobei *Endschwindmaße* von 0,2…1,0 mm/m und *Quellmaße* von 0,1…0,3 mm/m auftreten.
Folgende *Einflußgrößen* werden während des Verfestigungsprozesses wirksam und beeinflussen dadurch die Geschwindigkeit der Vorgänge, die Festigkeitsbildung und die Schwindung:

• äußere Einflüsse (Temperatur, Druck)
• innere Ursachen (chemische Zusammensetzung, Feinheit, Wassergehalt)

Bild 4.25.
Zementsteinstruktur mit Schrumpfrissen

Bei *erhöhter Temperatur* ist die Festigkeit zu frühen Prüfterminen höher, jedoch die Festigkeit zu späten Prüfterminen etwas niedriger als bei normaler Temperatur. Die Ursache liegt darin, daß sich die Zementkörner bei höherer Temperatur mit dichteren Zonen (Schichten) von Hydratationsprodukten umgeben, welche die weitere Hydratation verlangsamen. Bei tieferen Temperaturen (z. B. etwa 5 °C) bilden sich langfaserige CSH-Phasen, die zu höheren Festigkeiten führen.

4.3.2.3. Betonzusatzmittel

Durch anorganische oder organische *(Beton-)Zusatzmittel* können der Hydratationsprozeß und die Frischbeton- und Festbetoneigenschaften beeinflußt werden. Neben der *Beschleunigung* oder *Verzögerung* kann ihre Wirkung in der *Verflüssigung* des Frischbetons (Verbesserung des rheologischen Verhaltens), der Bildung von *Luftporen* und der *Abdichtung* bestehen. **Beschleuniger** bewirken ein schnelleres Inlösunggehen der Bestandteile des Zements und damit eine beschleunigte Hydratation. Sie wirken vor allem auf chemischem Wege. Man unterscheidet nach ihrer Wirkungsweise zwei Gruppen, die *Erstarrungs*beschleuniger und die *Erhärtungs*beschleuniger.

Unter den zahlreichen Produkten, die zur Beschleunigung der Portlandzement-Hydratation geeignet sind, wurde *Calciumchlorid* auf Grund seiner guten Wirksamkeit (Bild 4.26.), leichten Verfügbarkeit und geringen Kosten am meisten eingesetzt. Für Stahl- und Spannbeton sind $CaCl_2$-haltige Zusätze *nicht zugelassen,* da durch sie Stahlkorrosion eintreten kann.

Auch ein Zusatz von 5...20% *Tonerdezement, Aluminatsulfatphase* $C_4A_3\bar{S}$ oder *Aluminatfluorid-*

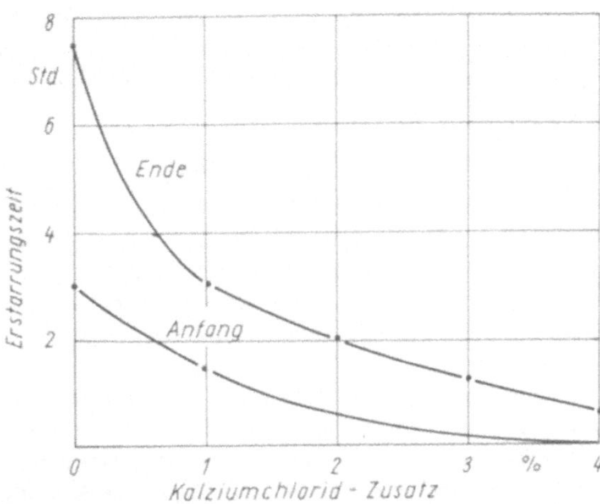

Bild 4.26.
Verkürzung der Erstarrungszeit durch Kalziumchloridzusatz (CEM I 32,5; *W/Z* = 0,36)

phase $C_{11}A_7 \cdot CaF_2$, die besonders schnell erhärten, oder eine feinere Mahlung des PZ ermöglichen es, die PZ-Verfestigung zu beschleunigen. Die Wirkung einer Reihe von Verbindungen auf die Hydratationsgeschwindigkeit ist in Tafel 4.19. angegeben. Die Wirkungsweise der **Luftporenbildner** ist physikalisch. Hierzu verwendete Stoffe (z. B. Harzseifen/Resine) bilden in Beton einen stabilen Mikroschaum, der den Frost-Tau-Wechselwiderstand erhöht.

Die Wirkungsweise echter **Dichtungsmittel** wird durch hydrophobierende Zusätze (z. B. Silicone, Silane) hervorgerufen (s. Kap. 2.7.). Porenverengende und quellende Stoffe (z. B. Silicate, Phosphate) sind auch im Einsatz.

Tafel 4.19.
Beeinflussung der Hydratationsgeschwindigkeit von Portlandzement durch Zusätze (Beispiele)

Beschleuniger	Verzögerer
Calciumchlorid	Natriumborate
Natriumaluminat	Natriumphosphate
Natriumchlorid	Natriumfluorosilicat
Natriumnitrat	Zucker (Glucose, Saccharose u. a.)
Natriumfluorid	Calcium- und Natriumgluconat
Natriumcarbonat	Calciumcitrat
Natriumsilicat	Calciumsalicylat
Calciumacetat	Calciumphthalat
Calciumlactat	Calciumligninsulfonat
Calciumformiat	Calciumtartrat
Glycerol	Calciumhumate
Glycol	Hydrochinon
	Melaminharze

Als *Dichtungsmittel* für Mörtel und Beton kann z. B. *Dinatriumhydrogenphosphat*-Lösung verwendet werden, wobei folgende Umsetzung eintritt:

▶ $3\,Ca(OH)_2 + 2\,Na_2HPO_4$
$\rightarrow Ca_3(PO_4)_2\downarrow\ +4\,NaOH + 2\,H_2O$

Es scheidet sich unlösliches Ca-Phosphat in den Poren aus; NaOH wird allmählich ausgewaschen und kann vorübergehend Ausblühungen bewirken.
Die Notwendigkeit von Dichtungsmitteln ist umstritten, da auch ein gut aufgebauter Beton „wasserundurchlässig" ist.
Für einen nutzbringenden Einsatz der Betonzusatzmittel ist stets ein sachgerecht aufgebauter und hergestellter Beton Voraussetzung. Es sind *keine Korrekturmittel,* die eine mangelhafte Zusammensetzung oder fehlerhafte Mischung des Betons ausgleichen.

4.3.3. Zemente mit Zumahlstoffen (CEM II und CEM III)

Die Zumahlstoffe für PZ können in zwei Gruppen eingeteilt werden:

- *latent hydraulische Stoffe* (basische Schlacken und Aschen
- *nicht hydraulische Stoffe* (Puzzolane)

Die latent hydraulischen Stoffe haben Erhärtungseigenschaften, zu deren *Anregung* jedoch basische Stoffe (Anreger) erforderlich sind. Dieser Anreger wird bei der Portlandzement-Erhärtung in Form des *Kalkhydrats* $(Ca(OH)_2)$ geliefert, das die Reaktion der Schlacke oder Asche mit Wasser auslöst.
Die Aktivität einer Schlacke kann durch die *hydraulische Hauptkennzahl HK* gekennzeichnet werden:

$$HK = \frac{b-c}{a-c} \cdot 100$$

a 28-Tage-Festigkeit von CEM I
b 28-Tage-Festigkeit von 70 % CEM I + 30 % Schlacke
c 28-Tage-Festigkeit von 70 % CEM I + 30 % Sand

Beispiel 49

Berechne die hydraulische Hauptkennzahl einer Schlacke, die beim Ersatz von 30 % CEM I eines Mörtels 42,9 N/mm² Druckfestigkeit nach 28 Tagen ergibt (reiner CEM I: 48,5 N/mm²; CEM I mit 30 % Sand: 36,1 N/mm²)

Lösung:

$$HK = \frac{42,9 - 36,1}{48,5 - 36,1} \cdot 100 = 54,8$$

Während die in Hochofenschlacken vorliegenden *kristallinen* Phasen Åkermanit C_2MS_2, Gehlenit

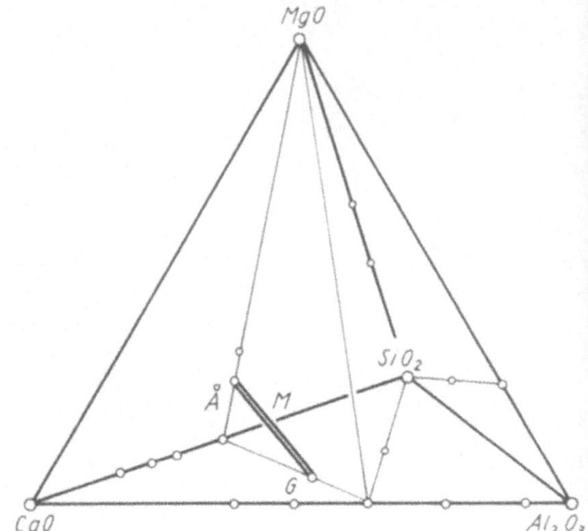

Bild 4.27.
System $CaO-MgO-Al_2O_3-SiO_2$
(Åkermanit, G Gehlenit, M Melilithe)

C_2AS und die Melilithe (Mischkristalle aus Åkermanit und Gehlenit, Bild 4.27.) *keine* Erhärtungsfähigkeit haben, zeigen die *Glasphasen* gleicher Zusammensetzung *gute* hydraulische Eigenschaften (Bild 4.28.). Als *Maß für die Güte* muß deshalb neben dem HK-Wert der Glasgehalt herangezogen werden, der im allgemeinen mindestens 90 % betragen soll. Die Hüttensande müssen „basisch" sein, d. h., die Summe der CaO-, Al_2O_3- und MgO-Gehalte muß größer sein als der SiO_2-Gehalt.
Neben Portlandzement führen z. B. auch $Ca(OH)_2$, Gips, Natronlauge und andere Stoffe zur hydraulischen Anregung von Schlacken. Als Hydrationsprodukte entstehen CSH-Phasen. Gemahlene, basi-

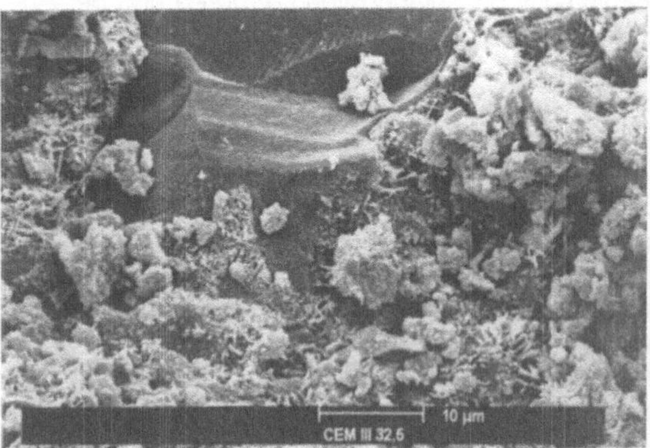

Bild 4.28.
Hydratisierter CEM III/A 32,5 (Hochofenzement)
Am oberen mittleren Bildrand: Schlackenkorn mit aufgewachsenen CSH-Phasen

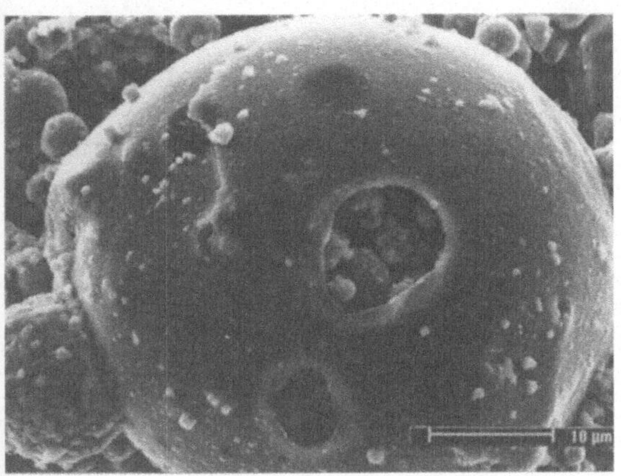

Bild 4.29.
Braunkohlenflugasche (BFA) eines Kraftwerkes
Plerosphäre (gefüllte Glashohlkugel) neben kleineren Flugasche-kugeln

sche Schlacken (Hüttensand) sind in folgenden Zementen enthalten:

Portlandhüttenzement	(CEM II-S)	$<35\,\%$
Hochofenzement	(CEM III)	$35 \ldots 85\,\%$

Auch die latent hydraulischen Filteraschen aus Kohlekraftwerken (Bild 4.29. und 4.30.) können durch $Ca(OH)_2$ zur Reaktion angeregt werden. Sie sind in Portlandflugaschezement (CEM II-V) mit $6 \ldots 20$ M.-% enthalten.

Die *nicht hydraulischen Stoffe,* die allein keine hydraulischen Eigenschaften haben, jedoch in der Lage sind, mit $Ca(OH)_2$ hydraulisch zu reagieren, werden als *Puzzolane* bezeichnet. Dazu gehören Stoffe wie Traß, Tuff, Silicastaub, Kieselgur, Ziegelmehl

Bild 4.30.
Hydratationsprodukte eines Flugaschezementes
Neben Portlandit (links oben) und CSH-Phasen ist in der Bildmitte eine Flugaschekugel zu erkennen

u. a. Portlandpuzzolanzement (CEM II-P) enthält <35 M.-% Traß neben Portlandzementklinker.

Bindemittel mit hydraulischen oder nichthydraulischen Zusätzen erhärten langsamer als reiner Portlandzement und entwickeln relativ niedrige Hydratationswärmen. Sie sind besonders zur Herstellung von Massenbeton für Grund- und Wasserbauten sowie für Gründungsarbeiten des Hoch-, Tief- und Industriebaus geeignet. Für Spannbeton sind CEM III (mit mehr als 50 % Hüttensand) und CEM II-P nicht zugelassen, da sie der Bewehrung nur einen verringerten Bewehrungsschutz bieten. Hochfeste und hochdichte Betone können durch den Einsatz von $5 \ldots 15$ M.-% Silicastaub bei gleichzeitiger Verwendung von Fließmitteln hergestellt werden.

4.3.4. Tonerdezemente

Tonerdezemente, die bei entsprechender Herstellung auch als Tonerde*schmelz*zemente bezeichnet werden, sind hydraulische Bindemittel, die im wesentlichen aus *Ca-Aluminaten* (Aluminatzemente) bestehen. Diese Bindemittel werden fast ausschließlich zur Herstellung von Beton für *hohe Temperaturen* (feuerfestes Material für Ortbetonierung und Fertigteilbau im Industrieofenbau) sowie für Arbeiten, die eine besonders rasche Erhärtung erfordern (z. B. Einsetzen von Pfosten, Wassereinbrüche) verwendet. Mit Normalkorund als Zuschlagsstoff betragen die Maximaltemperaturen bis 1700 °C.

Da die beiden in den Tonerdezementen enthaltenen Hauptklinkerphasen *Monocalcium*aluminat CA und untergeordnet Calciumdialuminat CA_2 sehr schnell hydratisieren, sind hohe Anfangsfestigkeiten von $20 \ldots 60$ N/mm² nach einem Tag die Folge (bei normalen Erstarrungszeiten). Die Erhärtung verläuft unter hoher Wärmeentwicklung: TZ $550 \ldots 670$ J/g, CEM I $380 \ldots 525$ J/g, CEM III $250 \ldots 350$ J/g. Die Hydratationswärme des TZ wird im wesentlichen innerhalb des ersten Tages entwickelt, dagegen entwickeln CEM I und erst recht CEM III ihre Hydratationswärme über einen wesentlich längeren Zeitraum (Wochen!).

Im Gegensatz zum Portlandzement bilden sich bei der *Hydratation* der Tonerdezemente Ca-Aluminathydrate *ohne* Abspaltung von $Ca(OH)_2$.

Art und Zusammensetzung der entstehenden Hydrate hängen in starkem Maße von der *Hydratationstemperatur* ab:

$$<22\,°C \quad CA + 10\,H \rightarrow CAH_{10}$$

$$22 \ldots 30\,°C \quad 2\,CA + 11\,H \rightarrow C_2AH_8 + AH_3$$

$$>30\,°C \quad 3\,CA + 12\,H \rightarrow C_3AH_6 + 2\,AH_3$$

a)

b)

Bild 4.31. a + b
Hydratationsprodukt von Tonerdezement nach 28 d Erhärtung bei 20 °C

Die Hydratation des CA_2 verläuft analog, jedoch langsamer. Bild 4.31. zeigt Hydratationsprodukte (CAH-Phasen) eines bei 20 °C erhärteten Tonerdezementes.
Oberhalb 30 °C geht bereits gebildetes, hexagonales Dekahydrat in kubisches Hexahydrat über:

▶ $3\,CAH_{10} \rightarrow C_3AH_6 + 2\,AH_3 + 18\,H$

Die festen Reaktionsprodukte (C_3AH_6 und AH_3) nehmen nur ca. 50 % des Volumens des Ausgangsstoffes CAH_{10} ein. Diese Tatsache sowie der Austritt des abgespaltenen Wassers bewirken eine hohe Porosität des Betons, Risse usw. und damit einen *Festigkeitsabfall*.
Mit Luft-CO_2 reagiert das Dekahydrat wie folgt:

▶ $3\,CAH_{10} + 3\,CO_2 \rightarrow 3\,CaCO_3 + 3\,AH_3 + 21\,H$

Bei diesen beiden Umwandlungen sinkt der *pH-Wert* von zunächst 11,5 ... 11,7 auf Werte unter 9

ab, bei denen der *Korrosionsschutz* von eingebettetem Baustahl *aufgehoben* ist.
Bei sehr niedrigen *W/Z*-Werten (z. B. 0,3) können stabile Verbindungen entstehen.
Tonerdezement ist in Deutschland nicht für tragende Beton- und Stahlbetonbauteile zugelassen.

4.3.5. Kalke

Die zu Bauzwecken verwendeten Kalke sind *Kalkstein, Branntkalk* und *Kalkhydrat*. Nach dem zunehmenden Gehalt an Hydraulefaktoren unterscheidet man *Luftkalke* (mind. 80 % CaO + MgO), *Wasserkalke* und *hydraulische Kalke*. Die Lage der hydraulischen Kalke im RANKIN-Diagramm ist aus Bild 4.12. ersichtlich.
Durch *Brennen von reinem Kalkstein* wird Branntkalk erhalten:

▶ $CaCO_3 \rightarrow CaO + CO_2$; $\Delta H_0 = 178{,}1\,kJ/mol$

Bei der thermischen Zersetzung von $CaCO_3$ entspricht jeder Temperatur ein bestimmter *Gleichgewichtsdruck* p_{CO_2}. Man muß beim Kalkbrennen *mindestens* auf *900 °C* erhitzen, falls man nicht bei Unterdruck arbeiten will. Ist der äußere Druck *höher* als der Gleichgewichtsdruck, so kann sich $CaCO_3$ nicht zersetzen. Wirkt ein äußerer Druck von mind. 110 bar, so gelingt es sogar, $CaCO_3$ bei 1289 °C *unzersetzt* zu schmelzen.
Mit steigendem Atomgewicht des Erdalkalimetalls nimmt in den Carbonaten die *Bindungsfestigkeit* zu. Vom $MgCO_3$ zum $BaCO_3$ sind daher immer höhere Temperaturen notwendig, um den Dissoziationsdruck zu erreichen (Bild 4.32.).
Die Zersetzung, auch als Calcinierung oder Entsäuerung bezeichnet, verläuft nur so lange, wie *Wärme zugeführt* wird, da es sich um einen *endo-*

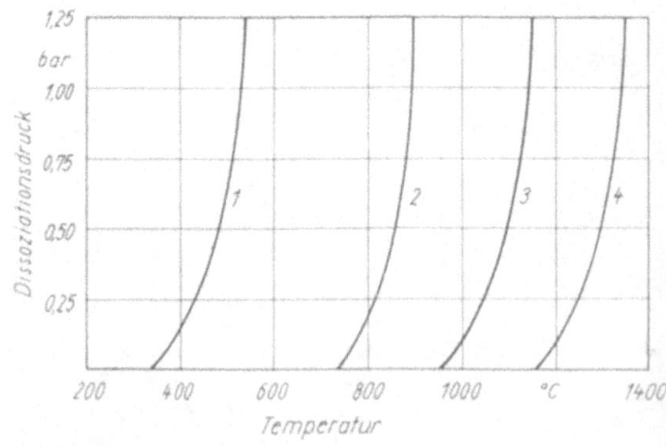

Bild 4.32.
Dissoziationsdrücke von Erdalkalicarbonaten in Abhängigkeit von der Temperatur
1 $MgCO_3$; 2 $CaCO_3$; 3 $SrCO_5$; 4 $BaCO_3$

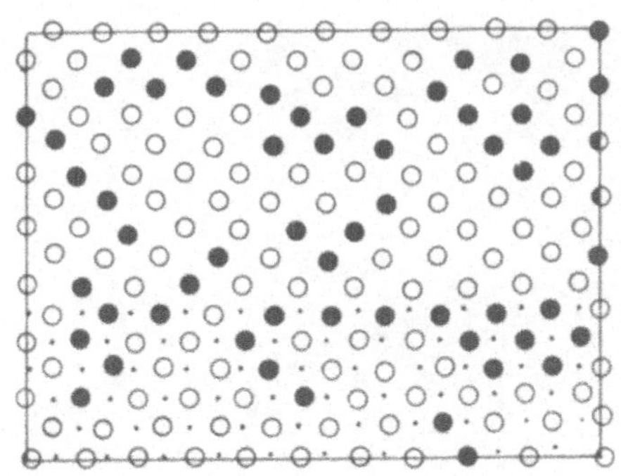

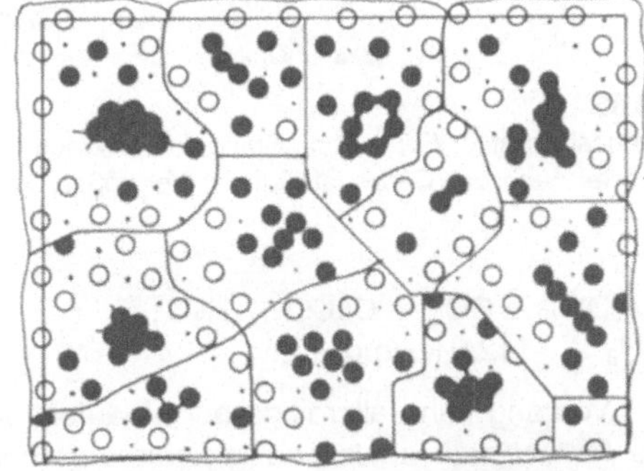

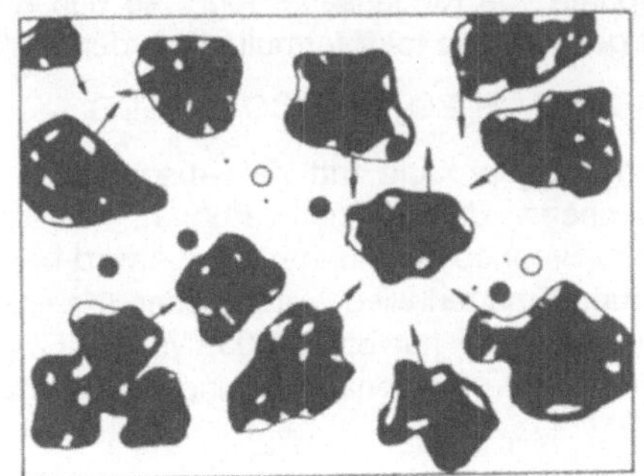

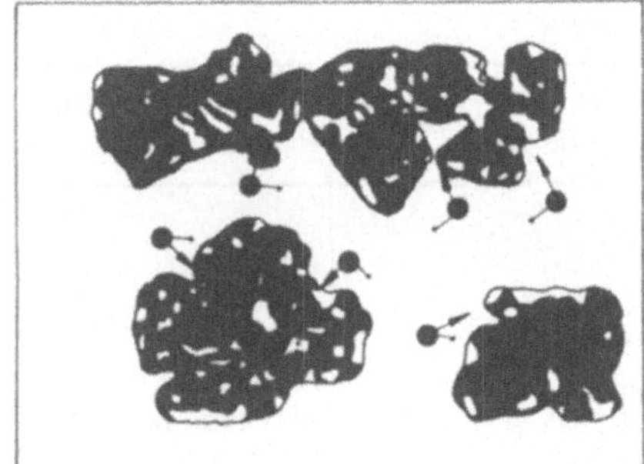

Bild 4.33.
Einfluß der Brenntemperatur auf die Größe der CaO-Kristalle beim Kalkbrennen (nach HEDIN)

a) <900 °C (Beginn der Calcinierung)
b) 900 °C (Größe der CaO-Kristalle ≈0,1 µm)
c) 1 000 °C (Größe der CaO-Kristalle ≈1 µm)
d) 1 100 °C (zusammenhängende Kristallmasse)

thermen Prozeß handelt. Mit steigenden Brenntemperaturen, die ein schnelleres Brennen ermöglichen, wächst jedoch die *Größe* der entstehenden CaO-Kristalle, wodurch die Löschreaktion mit Wasser immer langsamer und träger wird. Die mit steigender Temperatur immer dichter werdende *Packung* der CaO-Kristalle, die *Vergröberung des Korns* und die Verringerung der *Porosität* sowie der *inneren Oberfläche* zeigt Bild 4.33. Bei der Herstellung von Branntkalk wird nur so hoch erhitzt, daß noch *keine Sinterung* eintritt. Branntkalk darf also nicht „überbrannt" werden; andererseits darf er aber auch nicht „schwach gebrannt" sein, da er in diesem Fall noch $CaCO_3$ und damit unwirksame Bestandteile enthält.

Calciumoxid wird wegen seines hohen Schmelzpunktes (2 580 °C) für Ofenfutter und Spezialtiegel verwendet. Die Hauptanwendung im Bauwesen erfolgt aber in Form von Branntkalk für *Mörtelzwecke.* Dazu wird er zunächst mit Wasser behandelt (gelöscht):

► $CaO + H_2O \rightarrow Ca(OH)_2$; $\Delta H_0 = -65,2 \text{ kJ/mol}$

Da es sich um einen *exothermen Prozeß* handelt, erhitzt sich die Mischung von allein. Dabei können Temperaturen von über 100 °C auftreten, die ein Verspritzen verursachen können (Basenwirkung führt zu Verätzungen!).

Bei der Umwandlung von Branntkalk CaO in Löschkalk $Ca(OH)_2$, dem *Kalklöschen,* wird ein aus vier Perioden bestehender Mechanismus angenommen:

1. Periode
Wasseraufnahme (Adsorption von H_2O-Molekülen)

2. Periode
Bildung metastabiler Additionsprodukte der Zusammensetzung CaO · $2 H_2O$ und CaO · H_2O (Oxidhydrate)

3. Periode
Bildung von Calciumhydroxid nach CaO · $2 H_2O \rightarrow Ca(OH)_2 + H_2O$ (Flockung des Hydroxids)

4. Periode
Nachflockung und Agglomeration.

Wird mit *Wasserüberschuß* gelöscht (Baustelle), so resultiert ein Kalkbrei (= Naßlöschen), wird nur die *stöchiometrisch* erforderliche plus die verdampfende Wassermenge zugegeben (Kalkwerk), so entsteht Kalkpulver (= Trockenlöschen).

Beispiel 50

Welche Wassermenge ist zur restlosen Ablöschung von 100 kg Branntkalk zu Kalkhydrat stöchiometrisch erforderlich (Trockenlöschen)?

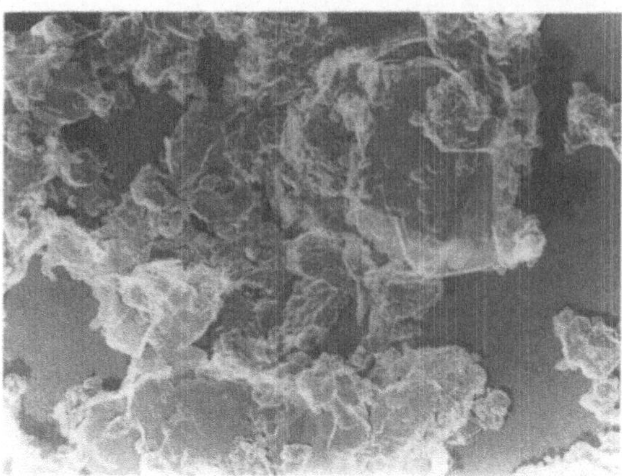

Bild 4.34.
Calciumhydroxid (Löschkalk) in tafeliger Form; Vergrößerung etwa 5000fach

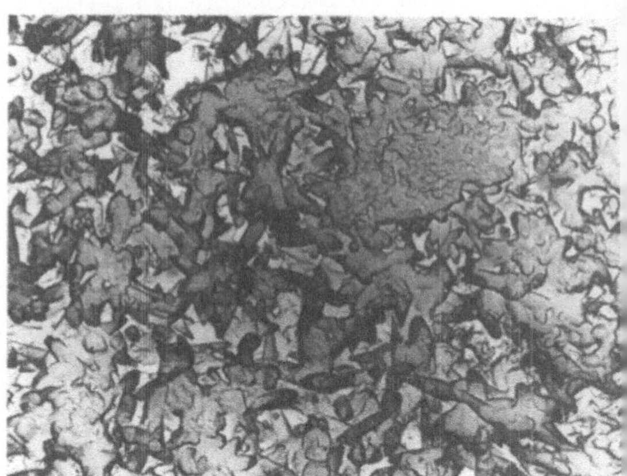

Bild 4.35.
Calciumcarbonat in Form von „Spindeln" in einem Weißkalkmörtel nach der Carbonathärtung; Vergrößerung etwa 5000fach

Lösung:

$$CaO + H_2O \rightarrow Ca(OH)_2$$

$$56{,}1 \text{ g CaO} : 18{,}0 \text{ g } H_2O = 100 \text{ kg} : x$$

$$\underline{x = 32{,}1 \text{ kg Wasser}}$$

Das entstehende $Ca(OH)_2$ (Bild 4.34.), das technisch auch als gelöschter Kalk, Kalkhydrat oder Löschkalk bezeichnet wird, zeigt eine schwache Löslichkeit in Wasser, die im Gegensatz zu den meisten anorganischen Salzen mit steigender Temperatur *abnimmt* (vgl. Tafel 4.7. und 4.22.). Das sich dabei bildende *Kalkwasser* ist eine relativ *starke Base;* der pH-Wert einer bei Zimmertemperatur gesättigten $Ca(OH)_2$-Lösung liegt bei etwa 12,5. Die pH-Werte von Kalkwasser unterschiedlicher Konzentration sind in Tafel 4.20. zusammengestellt.
Bei der *Erhärtung* eines Kalkmörtels erfolgt die Bindung von *Kohlendioxid,* das in der Luft enthalten ist (sog. „Luftkohlensäure"). Diese Erhärtungsart, die für *Luftmörtel* charakteristisch ist, wird als *Carbonaterhärtung* bezeichnet, da als Endprodukt Calciumcarbonat (Bild 4.35.) entsteht. In vereinfachter Form kann dies so formuliert werden:

▶ $Ca(OH)_2 + CO_2 \rightarrow CaCO_3 + H_2O$;
  $\Delta H_0 = -112{,}9 \text{ kJ/mol}$

Dieser Vorgang kann allerdings nur ablaufen, wenn etwas *Feuchtigkeit* anwesend ist, was zur Bildung von Spuren von Kohlensäure führt, so daß die Reaktion genauer wie folgt formuliert werden muß:

▶ $Ca(OH)_2 + H_2CO_3 \rightarrow CaCO_3 + 2\,H_2O$

Als Erhärtungsprodukt tritt der Ausgangsstoff des Kalkbrennens, das Calciumcarbonat, wieder auf. Die beim Brennen zugeführte Energie wird beim Löschen und Erhärten wieder abgegeben (Kreislauf).
Da Luft im Mittel nur etwa 0,035 Vol.-% CO_2 enthält, verläuft die Carbonaterhärtung relativ *langsam.*

Tafel 4.20.
pH-Wert von Kalkwasser bei 25 °C in Abhängigkeit von der Konzentration

CaO g/l	p**H**	CaO g/l	p**H**
0,064	11,27	0,710	12,31
0,122	11,54	0,975	12,44
0,271	11,89	0,027	12,47
0,462	12,10	1,160	12,53
0,680	12,29		

Tafel 4.21.
Beeinflussung der Geschwindigkeit der Carbonatisierung von Kalkmörtel

Eigenschaft (*a*) der Komponenten	Einfluß auf die Geschwindigkeit bei Zunahme von *a*
Mörtel	
Dicke	Abnahme
Permeabilität	Zunahme
$Ca(OH)_2$-Gehalt	Abnahme
Wassergehalt	Abnahme[1]
Temperatur	Abnahme bei >60 °C
Kohlendioxid	
Druck	Zunahme
Konzentration	Zunahme
Temperatur	Abnahme
Strömungsgeschwindigkeit	geringe Veränderungen

[1] Maximum der Carbonatisierungsgeschwindigkeit bei optimalem Wassergehalt

Sie kann beschleunigt werden durch Erhöhung der CO_2-Konzentration der Luft (offene Koksöfen, Propangasbrenner).

Als *Nebenprodukt* tritt bei der Erhärtung von Kalkmörtel *Wasser* auf, das als *Baufeuchtigkeit* in Neubauten in Erscheinung tritt und durch gute Durchlüftung abgeführt werden muß. Die Haftung luftundurchlässiger *Fliesen,* Wandspachtel, Lacktapeten und dgl. wird durch die allmähliche Wasserbildung beeinträchtigt, wenn die Anbringung vor Abschluß der Carbonaterhärtung erfolgt. Faktoren, die die carbonatische Verfestigung beeinflussen, sind in Tafel 4.21. zusammengestellt.

Beispiel 51

Wieviel Kilogramm Wasser werden aus 40 kg technischem Kalkhydrat mit einem Gehalt von 95% $Ca(OH)_2$ im Zuge der Carbonaterhärtung abgespalten?

Lösung:

$$Ca(OH)_2 + CO_2 \rightarrow CaCO_3 + H_2O$$

74,1 g Kalkhydrat : 18,0 kg Wasser $= 40$ kg $: x$

$$x = 9,7 \text{ kg}$$

9,7 kg : 100% $= x : 95\%$

$$x = 9,2 \text{ kg Wasser}$$

Bei der Erhärtung von Mörtel aus *hydraulischem Kalk* tritt neben der Carbonaterhärtung auch hydraulische Erhärtung ein, wobei höhere Festigkeiten als bei reinen Luftkalken erhalten werden. Hydraulische Kalke werden aus Kalkstein/Ton-Gemischen (z. B. Mergel) hergestellt. Dabei entstehen neben dem Branntkalk ähnliche Verbindungen wie im PZ-Klinker (aber kein C_3S).
Ein reiner *Kalkmörtel* besteht z. B. aus 1 T. $Ca(OH)_2$ und 3 T. Sand (T. = Masseteile). Luftkalk wird auch im Gemisch mit Zement oder Gips verwendet: Kalkzementmörtel z. B. 2 T. $Ca(OH)_2$, 1 T. Zement und 6 T. Sand; Kalkgipsmörtel z. B. 1 T. $Ca(OH)_2$, 0,1 T. Stuckgips (Baugips) und 3 T. Sand.
Dolomitkalk wird durch Brennen von Dolomit oder dolomithaltigem Kalkstein hergestellt. Dabei läuft die Entsäuerung in zwei Stufen ab:

▶ $CaCO_3 \cdot MgCO_3 \xrightarrow{\geq 600\,°C} CaCO_3 + MgO + CO_2$

▶ $CaCO_3 + MgO \xrightarrow{900\,°C} CaO + MgO + CO_2$

Beispiel 52

Wieviel Kilojoule sind zur vollständigen Entsäuerung von 1 kg Dolomit erforderlich, wenn zur Entsäuerung von Kalkstein bei 900 °C 165,3 kJ/mol und von Magnesit bei 600 °C 105 kJ/mol notwendig sind?

Lösung:

$$CaCO_3 \cdot MgCO_3 \rightarrow MgO + CaO + 2\,CO_2$$
$$100,1 \quad 84,3$$

184,4 g Dolomit : 1 mol $= 1\,000$ g $: x$

$$x = 5,42 \text{ mol Dolomit (in 1 kg)}$$

5,42 mol Dolomit bestehen aus 5,42 mol $CaCO_3$ und 5,42 mol $MgCO_3$.

Getrennte Entsäuerung:

$CaCO_3$:

1 mol : 165,3 kJ $= 5,42$ mol $: x$

$$x = 896 \text{ kJ}$$

$MgCO_3$:

1 mol : 105,0 kJ $= 5,42$ mol $: x$

$$x = 569 \text{ kJ}$$

Insgesamt sind 896 kJ $+$ 569 kJ $= \underline{1465 \text{ kJ}}$ zur Entsäuerung von 1 kg Dolomit erforderlich.

Beim Erhitzen von *Magnesit* $MgCO_3$ auf Temperaturen über 600 °C entsteht MgO (kaustische Magnesia), das im Magnesiabinder Verwendung findet. Bei 1 600 bis 1 700 °C entstehen *hochfeuerfeste Steine* (Sintermagnesia, Schmelzpunkt 2 800 °C). Bei 1 100 °C und höheren Drücken (>280 bar) läßt

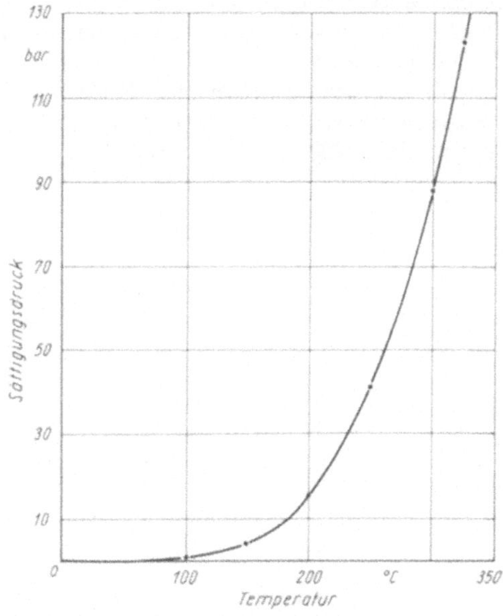

Bild 4.36.
Abhängigkeit des Wasserdampf-Sättigungsdruckes von der Temperatur

(Bei 180 °C (Silicatbetonherstellung) ergibt sich ein Druck von rd. 10 bar)

Tafel 4.22.
Löslichkeit von CaO bzw. Ca(OH)$_2$ in Wasser in Abhängigkeit von der Temperatur
(in g/100 g gesättigter Lösung)

Temperatur °C	CaO	Ca(OH)$_2$
0	0,140	0,185
10	0,133	0,176
20	0,125	0,165
30	0,116	0,153
40	0,106	0,140
50	0,097	0,128
60	0,088	0,116
70	0,079	0,104
80	0,070	0,092
90	0,061	0,081
100	0,054	0,071
190	0,015	0,020

sich MgO zu glasklaren, *durchsichtigen Platten* verarbeiten (keramische Ziegel). Dabei kommt ein kleiner Zusatz von LiF als Flußmittel zur Anwendung.

4.3.6. Silicatbeton und Kalksandsteine

Silicatbetone und Kalksandsteine werden aus Kalk (z. T. mit Zement), Quarzsand (z. T. gemahlen) und Wasser bei *höheren Temperaturen* (170...200 °C) hergestellt, was die Anwendung von Autoklaven (8...16 bar) erforderlich macht. Die Bezeichnung „Silicatbeton" wurde vom Hydratationsprodukt Ca-*Silicat*hydrat abgeleitet.

Der Autoklavendruck wird mittels *Sattdampfes*, d. h. Wasserdampfes, der in diesem Fall eine Temperatur von 170...200 °C hat, erzeugt (Bild 4.36.).

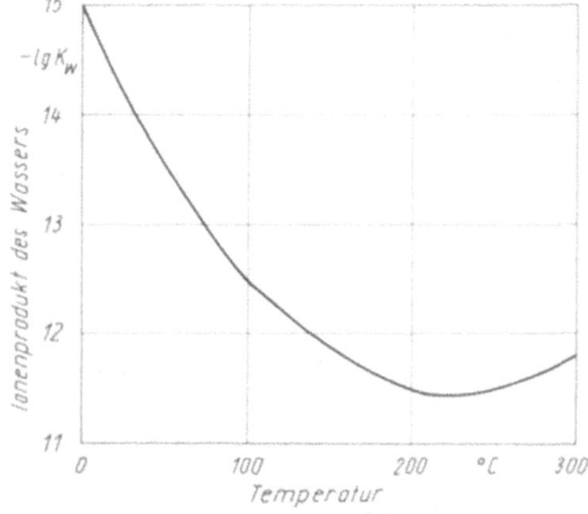

Bild 4.37.
Ionenprodukt des Wassers in Abhängigkeit von der Temperatur

Bild 4.38.
Igelartige Neubildungen aus CSH-Phasen an Quarzkörnern nach hydrothermaler Einwirkung von Kalkwasser 2200 : 1 (REM)

Der gemahlene Quarzsand ist *aktiv* an der Erhärtung beteiligt, so daß er nicht ausschließlich die Rolle eines inerten Zuschlagstoffes (wie im Zementbeton) spielt, sondern zum *Bestandteil des Zementsteins* (Kittstoffes) wird. Die Temperaturerhöhung beeinflußt sowohl die Löslichkeiten der Reaktionspartner (z. B. CaO – Tafel 4.22.) als auch die Autoprotolyse des Wassers (Bild 4.37.). Es entstehen igelartige Neubildungen aus CSH-Phasen an der Oberfläche der Quarzkörner (Bild 4.38.).

Da das *Ca(OH)$_2$*, das bei der Herstellung zugesetzt wird, sowie das bei der Hydratation des PZ freigesetzte Ca(OH)$_2$ durch die Umsetzung mit Quarzsand *vollständig gebunden* wird, ist der Korrosionsschutz von Bewehrungen nicht gesichert.

4.3.7. Gips und Anhydrit

Baugipse bestehen zu mindestens 50 M.-% aus Dehydratationsprodukten des Calciumsulfat-Dihydrates. Sie werden aus Rohgips (Gipsgestein oder Nebenprodukten der chemischen Industrie) durch Aufbereitungs- und Brennverfahren mit anschließender Mahlung hergestellt. Sie werden ohne werkseitig beigegebene Zusätze (Stuckgips, Putzgips) oder mit werkseitig beigegebenen Zusätzen (z. B. Fertigputzgips, Haftputzgips, Maschinenputzgips, Fugengips) verwendet. Die Zusätze sollen die Eigenschaften (z. B. die Haftung, Konsistenz, Ansteifungszeit) günstig beeinflussen. Baugipse erhärten nach der Zugabe von Wasser.

Über die wichtigsten wasserhaltigen und wasserfreien Formen des Calciumsulfats gibt Tafel 4.23. eine Übersicht. Bild 4.39. zeigt rasterelektronenmi-

Tafel 4.23.
Wasserfreie und wasserhaltige Phasen des $CaSO_4$

Formel	Bezeichnung	Bildung aus	Umwandlung in
$CaSO_4$	Anhydrit AI Hochtemperaturanhydrit	AII $>$ 1196 °C	$CaO + SO_3 >$ 1214 °C
$CaSO_4$	Anhydrit AII totgebrannter Gips enthalten im Estrichgips Mineral: Anhydrit	AIII $>$ 240 °C DH $\sim$ 300 ... 700 °C (im Rostbrandofen) DH $>$ 500 °C (im Drehofen)	AI $<$ 1196 °C
$CaSO_4$	Anhydrit AIII α-Anhydrit III	α-HH $>$ 180 °C	DH bei Hydratation
$CaSO_4$	Anhydrit AIII β-Anhydrit III löslicher Anhydrit Putzgips	β-HH $>$ 180 °C	A II $>$ 240 °C DH (schnelle Hydratation) HH (durch Luftfeuchte)
$CaSO_4 \cdot 1/2\,H_2O$	α-Halbhydrat α-HH Hartformgips	DH bei 160 ... 180 °C (im Selbstdämpfer) oder bei 110 ... 140 °C (im Autoklaven)	DH bei Hydratation
$CaSO_4 \cdot 1/2\,H_2O$	β-Halbhydrat β-HH Stuckgips auch in Putzgips Mineral: Bassanit	DH bei 130 ... 180 °C (im Drehrohr) DH bei 150 °C (im Gipskocher)	DH bei Hydratation
$CaSO_4 \cdot 2\,H_2O$.	Dihydrat DH Gipsstein Mineralien: Gips Alabaster Marienglas	HH und A III bei Hydratation	HH bei 130 ... 180 °C

kroskopische Aufnahmen von natürlichen und synthetischen Gips-Rohstoffen. Es existieren beim Halbhydrat zwei Formen, die als α-Halbhydrat (große, gut ausgebildete Kristalle z. B. im Hartformgips: Bild 4.40.a) und β-Halbhydrat (kleine, nadelige Kristalle z. B. im Stuckgips: Bild 4.40.b) bezeichnet werden. Bei der Hydratation (Erhärtung) von Halbhydrat und Anhydrit entsteht Dihydrat (Bild 4.40.c und d), wobei folgende Wärmemengen an die Umgebung abgegeben werden:

▶ $2(CaSO_4 \cdot 1/2\,H_2O) + 3\,H_2O \rightarrow 2(CaSO_4 \cdot 2\,H_2O)$;

$\Delta H_0 = -38{,}6$ kJ je Formelumsatz

▶ $CaSO_4 + 2\,H_2O \rightarrow CaSO_4 \cdot 2\,H_2O$;

$\Delta H_0 = -30{,}23$ kJ/mol

Es werden drei Arten der Anregung unterschieden:

1. Sulfatische Anregung
durch Alkalisulfate, z. B. $(NH_4)_2SO_4$, $FeSO_4$, $ZnSO_4$, $CuSO_4$

Dabei unterscheidet sich die Kationenwirksamkeit in folgender Reihenfolge:

$K^+ \geq Na^+ > NH_4^+ > Cu^{2+} > Fe^{2+} \geq Zn^{2+}$.

2. Basische Anregung
durch Alkalihydroxide $Ca(OH)_2$, Portlandzement

3. Saure Anregung
durch H_2SO_4, $KHSO_4$, $NaHSO_4$, $Al_2(SO_4)_3$, $Fe_2(SO_4)_3$.

In Gegenwart von Anregern läuft auch die Hydratation von A II zügig ab.
Natürlicher Anhydrit A II lagert im Laufe der Zeit allmählich Wasser an. Da hierbei eine *Volumenzunahme* von etwa 60 % eintritt, kommt es in Anhydritgebieten oft zu Verfaltungen und Rutschungen (Gefahr bei Kanal- und Tunnelbauten).
Stuckgips erstarrt bereits 10 ... 15 Minuten nach der Berührung mit Wasser; durch Zusätze wie Alaun, Leim, Zucker, Melasse, Milch, Zitronensäure, Soda u. a. wird der Verfestigungsprozeß verzögert, Zusätze wie feingemahlener Rohgipsstein, NaCl, K_2SO_4 oder KOH beschleunigen den Prozeß.
Stuckgips wird bei *Wasser-Gips-Werten* (Wasser-Gips-Faktor) von etwa 0,6 verarbeitet, Hartformgips bei 0,3 ... 0,35. Die *Druckfestigkeiten* (nach Trocknung) liegen beim β-Halbhydrat, z. B. Stuckgips bis maximal 10 N/mm^2 und beim α-Halbhydrat, z. B. Hartformgips bis maximal 50 N/mm^2.

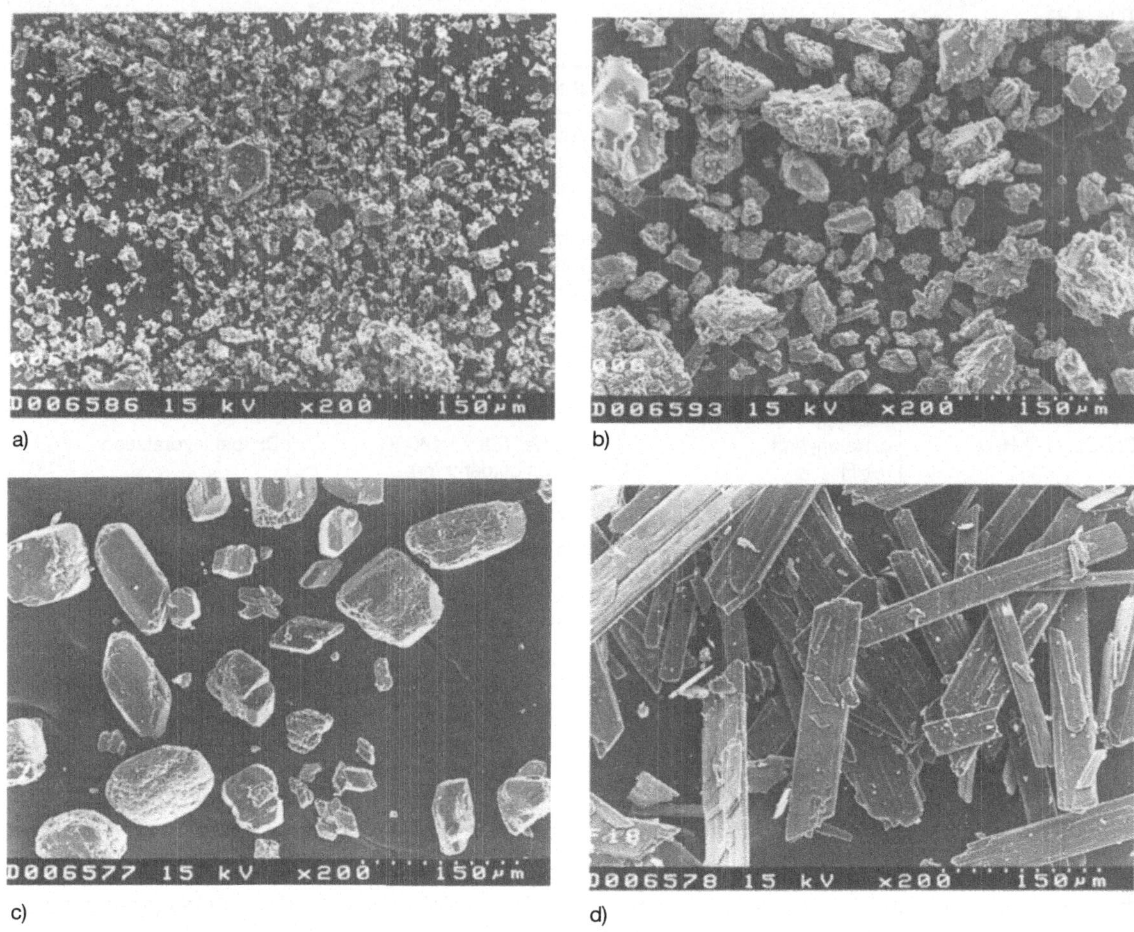

Bild 4.39.
Natürliche und synthetische Gips-Rohstoffe (nach H.-B. FISCHER)
a) Calciumsulfat-Dihydrat (Naturgips Iphofen, fein gemahlen, zur Herstellung von Stuckgips) 200:1
b) Calciumsulfat-Dihydrat (Naturgips Krölpa, grob gemahlen, zur Herstellung von Gipswandbauplatten) 200:1
c) Braunkohle-REA-Gips (Frimmersdorf) Dihydrat geeignet zur Herstellung von Gipsbindern; 200:1
d) Phosphogips (Südafrika) Dihydrat in dieser Form ungeeignet zur Herstellung von Gipsbindern; 200:1

Die *theoretische thermodynamische Stabilität* des Dihydrats besteht bis 107 °C, die des Halbhydrats bis 207 °C. Die Werte in der Praxis weichen davon jedoch erheblich ab (beginnende Entwässerung von natürlichem und REA-Gips >40 °C). Bei Verwendung einer gesättigten Gipslösung als *Zugabewasser* wird die Hydratation beschleunigt. Dieses Verhalten zeigt, daß bei der Hydratation eine Lösungsphase auftritt (Hydratation „über die Lösungsphase"). Ein Vergleich der *Löslichkeiten* der $CaSO_4$-Phasen zeigt (Bild 4.41.), daß bei der Dihydratbildung die Löslichkeit verringert wird (Hydratationsprodukt ist *schwerer löslich* als der Ausgangsstoff). Gipskörper weisen im erhärteten und ausgetrockneten Zustand ein feinporiges Gefüge auf, was ein hohes Wassersaugvermögen zur Folge hat (Wasseraufnahme bis zu 50 %). Da die Wasseraufnahme und -abgabe schnell erfolgen, besitzen Gipsflächen

- sehr gute bauphysikalische Eigenschaften bezüglich der Feuchtigkeitsaufnahme und -abgabe; hohes Wasserdampfspeichervermögen führt zu Behaglichkeit in Wohnräumen.

Darüber hinaus haben Gipsbaustoffe weitere Vorteile:

- schalldämmende und wärmeisolierende Eigenschaften
- feuerhemmende Wirkung
- ästhetische Wirkung (weiß, beliebig färbbar)
- gute Haftfestigkeit an Putzträgern.

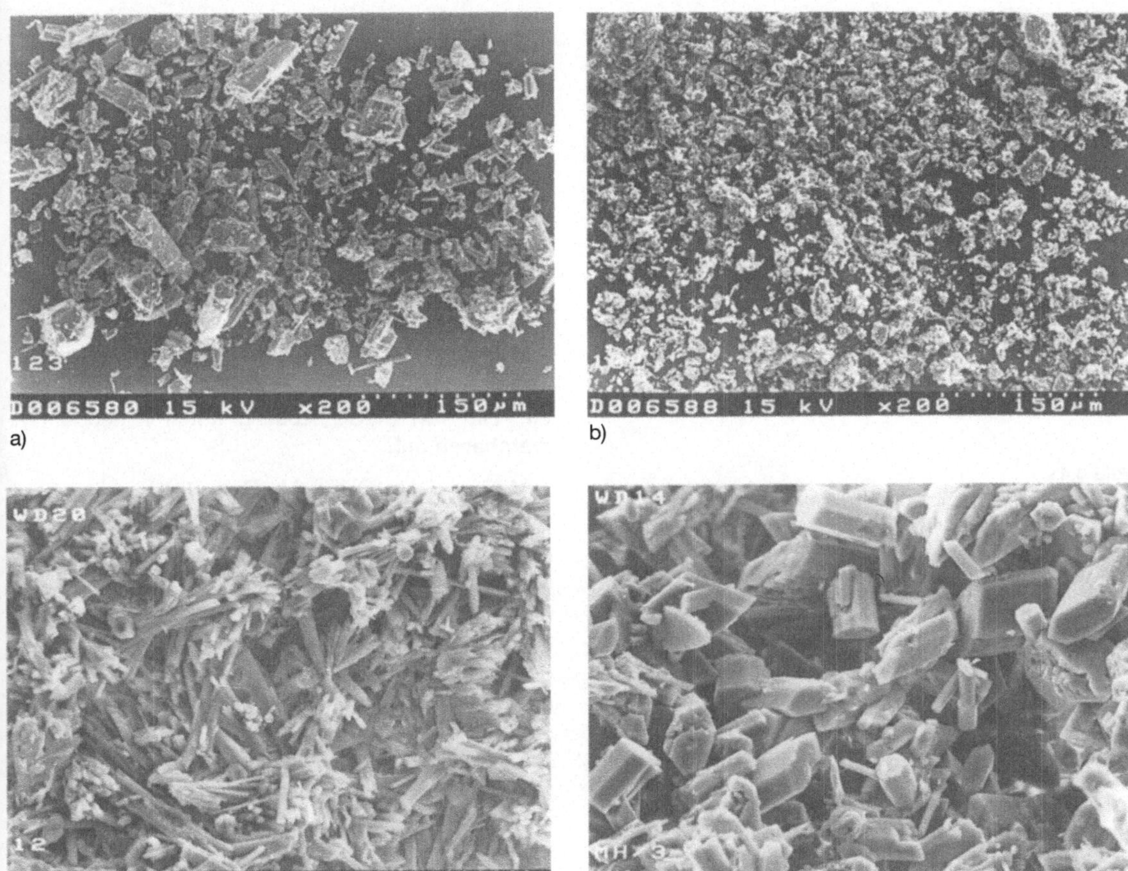

Bild 4.40.
Gipsbinder und Hydratationsprodukte
(nach H.-B. FISCHER)

a) α-Halbhydratbinder (Hartformgips) 200:1
b) β-Halbhydratbinder (Stuckgips) 200:1
c) Calciumsulfat-Dihydrat (aus β-Halbhydratbinder bei einem Wassergipswert von 0,6; 1000:1)
d) Calciumsulfat-Dihydrat (wie c, aber mit 0,1 % Zusatz von Knochenleim (Perlleim); 1000:1)

Letztere kann durch Zusatz klebender Komponenten, z. B. organische Leime, gesteigert werden (Ansetzbinder). Wird Gipsmörtel auf saugende Putzgründe aufgebracht oder als Fugenmörtel verwendet, so kann das Absaugen des Mischungswassers des Putzmörtels durch wasserretendierende Komponenten, z. B. Carboxymethylcellulose, verringert werden. Weitere spezifische Eigenschaften der Gipsbaustoffe, die bei ihrer Anwendung beachtet werden müssen, sind:

- bei Durchfeuchtung starker Festigkeitsrückgang
- Lösungserscheinungen bei Berührung mit fließendem Wasser
- fehlender Korrosionsschutz für Bewehrungsstahl (Gipslösung ist chemisch neutral).

Folgende charakteristischen Eigenschaften bestimmen das Wesen und damit die Verwendung des Baustoffes Gips:

- Relativ hohe Wasserlöslichkeit von etwa 2 g im Liter Wasser bei 18 °C (Anwendung: innen).
- Eine Gipslösung ist chemisch neutral und physiologisch unbedenklich.
- Gipsbaustoffe sind nicht brennbar und bieten darüber hinaus einen Feuerschutz durch Abspalten und Verdampfen des Wassers im Brandfall.
- Sulfationen wirken korrosionsfördernd.
- Bei Berührung von Gips mit hydraulischen Bindebaustoffen kann Sulfattreiben eintreten.

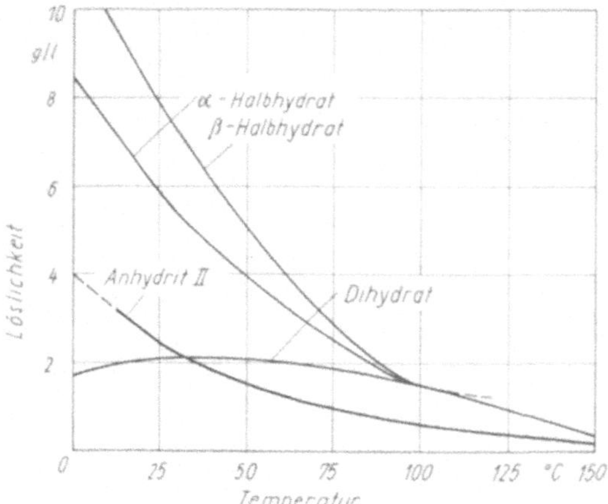

Bild 4.41.
Löslichkeit der Calciumsulfathydratphasen und des Anhydrits in Wasser in Abhängigkeit von der Temperatur

4.3.8. Magnesiabinder

Magnesiabinder (trockenes MgO/Magnesia-Pulver plus Mg-Salz-Lösung) ist ein *nichthydraulisches* Bindemittel, dessen Erhärtung auf der Bildung schwerlöslicher (basischer) Mg-Hydroxid-Salz-Hydrate (Bild 4.42.) beruht. Ein Kilogramm einer 30%igen $MgCl_2$-Lösung löst vorübergehend bis zu 30 g MgO auf, wobei eine *übersättigte Lösung* entsteht, aus der die bei Zimmertemperatur schwerlöslichen Mg-Hydroxidchlorid-Hydrate auskristallisieren. Schließlich bleiben nur noch 0,025% $MgCl_2$ in Lösung.

Wenn man leichtgebrannte, ungesinterte Magnesia mit konzentrierter $MgCl_2$-Lösung zu einer Paste anrührt, so verfestigt sich diese wegen der Bildung schwerlöslicher Verbindungen nach wenigen Stunden, wobei harte (Druckfestigkeit $>50\,N/mm^2$),

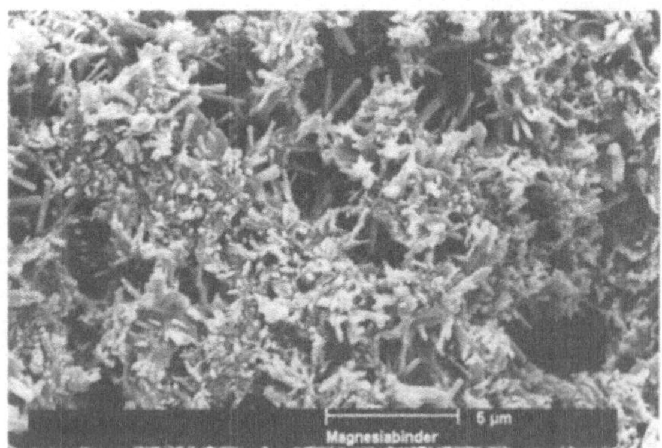

Bild 4.42.
Hydratisierter Magnesiabinder mit stäbchenförmigem Magnesiumhydroxidchlorid-hydrat

weiße und polierfähige Massen entstehen. Entscheidend für die Erhärtung ist die *Aktivität des MgO,* die durch Feinmahlung erhöht werden kann. MgO wird z. B. durch thermische Zersetzung von Chlormagnesium-Endlaugen der Kaliindustrie durch thermische Dissoziation von Magnesit gewonnen:

▶ $MgCl_2 \cdot H_2O \rightarrow MgO + 2\,HCl$
▶ $MgCO_3 \rightarrow MgO + CO_2$

Bei Verwendung von $MgCl_2$-Lösung kommt es zur Bildung folgender Hydratphasen:

- $MgCl_2 \cdot 5\,Mg(OH)_2 \cdot 8\,H_2O$ metastabil
- $MgCl_2 \cdot 3\,Mg(OH)_2 \cdot 8\,H_2O$ stabil

Im Falle von $MgSO_4$-Lösung treten folgende Hydratphasen auf:

- $MgSO_4 \cdot 5\,Mg(OH)_2 \cdot 3\,H_2O$ $(>50\,°C)$
- $MgSO_4 \cdot 3\,Mg(OH)_2 \cdot 8\,H_2O$ $(<50\,°C)$

Mit entsprechenden neutralen Füllstoffen werden aus diesen Massen künstliche Steine, fugenlose Fußböden (Estriche), Kunstmarmor, Holzwolle-Leichtbauplatten u. a. hergestellt. Allerdings weisen diese Materialien eine hohe *elektrische Leitfähigkeit* auf und sind gegen *heißes* Wasser nicht beständig. Auch liegt eine hohe Aggressivität gegen *Stahl* vor. Der im Kalibergbau verwendete *Salzbeton* wird aus 10 T. Steinsalz ($<100\,µm$) und 1 T. Magnesia als Zuschlag sowie Chlormagnesiaendlauge oder gesättigter NaCl-Lösung als Zugabeflüssigkeit hergestellt.

4.3.9. Wasserglasbinder

Konzentrierte Wasserglaslösungen (Alkalisilicatlösungen) erstarren beim Ansäuern infolge sofort eintretender *Gel-Bildung* der sich ausscheidenden *Kieselsäuren.*

In einer wäßrigen Natriumsilicatlösung liegen *hydrolytische Gleichgewichte* vor:

▶ $Na_2SiO_3 + 2\,H_2O \rightleftharpoons H_2SiO_3 + 2\,NaOH$

Die sich bildende Kieselsäure neigt zur *Kondensation* bzw. Polykondensation. Bereits in Wasserglaslösungen liegen deshalb schon höhermolekulare Kieselsäuren unterschiedlichen Kondensationsgrades vor.

Durch Einwirkung von Luft-CO_2 wird die Natronlauge allmählich gebunden:

▶ $NaOH + CO_2 \rightleftharpoons NaHCO_3$
▶ $NaOH + NaHCO_3 \rightleftharpoons Na_2CO_3 + H_2O$

Die dadurch bedingte erneute Einstellung des Gleichgewichts führt zu weiterer Bildung von Kieselsäure, die immer stärker kondensiert. Es tritt bei der Bildung hochmolekularer Metakieselsäuren Gel-Bildung ein und schließlich *Verfestigung* unter Entstehung stark verzweigter Polykieselsäuren.

Die Beschleunigung der Gel-Bildung und Verfestigung kann durch Zusatz von

- Säuren
- Verbindungen, die durch Hydrolyse Säuren bilden (Akzeleratoren)
- Hydroxiden, deren Metallionen mit Silicationen schwerlösliche Salze bilden,

erzielt werden. Als Beispiel für die Wirkungsweise eines Akzelerators soll die Reaktion mit Natriumsilicofluorid formuliert werden:

▶ $2\,Na_2SiO_3 + Na_2SiF_6 + 3\,H_2O \rightarrow 3\,H_2SiO_3 + 6\,NaF$

Bei der Verfestigung von Wasserglas durch Zusatz von $Al(OH)_3$, $Mg(OH)_2$, $Ca(OH)_2$, PbO oder wenigen Prozenten PZ kommt es zur Bildung schwerlöslicher Silicathydrate, z. B.:

▶ $x\,CH + SH + [y - (x + 1)]\,H \rightarrow C_xSH_y$

4.3.10. Phosphatbinder

Diese Binder gehören zum *Base-Säure-Typ*. Mischungen aus $Al(OH)_3$ und Phosphorsäure bzw. Al-Dihydrogenphosphat-Lösung reagieren unter Bildung von schwerlöslichem, tertiärem Al-Phosphat:

▶ $Al(OH)_3 + H_3PO_4 \rightarrow AlPO_4 + 3\,H_2O$
▶ $2\,Al(OH)_3 + Al(H_2PO_4)_3 \rightarrow 3\,AlPO_4 + 6\,H_2O$

Anstelle von $Al(OH)_3$ kann auch $Mg(OH)_2$ verwendet werden:

▶ $3\,Mg(OH)_2 + 2\,H_3PO_4 \rightarrow Mg_3(PO_4)_2 + 6\,H_2O$

Auch mit CuO, ZnO, SiO_2, TiO_2 und anderen Oxiden tritt Verfestigung ein, z. B.:

▶ $ZnO + H_3PO_4 + 2\,H_2O \rightarrow ZnHPO_4 \cdot 3\,H_2O$

Anstelle von Phosphorsäure können auch mit anderen Säuren, wie H_2SO_4 oder CH_3COOH, sowie mit mehrwertigen Alkoholen, wie Glykol, erhärtende Systeme des Base-Säure-Typs gebildet werden.

Aluminiumphosphatbinder werden zur Herstellung *feuerfester Betone* verwendet, wobei als Ausgangsmischung z. B. 9% Phosphorsäure (85%ig), 9% $Al(OH)_3$ und 82% Zuschlagstoffe (Korund, Sillimanit, Schamotte u. a.) dienen. Die Erhärtung erfolgt in der Regel nur bei Wärmebehandlung.

4.4. Chemie der keramischen Baustoffe

Zur Gruppe der keramischen Baustoffe zählen Mauerziegel (Voll- und Lochziegel), Dachziegel,

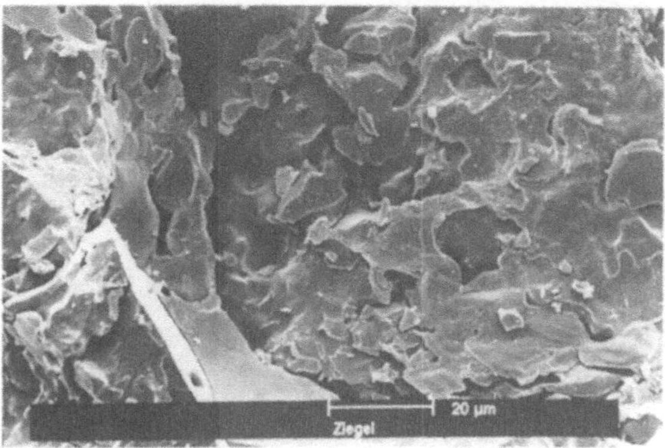

Bild 4.43.
Keramisches Produkt; zu erkennen ist die Glasphase mit hohem Porenanteil

Wandplatten, Fliesen, Kacheln, Porzellan und feuerfeste Erzeugnisse (Schamotte und hochfeuerfeste Steine). Die Keramikindustrie stellt durch *Verformung* von plastischen oder unplastischen Rohstoffen und anschließender *Verfestigung* bei hohen Temperaturen (Sinterung) eine Vielzahl von Bau- und Werkstoffen her. In keramischen *Sinterprodukten* liegen in der Regel feine Kristalle vor, zwischen denen sich glasige Bindesubstanz und Poren befinden (Bild 4.43.).

Als *Ausgangsstoffe* der Tonkeramik (Grobkeramik z. B. Mauerziegel, Feinkeramik z. B. Porzellan) dienen hauptsächlich *Tone,* die neben Quarz- und Feldspatanteilen als wesentlichen Bestandteil die *Tonmineralien* enthalten.

In den *Tonmineralien* wechseln sich Tetraederschichten (aus SiO_4-Tetraedern) mit Oktaederschichten (aus Al- bzw. Mg-Hydroxid) ab. Die Verknüpfung der Schichten erfolgt über gemeinsame

Bild 4.44.
Blättchenförmige Kaolinitkristalle
(nach BIMBERG) 15000:1 (REM)

Bild 4.45.
Röhrenförmige Halloysitkristalle
(nach BIMBERG) 15000:1 (REM)

Positionen beider Schichtarten; dabei werden Hydroxid-Positionen durch Sauerstoff der Tetraederschicht eingenommen. Wesentlich sind:

- Zweischichtmineralien (z. B. *Kaolinit*), in denen je eine Tetraederschicht mit einer Oktaederschicht verbunden ist, und
- Dreischichtmineralien (z. B. *Montmorillonit*), in denen die Oktaederschichten mit jeweils zwei Tetraederschichten verbunden sind.

Tone mit der Zusammensetzung des Kaolinits, in denen jedoch eine willkürliche Verschiebung der Schichtpakete gegeneinander vorliegt, bezeichnet man als *Fireclay*-Tone. *Halloysite* bestehen strukturell aus zu Röhrchen aufgerollten Schichten. Tafel 4.10. gibt eine Übersicht über die Grundformeln der Tonmineralien. Bild 4.44. zeigt blättchenförmige Kaolinitkristalle, Bild 4.45. röhrenförmige Halloysitkristalle.
Montmorillonite zeichnen sich durch starke innerkristalline Quellung bei Berührung mit Wasser aus. *Illite* sind glimmerartige Tonminerale wie auch die *Vermiculite,* die beim Erhitzen ziehharmonikaartig aufblähen.

Blähton, -schiefer als Zuschlag für die Herstellung von Leichtbeton ist ein Ton-Sinterprodukt, das beim Erhitzen infolge von Gasbildung ($2\,Fe_2O_3 \rightarrow 4\,FeO + O_2$; $\quad CaCO_3 \rightarrow CaO + CO_2$; $\quad CaSO_4 \rightarrow CaO + SO_3$; $\quad 2\,FeS_2 + 3\frac{1}{2}\,O_2 \rightarrow Fe_2O_3 + 2\,SO_2$; Zersetzung organischer Substanzen) aufbläht, wobei das Gas infolge verglaster Oberflächen zunächst nicht austreten kann.
Das *plastische Verhalten* keramischer Tone und Massen ist auf die große Oberfläche der Tonmineralien zurückzuführen, die bei Benetzung Wasser festhalten kann. Der durchschnittliche *Masseversatz* (Zusammensetzung der Rohmasse) eines normalen *Porzellans* (Hartporzellan) besteht aus 50% *Ton,* 25% *Quarz* und 25% *Feldspat*. Die wasserumhüllten Tonteilchen schmiegen sich um die Magerungsmittel Quarz und Feldspat und führen damit zur Plastizität.
Beim *Brennen* laufen mit steigender Temperatur die in Tafel 4.24. angegebenen Prozesse ab. Mauerziegel (Backsteine) werden bei $\approx 1000\,°C$, Mauerklinker bei $\approx 1350\,°C$, Hartporzellan wird bei $1370 \ldots 1470\,°C$ und Weichporzellan bei 1200 bis 1320 °C hergestellt.
Wesentlicher Bestandteil des Porzellans und Träger der Festigkeit ist das nadel- oder schuppenförmige Aluminiumsilicat *Mullit*. Wie das Diagramm in Bild 4.46. zeigt, ist Mullit die einzige Hochtemperaturverbindung im System $Al_2O_3-SiO_2$. Mullit erhöht die Feuerfestigkeit von *Schamotte* und deren Stabilität gegenüber dem Angriff von Schlacken oder Glasmassen. Im fertig gebrannten keramischen Material liegen im wesentlichen Mullit, Cristobalit und Glasphase vor, deren Anteile unterschiedlich sind: Porzellan enthält viel *Glasphase,* Ziegel wenig.
Beim Brennen von Ziegeln kann *Quarztreiben* auftreten, das auf die bei 575 °C stattfindende Umwandlung von Quarz in Hochquarz bzw. bei 870 °C eintretende Umwandlung von Hochquarz in Hochtridymit (Verringerung der Dichte) zurückzuführen ist.
Die keramischen Bau- und Werkstoffe werden traditionell eingeteilt in *Grobkeramik* (im Bruch sind ma-

Tafel 4.24.
Chemische Umsetzungen bei der thermischen Behandlung von Ton (Kaolinit)

Temperatur °C	Vorgang	Chemische Umsetzung
20 ... 200	Abgabe von freiem Wasser (Trocknen der Rohmasse)	
200 ... 450	Abgabe von adsorbiertem Wasser	
450 ... 600	Tonzersetzung, dabei Bildung von Metakaolinit	$Al_4(OH)_8Si_4O_{10} \rightarrow 2(Al_2O_3 \cdot 2\,SiO_2) + 4\,H_2O$
600 ... 950	Metakaolinitzersetzung, dabei Bildung einer reaktionsfähigen Oxidmischung	$Al_2O_3 \cdot 2\,SiO_3 \rightarrow Al_2O_2 + 2\,SiO_2$
1000 ... 1500	Bildung von Mullit, freies SiO_2 wird zu Cristobalit	$3\,Al_2O_3 + 2\,SiO_2 \rightarrow 3\,Al_2O_3 \cdot 2\,SiO_2\ (3/2\text{-Mullit})$

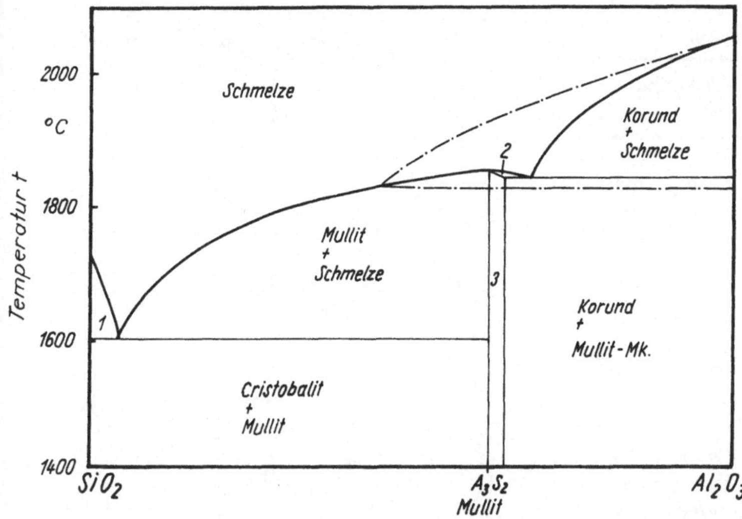

Bild 4.46.
System SiO_2–Al_2O_3 (S–A)

kroskopisch unterschiedliche Bezirke erkennbar) und *Feinkeramik* (Bruch erscheint makroskopisch homogen), in *Tongut* (Scherben porös, stark saugend) und *Tonzeug* (dicht gesinterter Scherben) sowie in *weißbrennend* (Porzellan) und nicht weißbrennend (Mauerziegel und -klinker).

Weitere keramische, aber nicht tonkeramische Produkte sind *feuerfeste Steine* (z. B. Magnesitsteine, die überwiegend aus MgO bestehen), *oxidkeramische* Werkstoffe (z. B. Al_2O_3) und *Hartstoffe* (z. B. SiC).

Siliciumcarbid SiC, eine bei 2700 °C schmelzende Substanz, ist in reinem Zustand farblos, technisches SiC ist durch Beimengungen glänzend grün, blau, schwarz oder rötlich gefärbt. In der Härte nähert es sich dem Diamant. Gegenüber Säuren ist SiC beständig, sogar in einem Gemisch aus rauchender Salpetersäure und konz. Salzsäure. In Gegenwart von Luft-O_2 wird es jedoch von Laugen angegriffen:

▶ $SiC + 4\,KOH + 2\,O_2 \rightarrow K_2SiO_3 + K_2CO_3 + 2\,H_2O$

SiC wird durch Sintern eines Gemisches aus *Koks, Quarzsand, Sägemehl* (zur Auflockerung der Masse für die Gasentwicklung) und *Kochsalz* (zur Bildung leichtflüchtiger Verbindungen mit Verunreinigungen) bei 1900 °C bis 2200 °C hergestellt:

▶ $SiO_2 + 3\,C \rightarrow SiC + 2\,CO; \quad \Delta H_0 = 540\,kJ/mol$

Wegen seiner *Härte* und *Verschleißfestigkeit* wird SiC als Schleif- und Poliermaterial (Carborundum) sowie zur Herstellung gleitsicherer Schichten auf Zementfußböden und Straßendecken, wegen seiner *elektrischen Leitfähigkeit* und *Temperaturbeständigkeit* in oxidierender Atmosphäre wird es für Heizleiter (Silitstäbe) bis 1500 °C und wegen seiner guten *Wärme-*leitfähigkeit und *Temperaturwechselbeständigkeit* als Material für Muffelsteine und Kapseln verwendet.

Glaskeramische Produkte, die über Glas als Zwischenzustand durch *gesteuerte Kristallisation* in Form polykristalliner Stoffe hergestellt werden, zeigen sowohl gegenüber dem Glas als auch gegenüber keramischen Stoffen überlegene Eigenschaften, z. B. höhere *Festigkeit,* größere *Temperaturschockbeständigkeit,* erhöhte *chemische Stabilität* und günstigere *elektrische Eigenschaften.* Während man bei der Glasherstellung und -verarbeitung bestrebt ist, Kristallisation zu vermeiden, da hierbei ein nicht verwertbares Glas entsteht, wird bei der Herstellung glaskeramischer Stoffe das Glas durch geeignete Maßnahmen in einen kristallinen oder teilkristallinen Stoff umgewandelt. Glaskeramische Produkte, die auch als *Vitrokerame* bezeichnet werden, werden in großem Maße aus Schlacken und Steinschmelzen hergestellt und für Platten, Rohre, Fliesen, Fassadenverkleidungen usw. verwendet.

4.5. Chemie der Baugläser

Zur Gruppe der Baugläser zählen Flachglas (Fenster-, Spiegel-, Guß-, Sicherheitsglas), Preßglas (Glasbausteine, Betonglas, Dachsteine), Faserglas und Schaumglas.

Glas ist ein fester, amorpher, homogener und meist lichtdurchlässiger Stoff, der geringe Leitfähigkeit für Wärme und Elektrizität sowie große Widerstandsfähigkeit gegenüber Luft, Wasser und anderen Stoffen besitzt. *Technisches Glas* ist eine auf feurigflüssigem Weg entstandene und nachher abgekühlte Schmelze aus *SiO_2, CaO und Na_2O.* Spezial-

Tafel 4.25.
Viskosität von Glas (für die Weiterverarbeitung)

Glas	Viskosität Pa · s
Schmelze	$1 \ldots 10$
Verarbeitung an der Glasmacherpfeife	$30 \ldots 100$
Verarbeitung vor der Gebläselampe	$10^4 \ldots 10^9$
Glas wird fest und spröde (Transformationspunkt)	$10^{12} \ldots 10^{13}$
Zimmertemperatur	$10^{17} \ldots 10^{19}$

gläser enthalten außerdem B_2O_3, Al_2O_3, BaO, K_2O, PbO oder färbende Substanzen, z. B. CoO (blau), Cr_2O_3 (grün) oder Cu_2O (rot).

Glas zeigt ein breites *Erweichungsintervall* anstelle eines scharfen Schmelzpunktes. Bei der Erstarrung einer Glasschmelze sind für die unterschiedliche Verarbeitung die in Tafel 4.25. angegebenen *Viskositätsbereiche* notwendig.

Glas als eine „unterkühlte Schmelze" anzusehen ist nur richtig im Erweichungsbereich.

Im erkalteten Zustand liegt im Glas keine regellose Anordnung vor, sondern eine Struktur aus größeren und kleineren geordneten Bezirken (Bild 4.47.). Wie elektronenoptisch nachgewiesen wurde (VOGEL), laufen bei der Abkühlung einer Glasschmelze außerdem Entmischungen ab, die als *Phasentrennung* bezeichnet werden. Dabei scheiden sich im Glas tröpfchenförmige Bezirke ab (Bild 4.48.), die sehr klein sind $(2 \ldots 60 \text{ nm})$ und eine andere Zusammensetzung als ihre Umgebung aufweisen. Das Glas ist trotzdem völlig blank und nicht getrübt.

Im Normalglas liegt ein *unregelmäßiges Netzwerk von* SiO_4-*Tetraedern* vor, die durch mehrwertige Metallionen zusammengehalten werden und zwischen denen die einwertigen Alkaliionen willkürlich eingelagert sind. Bei der Ausbildung der Glasstruktur werden in den raumvernetzten SiO_4-Tetraedern gemeinsame Si−O−Si-Bindungen gelöst, wobei *Na₂O* als *Flußmittel* und *CaO als Stabilisator* wirken:

$$\blacktriangleright \quad -\overset{|}{\underset{|}{Si}}-O-\overset{|}{\underset{|}{Si}}- + Na_2O \rightarrow$$

$$-\overset{|}{\underset{|}{Si}}-O-Na + Na-O-\overset{|}{\underset{|}{Si}}$$

$$\blacktriangleright \quad -\overset{|}{\underset{|}{Si}}-OH + HO-\overset{|}{\underset{|}{Si}}- + CaO \rightarrow$$

$$-\overset{|}{\underset{|}{Si}}-O-Ca-O-\overset{|}{\underset{|}{Si}}- + H_2O$$

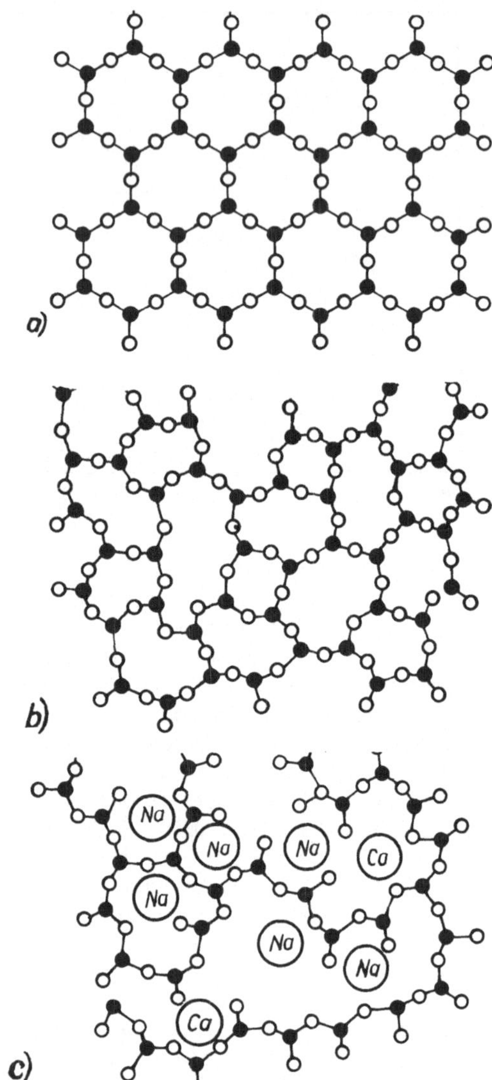

Bild 4.47.
Siliciumdioxid-Netzwerke in ebener Darstellung
a) regelmäßiges Netzwerk (Quarz)
b) unregelmäßiges Netzwerk (Kieselglas)
c) Struktur eines Natronkalkglases
(Die jeweils vierten Valenzen der Si-Atome ragen nach unten oder oben aus der Zeichenebene heraus und bewirken die Vernetzung mit Nachbarschichten)

Durch Metalloxide wird der relativ hohe Schmelzpunkt des Quarzes so weit gesenkt, daß ein *in der Gasflamme verformbares Material* entsteht. *Normalglas* der Zusammensetzung $Na_2O \cdot CaO \cdot 6\,SiO_2$ ist bei etwa 600 °C verformbar. Es wird aus SiO_2 (Quarzsand), Na_2CO_3 (Soda) und $CaCO_3$ (Kalkstein, Kreide, Marmor) bei Temperaturen von 1400 bis 1500 °C erschmolzen.

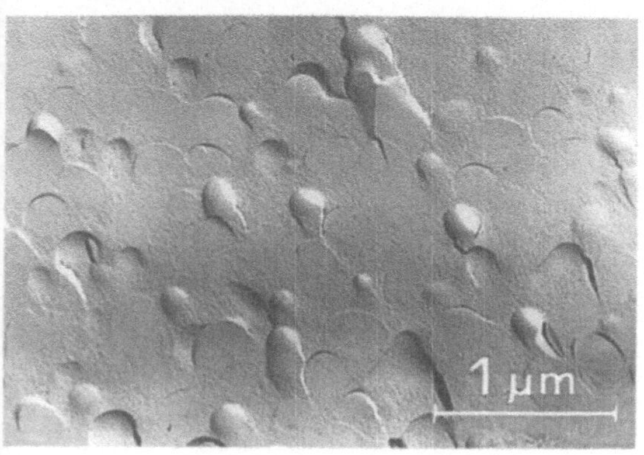

Bild 4.48.
Phasentrennung eines binär entmischten Glases des Systems $BaO-B_2O_3-SiO_2$ (nach VOGEL und REISS) (REM)
(Erhabene und vertiefte Entmischungsbezirke mit Bruchfahnen, die die Bruchrichtung bei der Präparation angeben)

Beim *Erhitzen* der Ausgangsmischung (Glasgemenge) treten mit steigender Temperatur folgende Reaktionen ein:

Silicatbildung
573 °C Quarz → Hochquarz
760...790 °C Bildung von $Na_2Ca(CO_3)_2$
790...900 °C Zersetzung der Carbonate, Bildung der Na-/Ca-Silicate (Bindung bis zu 90 % des SiO_2)

Glasbildung
>900 °C Bindung des restlichen SiO_2 mit Homogenisierung; Läuterung (Entfernung der Restgase H_2O, CO_2, SO_2 und N_2 mittels Luftdurchblasens oder Zusatz von Läuterungsmittel, z. B. KNO_3)

Die theoretische *Biegebruchfestigkeit* des Glases beträgt etwa 25000 N/mm². Praktisch liegen jedoch z. B. beim Fensterglas nur Biegebruchfestigkeiten von 5...15 N/mm² vor. Die Ursache für diesen Abfall ist durch die *Oberflächenbeschaffenheit* (Mikrorisse) begründet. Durch Behandeln z. B. mit Lithiumsalzschmelzen (chemische Verfestigung) kann die Festigkeit erheblich gesteigert werden (z. B. Ganzglastüren).
Unter *phototropen Gläsern* versteht man Gläser, die sich bei Einwirkung von Sonnenlicht (UV) dunkel färben und bei Unterbrechung der Bestrahlung wieder klar werden. Diese *reversible* chemische Reaktion beruht auf der Anwesenheit sehr kleiner (5...30 nm), lichtdurchlässiger *Silberchlorid*-Kristalle, aus denen bei UV-Bestrahlung metallische Silberatome und Chloratome abgespalten werden. Diese Reaktions-

produkte werden in der Glasstruktur festgehalten, so daß sie wieder miteinander unter Energieabgabe reagieren können *(Rekombination)*:

▶ $AgCl \rightleftharpoons Ag^0 + Cl^0$

Die entstehenden Ag-Atome (Farbzentren) bewirken eine *Dunkelfärbung* des Glases. Mit zunehmender Lichtintensität wird das Gleichgewicht nach rechts verschoben. Aus phototropem Glas werden Fensterscheiben hergestellt, die ihre Lichtdurchlässigkeit den jeweiligen Bedingungen anpassen.
Wärmestrahlenabsorbierende Gläser enthalten Zusätze von Eisen(II)-, Nickel- oder Kobaltoxid (schwach grünlich, blau bis grau), *wärmestrahlenreflektierende Gläser* sind auf einer Oberfläche mit einer superdünnen transparenten, aufgedampften Metallschicht (Gold, Kupfer und andere Metalle) versehen.
Sicherheitsgläser werden aus Flachglas durch eine besonders abgestimmte Kühlgeschwindigkeit (Einscheibensicherheitsglas mit inneren Spannungen) oder durch Verkleben mehrerer Scheiben mit klaren Kunststoffolien (Mehrscheibensicherheitsglas) erzeugt.

4.6. Chemische Einflüsse auf nichtmetallisch-anorganische Baustoffe und Korrosionsschutz

Baustoffschädigende Prozesse können chemischer Natur (Lösungen von Säuren, Laugen und Salzen, organische Stoffe, Abgase), physikalischer Natur (Wärme, Temperaturwechsel, insbesondere Frost-Tau-Wechsel, Wind, Staub) und/oder biologischer Natur (Mikroorganismen, Pilze, Algen usw.) sein.

4.6.1. Gesteinsbaustoffe/Natursteine

Natursteine werden überwiegend für Bekleidungen verwendet. Deshalb interessiert ihr Widerstand gegen Witterungseinflüsse. Diese wird besonders von ihrer stofflichen Zusammensetzung, ihrer Festigkeit, ihrer Struktur und Porosität (Porengröße, Porenverteilung, Gesamtporosität) bestimmt.
Silicatische Zusammensetzung, hohe Druckfestigkeit (>150 N/mm²) und geringe Porosität sind günstig. Eine niedrige Porosität erlaubt nur eine geringe Wasseraufnahme, damit wird die Aufnahme aggressiver Lösungen eingeschränkt und der Frost-Tau-Wechsel-Widerstand erhöht. Poren ≤0,05 mm steigern durch ihr kapillares Saugvermögen die Gefährdung.
Bei Verbindung von Natursteinelementen mit einem Bindemittel ist Kalkmörtel bzw. Kalk-Zementmörtel einem reinen Zementmörtel vorzuziehen. Natustei-

ne sind „lagerhaft" (natürliche Schichtung horizontal) zu verbauen.

Magmatite (Basalt, Granit, Syenit u. a.) werden in der normalen Standzeit von Bauwerken praktisch nicht angegriffen. Jedoch sind Ausnahmefälle bekannt, z. B. wird der Trachyt (Ergußgestein) des Kölner Doms durch die dortige Industrieatmosphäre erheblich geschädigt. Gefährdet sind die Gesteine, die deutliche Anteile Olivin $[(Mg, Fe)_2SiO_4]$ oder Pyrit (Schwefelkies FeS_2) enthalten, diese verwittern und lockern dabei den Gesteinsverband auf. Beispiel:

$$2\,FeS_2 + 5\,H_2O + 7^1/_2\,O_2 \rightarrow 2\,FeOOH + 4\,H_2SO_4\,.$$

Das $FeOOH$ verursacht Braunfärbung; Schwefelsäure kann wiederum zerstörend wirken.

Sedimentgesteine sind z. T. gut beständig (dichte Kalksteine, Grauwacken, quarzistisch gebundene Sandsteine), z. T. weniger gut witterungsbeständig: Tonhaltige Sandsteine können z. B. durch wasserquellende Tonmineralien wie Montmorillonit aufgelockert werden. Kalkgebundene Sandsteine können durch Lösung ihres Bindemittels in saurem Wasser (z. B. Regenwasser)

$$CaCO_3 + H_2CO_3 \rightarrow Ca(HCO_3)_2$$

ihren Zusammenhalt, ihre Festigkeit verlieren.

Metamorphite verwittern z. T. schnell, z. T. sind sie gut beständig. Zum Beispiel können Gneise und Glimmerschiefer, bedingt durch ihre lagige Struktur und ihren hohen Glimmergehalt, aufgelockert und zerstört werden. Quarzit, Dachschiefer und Marmor sind dagegen i. d. R. gut beständig (insbesondere, wenn sie geschliffen sind − geringere angreifbare Oberfläche).

Der **Schutz der Natursteine** erfolgt überwiegend durch **Imprägnierungen.** Diese bilden auf der Baustoffoberfläche keinen dichten, abdeckenden Film, dagegen sollen sie möglichst tief (mehrere mm) in den Baustoff eindringen. Hydrophobierende Imprägnierungen sollen

- das Eindringen von Wasser bzw. wäßrigen Lösungen in den Baustoff verhindern
- dabei aber die Wasserdampfdurchlässigkeit möglichst wenig mindern
- möglichst tief in den Baustoff eindringen
- UV-widerstandsfähig (z. B. bei Beton auch alkaliwiderstandsfähig) sein
- keine farbliche Veränderung verursachen und
- klebfrei auftrocknen.

Alle Bedingungen können von **Siliconharzen** und **Silanen** (s. Kap. 5.) erfüllt werden. Durch die Verhinderung des Wassereindringens bleibt der Wärmedurchlaßwiderstand (wichtig bei Wandbaustoffen im Hochbau, Heizkosten!) erhalten; auch das Eindringen angreifender Stoffe (z. B. Feuchtigkeit der Industrieatmosphäre) und gleichzeitig die Ausblühneigung werden gemindert; der Frost-Tau-Wechselwiderstand wird erhöht. Die Fassaden nehmen weniger Schmutz an, Schimmelbildung bzw. Moosbewuchs werden verhindert.

Die weitgehende Erhaltung der Wasserdampfdurchlässigkeit (Reduzierung nur um etwa 5…10 %) ist wesentlich für das Raumklima und zur Vermeidung von Feuchtigkeitsansammlungen „hinter" der Imprägnierung.

Die Eindringtiefe ist für die Haltbarkeit mit entscheidend. Sie ist abhängig von der Saugfähigkeit des Untergrundes sowie von der Größe der Moleküle und der Viskosität des Imprägniermittels. Die Molekülgröße spielt z. B. auch bei dichten Betonqualitäten eine wesentliche Rolle. Die imprägnierende Wirkung ist besser, wenn selbst auch nur geringe Bindemittelmengen in die Baustoffkapillaren tief eindringen, als wenn größere Bindemittelmengen nur oben auf dem Baustoff liegen. Das beste Eindringvermögen zeigen niedrigviskose Bindemittel kleiner Molekülgröße. Zum Erreichen einer niedrigen Viskosität muß ggf. stark verdünnt werden. Dies bedingt wiederum, daß evtl. mehrere Imprägnier-Arbeitsgänge nacheinander auszuführen sind, um genügend Bindemittel in den Baustoff einzubringen. Geeignete Verfahren sind dafür Fluten und Sprühen (mit niedrigem Druck).

Die Wirkung einer hydrophobierenden Imprägnierung zeigt Bild 4.49. im Vergleich mit einem unbehandelten sowie einem durch Oberflächenbeschichtung abgedichteten Bauteil.

Neben Natursteinen werden auch Putze, Kalksandsteine, keramische Produkte, Sichtbeton u. a. imprägniert. (Weiteres s. Kap. 5.5.).

Erfolgreichen Einsatz finden auch **Kieselsäureester mit hydrophoben Zusätzen.** Diese Stoffgemische werden besonders im Denkmalschutz zum Verfestigen und Hydrophobieren von Natursteinen verwendet (Marktbezeichnungen: z. B. Sandsteinverfestiger). Kieselsäureester hydrolysieren unter dem Einfluß der Luftfeuchtigkeit mit Hilfe von geeigneten Katalysatoren unter Abspaltung von Alkohol und bilden die instabile Kieselsäure, die in Siliciumdioxid übergeht. Die Reaktionen sind vereinfacht wie folgt zu formulieren:

$$Si(OCH_2CH_3)_4 \quad + 4\,H_2O$$
Kieselsäureester   Wasser

$$\xrightarrow{\text{Katalysator}} Si(OH)_4 + 4\,CH_3CH_2OH$$
      Kieselsäure   Ethylalkohol

$$Si(OH)_4 \quad \rightarrow SiO_2 \qquad + 2\,H_2O$$
Kieselsäure   Siliciumdioxid Wasser

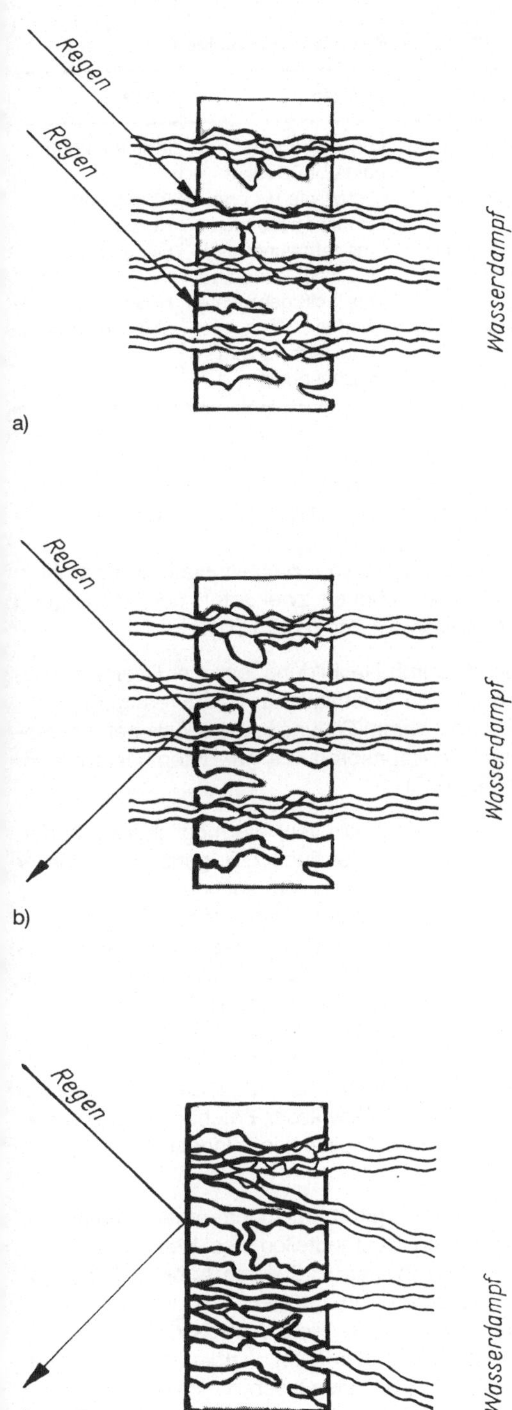

Bild 4.49.
Wirkung einer hydrophobierenden Imprägnierung im Gegensatz zu einem unbehandelten und einem beschichteten Baustoff
a) unbehandelt; b) imprägniert; c) beschichtet

Das entstehende SiO_2 dient als Bindemittel (quarzitisches Bindemittel), der Alkohol und das Wasser verdampfen. Werden dem Kieselsäureester Zusätze wie Alkyltrialkoxysilane zugesetzt, die unter den Reaktionsbedingungen zu Alkylpolysiloxanen reagieren, so wird gleichzeitig eine gute hydrophobierende Wirkung erreicht. Durch Zugabe von Lösungsmitteln, Katalysatoren und durch unterschiedliche Mischungsverhältnisse von Kieselsäureestern und Alkyltrialkoxysilanen können Reaktionsgeschwindigkeit, Eindringtiefe, Verfestigung und Hydrophobierwirkung gesteuert werden. Es sind anwendungsfertige Einkomponentensysteme und Zweikomponentensysteme im Gebrauch. Dem zu behandelnden Material wird durch Sprühen bis Fluten möglichst viel Imprägniermittel zugeführt. Tränkung bis zur völligen Sättigung ist z. T. erwünscht. Mehrmalige Behandlung ist z. T. erforderlich. Optimale Verarbeitungstemperaturen liegen zwischen 10 °C und 20 °C. Die Reaktionsdauer von Kieselsäureester und Alkyltrialkoxysilan zu Siliciumdioxid und Alkylpolysiloxane beträgt 10...20 Tage. Die Eindringtiefen sind abhängig von Imprägniermittel und Steinmaterial; sie können bis zu etwa 10 cm betragen. Entsprechend schwankt der Materialverbrauch etwa zwischen 2 und 10 kg/m². Erfolgreiche Anwendung ist bei saugfähigen, kapillaraktiven Baustoffen zu erwarten (z. B. Sandsteine, Kalksteine, Putze u. a.), dagegen ist naturgemäß der Erfolg gering bei dichten Baustoffen (z. B. Marmor).

Der Einsatz von *Wasserglas* hat nur noch eine geringe Bedeutung, zumal seine konservierende Wirkung umstritten ist wegen zu geringer Eindringtiefe und hoher Ausblühneigung. Die Reaktion verläuft nach der Gleichung:

$$K_2SiO_3 + n\,H_2O + CO_2 \rightarrow SiO_2 \cdot n\,H_2O + K_2CO_3$$

Das entstehende Kieselgel liegt fast nur als oberflächliche Kruste vor (sehr geringe Eindringtiefe); Ausblühungen durch Alkalicarbonate sind möglich.

4.6.2. Betonkorrosion

Beton weist unter normalen Umweltbedingungen auch auf Dauer einen sehr hohen Widerstand auf. Besondere, angreifende Bedingungen können jedoch zu Schädigungen führen. Dies gilt für Zementbeton ebenso wie für Zementmörtel.
Die Korrosion (chemische bzw. physikalisch-chemische Vorgänge) ist zu unterscheiden von der Erosion (mechanische Abtragungsvorgänge). Unter Betonkorrosion wird in der Regel der unbeabsichtigte schädigende chemische Angriff durch Stoffe (meist Flüssigkeiten), die dem Beton von außen zugeführt werden, verstanden. Schädigungsreaktionen kön-

Bild 4.50.
Mörtelprismen nach Lagerung in Wasser (unbeeinflußt), in verdünnter Säure (lösender Angriff) und in Sulfatlösung (treibender Angriff)

nen aber auch durch die Ausgangsstoffe des Betons (Zugabewasser, Zuschlag, Zement) verursacht werden. Nachstehend wird beides besprochen.

Der in der Regel leichter angreifbare Bestandteil des Betons (Zementstein – Zuschlag – Bewehrung) ist der Zementstein. Zur vollständigen Hydratation des Zementes sind theoretisch etwa 25 % Wasser für chemische Bindungen erforderlich, und weitere etwa 10 % Wasser werden physikalisch gebunden (bezogen auf das Zementgewicht, $W/Z \approx$ 0,35). Das darüber hinaus zugesetzte Zugabewasser verursacht nach der Erhärtung Kapillarporen. Je mehr überschüssiges, nicht gebundenes Wasser zugegen ist, um so poröser ist der Zementstein, um so größer wird die innere angreifbare Oberfläche und um so leichter können angreifende Lösungen und Gase in den Beton eindringen.

Folgerungen: niedriger W/Z-Wert, hoher Hydratationsgrad (lange feuchte Nachbehandlung) →

Tafel 4.26.
Verdächtige, den Beton angreifende Medien

Wässer	Böden	Gase
dunkle Färbung	ungewöhnlich gefärbte Böden:	Industrieabgase
fauliger Geruch	schwarze bis graue Böden, besonders	Abgase aus Kohlen- und
aufsteigende Gasblasen	mit rotbraunen Flecken; lichtgrau	Ölfeuerung
	bis weiß gebleichte	H_2S-haltige Gase
ausgeschiedene Salze	Böden unter schwarzem Humusboden	über Abwässern

geringe Kapillarporosität → geringe Wasserdurchlässigkeit (vgl. Bild 4.24.) → höhere Widerstandsfähigkeit.

Nach ihrem äußeren Erscheinungsbild und ihren Auswirkungen können zwei Arten der Schädigung unterschieden werden (Bild 4.50.):

- lösend: durch Neubildung löslicher Reaktionsprodukte an der Oberfläche (z. B. Säureangriff)
- treibend: durch Bildung schwerlöslicher voluminöser Reaktionsprodukte im Betoninneren (z. B. Sulfatangriff).

Tafel 4.26. enthält Medien, die möglicherweise den Beton angreifen; aber auch z. B. ganz klare Wässer können Betonkorrosion verursachen.

Da angreifende Medien nicht nach äußeren Kennzeichen eindeutig zu identifizieren sind, ist bereits bei dem geringsten Verdacht eine chemische Analyse (meist der wäßrigen Lösung/Wasser) erforderlich (ohne Feuchtigkeit kein Schaden!).

Angreifende Stoffe kommen in der Natur (saure Böden, Moorwasser, Grundwasser, Meerwasser u. a.) und Technik (Abwasser, Fruchtsaft- und chemische Betriebe, Molkereien, Industrieatmosphäre u. a.) vor.

Die **Geschwindigkeit** der chemischen Reaktionen zwischen den Bestandteilen des Betons und den angreifenden Stoffen wird durch **höhere Temperaturen** gesteigert. So müssen z. B. warme Grundwässer oder heiße Kondenswässer als stärker **betonschädlich** betrachtet werden als kalte. Außerdem wirken auf die Geschwindigkeit der Betonkorrosion die **Fließgeschwindigkeit** und der **Druck** der angreifenden Flüssigkeiten ein: stehendes oder nur langsam fließendes Wasser ist weniger betonschädigend; fließende Grund- und Sickerwässer können wegen der ständigen Erneuerung des Wassers stärker angreifen.

4.6.2.1. Lösende Betonkorrosion

Voraussetzungen: chemische Reaktionen an der Betonoberfläche, die schwerlösliche Verbindungen in leichtlösliche Neubildungen überführen. Diese werden abgetragen. Es entsteht zunächst eine „waschbetonartige" Oberfläche, aus der danach auch die Zuschläge ausbrechen. Lösender Angriff wirkt fast ausschließlich auf den Zementstein. Der Zuschlag, meist silicatisches Material, ist in der Regel beständig, lediglich Kalkstein und Dolomit können durch Säuren angegriffen werden. An der Bewehrung tritt in der Praxis keine lösende Korrosion auf.

Angriff durch Säuren

Der Angriffsgrad der Säuren ist von ihrer Stärke und ihrer Konzentration abhängig. Starke Säuren, vor allem Mineralsäuren, wie Salzsäure, Schwefelsäure und Salpetersäure, lösen alle Bestandteile des Zementsteins unter Bildung von Calcium-, Aluminium- und Eisensalzen sowie Kieselgel auf. Als Beispielreaktion kann gelten:

$3\,CaO \cdot 2\,SiO_2 \cdot 3\,H_2O + 6\,HCl$
Calciumsilicathydrat   + Salzsäure
schwer löslich

$\rightarrow 3\,CaCl_2$ $+ 2\,SiO_2$ $+ 6\,H_2O$
Calciumchlorid + Kieselgel + Wasser
leicht löslich

Schwache Säuren, etwa Kohlensäure und viele organische Säuren, wie Humussäure (im Erdboden pH < 6) und Milchsäure, bilden nur mit einigen Calciumverbindungen wasserlösliche Salze. Stärkere Schäden sind hier erst nach längerer Einwirkung zu erwarten.

Schwefelwasserstoff (H_2S, Geruch nach faulen Eiern) bildet sich bei Zersetzung organischer Stoffe, z. B. in Abwässern. In Wasser gelöst, ist er eine schwache Säure. Er kann z. B. in Abwasser-Betonrohren oberhalb des Wasserpegels von der Feuchtigkeit des Betons aufgenommen und u. U. zu Schwefelsäure oxidiert werden. In beiden Fällen ergibt sich überwiegend ein Säureangriff.

Auch SO_2-Gas, z. B. aus Verbrennungsabgasen, kann in Gegenwart von Feuchtigkeit in schwefelige Säure und durch Oxidation in Schwefelsäure übergehen. Auch hierdurch kommt es überwiegend zu einem Säureangriff:

$S + O_2 \rightarrow SO_2$

$SO_2 + 1/2\,O_2 + H_2O \rightarrow H_2SO_4 \,.$

Starke Säuren können in Abwässern auftreten, schwache Säuren in Molkereien, Moorwässern, Fruchtsaftbetrieben, Kellereien, Konservenfabriken und anderswo. Als Maßstab für die schädigende Wirkung der bisher besprochenen Säuren dient der pH-Wert.

Eine besondere Rolle spielt die Auslaugung durch *kalklösende Kohlensäure,* wobei es nach anfänglicher Verfestigung durch Bildung des schwerlösli-

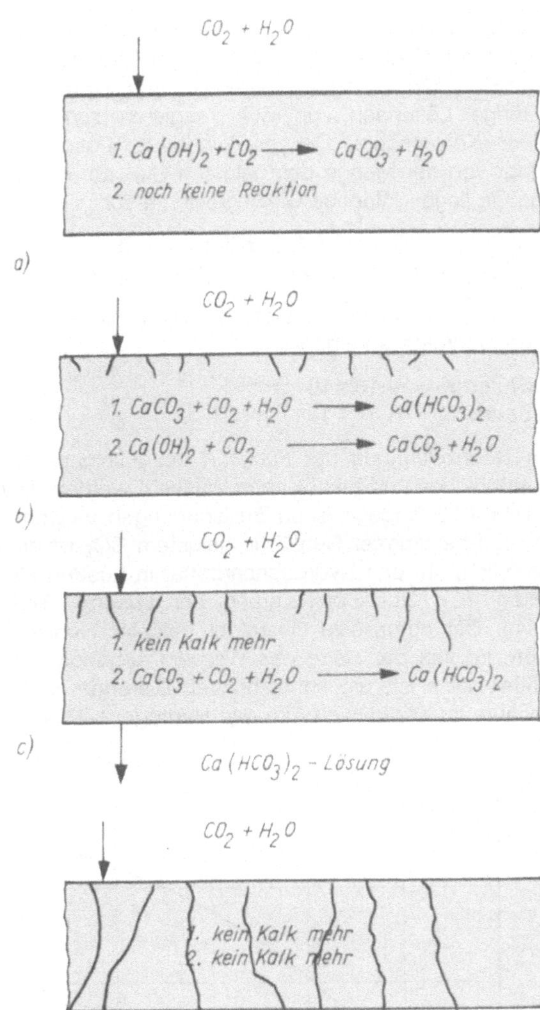

Bild 4.51.
Korrosion von Beton durch kalklösende Kohlensäure
a) Beginn der Einwirkung: $CaCO_3$-Bildung führt zu Festigkeitssteigerung
b) $CaCO_3$ wird durch Umwandlung zu $Ca(HCO_3)_2$ löslich
c) $Ca(HCO_3)_2$ wird aus dem Beton herausgelöst
d) Bei genügend langer Einwirkung kalklösender Kohlensäure treten durch den Kalkentzug Gefügelockerung und Zerstörung ein. Dabei werden auch CSH-Phasen angegriffen
1 äußere Bereiche; *2* innere Bereiche

chen Calciumcarbonats

▶ $Ca(OH)_2 + CO_2 \rightarrow CaCO_3 + H_2O$

bei weiterer Einwirkung CO_2-haltigen Wassers zur Bildung des *leichtlöslichen* Ca-Hydrogencarbonats kommt:

▶ $CaCO_3 + H_2O + CO_2 \rightarrow Ca(HCO_3)_2$

Dieses wird vom Sickerwasser aufgenommen und fortgeführt (Bild 4.51.), wobei der *W/Z*-Wert des Betons für die Abtragung wesentlich ist (Bild 4.52.). Wäßrige Lösungen von CO_2 reagieren *schwach sauer* (Kohlensäure). Der *p*H-Wert dieser Lösungen hängt von der Menge des gelösten CO_2 ab. In der Lösung liegen folgende Gleichgewichte vor:

• $H_2CO_3 + H_2O \rightleftharpoons H_3O^+ + HCO_3^-$ 1. Stufe
• $HCO_3^- + H_2O \rightleftharpoons H_3O^+ + CO_3^{2-}$ 2. Stufe

Für die *Dissoziationskonstanten* bei 20 °C werden folgende Werte angegeben:

1. Stufe: $K_1 = 4{,}16 \cdot 10^{-7}\,mol/l$
2. Stufe: $K_2 = 4{,}84 \cdot 10^{-11}\,mol/l$

Zur Kennzeichnung der *Funktion* der Kohlensäure in natürlichen und technischen Wässern werden die in Bild 4.53. angegebenen Bezeichnungen verwendet. Ein bestimmter Gehalt an gelöstem CO_2 ist erforderlich, um das Hydrogencarbonat in Lösung zu halten, d. h. zur Stabilisierung der Lösung (Bild 4.54.). Der aggressive Charakter gelöster Kohlensäure ist von der *Härte des Wassers* abhängig; je größer diese ist, um so mehr stabilisierende Kohlensäure ist erforderlich, um das Hydrogencarbonat

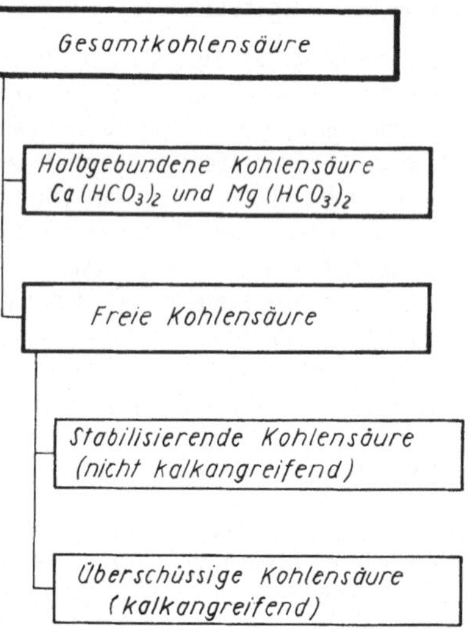

Bild 4.53.
Funktion der Kohlensäure bzw. des gelösten Kohlendioxids in natürlichen und technischen Wässern

in Lösung zu halten. Das bedeutet, daß in hartem Wasser erst ein höherer Gehalt an freier Kohlensäure schädigend wirkt als in weichem Wasser.
Hydrogencarbonate, die auch als „primäre" oder „saure" Carbonate bezeichnet werden, sind in Wasser *leicht löslich.* Die „sekundären" oder „neutralen" *Carbonate* sind mit Ausnahme der Alkalicarbonate in Wasser *schwer löslich.*
Neben $Ca(HCO_3)_2$ ist $Mg(HCO_3)_2$ für die temporäre Härte des Wassers verantwortlich. Durch einen CO_2-Gehalt im Wasser wird auch die Löslichkeit von $SrCO_3$ und $BaCO_3$ beträchtlich erhöht.

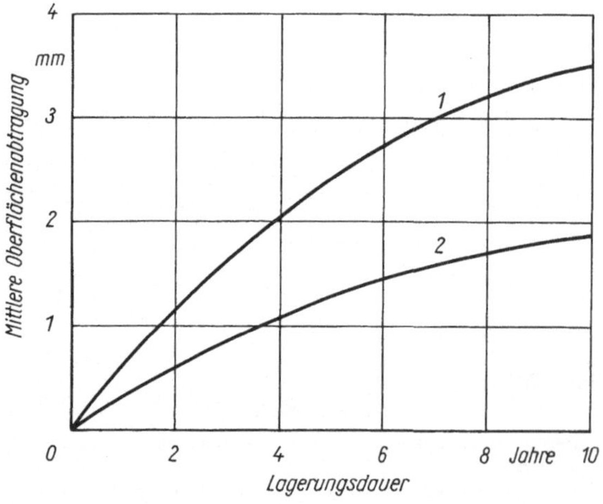

Bild 4.52.
Oberflächenabtragung von Mörtel bei Einwirkung kalklösender Kohlensäure (nach LOCHER und SPRUNG)
1 $Z = 350\,kg/m^3$; *W/Z* = 0,7; *2* $Z = 375\,kg/m^3$; *W/Z* = 0,5

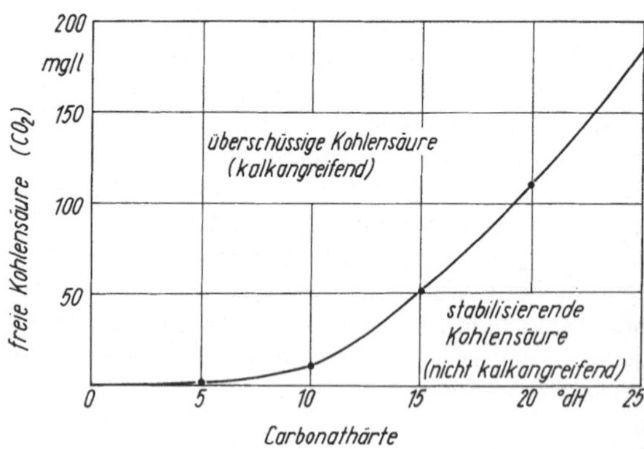

Bild 4.54.
Zusammenhang zwischen überschüssiger und stabilisierender Kohlensäure in Wasser

Je höher die Carbonathärte des Wassers, um so weniger der freien Kohlensäure steht für die Auflösung von $CaCO_3$ zur Verfügung

Beim Einleiten von CO_2 in Kalkmilch bei erhöhten CO_2-Drücken entsteht zunächst *Ca-Hydrogencarbonathydrat* $[Ca_3(CO_3)_2(OH)_2(H_2O)_{1,5}]$.

Diese Verbindung gibt bei 200 °C Wasser ab und zerfällt bei 380 °C in Portlandit $[Ca(OH)_2]$ und Calcit $(CaCO_3)$. Bei weiterem Einleiten von CO_2 entsteht sofort Calcit.

Wie alle sauren Salze spalten Hydrogencarbonate beim Erhitzen Wasser ab und gehen unter gleichzeitiger Abgabe von CO_2 in neutrale Carbonate über

▶ $2\,Me^IHCO_3 \rightarrow Me_2^ICO_3 + H_2O + CO_2$

Umgekehrt gehen Carbonate bei der Einwirkung von CO_2 und H_2O in Hydrogencarbonate über. Kalklösende Kohlensäure kann sich auf verschiedene Weise *bilden*. Während *organische Bestandteile* eines Wassers einem erhärteten Beton an sich nicht schaden, kann eine Betonschädigung eintreten, wenn die Möglichkeit einer *Zersetzung* gegeben ist, bei der infolge biologischen Abbaus CO_2-Entwicklung eintritt. Kalklösende Kohlensäure kommt häufig in weichen Grundwässern vor, z. B. in Gebieten mit magmatischen Gesteinen im Untergrund. Besonders hohe Konzentrationen treten erwartungsgemäß in Gebieten CO_2-haltiger Quellen (Kohlensäuerlinge) auf.

Die durch kalklösende Kohlensäure hervorgerufenen *Schäden* sind im allgemeinen nicht so beträchtlich, wie man auf Grund der jeweils vorliegenden CO_2-Konzentration annehmen könnte. Bei der *Untersuchung* angeblicher Zerstörung durch kalklösende Kohlensäure werden meist noch andere Ursachen festgestellt. Kalkstein-Zuschlag vermag diese Korrosion nicht zu unterbinden.

Durch Einwirkung von Luft-CO_2 wird Beton von der Oberfläche her carbonatisiert. Bei der *Betoncarbonatisierung* wird das bei der Hydratation der Ca-Silicate entstehende $Ca(OH)_2$ zu neutralem $CaCO_3$ umgesetzt. Das entstehende $CaCO_3$ hat zwar ein um etwa 10 % größeres Volumen als $Ca(OH)_2$, bei langsamer, gleichmäßiger Carbonatisierung (etwa bis 10 mm pro 10 Jahre) wird jedoch die Festigkeit beibehalten. Bei hohen CO_2-Gehalten der Luft (Küchen, Kinosäle, Ställe u. ä.) kann in Ausnahmefällen *zerstörende Carbonatisierung* eintreten, wobei größere Calcit- und Aragonit-Kristalle entstehen, die das Mikrogefüge des Betons sprengen.

Bei der Carbonatisierung des Betons sinkt der *pH*-Wert von rd. 12,5 auf Werte von 9 ... 10 ab, wodurch der Korrosionsschutz der Stahlbewehrung verlorengeht (s. Kap. 4.6.2.2.).

Angriff durch Laugen

Während Beton gegen nicht zu starke Laugen relativ beständig ist, sinkt die Beständigkeit bei der Einwirkung starker Laugen (z. B. >10%ige NaOH).

Angriff durch austauschfähige Salze

Bestimmte Magnesium- und Ammoniumsalze, z. B. die Chloride, reagieren mit dem Zementstein (nicht reagieren Ammoniumcarbonat, -oxalat und -fluorid). Sie wirken lösend, weil das Chlorid insbesondere mit dem Calciumhydroxid des Zementsteins leicht wasserlösliche Verbindungen bildet, die weggeführt werden. Magnesium kann sich als Hydroxid (weiche, gallertartige Masse) außen oder innen abscheiden und dabei u. U. auch zu Treiberscheinungen führen. Ammoniak entweicht gasförmig. Die Wirkung ist der von Säuren ähnlich. Austauschreaktionen Mg^{2+}, $NH_4^+ \rightleftharpoons Ca^{2+}$.

Beispielreaktionen:

- $CaCO_3 + 2\,NH_4OH \rightarrow Ca(OH)_2 + (NH_4)_2CO_3$
- $CaCO_3 + 2\,NH_4Cl \rightarrow CaCl_2 + (NH_4)_2CO_3$

Angriff durch weiches Wasser

Je weicher das Wasser ist, desto weniger Calcium- und Magnesiumsalze enthält es gelöst, um so mehr dieser Salze kann es aber auch noch lösen, z. B. aus Beton. So kann durch sehr weiches Wasser (unter 3 °d $\hat{=}$ 1,1 mval Gesamthärte) die Oberfläche des Betons angegriffen werden. Dabei wird das bei der Erhärtung entstandene und durch Hydrolyse entstehende $Ca(OH)_2$ ausgelaugt und dadurch der Porenraum des Betons vermehrt sowie das Gefüge geschwächt. (Sachgemäß dicht hergestellter Beton ist aber auch gegen sehr weiches Wasser praktisch beständig.)

Angriff durch Fette und Öle

Nur organische (pflanzliche und tierische) Fette und Öle lassen einen Angriff auf Beton erwarten. Sie enthalten alle kleinere oder größere Anteile freier Fettsäuren, die wie andere schwache Säuren den Beton angreifen. Außerdem können auch die gebundenen Fettsäuren mit den Calciumverbindungen des Zementsteins unter Bildung von Calciumsalzen der Fettsäuren (Ca-Seife) und Glycerin reagieren. Diese Spaltung des Fettes (Verseifung) bewirkt ein Aufweichen und Auflockern des Betons:

Fettsäure-Glycerid (Ester) $+ Ca(OH)_2$

$\rightarrow$ Ca-Seife $+$ Glycerin.

Mineralöle und -fette (vorwiegend Kohlenwasserstoffe) sind nicht betonangreifend, vorausgesetzt,

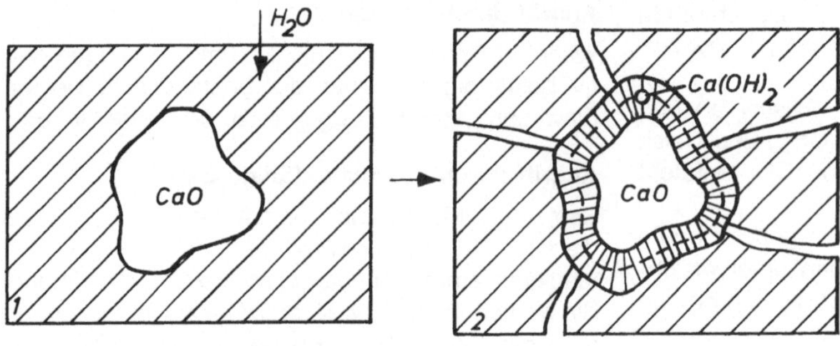

Bild 4.55.
Kalktreiben

1 CaO (z. B. Freikalk) im erhärteten Mörtel oder Beton
2 Sprengwirkung bei allmählicher Hydratation zu $Ca(OH)_2$

sie enthalten keine Säuren oder andere Verunreinigungen. Ist Beton von Fetten und Ölen völlig durchtränkt, so werden die Festigkeit und der Haftverbund mit der Stahlbewehrung vermindert (Festigkeitsminderung $\sim$25 %).

4.6.2.2. Treibende Betonkorrosion

Umsetzungen, die zu voluminösen Neubildungen im noch plastischen Stadium führen, sind in der Regel unbedenklich, da ein Ausweichen möglich ist. Im festen Zustand ist dagegen kein ungehindertes Ausweichen gegenüber voluminösen Neubildungen im Inneren eines Bauteiles möglich, schädliche Treiberscheinungen können auftreten. Die Voraussetzungen für Rißbildungen durch Treiben im erhärteten Beton sind:

- chemische Reaktionen im Inneren des Bauteiles
- Volumen der Neubildung > Volumen der festen Ausgangsstoffe im erhärteten Beton. (Flüssige und gasförmige Stoffe sind nicht zu berücksichtigen, da sie durch das Porensystem zugeführt werden.)
- entstehende Spannungen > Festigkeit des Baustoffes.

Treibvorgänge im Beton wirken im allgemeinen stärker zerstörend als Lösungserscheinungen. Sie können durch Reaktionen des Zementsteins, des Zuschlages und der Bewehrung verursacht werden.

Ursache Zementstein

Kalktreiben

Die Reaktionsfähigkeit des Calciumoxids nimmt mit steigender Brenntemperatur ab (vgl. Bild 4.33.). Enthält bei 1400 ... 1500 °C hergestellter Portlandzementklinker freien Kalk, so hydratisiert dieser bei der Erstarrung nicht schnell genug. Die nicht hydratisierten Kalkanteile liegen damit im festen Mörtel oder Beton noch vor. Beim Eindringen von Feuchtigkeit findet eine allmähliche Hydratation des CaO statt,

$$CaO + H_2O \rightarrow Ca(OH)_2 ,$$

wobei eine Volumenzunahme auf das Doppelte eintritt, wie die Dichten zeigen: CaO 3,35 g/cm^3; $Ca(OH)_2$ 2,24 g/cm^3. Diese führt bei >2% Freikalk im Klinker zu Sprengwirkungen und damit zu Gefügeschädigungen (Bild 4.55.).

Magnesiatreiben

Magnesiatreiben tritt ein, wenn der Zementklinker mehr als 5 M.-% MgO enthält. Etwa 2,5 M.-% MgO können die Klinkerphasen in fester Lösung aufnehmen, der Rest liegt als Periklas vor. Bei der Einwirkung von Wasser reagieren Periklaskristalle nur sehr langsam unter Bildung von $Mg(OH)_2$ (Bild 4.56.):

$$MgO + H_2O \rightarrow Mg(OH)_2 .$$

Ähnlich wie beim Kalktreiben beruht die Sprengwirkung auf der Dichteabnahme bzw. der

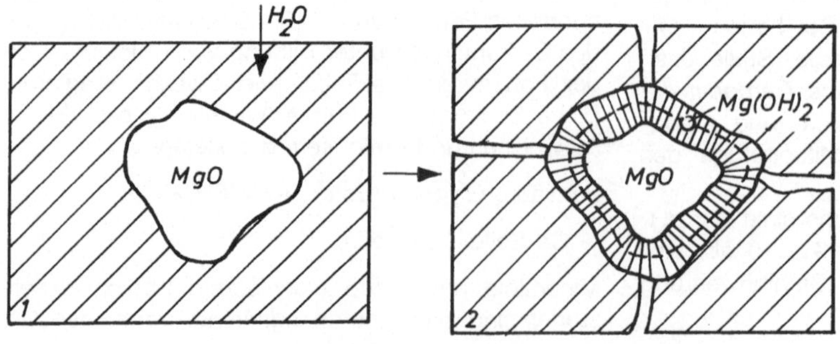

Bild 4.56.
Magnesiatreiben

1 MgO (Periklas) im erhärteten Mörtel und Beton
2 Sprengwirkung bei allmählicher Hydratation zu $Mg(OH)_2$

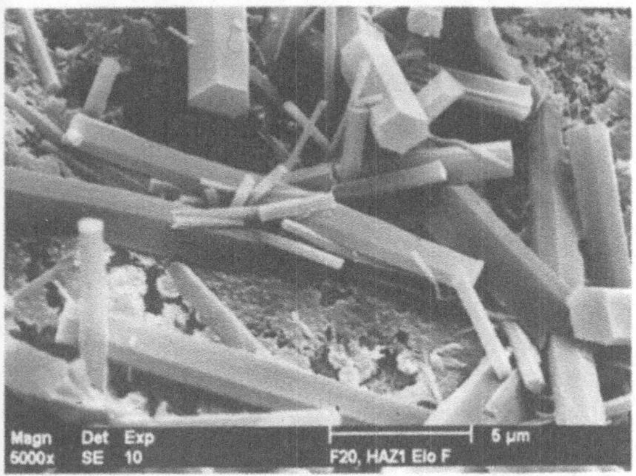

Bild 4.57.
Ettringit-Kristalle

2,2fachen Volumenzunahme beim Übergang vom Oxid (MgO 3,58 g/cm^3) zum Hydroxid (Mg(OH)$_2$ 2,36 g/cm^3).

Treiben durch Mg-Salzlösungen

Beim Eindringen Mg^{2+}-haltiger Wässer (z. B. MgCl$_2$-, MgSO$_4$-Lösungen u. a.) in Beton, z. B. bei Verwendung von „Magnesiumlauge" zur Schnee- und Eisbeseitigung auf Betonstraßendecken, kommt es zur Bildung von Mg(OH)$_2$, das schwerer löslich ist als Ca(OH)$_2$:

▶ $MgSO_4 + Ca(OH)_2 + 2\,H_2O$

$\rightarrow CaSO_4 \cdot 2\,H_2O + Mg(OH)_2$

Die Dichten der beteiligten Stoffe sind:

* Ca(OH)$_2$ 2,24 g/cm^3
* CaSO$_4$ · 2 H$_2$O   2,32 g/cm^3
* Mg(OH)$_2$ 2,36 g/cm^3

Da bei dieser Umsetzung aus einem Mol Ca(OH)$_2$ im Betongefüge je ein Mol CaSO$_4$ · 2 H$_2$O und Mg(OH)$_2$ entstehen, tritt eine Volumenvermehrung ein, die Sprengwirkungen zur Folge hat. In diesem Falle liegt eine Treiberscheinung vor, die wegen der

Gipsbildung auch als Sulfattreiben bezeichnet werden kann. Bei der Einwirkung von MgCl$_2$ bilden sich voluminöses Magnesiumhydroxidchloridhydrat (Mg$_2$(OH)$_3$Cl · 4 H$_2$O) und Mg(OH)$_2$.

Sulfattreiben

Wirken auf erhärteten Beton oder Mörtel sulfathaltige Lösungen ein, so kommt es in Gegenwart von Calciumaluminat bzw. Calciumaluminathydraten zur Bildung des sehr kristallwasserreichen Trisulfates (Ettringit), z. B. nach der Gleichung:

$3\,CaO \cdot Al_2O_3 + 3(CaSO_4 \cdot 2\,H_2O) + 26\,H_2O$

$\rightarrow 3\,CaO \cdot Al_2O_3 \cdot 3\,CaSO_4 \cdot 32\,H_2O\,.$

Bild 4.57. zeigt nadelförmige Ettringit-Kristalle. Beim Übergang von C$_3$A in Trisulfat vergrößert sich das Molvolumen von 88,8 cm^3 auf 714,7 cm^3, auf das Sieben- bis Achtfache. Bei sehr hohen Sulfatkonzentrationen (etwa >1 200 mg SO$_4^{2-}$/l) kann sich auch aus einer Calciumhydroxidlösung des erhärteten Betons Gips ausscheiden, der ebenfalls treibend wirkt, z. B.:

$Ca(OH)_2 + Na_2SO_4 + 2\,H_2O$

$\rightarrow CaSO_4 \cdot 2\,H_2O + 2\,NaOH\,.$

Die *Dichten* der beteiligten Stoffe sind

* CaSO$_4$ · 2 H$_2$O   2,32 g/cm^3
* Trisulfat   1,73 g/cm^3

Infolge der Dichteabnahme während der Umsetzungen tritt eine Volumenvergrößerung ein, die zu der als Sulfattreiben oder Gipstreiben bekannten Erscheinung führt. In Bild 4.58. ist der Vorgang schematisch dargestellt. Bild 4.59. zeigt durch Ettringitbildung erzeugte Risse im Beton. Starkes Trisulfattreiben tritt ein, wenn gips- oder anhydrithaltiger Zuschlag verwendet wird. (Betonzuschlag nur mit <1 % SO$_3$ ist zugelassen.) Schädigende Sulfate stammen vorwiegend aus wäßrigen Lösungen (Grundwasser, Abwasser, Moorwasser u. a.). Sulfatlösungen dringen infolge ihres hohes Benet-

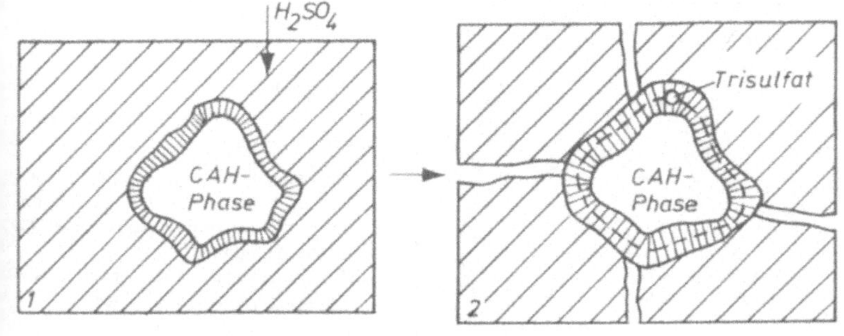

Bild 4.58.
Sulfattreiben

1 C$_3$A oder CAH-Phase (z. B. C$_4$AH$_{13}$) in Mörtel oder Beton
2 Sprengwirkung bei der Bildung von Gips oder Trisulfat (Ettringit)

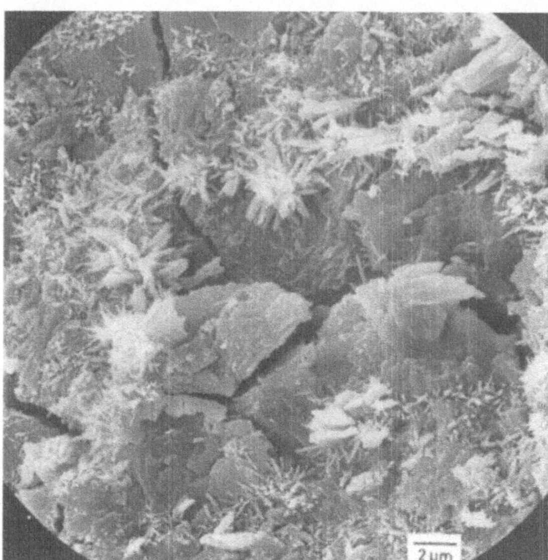

Bild 4.59.
Risse im Beton/Zementstein durch Ettringitbildung

zungsvermögens schnell und tief in den Beton ein. Schutzmaßnahme: Anwendung von HS-Zement (s. S. 105, 143).

Enthalten Ziegel lösliche Sulfate, so werden diese bei Durchfeuchtung infolge Regen aus einem auf dem Mauerwerk befindlichen Kalkputzes herausgelöst. Bei der nun folgenden Reaktion der SO_4^{2-}-Ionen mit den Ca^{2+}-Ionen des Kalkputzes bildet sich $CaSO_4 \cdot 2\,H_2O$, das infolge der dabei eintretenden Volumenvermehrung zum Absprengen des Putzes führen kann.

Auch Fugenmörtel aus Zement oder Kalk entsprechenden Ziegelmauerwerkes kann geschädigt werden.

Sulfatschäden können auch eintreten, wenn der Betonzuschlag FeS_2 (Pyrit), FeS (Magnetkies) oder andere Sulfide enthält, die durch allmähliche Oxidation in Sulfate übergehen. Der hohe SO_2-Gehalt in der Atmosphäre über Großstädten und Industriege-

bieten wirkt als Baustoffschädiger. SO_2 wird bei Anwesenheit von Luft, Feuchtigkeit, Rauch und Staub zu Schwefelsäure oxidiert:

▶ $SO_2 + H_2O + 1/2\,O_2 \rightarrow H_2SO_4$

Ursache Zuschlag

Entweder der Zuschlag enthält Stoffe wie Freikalk (z. B. in Schlacken) oder Sulfate (z. B. in manchen natürlichen Zuschlägen), die zu den unter „Ursache Zementstein" bereits besprochenen Schädigungen führen können, oder es treten die nachstehend erwähnten Reaktionen auf.

Alkalireaktion mit kieselsäurehaltigem Zuschlag

Enthalten die Betonzuschläge amorphe oder schlecht kristallisierte Kieselsäure und die Zemente erhebliche Alkaligehalte, so kommt es zu Treiberscheinungen, die als Alkalitreiben oder Alkali-Kieselsäure-Reaktion bezeichnet werden. Dabei bilden sich Alkalisilicat-Gele, die unter Wasseraufnahme quellen. Diese Gele vermindern die Festigkeit und können zur vollständigen Zerstörung des Betons führen (Bild 4.60.).

Erkennungszeichen dieser Alkalireaktion sind ringförmige, weiße Ausblühungen, besonders an Abplatzungsstellen, sowie weiße Geltropfen und netzartige Risse. Reaktionsschema:

> kieselsäurehaltiger Zuschlag + Alkalihydroxid
> (amorphes oder schlecht kristallisiertes   (in Porenlösung des
> SiO_2, z. B. Opal, Flint)   Betons aus Zement)
>
> $\xrightarrow{\text{Feuchtigkeit}}$ Alkalisilicat-Gel
> (voluminös, treibend,
> frühzeitige Bildung)

Einflußfaktoren auf die Alkalireaktion mit kieselsäurehaltigem Zuschlag sind:

* *Zuschläge:*
  Insbesondere sind als alkaliempfindliche Zuschläge zu nennen: Opal, Flint, Feuerstein, Chalcedon (Tafel 4.27.). Auch mit kieseligen Kalksteinen und

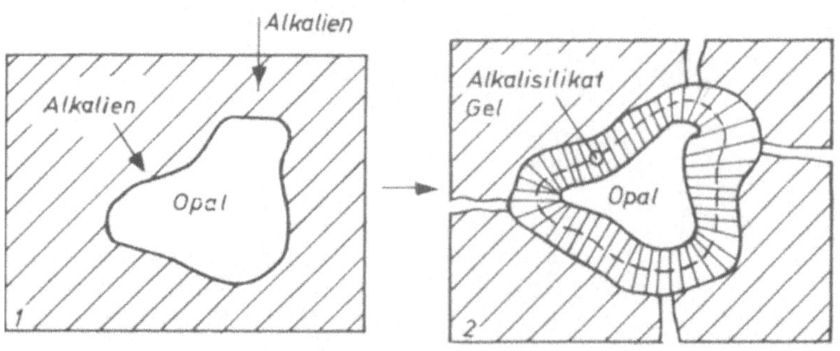

Bild 4.60.
Alkalitreiben mit kieselsäurehaltigem Zuschlag

1 Betonzuschlag, der amorphe Kieselsäure enthält, wird von eindringenden oder im Zement enthaltenen Alkalien angegriffen
2 Sprengwirkung infolge Bildung und Quellung von Alkalisilicat-Gel

Tafel 4.27.
Beurteilung der Alkaliempfindlichkeit von Betonzuschlag anhand seines Gehalts an Opalsandstein, anderen opalhaltigen Gesteinen und an reaktionsfähigem Flint

Bestandteile	Grenzwert in Gew.-% für die Empfindlichkeitsstufen		
	unbedenklich	bedingt brauchbar	bedenklich
Opalsandstein + andere opalhaltige Gesteine[1]) über 1 mm	$<$0,5	0,5 ... 2,0	$>$2,0
Reaktionsfähiger Flint über 4 mm	$<$3,0	3,0 ... 10,0	$>$10,0
5 × (Opalsandstein + andere opalhaltige Gesteine) + reaktionsfähiger Flint	$<$4,0	4,0 ... 15,0	$>$15,0

[1]) einschließlich reaktionsfähiger Flint 1 ... 4 mm

Dolomiten, glashaltigen vulkanischen Gesteinen und sogar mit manchen Graniten, Grauwacken, Basalten und Schiefern wurden Reaktionen beobachtet.

- *Zement:*
Steigender Alkaligehalt erhöht die Reaktionsbereitschaft. Für eine schädigende Alkalireaktion ist ein Mindestalkaligehalt im Beton Voraussetzung ($>$3 kg Na_2O-Äquivalente pro m^3 Beton). Dieser Wert wird bei Praxisbedingungen ($<$500 kg Zement/m^3 Beton) bei Anwendung von NA-Zement nicht erreicht (Tafel 4.28.).

- *Umwelt:*
Beurteilung der Umweltbedingungen

trocken:
Betonbauteile, die während der Nutzung weitgehend trocken bleiben, wie z. B. in Innenräumen und bei Schutz vor Feuchtigkeitszutritt nach außen

Tafel 4.28.
Zemente mit niedrigem wirksamen Alkaligehalt (NA-Zemente)

Zement	Gesamtalkaligehalt	Hüttensandgehalt
	Gew.-% Na_2O-Äquival.	Gew.-%
CEM I	$\leq$0,60	–
CEM III/A	$\leq$1,10	$\geq$50
CEM III/B	($\leq$2,00)	$\geq$66

Tafel 4.29.
Vorbeugende Maßnahmen gegen schädigende Alkalireaktionen im Beton

Alkaliempfindlichkeit des Zuschlags	Umweltbedingungen		feucht + Alkalizufuhr von außen
	trocken	feucht	
unbedenklich	keine	keine	keine
bedingt brauchbar	keine	NA-Zement[1])	NA-Zement
bedenklich	keine	NA-Zement	Austausch des Zuschlags[2])

[1]) nur bei Beton der Festigkeitsklassen B35 und höher
[2]) nur bei Beton der Festigkeitsklassen B35 und höher, andernfalls NA-Zement

feucht:
Betonbauteile, die während der Nutzung häufig bzw. für lange Zeit feucht werden, in der Regel Außenbauteile mit Feuchtigkeitszutritt, wie z. B. des Brückenbaues, des Wasserbaues und des Grundbaues

feucht plus Alkalizufuhr von außen:
wie bei „feucht", jedoch mit Alkalizufuhr von außen, wie z. B. bei langandauernder Einwirkung größerer Mengen von Meerwasser oder Tausalzlösungen.

Die erforderlichen vorbeugenden Maßnahmen gegen schädigende Alkalireaktion enthält Tafel 4.29. (entnommen aus „Vorläufige Richtlinie des DAfStb für vorbeugende Maßnahmen gegen schädigende Alkalireaktionen im Beton"; Tafeln 4.27. und 4.28. gleiche Quelle).

Alkalireaktion mit dolomithaltigem Zuschlag

Eine andere Alkalireaktion, die zu Treiberscheinungen führen kann, tritt bei der Einwirkung von Alkalien auf dolomitische Zuschläge ein. Diese Reaktion wird auch als Entdolomitisierung oder als Alkali-Dolomit-Reaktion bezeichnet. Es kommt dabei zu folgender Umsetzung:

▶ $CaMg(CO_3)_2 + 2\,NaOH$

$\rightarrow CaCO_3 + Na_2CO_3 + Mg(OH)_2$

Nicht nur Alkalihydroxide, sondern auch Alkalisalze können zum Alkalitreiben führen, da sich letztere mit $Ca(OH)_2$ zu Alkalihydroxiden umsetzen, z. B.:

▶ $Ca(OH)_2 + Na_2SO_4 \rightarrow CaSO_4 + 2\,NaOH$
▶ $Ca(OH)_2 + Na_2CO_3 \rightarrow CaCO_3 + 2\,NaOH$

Alkalihydroxide können auch durch Basenaustausch mit zeolithischen Zuschlägen entstehen.

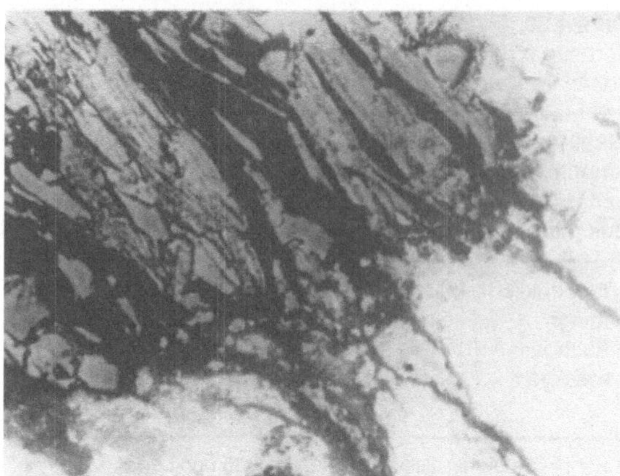

Bild 4.61.
Mikroskopische Aufnahme von Gips-Glimmerschiefer-Treiben (nach TROJER)

Schwarz: Gipskristalle zwischen Glimmerblättchen; die Aufblätterungen/Risse setzen sich nach rechts unten in den Zementstein (hellgrau) fort; Vergrößerung etwa 100fach

Gips-Glimmerschiefer-Treiben

In Beton oder Mörtel eindringende Sulfatlösung kann in den Spaltrissen der Glimmer zur Kristallisation von Gips unter Auftreiben führen (Bild 4.61. nach TROJER). Die Gipskristallisation erfolgt nur in Gegenwart von $Ca(OH)_2$, das die gesättigte Sulfatlösung im Mörtel und Beton zur Übersättigung bringt. Gipskristallisation im Zementstein ist kaum zu beobachten, da durch Oberflächenkräfte in den feinen Kapillaren die Kristallkeimbildung gehemmt wird. Dies ist in genügend großen Hohlräumen nicht der Fall; hier erfolgt spontane Kristallisation. Stärker verwitterter Glimmer bzw. Glimmerschiefer ist anfälliger. Folgerung:
Hochsulfatwiderstandsfähige Betone und Mörtel dürfen weder C_3A-haltigen Zement noch Glimmer bzw. Glimmerschiefer enthalten.

Ursache Bewehrung

Stahl im Beton (schlaffe oder gespannte Bewehrung) unterliegt im allgemeinen keiner Korrosion, da er einer Porenflüssigkeit ausgesetzt ist, deren pH-Wert bei 12,6 bis etwa 13 liegt ($pH = 12,6$ gesättigtes Kalkwasser, durch Alkaligehalte wird der Wert bis etwa $pH = 13$ erhöht). Die Passivierung bzw. Immunisierung des Eisens werden aufgehoben durch Erniedrigung der OH-Konzentration im Porenwasser ($pH < 9,5$), z. B. infolge Carbonatisierung des Betons, durch Erhöhung der OH-Konzentration ($pH > 13$) oder durch die Anwesenheit spezifisch wirkender Ionen in der wäßrigen Phase. Eine Erklärung für die Stabilität des Fe im pH-Bereich

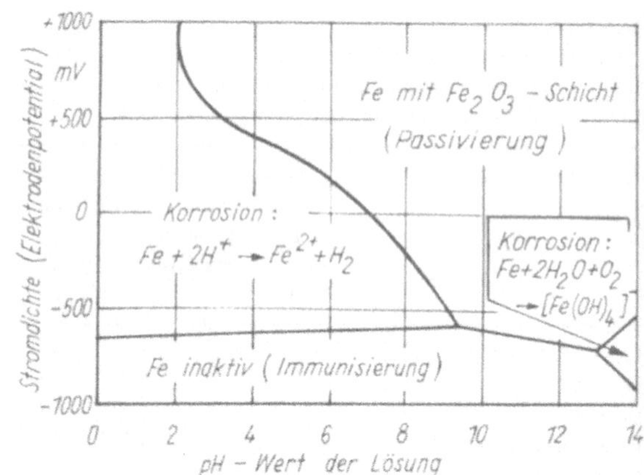

Bild 4.62.
Stromdichte (Elektrodenpotential)/pH-Diagramm des Eisens (nach POURBAIX)

Im pH-Bereich 9,5...13 tritt keine Korrosion ein, da sich die Gebiete der Passivierung und Immunisierung berühren

9,5...13,0 gibt das POURBAIX-Diagramm (Bild 4.62.). Die Korrosionsgefahr erhöht sich bei Spannstählen (Spannungsrißkorrosion).

Eine Erniedrigung der OH^--Konzentration erfolgt z. B. auch bei der energetischen Behandlung (hydrothermale Bedingungen) bei der Herstellung von Silicatbeton (Kalksandsteine), die zur fast vollständigen Bindung des $Ca(OH)_2$ führt. Bewehrungen in Silicatbeton können daher rosten.

Bei der **Carbonatisierung** reagiert das bei der Hydratation der Calciumsilicate neben den CSH-Pha-

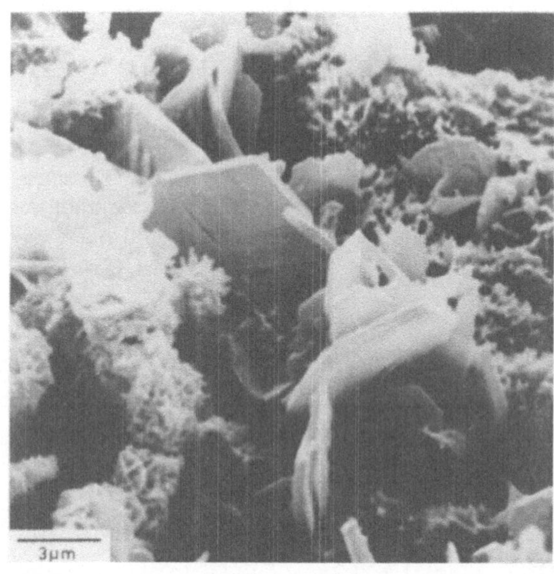

Bild 4.63.
Calciumhydroxid-Kristalle im Zementstein

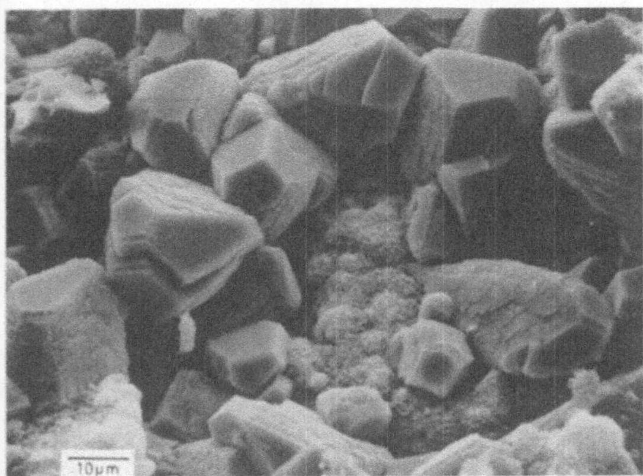

Bild 4.64.
Carbonatisierte Betonoberfläche (REM-Aufnahme)
große Kristalle: Calcit; kleine Kristalle in Bildmitte: CSH-Phasen

sen gebildete $Ca(OH)_2$ (Bild 4.63.) in Gegenwart von Feuchtigkeit mit dem CO_2 aus der Luft zu $CaCO_3$ (Bild 4.64.):

$$Ca(OH)_2 + CO_2 + H_2O \rightarrow CaCO_3 + 2\,H_2O.$$

Dabei sinkt der pH-Wert auf etwa 9 (bei einer Konzentration von 0,035 Vol.-% in der Luft). Rostet nun die Bewehrung, so tritt neben dem Festigkeitsverlust eine Volumenzunahme ein:

$$2\,Fe + 1^1/_2\,O_2 + H_2O \rightarrow 2\,FeOOH$$
1 Vol.   2,5 Vol.

Diese Volumenzunahme kann ein Absprengen des Betons vor der Bewehrung verursachen (Bilder 4.65. und 4.66.).

Bild 4.65.
Carbonatisierte Betonoberfläche zeigt Risse, verursacht durch rostende Bewehrung im Untergrund

Bild 4.66.
Betonabsprengungen durch Rosten der Bewehrung an einer etwa 40 Jahre alten Autobahnbrücke

Einflußfaktoren auf die Carbonatisierung sind:

- **Umweltbedingungen**

Schnellster Carbonatisierungsfortschritt bei 50 bis 70 % relativer Luftfeuchtigkeit (annähernd gleich Null bei <30 % relativer Luftfeuchtigkeit und unter Wasser); erhöhte CO_2-Konzentration und erhöhte Temperatur beschleunigen die Carbonatisierung.

- **Betonzusammensetzung**

Verzögernd wirken eine Herabsetzung des W/Z-Wertes, eine Erhöhung des Zementgehaltes, eine Erhöhung der Zementqualität (z. B. CEM I 52,5 statt CEM III/B 32,5) sowie eine höhere Betondichtigkeit.

- **Nachbehandlung**

Verzögernd wirken gute Verdichtung und lange feuchte Nachbehandlung ($\rightarrow$ hoher Hydratationsgrad).

Tafel 4.30.
Carbonatisierungstiefen

Betonfestigkeitsklasse	Geschätzte Carbonatisierungstiefe nach 30 Jahre mm
B45	$\leq$ 3
B35	$\leq$10
B25	$\leq$17
B15	$\leq$30

* **Zeit**

Der Carbonatisierungsfortschritt in die Betontiefe verläuft unter gleichbleibenden Umweltbedingungen etwa proportional zur Quadratwurzel aus der Zeit.
Die Bestimmung der Carbonatisierungstiefe ist im Kap. 6. beschrieben.
Die zu erwartenden Carbonatisierungstiefen (Lagerung unter Dach) gehen aus Tafel 4.30. hervor. Diese stehen in Übereinstimmung mit Versuchsergebnissen von SCHIESSL. Auch höhere Werte wurden beobachtet.
Der Korrosionsschutz nimmt lediglich im ungerissenen Beton mit steigender Druckfestigkeit zu.
Es werden folgende Rißbreiten als noch unbedenklich für die Bewehrungskorrosion angesehen:

0,3 mm in trockenen Räumen
0,2 mm bei Bauwerken im Freien
0,1 mm bei starker Korrosion.

Mit abnehmender Rißbreite und zunehmender Betondeckung steigt die Wahrscheinlichkeit, daß die Carbonatisierungsfront die Bewehrung nicht erreicht oder daß infolge Verstopfung der Risse durch Schmutzablagerungen eine bereits in Korrosion befindliche Oberfläche durch Realkalisierung wieder passiviert wird.
An Stahlbeton, der über 30 Jahre wartungs- und schadensfrei in normaler Außenatmosphäre bestehen soll, sind strenge Anforderungen zu stellen, z. B. $\geq$ B25 mit W/Z < 0,6 und >300 kg Zementgehalt pro m^3 Beton; Mindestbetondeckung nach DIN 1045 unbedingt einhalten.

Halogenidangriff (insbesondere durch Chloride)

Halogenide heben die Passivierung an der Stahloberfläche auf. Ihre Wirkung ist Lochfraß im nicht carbonatisierten Bereich bzw. Flächenabtrag dort, wo der Beton bereits carbonatisiert ist.
Die maximal erlaubten Gehalte der Ausgangsstoffe betragen: Zement 0,1 % Cl$^-$, Zusatzmittel 0,2 % Cl$^-$ bei Stahlbeton; bei Spannbeton weitergehende Anforderungen.

Eine zusätzliche Zufuhr von Chlorid ist, insbesondere durch PVC-Brände, Schwimmbadwasser, Streusalz und Meerwasser, möglich.
Chlorid wird vom Zementstein z. T. gebunden; dabei bildet sich FRIEDELsches Salz (3 CaO · Al$_2$O$_3$ · CaCl$_2$ · 10 H$_2$O); auch in andere Phasen wird Chlorid eingebaut. Der Zerfall dieser Phasen durch Carbonatisierung ist nicht auszuschließen. Nur das überschüssige, ungebundene Chlorid ist für die Bewehrung gefährlich.
Im nicht carbonatisierten Beton gelten für die Bewehrung als ungefährlich:

$\leq$0,4 M.-% Cl$^-$, bezogen auf den Zementanteil bei schlaffbewehrtem Beton und Spannbeton mit nachträglichem Verbund, da in Hüllrohren Einpreßmörtel vorliegt

$\leq$0,2 M.-% Cl$^-$, bezogen auf den Zementanteil in Spannbeton bei direktem Verbund

<1,0 M.-% Cl$^-$, können in relativ trockenem und dichtem Beton unkritisch sein.

Im carbonatisierten Beton können schon niedrigere Cl$^-$-Konzentrationen Korrosion verursachen.

Schutzmaßnahmen:
Zement- oder Kalkputz, wasserdampfsperrende Beschichtungen (z. B. Epoxidharz); geeignetere Zemente: CEM III/B oder CEM I C$_3$A- und C$_2$(A, F)-reich; Betonzusammensetzung wie bei „schwachem" chemischem Angriff (nach DIN 4030/ DIN 1045), in Ausnahmefällen auch wie bei „starkem" chemischem Angriff.
Zusammenfassend kann festgestellt werden, daß neben der Betonzusammensetzung und -struktur sowie der Dicke und Güte der Betondeckung die **Korrosion des Stahls im Beton** von folgenden Faktoren abhängt:

* pH-Wert des Porenwassers
* Gehalt des Porenwassers an korrosionsfördernden Ionen (insbesondere Cl$^-$)
* Sauerstoff- und Feuchtigkeitszufuhr zur Stahloberfläche.

4.6.2.3. Beurteilung der Korrosionsmedien

Vorbemerkungen und chemische Analyse

Der Angriffsgrad betonangreifender Wässer und Böden ist abhängig von Art und Konzentration der aggressiven Stoffe. Chemische Reaktionen treten bereits bei ganz geringen Konzentrationen auf, aber erst oberhalb bestimmter Konzentrationen sind Gegenmaßnahmen erforderlich.

Tafel 4.31.
Angreifende Bestandteile in Wässern (DIN 4030)

Angreifende Bestandteile		Angriffsgrad		
		schwach	stark	sehr stark
1. Säuren				
$\quad$ pH-Wert		6,5 … 5,5	5,5 … 4,5	<4,5
2. Kalklösende Kohlensäure CO_2	in mg/l	15 … 40	40 … 100	>100
$\quad$ (Marmorversuch nach HEYER)				
3. Ammonium NH_4^+	in mg/l	15 … 30	30 … 60	>60
4. Magnesium Mg^{2+}	in mg/l	300 … 1000	1000 … 3000	>3000
5. Sulfat SO_4^{2-}	in mg/l	200 … 600	600 … 3000	>3000

Die Grundlage der Beurteilung ist die chemische Analyse (s. Kap. 6.). Sie setzt eine exakte Probenahme (ohne Verunreinigungen, z. B. durch verschmutzte Flaschen oder Regenwasser, ohne Vermischungen von Wasser, z. B. aus verschiedenen Grundwasserhorizonten und ohne Entmischungen, z. B. durch Entweichen von CO_2) voraus. (Weiteres s. DIN 4030 und Kap. 6.)

In der Regel werden Wasserproben chemisch analysiert; Bodenproben sind nur dann erforderlich, wenn Wasserproben nicht entnommen werden können und wenn gleichzeitig Verdacht auf betonangreifende Stoffe im Boden besteht. Die Wasseranalysen sollten zunächst halbquantitativ auf der Baustelle mit dem „Aquamerck-Wasserlabor für die Bauindustrie" (s. auch Kap. 6.) ausgeführt werden, und nur angreifende Wässer sollten quantitativ in chemischen Laboratorien untersucht werden.

Beurteilung des Angriffsgrades von Wässern

Die DIN 4030 enthält Konzentrationsrichtwerte zur Beurteilung aggressiver Medien, die für den „Normalfall" gelten. Das Angriffsvermögen kann sich jedoch bei gleichbleibender Konzentration erhöhen, z. B. durch erhöhte Temperatur, durch wechselndes Austrocknen und Durchfeuchten des Bauteiles, durch starkes Fließen; es kann sich aber auch erniedrigen, z. B. bei langsamer Zufuhr der angreifenden Stoffe, wie das bei wenig durchlässigen Böden (Durchlässigkeitszahl $k < 10^{-5}$ m/s) der Fall ist.

Nach Art und Konzentration der angreifenden Stoffe unterscheidet man drei Angriffsgrade: „schwach", „stark" und „sehr stark angreifend". Insbesondere werden zur Beurteilung herangezogen: der pH-Wert und die Gehalte an kalklösender Kohlensäure (CO_2), an Ammonium (NH_4^+), Magnesium (Mg^{2+}) und Sulfat (SO_4^{2-}). Die Grenzwerte sind in Tafel 4.31. (nach DIN 4030) zusammengestellt. Sie gelten für stehendes und schwach fließendes, in großen Mengen vorhandenes und unmittelbar angreifendes Wasser vorwiegend natürlicher Zusammensetzung („Normalfall").

Das jeweils größte Angriffsvermögen nach Tafel 4.31. ist entscheidend, auch wenn es nur von einem der Werte der Zeilen 1 … 5 erreicht wird. Liegen zwei oder mehr Werte im oberen Viertel eines Bereiches — beim pH-Wert im unteren Viertel —, so erhöht sich der Angriff um eine Stufe. Nach neuen Untersuchungen von SPRUNG und RECHENBERG ist erst bei über 100 mg CO_2/l mit sehr starkem Angriff zu rechnen.

Die Gesamthärte soll ein Hinweis darauf geben, ob die Oberfläche des Betons angelöst werden kann (bei sehr weichem Wasser).

Höhere Chloridgehalte können den Korrosionsschutz der Bewehrung ungünstig beeinflussen. Eine stärkere Betonüberdeckung ist zu empfehlen. Der Zementstein wird vom Cl^- nicht angegriffen.

Meerwasser

Meerwasser bildet eine Ausnahme. Der Salzgehalt in der Nordsee (küstenfern) beträgt wie in den Ozeanen etwa 36 g/l, in der Ostsee ist er geringer. Auf Grund des Mg^{2+}-Gehaltes von 1330 mg/l und des SO_4^{2-}-Gehaltes von 2780 mg/l wäre Meerwasser unter „sehr stark betonangreifend" einzustufen. Die Erfahrungen zeigen aber, daß Meerwasser im Gegensatz zu reinen Magnesium- und Sulfatlösungen gleicher Konzentration ein geringeres Angriffsvermögen hat. Bauteile aus dichtem Beton sind im Meerwasser beständig, wie jahrzehntelange Beobachtungen zeigen. Dies kann auf einer abdichtenden Reaktion der Hydrogencarbonat-Ionen des Meerwassers mit den Ca-Ionen des Betons unter Bildung von $CaCO_3$ beruhen:

$$2\,HCO_3^- + Ca^{2+} \rightarrow CaCO_3 + H_2O + CO_2 \,.$$

Meerwasser ist als „stark angreifend" einzustufen, d. h., ein dichter Beton (max. Wassereindringtiefe $\leq$ 3 cm nach DIN 1048) ist gegen Meerwasser beständig, gleichgültig, aus welchem Normzement er hergestellt wurde.

Tafel 4.32.
Angreifende Bestandteile in Böden (DIN 4030)

Angreifende Bestandteile	Angriffsgrad	
	schwach	stark
1. Säuren Säuregrad nach BAUMANN-GULLY	>200	
2. Sulfat in mg/kg lufttrockenen Bodens	2 000 … 5 000	>5000

Zemente mit hohem Sulfatwiderstand (HS-Zemente) sollen dann verwandt werden, wenn die Dichtigkeit des Betons nicht garantiert werden kann.

Beurteilung des Angriffsgrades von Böden

Auch bei Böden dient die chemische Untersuchung zur exakten Beurteilung des Angriffsgrades, äußere Merkmale wie die Farbe können nur Hinweise geben. Das Angriffsvermögen der Böden wird in nur zwei Angriffsgrade eingeteilt. Die Tafel 4.32. enthält die Grenzwerte zur Beurteilung von Böden, die häufig durchfeuchtet werden. Für die Beurteilung ist der höchste Angriffsgrad maßgebend. Mit abnehmender Durchlässigkeit des Bodens erniedrigt sich der Angriffsgrad. Bei Böden mit einem Sulfidgehalt von über 100 mg S^{2-}/kg lufttrockenen Bodens (bestimmte Sulfide können oxidieren und Lösungen mit hohen Sulfatkonzentrationen ergeben) und in anderen Sonderfällen (z. B. Bauten neben Abfallhalden) ist eine Beurteilung durch einen Fachmann erforderlich.

4.6.2.4. Korrosionsschutz des Betons

Die wesentlichen Möglichkeiten des Korrosionsschutzes von Beton sind folgende:

- Einsatz einwandfreier Ausgangsstoffe als Komponenten des Betons und Mörtels sowie entsprechende Rezeptierung, Verarbeitung und Nachbehandlung (s. betontechnologische Maßnahmen)
- Vermeidung korrosionsfördernder konstruktiver Details bei der Gestaltung und Ausführung der Bauwerke (konstruktive Maßnahmen; werden hier nicht besprochen)
- Anwendung besonderer Korrosionsschutzmaßnahmen, in erster Linie Oberflächenbehandlungen (s. zusätzliche Schutzmaßnahmen).

Betontechnlogische Maßnahmen

Nach DIN 4030 können die angreifenden Wässer nach Böden beurteilt und in verschiedene Angriffs-

grade eingeteilt werden. Die je nach Angriffsgrad zu ergreifenden betontechnologischen Maßnahmen finden sich in der DIN 1045.

Schutz gegen „schwachen" und „starken" Angriff

Verwendbar sind im allgemeinen alle Normenzemente (Ausnahme: Sulfatangriff, s. Abschn. „Schutz gegen Sulfatangriff"). Auch sind alle üblichen Zuschläge verwendbar, soweit sie gegen die angreifenden Stoffe beständig sind.

Bei schwachem und starkem Angriff genügt es, einen Beton aus den üblichen Ausgangsstoffen, aber mit erhöhter Widerstandskraft, d. h. erhöhter Dichtigkeit, herzustellen. Als Maß für die Dichtigkeit wird die Wassereindringtiefe gewählt, geprüft nach DIN 1048. Die zulässigen Werte enthält Tafel 4.33.

Beton, der schwachen bzw. starken Angriffen widerstehen soll, ist in der Regel als Beton B II herzustellen. Dichter Beton setzt dichten Zementstein voraus; deshalb sind nach DIN 1045 in Abhängigkeit vom Angriffsgrad maximal zulässige Wasserzementwerte vorgeschrieben (s. Tafel 4.33.). Bei der Bauausführung sollte der Wasserzementwert möglichst um 0,05 niedriger angesetzt werden, damit auch Einzelwerte nicht über den zulässigen Grenzwert hinaus streuen.

Der Mehlkorngehalt (Zement und Feinststoffe <0,25 mm), sowohl ein zu hoher als auch zu niedriger, kann den Widerstand des Zementsteines gegen chemische Angriffe beeinflussen (zu hoch: erhöhter Wasseranspruch; zu niedrig: schlechtere Verarbeitbarkeit/Verdichtung); deshalb enthält die DIN 1045 Richtwerte für den Mehlkorngehalt:

bei 8 mm Größtkorn 525 kg je m^3 Beton
bei 16 mm Größtkorn 450 kg je m^3 Beton
bei 32 mm Größtkorn 400 kg je m^3 Beton
bei 63 mm Größtkorn 325 kg je m^3 Beton.

Bei nur schwachem Angriff darf bei den Festigkeitsklassen bis einschließlich B25 der Beton auch ohne vorherige Eignungsprüfung nach den Bedingungen BI hergestellt werden. Voraussetzung ist, daß in Abhängigkeit vom Größtkorn ein Mindestzementgehalt nicht unterschritten wird und die stetig verlaufende Sieblinie im günstigen Bereich zwischen den Regelsieblinien A und B liegt (s. Tafel 4.33.). Die Mindestmaße der Betondeckung der Bewehrung sind entsprechend DIN 1045/Tabelle 10 zu erhöhen.

Besondere Sorgfalt ist auch beim Einbringen, Verdichten und Nachbehandeln des Betons erforderlich. Der Beton ist entmischungsfrei einzubringen und vollständig zu verdichten. Zur Vermeidung von Arbeitsfugen (die, falls vorhanden, wasser-

Tafel 4.33.
Betontechnologische Maßnahmen bei chemischem Angriff

Kennwerte	Angriffsgrad nach DIN 4030			
	schwach		stark	sehr stark
Nach DIN 1045 unter den Bedingungen für ... herzustellen	B I bei B $\leq$ 25		B II	B II	B II
Sieblinienbereich	A32/ B32	A16/ B16	$\times$	$\times$	$\times$
Mindestzementgehalt kg/m^3	350	400	$\times$	$\times$	$\times$
Wasserzementwert	$\times$		$\leq$0,60	$\leq$0,50	$\leq$0,50
Wassereindringtiefe nach DIN 1048 in cm	$\times$		$\leq$5,0	$\leq$3,0	$\leq$3,0
Oberflächenschutz	$\times$.		$\times$	$\times$	erforderlich
Zementart	alle Zemente nach DIN 1164; bei Wässern mit >600 mg SO$_4^{2-}$/l bzw. bei Böden mit >3000 mg SO$_4^{2-}$/kg ist Zement mit hohem Sulfatwiderstand (HS-Zement) erforderlich			
Betonüberdeckung der Bewehrung[1]	Grundmaß >3 cm			nach DIN 1045 >4 cm
Mehlkorn	abhängig vom Größtkorn des Zuschlages, Richtwerte: bei 8 mm Größtkorn 525 kg/m^3 Beton bei 32 mm Größtkorn 400 kg/m^3 Beton			
Nachbehandlung	mindestens 7 Tage feucht halten, besser länger			
Konstruktive Maßnahmen	Vermeiden feingliedriger Bauteile, Kanten und Ecken abrunden, Fugen müssen dicht, Betonoberfläche muß geschlossen sein			

[1] Siehe auch Tabelle 10 in DIN 1045
$\times$ Keine Anforderung

dicht sein müssen) sollen die Baukörper möglichst in einem Arbeitsgang hergestellt werden. Der Beton ist mindestens 7 Tage lang feucht zu halten. Es kann besser sein, schon frühzeitig das angreifende flüssige Medium an den Beton herantreten zu lassen und damit die Hydratation zu fördern, als den Beton „verdursten" zu lassen.

Schutz gegen „sehr starken" Angriff

Bei sehr starkem Angriff ist außer den Maßnahmen, die starker Angriff erfordert, ein ständiger Schutz des Betons gegen den unmittelbaren Zutritt des angreifenden Mediums erforderlich (DIN 4031, DIN 4117, DIN 4122, DIN 18195). Das angreifende Medium muß durch zusätzliche Schutzmaßnahmen vom Beton völlig ferngehalten werden (s. Abschn. „Zusätzliche Schutzmaßnahmen").

Schutz gegen Sulfatangriff

Je nach SO$_4^{2-}$-Gehalt eines Wassers oder Bodens müssen die Schutzmaßnahmen gegen „schwachen", „starken" oder „sehr starken" Angriff angewendet werden (vgl. Tafeln 4.31. und 4.32.); zusätzlich müssen bei Sulfatgehalten >600 mg/l in Wässern bzw. >3000 mg/kg in lufttrockenen Böden HS-Zemente (Zemente mit hohem Sulfatwiderstand nach DIN 4030 bzw. DIN 1164, s. Kap. 4.3.1.) eingesetzt werden.

Zusätzliche Schutzmaßnahmen

Hier sind besonders Oberflächenbehandlungen (neben hier nicht zu behandelnden bautechnische Maßnahmen, wie z. B. Drainage) zu nennen, diese können ausgeführt werden als

- Beschichtungen aus Bitumen oder Kunststoffen
- keramische Beläge (mit widerstandsfähiger Vermörtelung)
- Verkleidungen mit Kunststoffolien, -bahnen.

Die breiteste Anwendung finden Beschichtungen, die durch Streichen, Rollen, Spritzen oder Spachteln im Heiß- oder Kaltverfahren aufgebracht werden. Die Mindestschichtdicken sollten betragen bei

- keiner mechanischen Beanspruchung >0,2 mm
- leichter bis mittlerer mechanischer Beanspruchung 1...3 mm
- schwerer mechanischer Beanspruchung >3 mm

Die Tafel 4.34. gibt eine Übersicht über Schichtdicken, Eigenschaften, Aufgaben, Bindemittelarten u. a. von Kunststoffbeschichtungen auf Beton. Angaben zur chemischen Beständigkeit der angewendeten Kunststoffe sind in Kap. 5. zu finden. Jede dauerhafte Schutzmaßnahme setzt einen einwandfreien, tragfähigen und sauberen Untergrund voraus. Es sind deshalb in der Regel Untergrund-Vorbehandlungen (z. B. Sandstrahlen) durchzuführen, die mit einer Reinigung der behandelten Fläche abschließen. Imprägnierungen (z. B. auf Silicon- oder Silanbasis) sind als Korrosionsschutzmaßnahmen bei starkem

Tafel 4.34.
Kunststoffbeschichtungen auf Zementmörtel und -beton

	Tiefengrundierung	Imprägnierung	Versiegelung	Dünnbeschichtung „Anstrich"	Dickbeschichtung	Kunststoffmörtel
Schichtdicke an Oberfläche in μm	<20	0 … 20	20 … 100	100 … 400	400 … 1500	2 … 20 mm
Eigenschaften	nur Vorbehandlung, Ziel: tiefes Eindringen, transparent	soll Poren nicht schließen, soll tief eindringen, transparent	geschlossener Oberflächenfilm, völlige Porenabdichtung, z. T. transparent, z. T. pigmentiert, evtl. Grundierung	geschlossener Oberflächenfilm, zur Verbesserung der Haftung vorherige Grundierung, pigmentiert	dicker geschlossener Oberflächenfilm, Füllstoffzusätze, zur Verbesserung der Haftung vorherige Grundierung	mechan. Verstärkung, weniger Bindemittel, mehr Füllstoff als Kunststoffspachtel
Aufgaben	Verbesserung der Haftung für nachfolgende Beschichtungen	Vermeidung der Staubentwicklung, Erhöhung der Widerstandsfähigkeit, Hydrophobierung	Vermeidung der Staubentwicklung, Erhöhung der Widerstandsfähigkeit, Erleichterung der Reinigung, da z. B. Öle und Fette nicht eindringen	Schutz gegen chemischen und mechanischen Angriff, verbesserte optische Wirkung, Kennzeichnung, hygienische Verbesserung	verstärkter Schutz gegen chemischen und mechanischen Angriff u. a. (s. Dünnbeschichtung)	Schutz bei erhöhter mechanischer Beanspruchung, Ausbesserung unebener Schichten/Vertiefung – Ausgleichsmörtel
Bindemittelarten						
EP	×	×	×	×	×	×
EP-Teer	×			×	×	×
PUR	×	×	×	×	×	×
PUR-Teer	×			×	×	×
UP	×			×	×	×
Acrylharz	×	×	×	×	×	
Vinylharz	×	×		×	×	
Chlorkautschuk und Kombinationen	(×)			×	×	
Cyclokautschuk und Kombinationen	(×)			×	×	
Polychloropren und chlorsulfon. Polyethylen	(×)			×	×	
Polymerisate auf Basis Ethyl., Propyl., Butadien, Styrol	×			×	×	
PMMA	×		×		×	×
Silicone/Silane	(×)	×	×	×		
lösungsmittelreich	×	×	×	×		
-arm			×	×	×	
-frei			×		×	×
Auftragstechnik						
Streichen	×	×	×	×		
Rollen	×	×	×	×	×	
Spritzen	×	×	×	×	×	
Rakel					×	×
Kelle/Spachtel					×	×
Anzahl der Aufträge	1	meist 1	1 oder mehrere	meist mehrere	mehrere	1 oder mehrere

Angriff ungeeignet. Sie können aber zur Hydrophobierung (Wasserabweisung und damit gleichzeitig gelöste Schmutz- und Schadstoffe abweisend) von Betonflächen in Stadt- und Industrieatmosphäre, auch im Streusalz-Spritzbereich, erfolgreich eingesetzt werden. Der Carbonatisierungsfortschritt kann dadurch im Freien beschleunigt werden.

Fluatieren ermöglicht die Herstellung eines dichteren und härteren Betons. Bei Zusatz von $0,5\ldots1,0\,\%$ (der Zementmasse) löslicher Fluorosilicate der Zusammensetzung $MgSiF_6$, $ZnSiF_6$ oder $PbSiF_6$ zum Zugabewasser entsteht ein weitgehend kapillardichter Beton, der einen hohen Widerstand gegen weiches Wasser sowie gegen Meerwasser aufweist (nicht gegen „sehr starken Angriff").

Die Abdichtung der Poren ist auf folgende Reaktion zurückzuführen:

▶ $MeSiF_6 + 3\,Ca(OH)_2$

$\quad \to 3\,CaF_2 + Me(OH)_2 + SiO_2 \cdot 2\,H_2O$

Die hierbei entstehenden Reaktionsprodukte sind schwerlöslich.

Fluatieren kann auch durch Oberflächentränkung mit gelösten Flúorosilicaten erfolgen, allerdings wird dabei nur die Oberfläche in ihrem Widerstand erhöht. Auch Bedampfen mit SiF_4 wird durchgeführt. Durch Begasung des Betons mit Methyltrifluorsilan CH_3SiF_3 läßt sich die Wasseraufnahme erheblich reduzieren und die Festigkeit steigern.

4.6.3. Keramische Baustoffe

Keramische Baustoffe weisen einen hohen Widerstand gegenüber den chemischen Einflüssen der *Atmosphäre* auf.

Siliciumdioxid ist bis zu hohen Temperaturen chemisch sehr widerstandsfähig. Gegen *Säuren* ist es beständig mit Ausnahme der *Flußsäure,* von der es unter Bildung von gasförmigem SiF_4 leicht angegriffen wird:

▶ $SiO_2 + 4\,HF \to SiF_4 + 2\,H_2O$

Von *Laugen* wird es langsam gelöst:

▶ $SiO_2 + 2\,NaOH \to Na_2SiO_3 + H_2O$

ein Vorgang, der durch Erhöhung von Druck und Temperatur beschleunigt werden kann. Bei *hohen Temperaturen* reagiert SiO_2 mit anderen Oxiden, auch mit Sulfaten, Carbonaten und anderen Salzen:

▶ $SiO_2 + 2\,FeO \to Fe_2SiO_4$
▶ $SiO_2 + Na_2SO_4 \to Na_2SiO_3 + SO_3$
▶ $SiO_2 + Na_2CO_3 \to Na_2SiO_3 + CO_2$

Aluminiumoxid ist in seiner hochgeglühten Form oder als natürlicher Korund sehr widerstandsfähig

gegen Säuren und Basen. Al_2O_3 wird jedoch von sauren und basischen Oxiden bei hohen Temperaturen angegriffen, z. B.

▶ $Al_2O_3 + MgO \to MgAl_2O_4$
▶ $Al_2O_3 + Na_2CO_3 \to 2\,NaAlO_2 + CO_2$

Ein Hinweis auf die hohe Widerstandsfähigkeit keramischer Produkte (z. B. von Kanalklinkern, Steinzeugrohren) ist deren Säurebeständigkeitsprüfung, die mit $70\,\%$iger Schwefelsäure durchgeführt wird. Dabei dürfen je nach Material und Anforderungen nur Gewichtsverluste von 0,5 bis $3\,\%$ auftreten (Beton und Stahl würden zerstört).

Die Säure- und Laugenbeständigkeit von Ziegeln hängt von der *Porosität* ab; Mauerklinker mit $5\ldots10\,\%$ Porosität ist stabiler als Mauerziegel mit $20\ldots40\,\%$ Porosität.

Schädlich in Ziegeln sind:

- CaO-Einschlüsse (Knollen), die zu Treiberscheinungen (Abblättern) führen
- $MgSO_4$-Gehalte von $>0,06$ M.-% und
- Na_2SO_4/K_2SO_4-Gehalte von $>0,04$ M.-%, die zu Ausblühungen führen.

Wirken auf ein *feuerfestes Material* geschmolzene Schlacken, flüssiges Glas oder Flugstaub ein, so kann es zur Korrosion kommen. Enthält z. B. *Braunkohle* NaCl, dann entsteht bei der Verbrennung wegen der Flüchtigkeit des NaCl und der Zersetzung mit Wasserdampf

▶ $2\,NaCl + H_2O \to Na_2O + 2\,HCl$

Natriumoxid, das mit dem SiO_2 der Schamotteausmauerung leichtflüssige Na-Silicate bildet:

- Na_2SiO_3 Fp. $1089\,°C$
- Na_4SiO_4 Fp. $1020\,°C$
- $Na_2Si_2O_5$ Fp. $874\,°C$
- $Na_6Si_8O_{19}$ Fp. $808\,°C$

In diesen lösen sich weitere Bestandteile der Schamotte. Auch *CaO* anstelle von Na_2O wirkt stark verflüssigend.

Tafel 4.35.
Chemischer Charakter von Oxiden

Basisch	Amphoter	Sauer
Na_2O	Al_2O_3	SiO_2
K_2O	Fe_2O_3	B_2O_3
MgO	TiO_2	
CaO	Cr_2O_3	
BaO	ZnO	
FeO	PbO	
MnO		

Tafel 4.36.
Chemische Umsetzungen bei der thermischen Behandlung von feuerfestem Zementbeton (Schamottezuschlag)

Temperatur °C	Vorgang	Chemische Umsetzung
20 ... 200	Abgabe von nichtgebundenem Wasser	
50 ... 450	Zersetzung von Ca-Aluminat- und -Silicathydraten sowie komplexen Hydraten	z. B. $C_6S_5H_6 \rightarrow 4\,CS + C_2S + 6\,H$
≈ 450	Dehydratation des Ca(OH)$_2$	$CH \rightarrow C + H$
700 ... 1 300	Kalkbindung	z. B. $CS + C \rightarrow C_2S$
1 000 ... 1 100	Bildung von Anorthit, Rankinit und Mullit	CAS_2, C_3S_2, A_3S_2

Wesentlich für die *Erkennung* der Korrosionsmöglichkeiten sind der chemische Charakter des feuerfesten Materials und der Vergleich mit dem des angreifenden Stoffes (Tafel 4.35.). Die bei der thermischen Behandlung eines *Feuerbetons* auf PZ-Basis mit Schamotte als Zuschlagstoff vor sich gehenden chemischen Umwandlungen sind in Tafel 4.36. zusammengestellt.

4.6.4. Bauglas

Glas zeichnet sich durch einen *hohen Widerstand* gegenüber fast allen Chemikalien aus (Ausnahme: Flußsäure). Gegen wäßrige Lösungen ist es jedoch nicht absolut stabil. Die Widerstandsfähigkeit wird insbesondere von der chemischen Zusammensetzung bestimmt; hohe Alkaligehalte erniedrigen, hohe Kieselsäure- und Aluminiumoxidgehalte erhöhen die Widerstandsfähigkeit von Baugläsern.

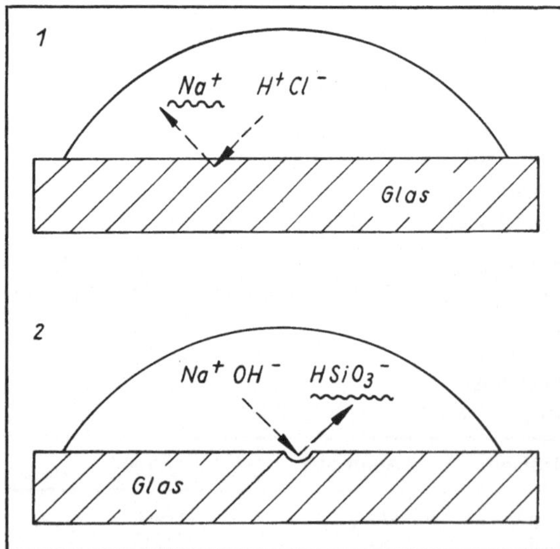

Bild 4.67.
Korrosion von Glas
1 durch Säuren (Ionenaustausch)
2 durch Laugen (Abtragung durch Zerstörung des SiO$_2$-Netzwerkes)

Beim Säure- und Laugenangriff sind unterschiedliche *Mechanismen* wirksam:

- *Säureangriff*
  Es findet ein Ionenaustauschprozeß statt, bei dem z. B. Na$^+$ und Ca^{2+} gegen H$^+$ ausgetauscht werden, ohne daß das Si$-$O-Netzwerk angegriffen wird (Bild 4.67.).
- *Laugenangriff.*
  Die angreifende Lauge reagiert mit dem Si$-$O-Netzwerk, wobei niedermolekulare lösliche Kieselsäuren entstehen:

$$\blacktriangleright \quad -\overset{|}{\underset{|}{Si}}-O-\overset{|}{\underset{|}{Si}} + 2\,NaOH \rightarrow -\overset{|}{\underset{|}{Si}}-O-Na$$
$$+ Na-O-\overset{|}{\underset{|}{Si}}- + H_2O$$

Während bei der Säureauslaugung die ausgetretene Alkalimenge mit der *Wurzel der Zeit* abnimmt, verläuft die Laugenabtragung nach einem *linearen Zeitgesetz.*

Bei der Einwirkung von *reinem Wasser* findet zunächst ein Austausch Na$^+$ gegen H$^+$ statt; in der Folge wird das Wasser alkalisch, wodurch Netzwerkspaltung möglich wird. An dem Wetter ausgesetzten *Fensterscheiben* wird durch den Regen die an Alkali angereicherte Schicht ständig abgespült, so daß eine Verbesserung der Oberfläche mit der Zeit eintritt; die zurückbleibende Kiesel-Gel-Schicht wirkt schützend. Wirkt jedoch ständig *feuchtigkeitsgesättigte Luft* ein (Gewächshäuser, Hallenbäder), so können matte bis blinde Glasoberflächen entstehen, in denen unlösliche Ca$-$Na-Silicathydrate und Kieselgel vorliegen.

Ein Glas wird der *Säureklasse* 1 (säurefest) zugeordnet, wenn nach 6 h Behandlung mit 20,4%iger Salzsäure ein Abtrag von <0,7 mg/dm^2 vorliegt; der Laugenklasse 1 (schwach laugenlöslich), wenn nach 3 h Behandlung mit einer NaOH/Na$_2$CO$_3$-Lösung <75 mg/dm^2 abgetragen werden.

Die Widerstandsfähigkeit von *Porzellan* hängt im allgemeinen von der Beständigkeit der Glasur, also eines Glases, ab. Es sind somit die gleichen Korrosionsmöglichkeiten wie beim Glas in Betracht zu ziehen.

Bild 4.68.
Alkalisulfat-Ausblühungen auf Ziegelsteinmauerwerk

Flußsäurebeständige Gläser sind Gläser ohne SiO-Netzwerk, z. B. Aluminiumphosphatglas der Zusammensetzung 75% P_2O_5, 20% Al_2O_3 und 5% (ZnO + PbO + BeO).

4.6.5. Ausblühungen auf nichtmetallisch-anorganischen Baustoffen

Ausblühungen, auch Aussinterungen genannt, treten auf, wenn im Baukörper (Ziegel, Mörtel, Beton u. a.) *lösliche Bestandteile* enthalten sind und durch Flüssigkeitsbewegung *an die Oberfläche* gebracht werden. Voraussetzung ist, daß ein *poriges Gefüge* vorliegt, das die Flüssigkeitsbewegung möglich macht. Ausblühfähige Salze können auch durch aufstei-

Bild 4.69.
Calciumcarbonat-Ausblühungen auf Beton

gende *Bodenfeuchtigkeit* oder Gebrauchswässer in das Mauerwerk gelangen oder sich durch *Eindiffundieren* von Gasen (CO_2, SO_2) bilden.

Nach *Verdunstung* des Wassers an der Oberfläche oder nach Reaktion mit Luft-CO_2 treten meist weiße bis schmutziggelbe, *kristalline oder amorphe Ausscheidungen* auf, die besonders auf dunklem bzw. farbigem Untergrund ins Auge fallen (Bilder 4.68. und 4.69.). Sie sind nicht nur Schönheitsfehler, sondern können auch erhebliche Schädigungen der Oberfläche hervorrufen. Die *chemische Zusammensetzung,* der *Ort* des Auftretens und die *Ursachen* von Ausblühungen sind in Tafel 4.37. zusammengestellt.

Die Beseitigung erfolgt durch Abbürsten, Abwaschen, bei Kalkausblühungen Behandlung mit verdünnter Essigsäure, Ameisensäure oder speziellen Handelsprodukten (zusätzlich stets Vornässen und Nachwaschen). Ein erneutes Auftreten kann durch hydrophobierende Imprägnierungen (z. B. auf Silicon- oder Silanbasis) bzw. durch Absperrung gegen aufsteigende Bodenfeuchtigkeit verhindert werden.

Tafel 4.37.
Zusammensetzung und Entstehung von Ausblühungen

Formel	Entstehungsursachen
$Ca(OH)_2$	Auswaschung von Mörtel und Beton, besteht nur kurzzeitig
$CaSO_4 \cdot 2H_2O$	Alkalisulfate (auch Schwefelkies) reagieren mit Kalk; Einwirkung von SO_2, das mit Luft H_2SO_3/H_2SO_4 bildet
Trisulfat (Ettringit) $Na_2SO_4 \cdot n\,H_2O$ ($n = 7, 10$)	Sulfationen reagieren mit Aluminathydraten im Zementstein, tritt in Ziegeln auf, wenn zum Brennen S-haltige Brennstoffe verwendet wurden und die Ziegeltone Alkalien enthalten
$MgSO_4 \cdot n\,H_2O$ ($n = 1, 6, 7$) $CaCl_2 \cdot n\,H_2O$ ($n = 1, 2, 4, 6$)	bei Verwendung von Meerwasser als Anmachwasser; hygroskopisch als Frostschutz-Zusatzmittel oder Erstarrungsbeschleuniger dem Frischbeton oder -mörtel zugesetzt
$MgCl_2 \cdot n\,H_2O$ ($n = 1, 2, 4, 6, 8, 12$)	bei Verwendung von Meerwasser als Anmachwasser
KCl, NaCl	gelangen aus dem Erdboden in den Baustoff, Streusalz
$CaCO_3$	Zersetzung von $Ca(HCO_3)_2$-Lösungen, die beim Durchsickern CO_2-haltiger Wässer durch $Ca(OH)_2$- oder $CaCO_3$-haltige Baustoffe sich bilden, wichtigste Ausblühung auf Beton
$Ca(NO_3)_2 \cdot n\,H_2O$ ($n = 2, 3, 4$)	bei der Einwirkung N-haltiger Zersetzungsprodukte organischer Stoffe in Gegenwart von Luft auf kalkhaltige Baustoffe, „Mauersalpeter"

5. Chemie der organischen Baustoffe

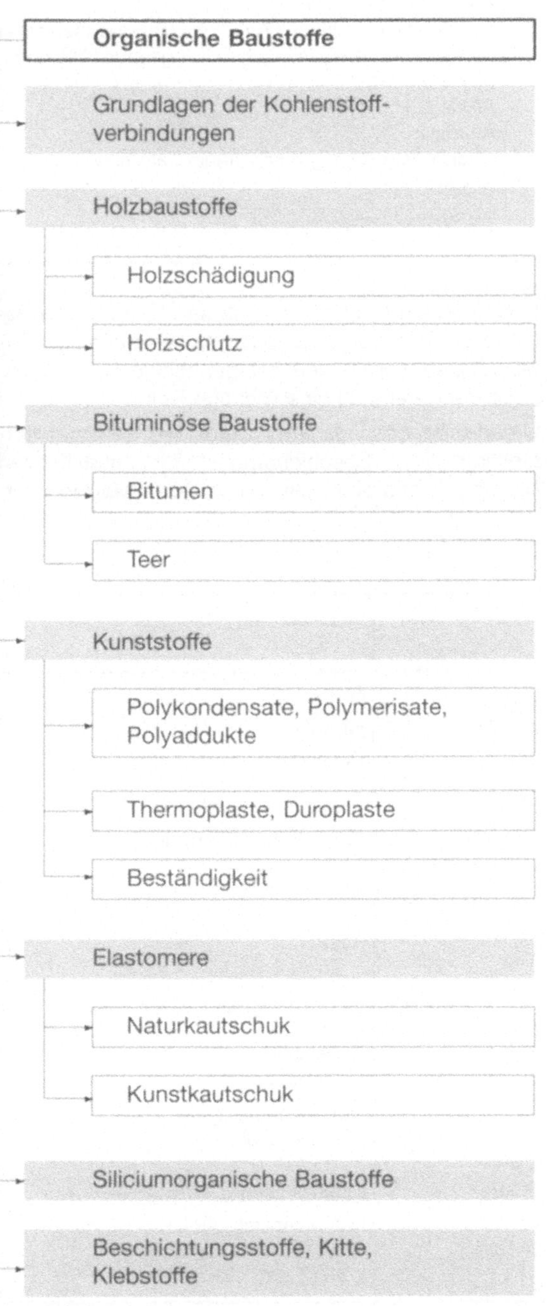

Organische Baustoffe sind häufig durch die entscheidende Mitwirkung biologischer (lebender) Organismen entstanden. Es handelt sich dabei um Verbindungen, in denen immer eins der beteiligten Elemente *Kohlenstoff* ist. Als weitere Bestandteile sind meist Wasserstoff und Sauerstoff sowie oft auch Stickstoff, Schwefel und andere Elemente anzutreffen.

Die zur Gruppe der organischen Baustoffe gehörenden einzelnen Stoffe sind entweder direkte Naturprodukte, wie Holz, oder werden aus natürlichen Produkten hergestellt (Erdöl → Bitumen, Kunststoffe, Elaste). Während bituminöse Stoffe bereits seit langem im Bauwesen als Bindemittel sowie als Kleb- und Sperrstoffe breite Verwendung finden, nehmen in neuerer Zeit die Kunststoffe als Material für Zwecke der technischen und architektonischen Bauausstattung einen immer größeren Raum ein.

Eine Übersicht über die Kurzbezeichnung von Kunststoffen ist auf Seite 168 zusammengestellt.

Rein synthetischer Natur sind die hier eingeordneten *siliciumorganischen Verbindungen* (Silicone), in welchen das Grundgerüst aus Siloxanketten (Si—O—Si—O) besteht, die mit organischen Resten (Methyl, Ethyl usw.) verbunden sind.

Der Baustoff *Holz* unterscheidet sich von den übrigen Vertretern der organischen Baustoffe durch eine differenzierte Struktur. Holz besteht im wesentlichen aus *Holzzellen* (Tracheiden) mit Zellwänden. In letzteren liegt ein Zellulosegerüst vor, das *Zugkräfte* aufnehmen kann. Durchsetzt ist das Gerüst mit starren Ligninmolekülen, die in der Lage sind, *Druckkräfte* aufzunehmen.

Viele bituminöse Stoffe, Kunststoffe und Elaste werden als Bestandteil von *Beschichtungsstoffen* und *Klebstoffen* verwendet, so daß dieser Gruppe ein Abschnitt gewidmet ist. Dabei werden besonders die physikalisch-chemischen Grundlagen der *Haftung* und *Härtung* behandelt.

5.1. Grundlagen der Chemie der Kohlenstoffverbindungen

Die ersten beiden Elemente der IV. Hauptgruppe des Periodensystems der Elemente nehmen als baustoffbildende Elemente eine besondere Stellung ein:

Tafel 5.1.
Kohlenwasserstoffe

Verbindungsart	Beispiele Formel	Bezeichnung	Charakterisierung
Kettenförmig-gesättigt	CH_4	Methan	Alkane, früher: Paraffinreihe C_nH_{2n+2}
	C_6H_{14}	Hexan	geradkettig oder mit Kettenverzweigungen (Aliphaten)
Ringförmig-gesättigt	C_6H_{12}	Cyclohexan	Cycloalkane (Naphthene)
			mit 3 … 30 C-Atomen im Ring
Kettenförmig-ungesättigt	C_2H_4	Ethen (Ethylen)	Alkene, früher: Olefinreihe C_nH_{2n}
			leichter Angriff durch Oxidationsmittel, wobei sauer reagierende Stoffe entstehen (= geringe Alterungsbeständigkeit)
	C_2H_2	Ethin (Acetylen)	Alkine C_nH_{2n-2}
Ringförmig-ungesättigt	C_6H_6	Benzol	Aromaten
			oxidationsbeständig durch stabiles aromatisches Ringsystem
	$C_{10}H_8$	Naphthalin ⎫	im Steinkohlenteer
	$C_{14}H_{10}$	Anthracen ⎭	

- *Kohlenstoff* als Bestandteil aller organischen Baustoffe
- *Silicum* als Bestandteil der meisten nichtmetallisch-anorganischen Baustoffe.

Die außerordentliche Vielfalt der C- und Si-Verbindungen ergibt sich auf Grund der Tatsache, das sich stabile *C–C-Ketten* und *Si–O–Si–O-Ketten* bilden.

Neben reinen Kohlenwasserstoffen (Tafel 5.1.) spielen in organischen Baustoffen sauerstoffhaltige (Tafel 5.2.), stickstoff- und halogenhaltige Kohlenwasserstoffe (Tafel 5.3.) eine wichtige Rolle.

Organische Lösungsmittel (Tafel 5.4), die zur Herstellung von Beschichtungsstoffen, plastischen Massen, Klebstoffen usw. verwendet werden, wer-

Tafel 5.2.
Sauerstoffhaltige organische Verbindungen

Verbindungsart	Funktionelle Gruppe	Beispiele Formel	Bezeichnung
Alkohole	$-OH$	CH_3OH	Methanol
		$HO-CH_2-CH_2-OH$	Glykol
		C_8H_5OH	Phenol
Ether	$-O-$	$C_2H_5-O-C_2H_5$	Diethylether (Ether)
Aldehyde	$\overset{O}{\underset{\parallel}{-C-H}}$	$H-CHO$	Formaldehyd (Formalin)
		CH_3-CHO	Acetaldehyd
Ketone	$\overset{O}{\underset{\parallel}{-C-}}$	$CH_3-CO-CH_3$	Aceton
Säuren	$\overset{O}{\underset{\parallel}{-C-OH}}$	CH_3-COOH	Essigsäure
		C_3H_7-COOH	Buttersäure
		$C_{17}H_{35}-COOH$	Stearinsäure
Ester	$\overset{O}{\underset{\parallel}{-C-O-R}}$	$\overset{O}{\underset{\parallel}{CH_3-COO-C_2H_5}}$	Essigsäureethylester (= Ethylacetat)
		$(C_{17}H_{35}COO)_3C_3H_5$	Stearinsäureglycerinester (Fette)
Salze	$\overset{O}{\underset{\parallel}{-C-O-Me^I}}$	$CH_3-COO-Na$	Natriumacetat
		$C_{17}H_{35}-COO-Na$	Natriumstearat (Seife)

Tafel 5.3.
Stickstoff- und halogenhaltige organische Verbindungen

Verbindungsart Beispiele Formel	Bezeichnung
Stickstoffhaltige Verbindungen	
$CH_3-CO-NH_2$	Essigsäureamid (Acetamid)
$NH_2-CO-NH_2$	Kohlensäurediamid (Harnstoff)
$[N(CH_3)_4]Cl$	Tetramethylammoniumchlorid
$C_6H_5-NO_2$	Nitrobenzol
Halogenhaltige Verbindungen	
CH_3Cl	Chlormethan (Methylchlorid)
CH_2Cl_2	Dichlormethan (Methylenchlorid)
$CHCl_3$	Trichlormethan (Chloroform)
$CHBr_3$	Tribrommethan (Bromoform)
CCl_4	Tetrachlormethan (Tetrachlor-kohlenstoff)
$CH_2=CH-Cl$	Vinylchlorid (Chlorethen, Chlorethylen)
C_6H_5Cl	Chlorbenzol

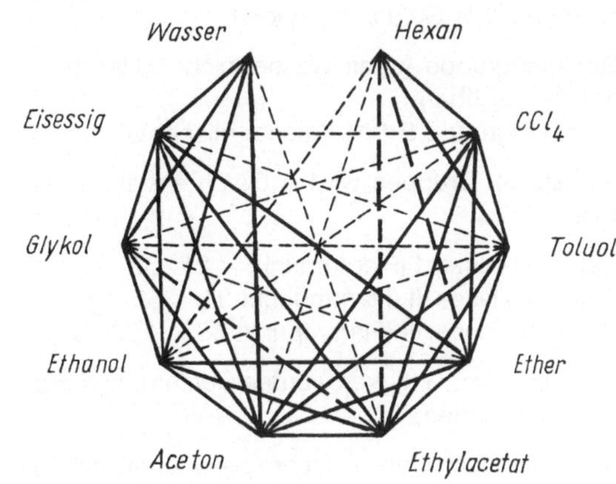

Bild 5.1.
Mischbarkeit von Lösungsmitteln
—— unbegrenzt mischbar
– – – begrenzt mischbar
keine Verbindung = nicht mischbar

Tafel 5.4.
Organische Lösungsmittel

Bezeichnung	Formel	Dichte g/cm^3 (bei 20 °C)	Siede- bereich °C	Flamm- punkt °C	GG[1]	MAK[2] mg/m^3
Diethylether	$C_2H_5-O-C_2H_5$	0,715	34... 35	−40	A	1200
Aceton	$CH_3-CO-CH_3$	0,791	56... 57	−19	B	2400
Ethylacetat	$CH_3-COO-C_2H_5$	0,900	75... 77	− 2	A	1400
Butylacetat	$CH_3-COO-C_4H_9$	0,880	124...126	−	A	950
Ethylglykol	$CH_2OH-CH_2-O-C_2H_5$	0,932	132...136	+40	−	740
Cyclohexan	C_6H_{12}	0,778	80... 81	−10	A	1015
Benzol[3]	C_6H_6	0,879	80... 81	−11	A	50
Chlorbenzol	C_6H_5Cl	1,106	130...132	+29	A	230
Toluol	$C_6H_5-CH_3$	0,864	109...111	+ 7	A	750
Xylol	$C_6H_4(CH_3)_2$	0,865	136...140	−23	A	870
Methanol	CH_3OH	0,795	62... 66	+ 6	B	260
Ethanol	C_2H_5OH	0,789	76... 80	+12	B	1900
Isobutanol	C_4H_9OH	0,810	114...118	+34	A	200
Glycerin	$CH_2OH-CHOH-CH_2OH$	1,261	290	+16	−	−
Dichlormethan (Methylenchlorid)	CH_2Cl_2	1,323	39... 40	−	−	1750
Trichlormethan (Chloroform)	$CHCl_3$	1,487	59... 62	−	−	240
Tetrachlormethan	CCl_4	1,594	76... 77	−	−	65
Trichlorethen	$CHCl=CCl_2$	1,470	86... 87	−	−	260
Schwefelkohlenstoff	CS_2	1,263	43... 46	−30	A	60
Benzin (aromatenfrei)	C_nH_{2n+2}	0,68...0,72	50...150	−	A	1000
Petrolether	C_nH_{2n+2}	0,63...0,69	30... 80	−10	A	1000

[1]) Gefahrengruppe; [2]) maximale Arbeitsplatzkonzentration; [3]) krebserzeugend

den eingeteilt in *Gefahrengruppen:*

- Gefahrengruppe A (mit Wasser nicht oder nur begrenzt mischbar)
- Gefahrengruppe B (mit Wasser mischbar).

Innerhalb der Gruppen wird in *Gefahrenklassen* eingeteilt:

- Gefahrenklasse I (Flammpunkt $< 21\,°C$)
- Gefahrenklasse II (Flammpunkt $21\ldots55\,°C$)
- Gefahrenklasse III (Flammpunkt $55\ldots100\,°C$)

Hinsichtlich ihrer Giftigkeit werden *Gefährdungsgruppen* unterschieden:

- Gefährdungsgruppe I (sehr gesundheitsschädigend, Gift), z. B. Benzol, CS_2, CCl_4, CH_3OH
- Gefährdungsgruppe II (mittelmäßig gesundheitsschädigend), z. B. Toluol, Xylol
- Gefährdungsgruppe III (wenig oder nicht gesundheitsschädigend), z. B. Glycerin, Cyclohexan, Ethylglykol

Einen Überblick über die gegenseitige *Mischbarkeit* einiger wichtiger Lösungsmittel unter Einbeziehung von Wasser vermittelt Bild 5.1. In Tafel 5.4. sind einige wesentliche Eigenschaften organischer Lösungsmittel zusammengestellt.

5.2. Chemie der Holzbaustoffe

Holz wird im Bauwesen *direkt* als Baustoff (Hochbau: z. B. freitragende Konstruktionen, Verschalungen; Tiefbau: z. B. Eisenbahnschwellen), ferner *vergütet* (z. B. Sperrholz) und zur Herstellung von *Faserbaustoffen* (Faserplatten, Spanplatten, Holzbeton u. a.) verwendet. Die drei wesentlichen Bestandteile des Holzes sind

$40\ldots50$ M.-% Zellulose
$15\ldots35$ M.-% Hemizellulose
$20\ldots30$ M.-% Lignin

Daneben enthält Holz Mineralsalze, Wasser, Harze (besonders in Nadelhölzern), Gerbstoffe (besonders im Eichenholz) und andere organische Stoffe (Eiweiß, Fett).
Die *Holzzellulose* baut sich hauptsächlich aus Glukose-, Mannose- und Xylosebausteinen auf. Zellulose-Makromoleküle, die eine Länge von etwa $4\,000$ nm haben, lagern sich zu *Mizellarsträngen* und diese zu *Mikrofibrillen* zusammen, die schließlich der Hauptbestandteil der *Zellwände* sind. Der als Bauholz verwendete Holzteil, z. B. eines Kiefernstammes, besteht zu $> 90\%$ aus den Zellwänden der Holzzellen (Tracheiden).
Die *Hemizellulosen,* die als Zellwandbestandteile gemeinsam mit der Zellulose auftreten, sind amor-

phe, in Laugen lösliche Polysaccharide (Holzgummi).
Lignin entsteht aus dehydriertem Coniferylalkohol

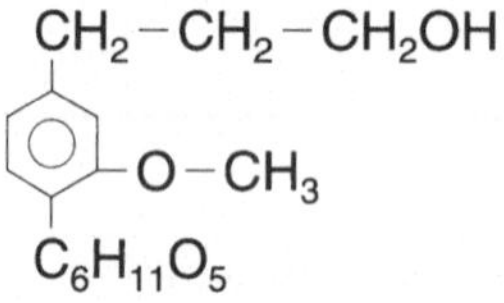

$$CH_2-CH_2-CH_2OH$$
$$\big|$$
$$\text{[Benzolring]}-O-CH_3$$
$$C_6H_{11}O_5$$

durch verzweigte Polymerisation. Die starren Ligninmoleküle sind in den interfibrillären Raum eingelagert, wobei das biegsame Zellulosegerüst Druckfestigkeit und Starrheit erhält, was für einen aufrechten, größeren Pflanzenkörper wie einen *Baum* notwendig ist. Beim Kochen von Holzschnitzeln mit $Ca(HSO_3)_2$-Lösung entstehen die wasserlöslichen Ca-Salze der Ligninsulfosäure. Auf diese Weise gelingt die Abtrennung des Lignins von der Zellulose in Form von Sulfitablauge, was der entscheidende Schritt der Zellstoffgewinnung ist.
Das *Kambium* ist das lebende Gewebe, dessen Zellen sich in der Vegetationsperiode immer wieder teilen und so der Ausgangsort für das Dickenwachstum eines Baumstammes sind, wobei die Holzbestandteile aus H_2O und CO_2 aufgebaut werden. Das Kambium befindet sich an der Grenze zwischen dem jüngsten Holz und der Rinde (Borke).
Zur Herstellung von *Holzbeton* (Druckfestigkeit etwa 7 N/mm^2) eignen sich Späne oder Mehl aus Tannen-, Kiefern-, Fichten- und Lärchenholz, unbrauchbar sind Eschen- und Buchenspäne. Wichtig für eine gute Haftung zwischen Zementstein und Holzoberfläche ist die Vorbehandlung der Späne mit Kalkmilch, Wasserglas, $MgSiF_6$, $CaCl_2$, Flugasche oder bituminösen Stoffen.
Die **Holzschädigungen** können von oberflächlichen Verfärbungen (nur ästhetische Nachteile) bis zur völligen Zerstörung der gesamten Holzsubstanz (Bauteil-Funktionsuntüchtigkeit) reichen. Die wesentlichen Schädigungsfaktoren sind:

- Witterungseinflüsse (Temperaturschwankungen, Feuchtigkeit, UV-Strahlung)
- biologische Einflüsse (Pilze, Insekten, Bakterien)
- chemische Einflüsse (Säuren, Basen)
- Feuer und hohe Temperaturen.

Gegen chemische Einflüsse ist Holz relativ gut beständig. Es wird deshalb z. T. dort eingesetzt, wo Stahl und Beton korrodieren, z. B. in der Kaliindustrie, im Bergbau und in säuregefährdeten Anwendungsbereichen.
Eine raschere Holzzerstörung als Säuren und Salzlösungen bewirken Laugen, insbesondere bei hö-

heren Temperaturen. In der Regel ist eine Beständigkeit des Holzes im Bereich $pH\,3 \ldots pH\,10$ anzunehmen, allerdings sind bei verschiedenen Holzarten sowie durch unterschiedliche Einwirkungszeiten und -temperaturen Abweichungen möglich. Eine besonders hohe Widerstandsfähigkeit gegen Chemikalien zeigt das Kernholz von Pitch pine, Oregon pine, Teak und Lärche.

Die Witterungseinflüsse bewirken photochemische Abbaureaktionen (durch UV-Strahlung) und oberflächliche Abtragung (durch Niederschlagswasser; $0,01 \ldots 0,1$ mm/Jahr). Feuchtigkeitsschwankungen führen durch Quellen und Schwinden gemeinsam mit Temperaturschwankungen zur Rißbildung.

Biologische Holzzerstörung kann bei Holzfeuchten von $\sim 20 \ldots 40\,\%$ und bei Temperaturen von $\sim 0 \ldots 40\,^{\circ}C$ eintreten. Dabei werden die Zellwandbestandteile (Zellulose und Hemizellulose) zersetzt. Unter den biologischen Schädlingen sind die Pilze (z. B. Echter Hausschwamm/Serpula lacrymans) und die Insekten (z. B. Hausbockkäfer/Hyalotrupes bajulus) vorherrschend. In vollkommen trockenem oder durchnäßtem Holz findet keine Fäulnis statt.

Der Schutz des Holzes wird erreicht durch

- bauliche, konstruktive Maßnahmen
- Oberflächenbehandlungen, -beschichtungen
- chemischen Holzschutz
- Feuerschutz, Brandschutz.

Der *bauliche Holzschutz* ist primär ausgerichtet auf ein Erreichen bzw. Erhalten des trockenen Zustandes des Holzes.

Die *Oberflächenbehandlungen* sollen die Oberfläche verändern, sie schützen. Sie wirken in das Holzinnere nur so weit, wie dies zur Verankerung der Beschichtung erforderlich ist und erzielen einen Schutz des Holzes vor Strahlung, Feuchtigkeit, Erosion und (durch fungizide Zusätze) vor holzverfärbenden Pilzen. Neben Öl-Alkydharz-Kombinationen (für atmosphärische Beanspruchung) sind auch Beschichtungsstoffe auf Polyurethanbasis (für chemische Beanspruchungen) und auf Polyesterbasis (insbesondere für innen) im Gebrauch.

Der *chemische Holzschutz* richtet sich insbesondere gegen biologische Schädigungen. Über den Grad des Erfolges und die Wirkungsdauer entscheiden:

- die Eignung des angewendeten Holzschutzmittels
- die Auswahl des zweckentsprechenden Anwendungsverfahrens (Streichen, Tauchen, Trogtränkung, Kesseldrucktränkung u. a.)
- die Holzart und -beschaffenheit.

Das *Holzschutzmittel* soll möglichst tief eindringen (Eindringtiefe >1 cm: Tiefschutz), eine hohe Gift- und Dauerschutzwirkung haben sowie gegenüber anderen Baustoffen verträglich sein. Holzschutzmittel für den Hochbau müssen in der Bundesrepublik Deutschland vom Institut für Bautechnik zugelassen sein. Die Gefährdungsklassen sowie die Anwendungseinschränkungen und Hinweise des „Holzschutz-Verzeichnisses" (E. Schmidt-Verlag, Bielefeld) sind unbedingt zu beachten.

Es werden unterschieden:

- **wasserlösliche Schutz- und Bekämpfungsmittel**

gegen holzzerstörende Pilze und Insekten
Unter Dach werden hierfür z. B. Fluorosilicate, Hydrogenfluoride und anorganische Borverbindungen angewendet.
Im Freien und unter Dach werden Chromate und Fluoride, insbesondere der Alkalimetalle, und Kupfersalze verwendet. Diese Verbindungen reagieren mit Lignin oder Zellullose zu schwerlöslichen Verbindungen und sind deshalb schwer auswaschbar. Vorsicht bei Arsenaten! Die sehr hohe Giftgefahr für Mensch und Tier hat zur Vermeidung der Anwendung der Arsenate geführt. Ihre Anwendung in geschlossenen Räumen ist verboten. Meist enthalten die Holzschutzmittel Salzkombinationen.

- **ölige Schutz- und Bekämpfungsmittel**

gegen holzzerstörende Pilze und Insekten

Teerölpräparate (Hauptbestandteil Steinkohlenteeröl-Destillate, z. B. Carbolineen) und besonders lösemittelhaltige Ölpräparate mit fungiziden und insektiziden Wirkstoffzusätzen (z. B. zinnorganische Verbindungen).

- **Sonderpräparate**

z. B. zur Bekämpfung von „Schwamm" im Mauerwerk, gegen holzzerstörende Insekten im verbauten Holz oder zur Anwendung für Holzwerkstoffe

Die Tafel 5.5. gibt eine Übersicht über die Holzschutzmittel und deren Anwendung.
Die *Feuerschutzmittel* für Brandschutzbeschichtungen müssen ebenfalls durch das Institut für Bautechnik, Berlin, amtlich zugelassen werden. Sie haben die Aufgabe, die Entzündungszeit des Holzes und die Feuerausbreitung zu verzögern. Sie sollen den brennbaren Baustoff Holz schwer entflammbar (nach DIN 4102) machen. Zugelassen und angewendet werden schaumschicht- bzw. dämmschichtbildende Beschichtungsstoffe sowie wasserlösliche Salzgemische. Alle bisher zugelassenen Feuerschutzmittel

Tafel 5.5.
Übersicht über die Holzschutzmittel und deren Anwendung

Bezeichnung	Hauptbestandteile	Eigenschaften[1]	auswaschbeständig	Anwendungsgebiete[2] (Beispiele)
1. Wasserlösliche Schutzmittel zur vorbeugenden Behandlung gegen Insektenbefall und holzzerstörende Pilze				
SF-Salze	Silicofluoride	P, Iv, S	nein	1, 5, 7
HF-Salze	Hydrogenfluoride	P, Iv, S z. T. auch Ib	nein	1, 2, 3, 5, 7, 8
B-Salze	anorganische Borverbindungen	P, Iv, S	nein	1, 5, 7
CKB-Salze	Chromate, Kupfersalze, meist mit Zusätzen von Bor-Fluorverbindung	P, Iv, W, E, z. T. S	ja	1, 2, 3, 4, 5, 7
CFB-Salze	Alkalifluoride	P, Iv, W, z. T. S	weitgehend	1, 2, 3, 5, 7, 8
2. Ölige Schutzmittel zur vorbeugenden Behandlung gegen holzzerstörende Pilze und Insekten				
Teerölpräparate	reine Teerölpräparate (Carbolineen)	P, (Iv), S, W, E	ja	3, 4, 6
	Steinkohlenteerdestillate mit Zusätzen	P, Iv, S, W	ja	3, 4, 6
Lösemittelhaltige Präparate	organische Insektizide und Fungizide in Lösemitteln, z. T. mit Bindemittel und pigmentiert	P, Iv, S, W, z. T. Ib	ja	1, 2, 3, 4, 5, 7
3. Präparate für besondere Anwendungsgebiete (Beispiele)				
Öl-Salz-Gemische	Fluoride u. a.	P, Iv, W	ja	10
Holzschutzmittel für Holzwerkstoffe	verschiedene Fungizide	P	z. T.	9
4. Bekämpfungsmittel gegen holzzerstörende Insekten im verbauten Holz				
Wasserlösl. Mittel	Hydrogenfluoride	P, Iv, Ib, S	nein	1, 2, 3, 5, 7, 8
Ölige Mittel	organ. Lösemittel mit Insektiziden, z. T. auch Fungiziden	Iv, Ib, S, W	ja	1, 2, 3, 4

Erläuterungen zur Tafel 5.5.
[1]) Kurzzeichen für die Eigenschaften der Holzschutzmittel laut amtlichem Holzschutzmittelverzeichnis

P   wirksam gegen Pilze (Fäulnisschutz)
Iv   vorbeugend wirksam gegen Insekten
(Iv) nur bei Tiefschutz ist die vorbeugende Wirkung gegen Insekten gewährleistet
Ib   wirksam gegen Insekten (bekämpfend)
F   wirksam zum Schwerentflammbarmachen (Feuerschutz)

S   auch zum Streichen, Sprühen und Tauchen geeignet
(S) nicht zum Streichen, jedoch zum Tauchen sowie zum Spritzen von Bauhölzern in stationären Anlagen zugelassen
W geeignet auch für Holz, das der Witterung (Feuchtigkeit) ausgesetzt ist
M geeignet zur Bekämpfung von Schwamm im Mauerwerk
E auch bei extremer Beanspruchung (z. B. Erdkontakt, fließendes Wasser)

[2]) Anwendungsgebiete
1 geschützt vor Auslaugung/Innenräume; 2 zeitweise Auslaugung in gedeckten Räumen; 3 im Freien ohne Kontakt mit Erdfeuchtigkeit; 4 im Freien mit Kontakt mit Erdfeuchtigkeit; 5 in Wohn- und Arbeitsräumen; 6 im Wasser; 7 in Stallungen; 8 Sanierung von Mauerwerk; 9 für Holzwerkstoffe; 10 je nach Zusammensetzung

sind nicht witterungsbeständig. Die dämmschichtbildenden Beschichtungsstoffe (DSB) halten die thermischen Einflüsse (Feuer, Strahlung) von der Holzoberfläche möglichst weitgehend ab.
Es sind meist organische Dispersionen. Sie bestehen wie andere Beschichtungsstoffe aus Bindemittel, Pigment und Lösungs- bzw. Dispersionsmittel. Zusätzlich enthalten sie:

1. schaumschichtbildende Komponenten (z. B. als Kohlenstoffspender einen Polyalkohol wie Stärke; als Dehydratationsmittel z. B. Phosphorsäure

und als Treibmittel eine z. B. stickstoffabspaltende Verbindung wie Ammoniumphosphat) und
2. verstärkende Füllstoffe (z. B. Glasfasern; diese geben dem Schaum eine höhere Festigkeit).

5.3. Chemie der bituminösen Baustoffe

Als *bituminöse Stoffe* werden Stoffe bezeichnet, die *Bitumen, Teer* und/oder *Pech* enthalten.
Bitumen haben eine große praktische Bedeutung. Teerprodukte werden z. B. im Bautenschutz – wegen ihrer karzinogenen Wirkung – nur noch in wenigen besonderen Fällen angewendet.
Bitumen sind komplizierte Gemische aus Asphaltenen, Harzen, höhermolekularen Säuren, Zeresinen, Kohlenwasserstoffölen und anderen Stoffen, die als *Rückstand bei der Erdöldestillation* anfallen. Für die Verwendung im Bauwesen sind Bitumen aus *naphthenisch-aromatischen* Rohölen besser geeignet als solche aus *paraffinischen* Erdölen, da die hochmolekularen Paraffine (Zeresine) zur Kristallisation neigen. Bitumen kommt auch in der Natur in erdölhaltigem Gestein vor (Naturasphalt), aus dem allmählich die leichteren Erdölanteile verdunstet sind.
Teer ist ein flüssiges bis halbfestes, dunkelbraunes bis schwarzes Produkt, das bei der *thermischen Behandlung* von Kohle, Holz, Torf u. a. als Nebenprodukt anfällt. Es besteht zu $^2/_3$ aus *Teerölen* und zu $^1/_3$ aus *Teerharzen* (= Pech). Man unterscheidet *Steinkohlenteer* (basisch) und *Braunkohlenteer* (sauer). Seine Anwendung ist stark eingeschränkt. Werden bituminöse Stoffe mit *n-Heptan* behandelt, so löst sich ein Teil derselben auf. In Lösung gehen *ölige Bestandteile* mit rel. Molekülmassen von 500...1000, die als *Maltene* bezeichnet werden. Unlöslich sind *tiefschwarze Bestandteile* mit rel. Molekülmassen von 2000 bis 100000, die man als *Asphaltene* bezeichnet. Die Maltene lassen sich weiter in Öle, Ölharze und Asphaltharze trennen. Die im Bauwesen verwendeten Bitumen haben Asphaltengehalte von 5...35%.
Bitumen kann als ein *Kolloidsystem* aufgefaßt werden. Die Maltene bilden das *Dispersionsmittel,* in dem sich die Asphaltene feinverteilt als *disperse Phase* befinden. Zur *Stabilisierung* der Asphaltenteilchen befindet sich auf ihrer Oberfläche eine *Schutzschicht* aus Asphaltharzen (Bild 5.2.). Ein Asphaltenteilchen einschließlich der Schutzschicht wird als *Mizelle* bezeichnet. Die in Bitumen-*Emulsionen* vorliegenden Bitumenkügelchen zeigen mit ihrer Emulgatorhaut einen ähnlichen Aufbau.
Die *Löslichkeit* der Asphaltene im Maltenöl wird *gesteigert,* wenn sie aromatenreich sind. Durch *Ein-*

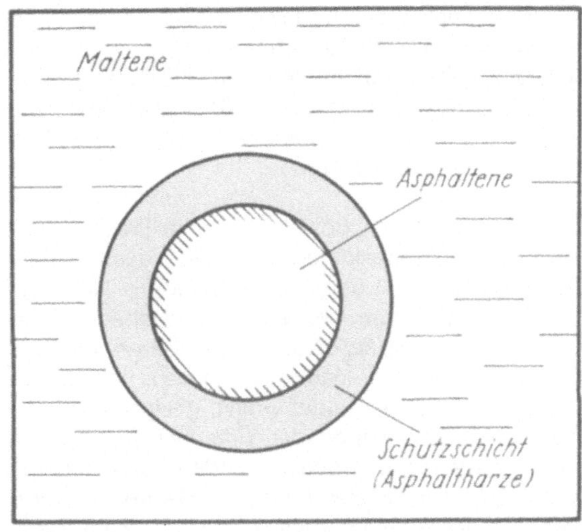

Bild 5.2.
Der kolloide Aufbau des Bitumens

blasen von Luft werden die als Stabilisator wirkenden Asphaltharze in Asphaltene umgewandelt. Die Beseitigung der Schutzschicht führt zur Zusammenlagerung der Teilchen, wobei sich Gerüste bilden (Bild 5.3.), in deren Hohlräume die Maltene eingelagert sind.
Die *chemischen und physikalischen Eigenschaften* der bituminösen Stoffe lassen sich wie folgt zusammenfassen (GEORGY):

- niedrige Dichte (1,01...1,07 g/cm^3 bei 25 °C)
- geringer Ausdehnungskoeffizient (0,0006 K^{-1} bei 15...200 °C)
- niedrige spezifische Wärmekapazität (1,7...2,1 J/g · K)
- geringe Wärmeleitfähigkeit (586 J/m · h · K bei 0 °C)

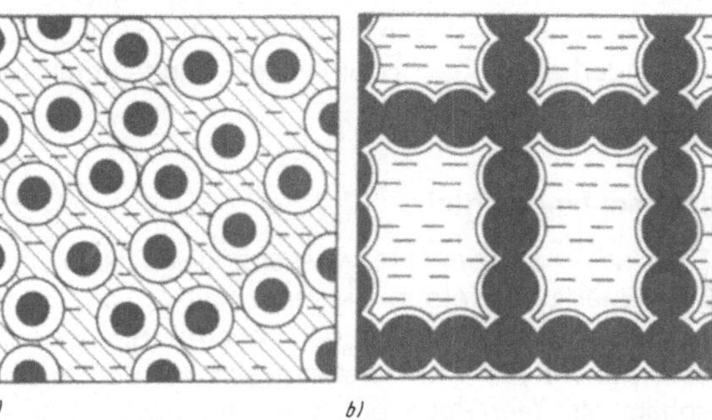

Bild 5.3.
Struktur des Bitumens
a) detailliertes Bitumen (Sol-Zustand)
b) geblasenes Bitumen (Gel-Zustand)

- gute dieelektrische Kennwerte
  (DK 2,7 ... 3,0 bei 800 Hz)
- Löslichkeiten: gut in Benzin (nur Bitumen), CS_2, CCl_4: schlecht in Wasser (0,001 ... 0,01 %)
- gute Beständigkeit gegen O_2, anorganische Säuren, Laugen und Salze.

Bitumenemulsionen bestehen aus in Wasser feinverteilten Bitumenkügelchen, die durch *Seife* ($C_{17}H_{35}COO^-Me^+$) oder durch *Amine* $[R-NH_3]^+Cl^-$ stabilisiert sind. Im ersten Fall entstehen *anionische,* im zweiten *kationische* Emulsionen. Letztere sind besonders bei kieselsäurereichen, sauren Gesteinen, z. B. Quarzit oder Granit, geeignet. Zur Bildung zusammenhängender *Bitumenfilme* müssen die Emulsionen *gebrochen* werden, was dadurch geschieht, daß bei Berührung mit Gestein (im Straßenbau) das emulgatorhaltige Wasser festgehalten wird. Neben dieser adsorptiven Wirkung tritt ein zweiter Effekt ein, bei dem die Fettsäurereste der Seife durch das basische Gestein bzw. die Ammoniumionen durch das saure Gestein gebunden werden. Der Verfestigungsprozeß ist beendet, wenn das Emulsionswasser vollständig verdunstet ist.

Im Bauwesen (z. B. im Straßenbau) werden auch Lösungen von Bitumen in niedrigsiedenden Lösemitteln (z. B. Benzin) verwendet (Kaltbitumen).

Die Verfestigung erfolgt während der Verdunstung des Lösungsmittels, wobei zugesetzte Haftmittel für eine gute Verbindung mit dem Gestein sorgen. Bitumenbeton, Gemische aus Splitt, Natur- oder Brechsand und Füller mit Bitumen heißen je nach ihrer Zusammensetzung Asphaltbeton, Gußasphalt, Asphaltbinder usw.

Im Bautenschutz werden bituminöse Stoffe kaltflüssig (lösemittelhaltig, emulgiert) und heißflüssig für Beschichtungen zum Schutz gegen Feuchtigkeit und chemischen Angriff oder im Verbund mit Pappen, Folien u. a. zur Abdichtung eingesetzt. Unbeabsichtigte Mischungen zwischen Teer und Bitumen führen oft zu schweren Störungen. Wichtige Besonderheiten der bituminösen Bindemittel für den Bautenschutz sind:

Bitumenbindemittel

Sie sind in Benzinkohlenwasserstoffen löslich, gegen Ester und Ketone begrenzt haltbar, physiologisch unbedenklich und geruchsarm. Sie weisen eine höhere Alterungsbeständigkeit an der Atmosphäre als Teer/Pech auf. Sie sind etwas besser pigmentierbar als Teer/Pech (z. B. mit Al-Pulver — sogenannte Silberlacke) und haben verbesserte Eigenschaften durch Kombination mit Epoxidharz oder Polyurethan.

Teer- und Pechbindemittel

Diese Bindemittel werden nur noch in wenigen Sonderfällen angewendet. Sie sind in Benzinkohlenwasserstoffen nicht löslich, nur in aromatischen Lösemitteln löslich, besser gegen Feuchtigkeit abdichtend als Bitumen, physiologisch bedenklich (wirken karzinogen und dürfen nicht in Berührung mit Trinkwasser, Futtermitteln o. ä. kommen), geruchsintensiv, spröder als Bitumen, bei Bewitterung stärker alternd als Bitumen (rissige „Krokodilshaut"!), nicht so stark alternd im Erdreich und unter Wasser. Sie haben verbesserte Eigenschaften durch Kombination mit Epoxidharz oder Polyurethan.

Beispiel: Teerepoxidharz-Beschichtungsstoffe: witterungs-, säure-, alkali-, seewasser-, benzin-, ölbeständig, hart und elastisch, gut haftend, beständig gegen trockene Wärme bis etwa 100 °C, gegen Warmwasser bis etwa 80 °C.

5.4. Chemie der Kunststoffe und Elastomere

Kunststoffe sind Materialien (Werkstoffe), deren wesentliche Bestandteile aus *Makromolekülen* bestehen, die sich aus Grundgerüsten aus *linearen* oder/und *verzweigten Ketten* (Molekülhauptketten) aufbauen. Kunststoffe lassen sich aus mindestens *bifunktionellen* (zwei reaktive Gruppen enthaltend), gleichen oder verschiedenen Grundbausteinen durch mehrere mögliche Aufbaureaktionen herstellen.

Die durchschnittliche *relative Molekülmasse* von 10000 und der durchschnittliche *Polymerisationsgrad* von 100 werden als relative Grenzwerte zur Abgrenzung von den anderen (kleineren) organischen Verbindungen angesehen.

Kunststoffe durchlaufen bei der Verarbeitung meistens einen plastischen Zustand, sie sind plastisch formbar oder plastisch geformt worden.

Elaste/Elastomere sind Materialien, die kautschukelastisches Verhalten zeigen. Zu ihnen gehören alle Produkte aus natürlichem oder synthetischem Kautschuk sowie Erzeugnisse aus kautschukähnlichen Stoffen.

Die Haupteinsatzgebiete der Kunststoffe und Elaste sind das Bauwesen und die Elektrotechnik mit je 20 ... 30 % sowie der Maschinenbau, die Verpackungsindustrie und Haushaltsanwendungen mit je 10 ... 20 %.

Ein synthetisches Polymer hat keine einheitliche Molekülmasse, da es sich aus Makromolekülen unterschiedlicher Länge, die sich in einem konkreten, steuerbaren Bereich bewegt, zusammensetzt. Dies

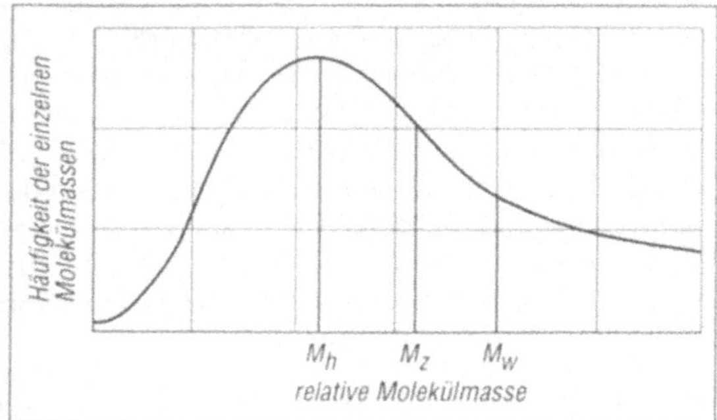

Bild 5.4.
Relative Molekularmasse eines Kunststoffes

hat zur Folge, daß kein Schmelzpunkt, sondern ein *Schmelzbereich* bzw. ein *Erweichungsbereich* ermittelt werden kann.

Bei den Durchschnittswerten der *relativen Molekülmasse* unterscheidet man

- Gewichtsmittel: $M_w = \dfrac{\sum n_i M_i^2}{\sum n_i M_i}$

- Zahlenmittel: $M_z = \dfrac{\sum n_i M_i}{\sum n_i}$

M_i relative Molekülmasse einer Fraktion i
n_i Anzahl der Teilchen einer Fraktion i

Bild 5.4. zeigt den Zusammenhang anhand einer Verteilungskurve. Das folgende Analogiebeispiel soll den Unterschied der Durchschnittswerte veranschaulichen (s. Bild 5.5.).

Beispiel 53

Ein Polymeres besteht a) aus 100 Molekülen mit MG = 5000 und 2 Molekülen mit MG = 50000 und b) aus 100 Molekülen mit MG = 5000 und 500 Molekülen mit MG = 2000. Wie groß sind die Gewichts- und Zahlenmittel beider Polymerer?

Lösung:

Fall a:　　$M_w = 12\,500$,　　$M_z = 5\,882$

Fall b:　　$M_w = 3\,000$,　　$M_z = 2\,500$

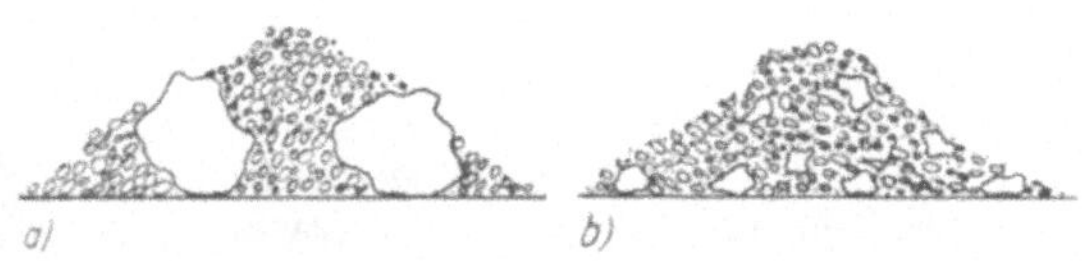

Bild 5.5.
Mittlere Molekülmasse von Polymeren
a) große mittlere Molekülmasse (Gewichtsmittel)
b) kleine mittlere Molekülmasse (Gewichtsmittel)

Ein anderes Maß für die Charakterisierung polymerer Verbindungen ist der durchschnittliche *Polymerisationsgrad DP,* der angibt, aus wieviel Grundbausteinen sich das Makromolekül im Durchschnitt zusammensetzt.

Bei *verzweigten* Polymerketten unterscheidet man nach der Anordnung der Seitengrupen *(Taktizität)* folgende Möglichkeiten:

- *ataktisch* (ungeordnet)

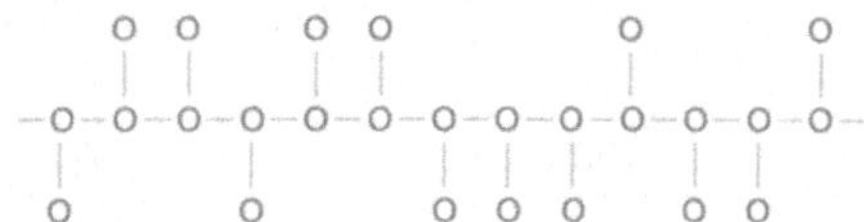

- *isotaktisch*

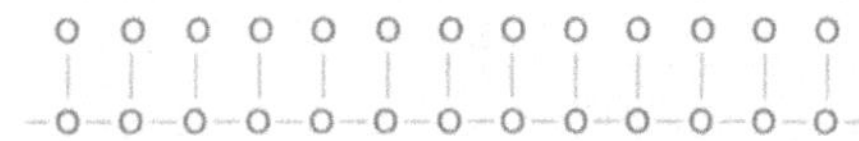

- *syndiotaktisch*

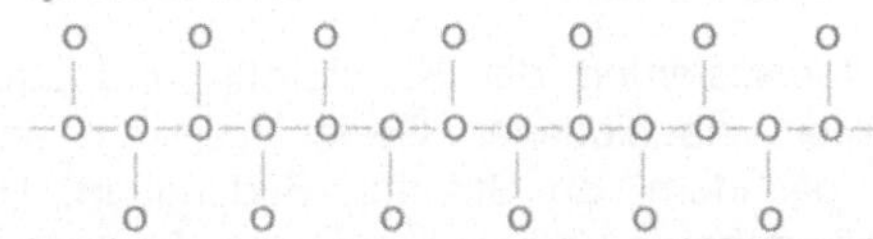

Makromoleküle haben einen „übermolekularen" Bau, der von den Beziehungen der Makromoleküle untereinander abhängt. *Statistisch* hat eine lockere, kugelige Knäuelform die größte Wahrscheinlichkeit, vor allem bei Makromolekülen, zwischen denen keine oder nur geringe zwischenmolekulare Kräfte auftreten (z. B. Polyethylen). *Thermodynamisch* ist eine geordnete (kristalline) Struktur dann erwartungsgemäß am stabilsten, wenn starke zwischenmolekulare Kräfte auftreten (z. B. Polyurethan).

Unterschiede in der *Struktur* wirken sich stark auf die Eigenschaften aus (Tafel 5.6.).

Zur Abschätzung der zwischenmolekularen Bindungskräfte zwischen den Polymermolekülen verwendet man *Kohäsionsenergien* (Tafel 5.7.).

Tafel 5.6.
Vergleich der Eigenschaften iso- und ataktischer Polymerer

Polymerenart	Taktizität	Erwei- chungs- punkt °C	Dichte g/cm³
Polypropylen	isotaktisch	160	0,92
	ataktisch	75	0,85
Polystyrol	isotaktisch	230	1,08
	ataktisch	100	1,06

Tafel 5.7.
Kohäsion zwischen polymeren Molekülen
(Beiträge verschiedener Atomgruppen)

Atomgruppe	Kohäsionsenergie J/mol	Atomgruppe	Kohäsionsenergie J/mol
$-O-CH_2-O-$	4140	CH_3-O ... $C(=O)$ ... $-O-O-O-$	23400
CH_3 über $-O-O-O-$	7450	OH über $-O-O-O$	30300
Cl über $-O-O-O-$	14200	$C=N$, H über $O-C-N-O$	67700
NH_2 über $-O-O-O-$	14600		
H, O über C über $-O-O-O-$	19600		

5.4.1. Herstellung, Zusammensetzung und Anwendung

Die *Systematisierung* der Kunststoffe und Elaste kann unter verschiedenen Gesichtspunkten erfolgen, je nachdem, ob Struktur, Bildungsart, Herstellungsverfahren, Verarbeitung oder Anwendung u. a. im Vordergrund stehen. So kann man nach der *Zusammensetzung* 5 Gruppen (Tafel 5.8.) unterscheiden. Nach dem Reaktionstyp, nach dem Makromoleküle gebildet werden, unterscheidet man

- Polykondensation
- Polymerisation
- Polyaddition

Eine Übersicht über die allgemeinen chemischen Verfahren zur Bildung von Makromolekülen gibt Tafel 5.9.

Polykondensation

Beim Prozeß der Polykondensation führt jeder Einzelschritt beim Aufbau eines Makromoleküls (= Polykondensat) zu einem stabilen Molekül unter *Abspaltung* eines niedermolekularen Spaltprodukts (z. B. H_2O oder CH_3OH), das im Gleichgewicht mit den anderen Reaktionspartnern steht. Ein Beispiel soll dies veranschaulichen. Die Aminoplaste werden durch Polykondensation von Formaldehyd (oder Methanol) mit Aminen *oder Amiden* (z. B. Harnstoff, Dicyandiamid, Melamin) gebildet:

Bei der folgenden Kondensation kommt es zur

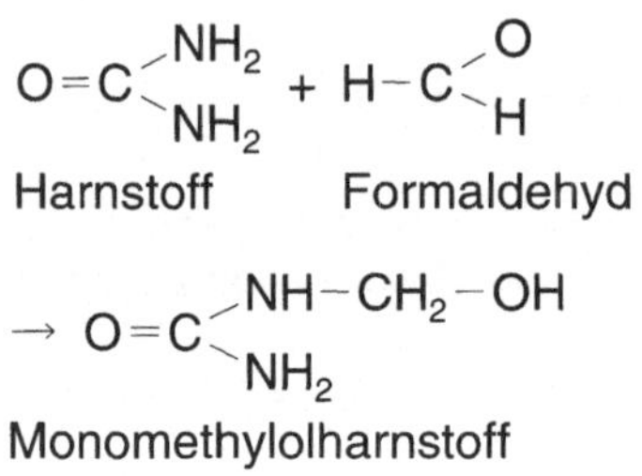

$$O=C{\overset{NH_2}{\underset{NH_2}{}}} + H-C{\overset{O}{\underset{H}{}}}$$

Harnstoff   Formaldehyd

$$\rightarrow O=C{\overset{NH-CH_2-OH}{\underset{NH_2}{}}}$$

Monomethylolharnstoff

Wasserabspaltung:
Auf dem Wege der Polykondensation können folgende Kunststoffe hergestellt werden:

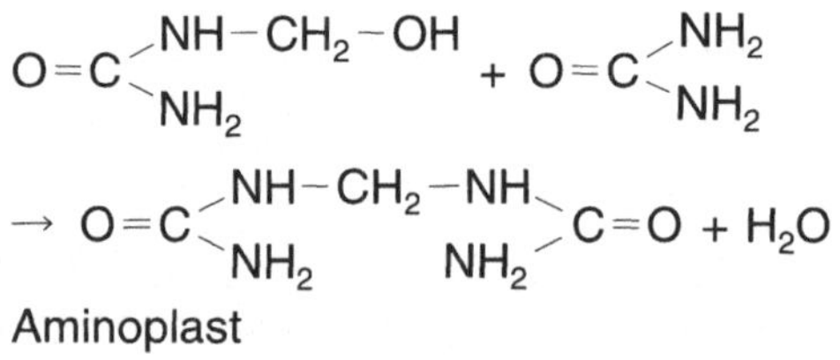

$$O=C{\overset{NH-CH_2-OH}{\underset{NH_2}{}}} + O=C{\overset{NH_2}{\underset{NH_2}{}}}$$

$$\rightarrow O=C{\overset{NH-CH_2-NH}{\underset{NH_2}{}}}{\underset{NH_2}{}}C=O + H_2O$$

Aminoplast

- Polyesterharze (UP)
- Phenolharze (PF)
- Aminoplaste (z. B. UF oder MF)
- Polyamide (PA)
- Thioplaste

(Die UP- und EP-Härtung erfolgt durch Polyaddition (kein Spaltprodukt!))

Tafel 5.8.
Einteilung der Kunststoffe nach der Zusammensetzung

Bezeichnung		Hauptkette enthält	Beispiele
C-Kunststoffe	Carbokunststoffe	nur C- und H-Atome	Polyethylen
C—O-Kunststoffe	Carboxikunststoffe	C-, O- und H-Atome	Polyester
C—N-Kunststoffe	Carboazokunststoffe	C-, N-, H- und eventuell O-Atome	Phenolharze, Aminoplaste, Polyamide, Polyurethane
C—S-Kunststoffe	Carbothiokunststoffe	C-, S-, H- und eventuell O- und N-Atome	Polyethylensulfide
Si—O-Kunststoffe	Siloxikunststoffe	Si-, O- und H-Atome	Silicone

Tafel 5.9.
Bildung von Makromolekülen

Allgemeine Verfahren zur Makromolekülbildung	Ausgangsstoffe Monomere	Endprodukte Polymere (Kunststoffe)
Polymerisation: Monomere + Initiator ———→ Polymere + Wärme	**Ungesättigte Verbindungen** Ethylen Isobutylen Styrol Vinylchlorid Vinylacetat Methacrylsäuremethylester	Polyethylen Polyisobutylen Polystyrol Polyvinylchlorid Polyvinylacetat Polymethacrylsäure- methylester
Polykondensation: Monomere 1 + Monomere 2 + Katalysator ———→ Polymere + Wasser/Spalt- produkt + Wärme	**Mehrfunktionelle Verbindungen** Dicarbonsäure + Diamin Dicarbonsäure + Dialkohol Formaldehyd + Phenol Formaldehyd + Harnstoff Formaldehyd + Melamin	Polyamide Polyester Phenolharze Harnstoffharze Melaminharze
Polyaddition: Monomere 1 + Monomere 2 + Katalysator ———→ Polymere + Wärme	**Mehrfunktionelle Verbindungen** Diepoxid + Diamin Diisocyanat + Dialkohol	Polyepoxidharze Polyisocyanate (Polyurethane)

Polymerisation

Beim Prozeß der Polymerisation liegen *Kettenreaktionen* vor, d. h. Reaktionsfolgen, bei denen im ersten Schritt unter Aufwendung einer hohen Aktivierungsenergie ein instabiles Zwischenprodukt entsteht, bei dessen weiterer, sehr rascher Umsetzung immer wieder ein instabiler Zwischenstoff entsteht. Diese Reaktionsketten laufen über viele Teilschritte hinweg weiter, bis sie schließlich durch *Abbruchreaktionen* zwischen den instabilen Kettenträgern beendet werden. Die entstehenden Produkte bezeichnet man als *Polymerisate*. Der Gesamtprozeß einer Polymerisation besteht aus den Teilreaktionen

- Kettenstartreaktion
- Kettenwachstumsreaktion
- Kettenabbruchreaktion.

Die *instabilen Zwischenprodukte* können Ionen oder Radikale sein. Bei den *ionischen* Polymerisationsarten werden als *Initiatoren* z. B. $AlCl_3$, $ZnCl_2$, BF_3 *(kationisch)* oder NH_3, Metallhydride oder Alkoholate *(anionisch)* verwendet. Bei der *radikalischen* Polymerisationsart kommt es unter dem Einfluß eines Initiators (z. B. Benzoylperoxid) zur Bildung von Radikalen, die der Ausgangspunkt für die Makromolekülbildung sind.

Ein Spezialfall der Polymerisation ist die *Ringöffnungspolymerisation*. Dabei wird das Makromolekül durch Aufspaltung niedermolekularer, cyclischer Verbindungen, die sich danach unter Kettenbildung zusammenlagern, gebildet (Nylonherstellung).
Auf dem Wege der Polymerisation werden folgende Kunststoffe hergestellt (s. auch Tafel 5.10.):

- Polyethylene (PE)
- Polyvinylchloride (PVC)
- Polypropylene (PP)
- Polyisobutylene (PIB)
- Polystyrole (PS)
- Polyacrylnitrile (PAN)
- Polymethylmethacrylate (PMMA)
- Polyvinylacetate (PVAC)
- Polytetrafluorethylene (PTFE).

Polyaddition

Beim Prozeß der Polyaddition finden Reaktionen statt, bei denen sich Moleküle von mindestens *zwei* verschiedenen Verbindungen zu Makromolekülen (= *Polyaddukte)* vereinigen. Es finden *Platzwechselvorgänge von H-Atomen* statt, wobei aber keine Spaltprodukte entstehen. Auf dem Wege der Polyaddition sind darstellbar:

- Epoxidharze (EP)
- Polyurethane (PUR).

Tafel 5.10.
Übersicht über die wichtigsten Polymerisate

$$n\,H_2C=CH_2 \rightarrow [-CH_2-CH_2-]_n$$

Ethylen (= Ethen)   Polyethylen (PE)

$$n\,H_2C=CHCl \rightarrow [-CH_2-CHCl-]_n$$

Vinylchlorid   Polyvinylchlorid (PVC)

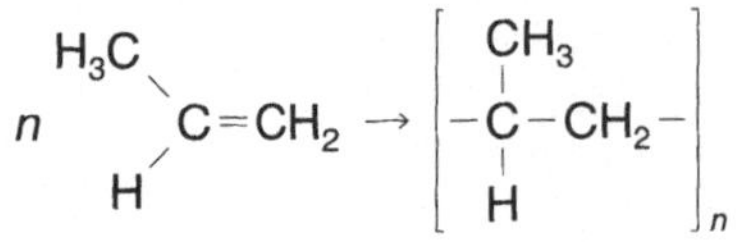

$$n\;\overset{\displaystyle H_3C}{\underset{\displaystyle H}{>}}C=CH_2 \rightarrow \left[-\overset{\displaystyle CH_3}{\underset{\displaystyle H}{C}}-CH_2-\right]_n$$

Propylen   Polypropylen (PP)

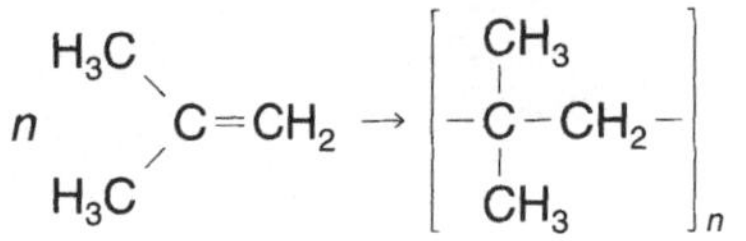

$$n\;\overset{\displaystyle H_3C}{\underset{\displaystyle H_3C}{>}}C=CH_2 \rightarrow \left[-\overset{\displaystyle CH_3}{\underset{\displaystyle CH_3}{C}}-CH_2-\right]_n$$

Isobuten   Polyisobutylen (PIB)

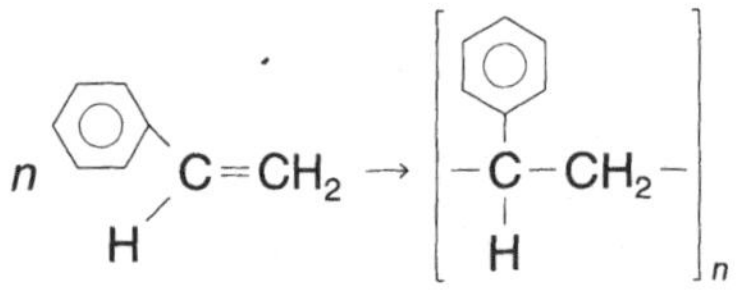

$$n\;\overset{\displaystyle C_6H_5}{\underset{\displaystyle H}{>}}C=CH_2 \rightarrow \left[-\overset{\displaystyle C_6H_5}{\underset{\displaystyle H}{C}}-CH_2-\right]_n$$

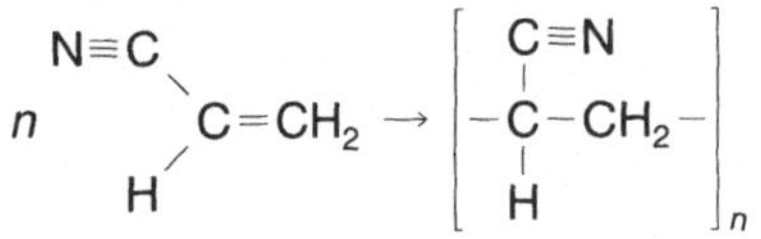

Vinylethen   Polystyrol (PS)
(Styrol)

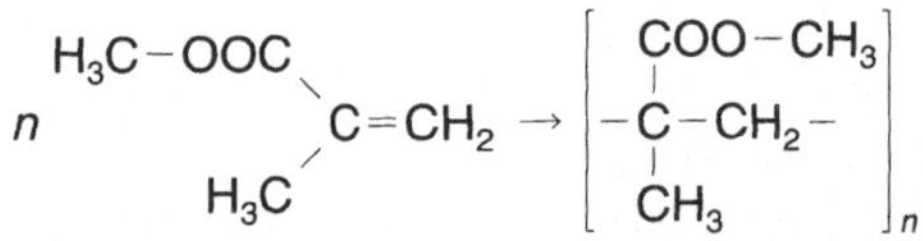

$$n\;\overset{\displaystyle N\equiv C}{\underset{\displaystyle H}{>}}C=CH_2 \rightarrow \left[-\overset{\displaystyle C\equiv N}{\underset{\displaystyle H}{C}}-CH_2-\right]_n$$

Vinylcyanid   Polyacrylnitril (PAN)
(Acrylnitril)

$$n\;\overset{\displaystyle H_3C-OOC}{\underset{\displaystyle H_3C}{>}}C=CH_2 \rightarrow \left[-\overset{\displaystyle COO-CH_3}{\underset{\displaystyle CH_3}{C}}-CH_2-\right]_n$$

Methacrylsäure-   Polymethylmethacrylat
methylester   (PMMA)

$$n\;\overset{\displaystyle H_3C-OOC}{\underset{\displaystyle H}{>}}C=CH_2 \rightarrow \left[-\overset{\displaystyle COO-CH_3}{\underset{\displaystyle H}{C}}-CH_2-\right]_n$$

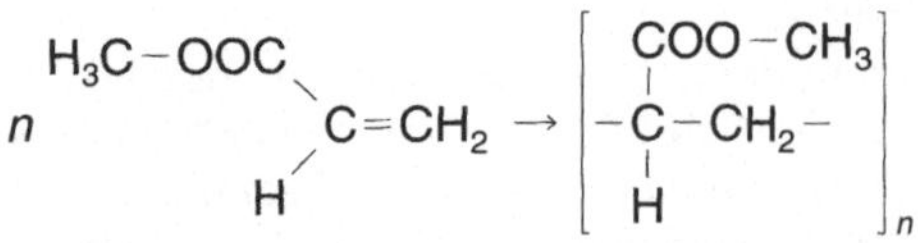

Vinylacetat   Polyvinylacetat (PVAC)

$$n\,F_2C=CF_2 \rightarrow [-CF_2-CF_2-]_n$$

Tetrafluorethylen   Polytetrafluorethylen (PTFE)

Polyurethane ist die Sammelbezeichnung für eine Gruppe von Thermoplasten, die die funktionellen Gruppen −OH und −NCO (= Isocyanate) enthalten. Das Prinzip der Bildung beruht auf der Addition von Diisocyanaten und zweiwertigen Alkoholen, zum Beispiel:

$$n\,HO-C_4H_8-OH\;+$$

1.4-Butandiol

$$n\,O=C=N-C_6H_{12}-N=C=O$$

1.6-Hexandiisocyanat

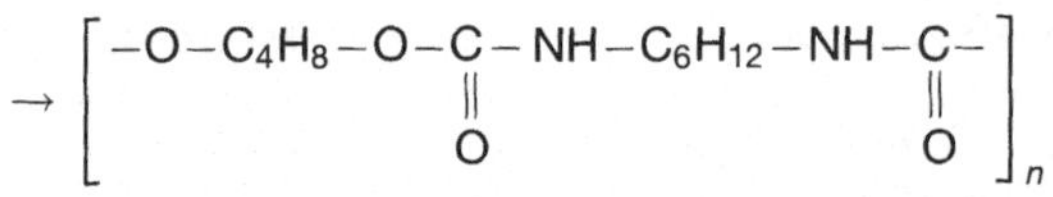

$$\rightarrow \left[-O-C_4H_8-O-\underset{\displaystyle O}{\overset{\displaystyle \|}{C}}-NH-C_6H_{12}-NH-\underset{\displaystyle O}{\overset{\displaystyle \|}{C}}-\right]_n$$

Die *Vernetzung* der linearen Kunststoffmoleküle erfolgt nach der Formgebung und kann zu engmaschigen oder weitmaschigen Netzen führen. Im ersten Fall entstehen *Duroplaste,* die bis zu ihrer Zersetzungstemperatur hart bleiben. Im zweiten Fall entstehen *Elaste* mit kautschukelastischem Verhalten, d. h. reversibler Dehnungscharakteristik. Der Vernetzungsvorgang wird im Falle der Duroplastbildung als *Härtung* und im Falle der Elastbildung als *Vulkanisation* bezeichnet. *Elastarten/Elastomere* sind:

- Naturkautschuk
- Polybutadien
- Butadien-Styrol-Copolymerisate
- Polyurethankautschuk
- Polysulfidkautschuk
- Siliconkautschuk.

Typisch für Elaste ist, daß bereits bei geringen Zugspannungen stärkere Dehnungen auftreten. Da im gedehnten Zustand die Ordnung der Moleküle zunimmt, spricht man auch von einer *Entropieelastizität.* Im *Bauwesen* werden *Elaste* als Folien, Tafeln, Fugenprofile und Dichtungsmassen verwendet. Vorprodukte der Elaste sind häufig Bestandteil von Anstrichstoffen sowie Verguß-, Spachtel- und Fugendichtungsmassen.

Beispiele für die Anwendung der verschiedenen Kunststoffe im Bauwesen sind: erdverlegte Rohre, Installationsmaterial, Folien, Beleuchtungszubehör, Dachrinnen und Regenfallrohre, Fußbodenbeläge, Anstriche, Schaumstoffe für Wärme- und Schalldämmung.

Betongemenge, die Zement und Kunststoffe als Bindemittel enthalten, werden als Polymerzementmörtel bzw. -beton (PCC) bezeichnet. Ein Gemenge, das nur Kunststoffe als Bindemittel enthält, trägt die Bezeichnung Polymermörtel oder -beton (auch Kunststoffmörtel, -beton, PC).

Der Kunststoffzusatz bei Polymerzementmörtel bzw. -beton (etwa 10% der Bindemittelmenge) erfolgt bei der Herstellung der Baustoffe in Form wäßriger Dispersionen. Geeignet sind Polymerisate aus Acryl- bzw. Methacrylestern, aus Vinylchlorid sowie Butadien, Styrol u. a., die eine ausreichende Verseifungsbeständigkeit bei Berührung mit dem alkalischen Zementmörtel aufweisen. PVAC und PVC sind weniger günstig. Mit Kunststoffzusätzen werden die Biegezug- und Haftzugfestigkeit verbessert.

Als Kunststoffkomponente im Polymermörtel oder -beton werden kalthärtende Produkte wie PMMA, PUR, EP oder UP verwendet. Beispiele für die Anwendung sind: Herstellung und Instandhaltung hochbeanspruchter *Betonflächen* (Verschleißschichten), *Wandputze* und *-spachtel, Abdichten* von Bauwerken gegen Feuchtigkeit sowie *Ausbesserung* schadhafter Betonflächen und -fertigteile (z. B. auch *Schließen* von Schwind- und Dehnungsrissen).

Als *Spezialbeton*, z. B. zur Substitution von Werkzeugmaschinenteilen aus Grauguß, kommt ein mit Polymeren *imprägnierter* Festbeton in Frage. Bei der Herstellung wird der erhärtete Zementbeton mit einem *Monomeren getränkt,* das anschließend durch Erhitzen oder γ-Bestrahlung *polymerisiert.* Als Monomere sind geeignet: Methylmethacrylat, Styrol, Acrylnitril u. a. Das Ziel ist dabei, die *Porencharakteristik* des Betons zu verändern, von der die Festigkeit, Widerstandsfähigkeit und andere Eigenschaften abhängen. Man füllt also die Poren so weit wie möglich mit einem Monomeren und polymerisiert dieses an Ort und Stelle zu einem hochfesten, widerstandsfähigen und undurchlässigen Material.

Neben der Kombination mit Beton können Kunststoffe, auch mit anderen festen Materialien zu Werkstoffen mit besonderen Eigenschaften verarbeitet werden. Das typisch elastisch-spröde Verhalten des *Glases* und das hochelastische Verhalten der Kunststoffe ergeben im *Verbund* eine völlig neue Qualität der Eigenschaften (glasfaserverstärkte Polyester- und Epoxidharze). *Glasfaserverstärkte* Kunststoffe werden zur Herstellung flächiger Bauelemente verwendet, z. B. ebene und gewellte Bedachungen, Industriefenster, sanitäre Anlagen und Profile.

5.4.2. Beständigkeit der Kunststoffe

Die Kunststoffe besitzen verschiedene Eigenschaften, die die klassischen Werkstoffe, z. B. die Metalle, nicht aufweisen. Dies sind gute, erwünschte, aber zum Teil auch unerwünschte Eigenschaften. Wird den ungünstigen Eigenschaften eines Werkstoffes (es gibt keinen Werkstoff, der nur günstige Eigenschaften hätte) nicht die entsprechende Beachtung geschenkt, dann treten Fehlschläge ein (z. B. vorzeitige Korrosion).

Günstige Eigenschaften der Kunststoffe sind:

- niedrige Dichte (0,9...2,2 g/cm^3) ohne Berücksichtigung der Schaumstoffe
- gute dielektrische Kennwerte (DK 2,2 bis 9 bei 800 Hz, Durchschlagfestigkeit 1...100 kV/mm)
- meist gute Beständigkeit gegenüber aggressiven Flüssigkeiten (Oberflächenschutz, z. B. Beschichtungen wie bei Metallen, ist in der Regel nicht erforderlich)
- gute Formbarkeit, sowohl spanlos als auch spanend, führt zu ökonomisch vorteilhafter Verarbeitung
- gute Wärmedämmung, d. h. geringe Wärmeleitfähigkeit (0,10...0,37 W/mK). Gebrauchsteile aus Kunststoff fühlen sich grundsätzlich nicht kalt an.

Ungünstige Eigenschaften der Kunststoffe sind:

- niedrige Wärmebeständigkeit: die meisten Thermoplaste sind nur unter 100 °C einsatzfähig, Duroplaste auch über 100 °C
- hohe Wärmeausdehnung: die Wärmeausdehnungskoeffizienten betragen das 5...25fache im Vergleich zum Stahl
- meist niedrige Festigkeiten, vornehmlich geringe Kerbfestigkeit und niedriger Elastizitätsmodul
- meist leichte Brennbarkeit
- elektrostatische Aufladung
- relativ weiche Oberfläche im Vergleich zu Metallen
- meist relativ schnelle Alterung bei Bewitterung.

Es muß jedoch darauf hingewiesen werden, daß nicht alle Kunststoffe die hier aufgezeigten Eigenschaften gleichmäßig und gleichzeitig zeigen, so daß die Angaben nicht für jeden Kunststoff voll zutreffen. Die Aufstellung ist nur als grobe Orientierung zu betrachten, um die Kunststoffe zu charakterisieren.

Die *thermische Beständigkeit* und die Beständigkeit der wichtigsten Kunststoffe gegenüber einigen flüssigen Stoffen (Säuren, Laugen, Benzin und Mineralöl) sind in Tafel 5.11. angegeben. Die Beständigkeit eines Thermoplastes gegen chemische Substanzen kann unter mechanischen Spannungen völlig verlorengehen; bei Überschreiten einer kritischen Dehnung führt die Spannungskorrosion zur Rißbildung. Nach dem Gesichtspunkt der thermischen Beständigkeit können bei den Kunststoffen zwei Gruppen unterschieden werden:

Tafel 5.11.
Korrosions- und thermische Beständigkeit wichtiger Kunststoffe (Anhaltswerte)

Kunststoffart	Zulässige Dauerwärmebeanspruchungstemperatur	Beständigkeit gegen Dauereinwirkung verschiedener Chemikalien bei 20 °C						Erklärungen
	°C	1	2	3	4	5	6	1 schwache Säuren 2 konzentrierte Säuren 3 schwache Laugen 4 konzentrierte Laugen 5 Benzin 6 Mineralöl
Polyethylen								
weich	70	+	○	+	○	−	○	+ beständig
hart	120	+	⊕	+	+	⊕	⊕	⊕ bedingt beständig bis beständig
Polytetrafluorethylen	250	+	+	+	+	+	+	○ bedingt beständig
Polystyrol	60	+	+	+	+	−	+	⊖ bedingt beständig bis unbeständig
Polyvinylchlorid	60	+	+	+	+	+	+	− unbeständig
Polyamid	100	−	−	+	⊕	+	+	
Polymethylmethacrylat	70	+	−	+	−	+	+	
Phenolplaste	100	+	−	⊕	−	+	+	
Aminoplaste	100	+	−	+	−	+	+	
Polyester	100	+	⊖	⊕	⊖	+	+	
Polyurethan	100	+	−	+	+	+	+	
Epoxidharze	100	○	⊖	+	○	+	+	
Thioplaste	−	+	+	−	−	+	+	

Thermoplaste

Diese Materialien sind thermoplastisch, d. h., sie werden in der Wärme plastisch (verformbar). Charakteristisch ist der lineare, fadenförmige Bau der Makromoleküle. Die typische Verarbeitungsmethode ist das Spritzgußverfahren.
Beispiele: PE, PS, PVC, PA (PVC-weich ist unterhalb 0 °C spröde, zwischen 0 und 80 °C kautschukelastisch und oberhalb 80 °C thermoplastisch; Warmverformung bei 110 °C).

Duroplaste

Diese Materialien bleiben in der Wärme infolge irreversibler Aushärtung fest. Charakteristisch ist die dreidimensionale Vernetzung (Raumnetz) der Makromoleküle, die typische Verarbeitungsmethode ist das Warmpreßverfahren.
Beispiele: PF, UF, MF, UP, EP.
Unter den klimatischen Bedingungen der Umwelt zeigt eine Reihe von Kunststoffen in oft gar nicht sehr langer Zeit *Alterungserscheinungen.* Unter klimatischen Einflüssen ist die komplexe Einwirkung von Feuchtigkeit, Luftsauerstoff, Temperatur und ihre Wechsel, Bestrahlung und mechanische Beanspruchung durch bewegte Luft mit ihrem Gehalt an Staub und aggressiven Gasen zu verstehen. Die Folge dieser Einflüsse sind chemische Reaktionen wie Oxidation, Hydrolyse, Austauschreaktionen, Umlagerungsreaktionen und Abbauvorgänge. Durch Transportprozesse kommt es zum Verdampfen, zur Wasseraufnahme, Extraktion, Quellung und Ausfällung, die zum Abfall der mechanischen Eigenschaften und zu Farb- und Formänderungen führen. Zum Beispiel besaß lineares Polyethylen nach zweijähriger Bewitterung nur noch 54 % seiner Zugfestigkeit; neben einer Schrumpfung von 1,3 % trat dabei Rißbildung an der Oberfläche ein.
Die Alterungserscheinungen können durch *Stabilisatoren* (Antioxidantien, Weichmacher, Pigmentfarben) verlangsamt werden. Ohne diese Zusätze breiten sich Oberflächenrisse bei Polyethylen, Polystyrol und Polyamiden rasch aus, vertiefen und vermehren sich.
Durch den kurzwelligen Teil des Sonnenlichtes (UV-*Strahlen*) werden photochemische Reaktionen und damit strukturelle Veränderungen in den Kunststoffen ausgelöst. Die *spektrale Strahlungsenergie* des Lichtes wird nach folgender Gleichung berechnet:

$$E = \frac{N \cdot h \cdot c}{\lambda}$$

N AVOGADRO-Konstante; h PLANCKsches Wirkungsquantum; c Lichtgeschwindigkeit; λ Wellenlänge des Lichtes

Tafel 5.12.
Bindungsenergien einiger chemischer Bindungen
in Kunststoffen

Bindung	Bindungs-energien kJ/mol	Strahlungs-energie des Lichtes
O–H	460	
C–H (Ethylen)	444	UV-Strahlung
C–H (Methan)	410	> 310 kJ/mol
C–O	364	
C–C (aliphatisch)	335	
C–O (Ether)	331	
C–Cl	327	
		$\lambda = 380$ nm
C–S	276	sichtbares Licht
S–S	227	< 310 kJ/mol
O–O	147	

Beispiel 54

Wie groß ist die Strahlungsenergie von UV-Licht der Wellenlänge 350 nm?

Lösung:

$$E = \frac{N \cdot h \cdot c}{\lambda}$$

$$= (6{,}023 \cdot 10^{23} \text{ mol}^{-1} \cdot 6{,}63 \cdot 10^{-34} \text{ J} \cdot \text{s}$$

$$\times 3{,}0 \cdot 10^8 \text{ m} \cdot \text{s}^{-1}) : (350 \cdot 10^{-9} \text{ m})$$

$$E = 342 \cdot 10^3 \frac{\text{J}}{\text{mol}} = 342 \frac{\text{kJ}}{\text{mol}}$$

Vergleicht man diesen Wert mit den Dissoziationsenergien von Bindungen, wie sie in Kunststoffen vorliegen (Tafel 5.12.), so ist zu erkennen, daß eine Reihe von Bindungen durch UV-Licht aufgespalten werden können. Aus PVC wird dabei HCl abgespalten, ebenso durch erhöhte Temperaturen (Bild 5.6.).
Bei der Einwirkung von Sauerstoff und Ozon sowie von Industriegasen und Wasser, das in Form von Regen, Schnee, Hagel, Eis und Nebel auftreten kann, kommt es zu Fällungs- und Lösungserscheinungen, die das Molekülgefüge der Kunststoffe völlig zerstören können. Beschleunigend auf die Alterung wirkt das Auswaschen von Stabilisatoren, wobei das Wasser zudem noch die Oxidationsprozesse beschleunigt. Besonders anfällig sind dabei Kunststoffe mit hydrolysierbaren Gruppen (Polyamide, Polyester, Polyacetate) und solche, bei denen diese Gruppen durch Oxidation entstehen können.
Die *Wetterbeständigkeit* und damit die Alterungserscheinungen der Kunststoffe sind sehr unterschiedlich:

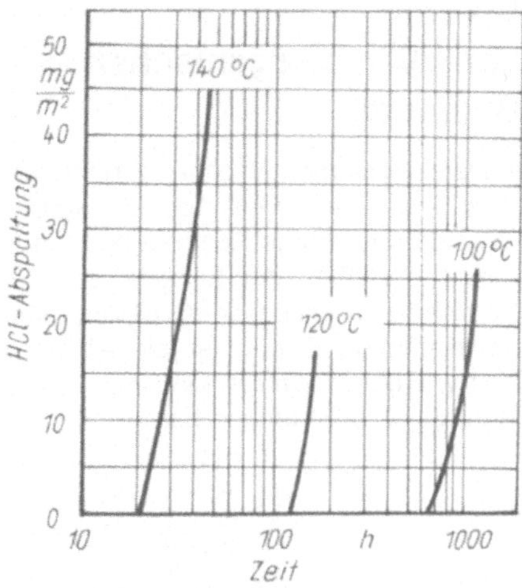

Bild 5.6.
Abspaltung von Chlorwasserstoff aus PVC in Abhängigkeit von Zeit und Temperatur (nach E. JÜLKE)

- gute Wetterbeständigkeit:
  PTFE, PF, UF und MF
- geringere Wetterbeständigkeit:
  PA, PS, PE und PVC.

Die Kenntnisse über die verschiedenen Abbaumechanismen sind noch zu gering (es fehlen Langzeitversuche über mehrere Jahrzehnte), um alle Zusammenhänge bei mehreren gleichzeitig wirkenden Einflüssen zu erfassen mit dem Ziel, das Maß der Alterung eines Kunststoffes (Alterungsgeschwindigkeit) unter bestimmten Bedingungen vorauszuberechnen. Die voraussichtliche Gebrauchsdauer einiger wichtiger Kunststoffe und Elastomere (allgemeine Richtwerte) zeigt Tafel 5.13.

Tafel 5.13.
Voraussichtliche Gebrauchsdauer einiger Kunststoffe und Elastomere

Kunststoffart	Verwendungszweck	Gebrauchsdauer (Jahre)
PVC-w	Fußbodenbeläge	10...30
PVC-h	Wasserleitungen	40...60
	Gasleitungen (erdverlegt)	30...50
PVAC	Kunststoffputze	10...15
PMMA	Oberlichter	15...25
PE (Niederdruck)	Wasserrohre (erdverlegt)	20...30
Polysulfidkautschuk	Dichtungsmassen	10...20
Siliconkautschuk	Dichtungsmassen	10...25
Polyurethan	Dichtungsmassen	10...15
Polyacrylat	Dichtungsmassen	10...20

5.5. Chemie der siliciumorganischen Baustoffe

Makromolekulare siliciumorganische Verbindungen bestehen aus $-Si-O-Si-O$-Ketten (Siloxan); an die Si-Atome sind organische Reste gebunden (Organosiloxane). Der Aufbau der Silicone ist in Bild 5.7. im Vergleich zu anderen $Si-O$-Ketten dargestellt. Die Bezeichnung Silicon ist die Abkürzung von *„Silicoketon"*, dem formalen Baustein der Silicone, der Ähnlichkeit mit Ketonen hat:

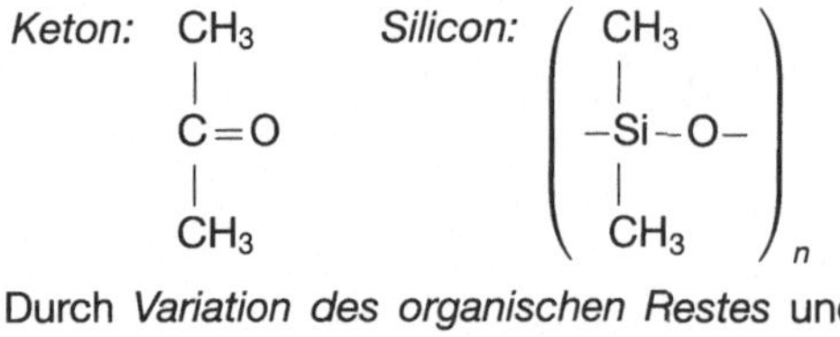

$$Keton: \quad \begin{array}{c} CH_3 \\ | \\ C=O \\ | \\ CH_3 \end{array} \qquad Silicon: \left(\begin{array}{c} CH_3 \\ | \\ -Si-O- \\ | \\ CH_3 \end{array} \right)_n$$

Durch *Variation des organischen Restes* und durch Veränderung des Polymerisationsgrades lassen sich Silicone mit sehr unterschiedlichen Eigenschaften synthetisieren: Öle, Harze, Kautschuk.

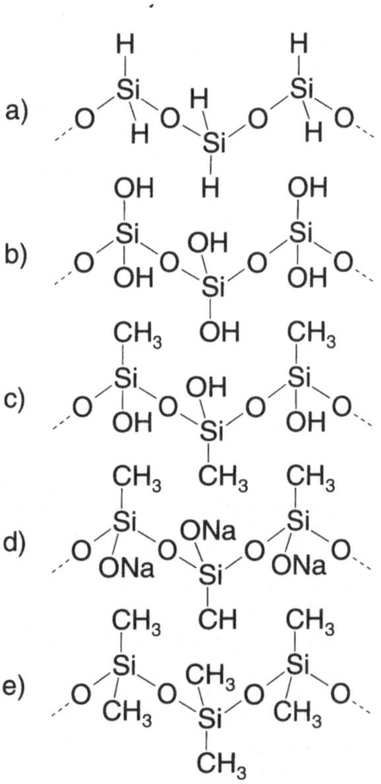

Bild 5.7.
Siloxanketten
a) Prosiloxan; b) Polymetakieselsäure; c) Polymethylhydroxo-siloxan; d) Na-Methylsiliconat; e) Polydimethylsiloxan

Siliconöle sind an der Luft dauerbeständig bis etwa 150 °C. Auf festen Oberflächen ergeben Siliconöle wasser- und schmutzabweisende, gasdurchlässige Überzüge. Sie werden zum Hydrophobieren/Wasserabstoßendmachen von Glas, Keramik, Ziegeln und zum Schutz von Mauerwerk gegen Durchfeuchtung verwendet.

Siliconharze werden in Lösung (z. B. Schwerbenzin) für Imprägnierungen verwendet. Auch Silane und Siliconate (s. Bild 5.7.d) eignen sich zur Imprägnierung von nichtmetallisch-anorganischen Baustoffen. Eigenschaften von Silicon-Imprägniermitteln sind in Tafel 5.14. zusammengestellt. Durch diese Behandlung können Ausblühungen an salzhaltigen Steinen oder Bauteilen verhindert werden, da das Eindringen der Regenfeuchtigkeit und damit das Herauslösen von Salzen unterbunden werden. Auch wärmewirtschaftlich bringt das trockenere Mauerwerk, der trockenere Beton o. ä. erhebliche Vorteile. (Weiteres s. Kap. 6.4.1.)

5.6. Chemie der Beschichtungsstoffe, Klebstoffe und Kitte

Beschichtungsstoffe (früher Anstrichstoffe), Klebstoffe und Kitte werden besonders im Bautenschutz verwendet. Beschichtungsstoffe (ergeben nach der Erhärtung die Beschichtung) werden vorwiegend zum Feuchtigkeits- und Korrosionsschutz und Kitte als Fugendichtungsmassen eingesetzt. Ausführlichere Angaben, insbesondere zur Anwendung, finden sich in der Bautenschutzliteratur.

5.6.1. Zusammensetzung und Aufgaben

Beschichtungsstoffe bestehen aus folgenden Komponenten:

- *Bindemittel,* z. B. anorganische Stoffe (Kalk, Zement, Wasserglas), oder organische Stoffe (Kunststoffe und Elaste, Leim, Öl). Die Tafel 5.15. nennt gebräuchliche Kunststoffbindemittel mit Eigenschaften (s. auch Tafel 5.11.)
- *Pigmente,* z. B. mineralische Farben (Ocker, Eisenoxidfarben, Titanweiß, Bleiweiß u. a.), metallische Pigmente (Al-Pulver) oder organische Pigmente (Ruß, Indigo, Kasseler Braun u. a.), Tafel 5.16.
- *Lösungs- und Verdünnungsmittel bzw. Dispersionsmittel,* z. B. Terpentinöl (s. Tafel 5.4.) oder Wasser
- *Extender* (anorganische Feststoffe, z. B. zum Erreichen dickerer Schichten oder zur Erhöhung der Diffusionsdichtigkeit, Tafel 5.17.)

Tafel 5.14.
Eigenschaften von Silicon-Imprägniermitteln (hydrophobierend)

Imprägniermittel	Lösungs-mittel	Feststoff-gehalt Masse-%	Erhöhung des Dif-fusions-widerstan-des der Baustoffe %	Lebensdauer der Imprägnierung (Jahre)		Verschmut-zungsneigung auf Baustoff-oberfläche	Geeignete Unter-gründe[3]
				auf alkalischen Baustoffen[1]	auf nicht alkalischen Baustoffen[2]		
Siliconate Kaliummethylsiliconat	Wasser	0,3...3	5	nicht geeignet	>10 (nur werksseitig anwendbar)	keine	K, Gb
Kaliumpropylsiliconat	Wasser/ Alkohol	1...5	5	>10		keine	Gb
Siliconharze Methylsiliconharze	aliphatische und aromatische Kohlenwasserstoffe	5	5...8	nicht geeignet	>10	je nach Vernetzungsgrad wenig bis nicht	K, N, Gb
höher alkylierte Siliconharze (z. B. Propyl-Siliconharze)		4...5	5...8	>10	>10		N, B, Gb, KS, A, K, mM
Silane Methylsilane	Alkohole	20...40	5	nicht geeignet	>3	keine	K, N
höher alkylierte Silane (z. B. Isobutysilane)	Alkohole	20...40	5	>10	>10	keine	N, B, Gb, KS, A, K, mM
oligomere Silane	Alkohole	10	5	>10	>10	keine	

[1] z. B. Beton, Kalkputz; [2] z. B. keramische Baustoffe, Natursteine; [3] B Beton, Gb Gasbeton, mM mineralischer Mörtel, KS Kalksandstein, A Asbestzement, K Keramik, N Naturstein (z. B. poröse Sand- und Kalksteine)

- *Trockenstoffe* (Sikkative), z. B. leinölsaure und harzsaure Pb- und Mn-Salze zur katalytischen Beschleunigung der Erhärtung trocknender Öle.

Klebstoffe dienen zum Verbinden gleich- oder verschiedenartiger Stoffe miteinander ohne Veränderung ihres Gefüges. Die Klebstoffe können nach chemischen Gesichtspunkten eingeteilt werden in

Klebstoffe, in denen die Molekülstruktur vorgebildet ist

- unmodifizierte organische Naturprodukte (Bitumen, Stärkeleim)
- modifizierte organische Naturprodukte (Zellulosenitrat und -acetat, vulkanisierter Naturkautschuk)
- synthetische organische Produkte (Kunststoffe und Elaste)

Klebstoffe, in denen sich die Molekülstruktur während des Klebvorgangs bildet

- Pheno- und Aminoplaste
- Epoxidharze
- Polyurethane

Kitte sind knetbare, zähflüssige, elastische bis plastische Massen zum Ausfüllen von Fugen, Löchern und Unebenheiten *(Dichtungsmassen, Ausgleichsmassen)* oder zum fugenfüllenden Kleben *(Klebkitte)*. Die wichtigsten anorganischen und organischen Kitte sind:

Anorganische Kitte

- *Wasserglaskitte* (bis 1000 °C einsetzbar, beständig gegen Säuren außer Flußsäure)
- *Metallkitte* (Wasserglas mit Zusatz von ZnO, MnO_2, Sb_2O_3 u. a.)
- *Metalloxidkitte* (aus ZnO, $ZnCl_2$ oder MgO, $MgCl_2$ und Wasser; beständig gegen Wasser und organische Lösungsmittel)

Organische Kitte

- *Bitumenkitte* (bis 100 °C einsetzbar, beständig gegen Säuren und Laugen)
- *Kunststoffkitte* (aus härtbaren oder nicht härtbaren Kunststoffen, z. B. Phenoplasten)
- *Ölkitte* (aus Leinölfirnis und Schlämmkreide oder Bleiglätte (PbO, Fensterkitt)
- *Kautschukkitte* (aus Elasten, Silicon-, Polysulfid-, Polyurethan- und Polyacrylkautschuk)

Tafel 5.15.
Verhalten einiger organischer Bindemittel gegen Umwelteinflüsse

Bindemittel	Wasser	Witterung	Mechan. Einflüsse		Tempe-ratur $>50\,°C$	Mineral-öle, Benzin	Tierische und pflanz-liche Fette	Salz-lösungen (NaCl)	Besonderheiten
			Reiben	Schlagen, Kratzen					
Epoxidharz	+	+/⊕	+	+	+	+	+	+	⎧ sehr variable Eigenschaften,
Polyurethan	+	+	+	+	+	+	+	+	⎩ sehr vielseitig
Unges. Polyester	+	⊕/+	+	⊕	+	+	+	+	stark schrumpfend
Polymethyl-methacrylat	+	+	+	⊕	+	+	+	+	auch bei Temp. unter 0 °C zu verarbeiten
Vinylharz	+	+/⊕	⊕	⊕	+	+/⊕	−	+	
(Polychloroprene)	+	⊕	⊕	⊕	⊕	⊕	−	+	⎱ alkaliempfindlich, verseifbar
Alkydharz	⊕	+	−	−	+	−	−	+	
Chlorsulfon. Polyethylen	+	+	⊕	⊕	⊕	⊕	⊕	+	gut dehnbar, sehr gute Haftung
Silicone/Silane	+	+/⊕	⊕	⊕	+	⊕	⊕	+	gut hitzebeständig
Chlorkautschuk	+	+	−	−	−	⊕/+	−	+	in Hitze Chlorabspaltung, schwer entflammbar
Cyclokautschuk	⊕	⊕/+	−	⊕	+	−	−	+	in Testbenzin verdünnbar
Bitumen	+	+	⊕	−	−	−	−/⊕	+	hygienisch unbedenklich
Teerpech	+	⊕	⊕	−	+	+	−/⊕	+	⎧ nicht in Verbindung mit Lebens-,
Teerepoxidharz	+	+	+	+	+	+	⊕/+	+	⎨ Futtermitteln bringen, kaum noch angewendet

Zeichenerklärung: + beständig, ⊕ bedingt beständig, − unbeständig

Tafel 5.16.
Wichtige Pigmente und ihre Anwendung

Pigment	Farbe	Beanspruchung		
		atmo-sphärisch	chemisch	ther-misch
Aluminiumpulver Al	silbrig	+		+
Bleimennige Pb_3O_4	orange	+		
Bleistaub Pb	schwarz		+	
Bleiweiß $Pb_3(OH)_2(CO_3)_2$	weiß	+		
Calciumplumbat Ca_2PbO_4	gelb	+		
Chromate z. B. $ZnCrO_4$	unter-schiedlich	+		
Eisenglimmer Fe_3O_4	silbergrau	+	+	+
Eisen(III)-oxid Fe_2O_3	rot	+	+	+
Graphit C	schwarz		+	+
Siliciumcarbid SiC	schwarz		+	
Titanweiß TiO_2	weiß	+	+	+
Zinkstaub Zn	grau	+		+
Zinkweiß ZnO	weiß	+	+	+

5.6.2. Härtung

Bei der Härtung der Beschichtungsstoffe, Klebstoffe und Kitte handelt es sich meist um komplexe Prozesse, bei denen sowohl chemische als auch physikalische Veränderungen, z. T. in Kombination, eine Rolle spielen.

Die **Erhärtung der anorganischen Bindemittel** Kalk (s. Kap. 4.3.5.), Zement (s. Kap. 4.3.2.2.) und Wasserglas (s. Kap. 4.3.9.) wurde bereits besprochen. Metalloxidkitte erhärten ähnlich wie Magnesiabinder (s. Kap. 4.3.8.). Weiterhin können unterschieden werden:

Oxidativ trocknende Bindemittel

Das wesentlichste Beispiel sind die Bindemittel auf Ölbasis. Die in Ölfarben und Ölkitten enthaltenen Öle (z. B. Leinöl) mit einem beträchtlichen Gehalt an ungesättigten Fettsäuren (Linolsäure, Linolensäure, Ölsäure) verwandeln sich in dünner Schicht an der Luft durch Polymerisation in harte, transparente Schichten (= Firnisse). Man bezeichnet diesen Vorgang als „Trocknen".

Physikalisch trocknende Bindemittel

Diese Bindemittel erhärten durch die Verdunstung des zunächst enthaltenen Lösungs- oder Dispersionsmittels. (Beispiele: Bindemittel auf Polyvinylchloridbasis, auf Acrylharzbasis, auf Siliconbasis, auf Basis von chlorsulfoniertem Polyethylen, auf Chlorkautschukbasis, auf bituminöser Basis, Dispersionsfarben u. a.)

Chemisch vernetzende Bindemittel

Diese Bindemittel erhärten, wenn sie zweikomponentig verwendet werden, im wesentlichen durch

Tafel 5.17.
Gebräuchliche Extender

Extender	Teilchengröße μm	Teilchenform	besondere Eigenschaften
Gips/Anhydrit	<10	kugelig, plattig	feuchtigkeitsbindend ($\cong$ wasserempfindlich), säureempfindlich
Glimmer	Höhe 10/Länge/Breite 100	schuppig	erhöht Diffusions- und UV-Widerstand
Kaolin	<10	kugelig, plattig	verbessert Streichfähigkeit
Kreide	< 5	kugelig	säureempfindlich, erhöht Deckfähigkeit
Quarz	<10	quaderförmig	
Schwerspat	< 5	kugelig	hohe Dichte, erhöht Deckfähigkeit
Talk	<10	schuppig	

Polykondensation (z. B. Polyesterharze, Epoxidharz), durch Polymerisation (z. B. Polymethylmethacrylate) oder durch Polyaddition (z. B. Polyurethane); s. dazu auch Kap. 5.4.

5.6.3. Haftung

Die wichtigste Voraussetzung für die Eignung eines Stoffes als Beschichtung, Klebstoff oder Kitt ist eine gute Haftung zur Oberfläche des Baustoffs. Haftung tritt infolge der *Wirkung von Anziehungskräften* an der Oberfläche des Feststoffs ein. Als Maß für diese Kräfte kann man die *spezifische Oberflächenenergie* des festen Stoffes oder die dieser Größe zahlenmäßig gleiche und dimensionsmäßig äquivalente Oberflächenspannung ansehen. Die Zahlenwerte in Tafel 5.18. zeigen, daß die Oberflächenspannungen fester Stoffe innerhalb sehr weiter Grenzen von fast drei Größenordnungen schwanken können. Stoffe mit Oberflächenenergie > 0,07 N/m zeigen für alle Klebfilme gute Adhäsion; sie lassen sich praktisch durch alle Typen von Klebstoffen verkleben. Zu ihnen gehören z. B. Holz, Papier, silicatische Werkstoffe wie Glas und Porzellan, auch die Metalle. Die Oberflächenspannung des Klebstoffs muß immer kleiner sein als die Oberflächenspannungen der zu verbindenden Festkörper.

Das *Benetzen* besteht in einem Verschwinden der Oberfläche des Feststoffs und dem Entstehen einer neuen Grenzfläche. Für diese Vorgänge besteht das Gleichgewicht:

$$\Delta H_B = \sigma_{FG} + \sigma_{FIG} - \sigma_{FFI}$$

Tafel 5.18.
Oberflächenenergien einiger Feststoffe (nach KÖHLER) in Nm

Feststoff	Oberflächen-energien	Feststoff	Oberflächen-energien
Diamant	10	Natriumchlorid	0,15
Nickel	3,5	Holz	0,08
Kupfer	2,7	Polyamid	0,046
Magnesiumoxid	1,4	PVC	0,04
Blei	0,85	Polyethylen	0,031

ΔH_B Benetzungswärme (auch als Adhäsionsenergie oder Haftenergie bezeichnet)
σ_{FG} Oberflächenenergie des Festkörpers
σ_{FIG} Oberflächenenergie der Flüssigkeit
σ_{FFI} Grenzflächenenergie

Die *Benetzungswärme* ist die Energie, die gewonnen werden kann, wenn zwei freie, je 1 cm² große Oberflächen eines festen und eines flüssigen Stoffes zu einer Grenzfläche von 1 cm² vereinigt werden. Löst man die in Kap. 2. eingeführte YOUNG-Gleichung nach σ_{FG} auf und setzt sie in die obige Energiegleichung ein, so resultiert:

$$\sigma_{FG} - \sigma_{FFI} = \sigma_{FIG} \cdot \cos \alpha$$

$$\sigma_{FG} = \sigma_{FFI} + (\sigma_{FIG} \cdot \cos \alpha)$$

$$\Delta H_B = \sigma_{FFI} + (\sigma_{FIG} \cdot \cos \alpha) + \sigma_{FIG} - \sigma_{FFI}$$

$$\boxed{\Delta H_B = \sigma_{FIG} \cdot (1 - \cos \varkappa)}$$

Damit kann die Benetzungswärme zwischen festen und flüssigen Stoffen praktisch durch Messung des *Kontaktwinkels* und der Oberflächenspannung der Flüssigkeit berechnet werden. Tafel 5.19. enthält Zahlenwerte für die Benetzungswärme einiger fester Stoffe in verschiedenen Flüssigkeiten.

Beispiel 55

Wie groß ist die Benetzungswärme (Haftenergie), die beim Benetzen von 1 cm² SiO₂-Oberfläche durch Wasser bei 25 °C in Freiheit gesetzt wird, wenn ein Randwinkel von 22° gemessen wurde (spez. Oberflächenspannung des Wassers = 0,0726 N/m)?

Lösung:

$$\Delta H_B = \sigma_{FIG} \cdot (1 + \cos \alpha) = 0,0726 \text{ N/m} (1 + \cos 22°)$$

$$= 0,0726 (1 + 0,927) = 0,14 \text{ N/m} = 0,14 \text{ J/m}^2$$

Eine direkt bestimmte Benetzungswärme weicht von diesem Wert allerdings erheblich ab (s. Tafel 5.19.). Ursache für diese Diskrepanz sind unterschiedliche, an der Oberfläche des SiO₂ adsorbierte Schichten. Reine Flüssigkeiten auf reinen fe-

Tafel 5.19.
Benetzungsenthalpien einiger fester Stoffe in verschiedenen Flüssigkeiten bei 25 °C in N/m

Benetzungsflüssigkeit	Benetzungsenthalpien		
	Baryt $BaSO_4$	Quarz SiO_2	Rutil TiO_2
Wasser	0,49	0,60	0,52
Ethanol	–	0,52	0,50
Benzol	0,14	0,15	0,15
Tetrachlorkohlenstoff	0,22	–	0,24

sten Stoffen ergeben oft den Randwinkel 0°, z. B. Wasser auf Glas oder Kupfer. Von besonders starkem Einfluß auf die Benetzung sind auf der Oberfläche orientiert aufgebrachte Schichten. Diese können die Benetzbarkeit verringern (Siliconschichten) oder erhöhen (Netzmittelschichten). Mit wachsender Schichtdicke einer durch Adhäsion an der Oberfläche festgehaltenen Flüssigkeit, d. h. mit wachsendem Abstand von der Festkörperoberfläche, nimmt die Haftfestigkeit ab. Dies ist z. B. an der Abnahme der *Desorptionsenergie* (= Energie, die zur Entfernung von adsorbierten Schichten von der Oberfläche notwendig ist) erkennbar, wie die Zahlenwerte von Tafel 5.20. zeigen. (Die Nummer der Schicht wird von der Oberfläche aus gezählt.)
Bei der Haftung handelt es sich um die *Adhäsion* zwischen dem Feststoff S_1 und dem verfestigten Leim oder Klebstoff S_2. Da beim Trennen die Verbindung S_1/S_2 verschwindet und an ihre Stelle zwei neue Oberflächen treten, nämlich S_1 und S_2, lautet die Energiegleichung in diesem Fall:

$$\Delta H_A = \sigma_{FG_1} + \sigma_{FG_2} - \sigma_{S_1/S_2}$$

ΔH_A Adhäsionsenergie

Die Adhäsion wird durch die Betätigung zwischenmolekularer Kräfte und/oder durch die Ausbildung von Hauptvalenzbindungen zwischen Klebstoff und Fügeteil hervorgerufen. Da die Festigkeit von Hauptvalenzbindungen die der zwischenmolekularen Bindungen um das 10- bis 100fache übertrifft, reicht schon ein geringer Prozentsatz von Hauptvalenzbindungen aus, um die Festigkeit einer Ver-

Tafel 5.20.
Desorptionsenergie molekularer Wasserschichten an TiO_2-Kristallen

Nr. der Schicht	Energie J/mol
1	27500
2	5790
3	1890
4	335
5	125

klebung wesentlich zu steigern. Von wesentlicher Bedeutung für die Zerreißfestigkeit einer Klebverbindung ist auch die innere Festigkeit des Klebstoffs, seine *Kohäsion,* die aus der Wirkung gegenseitiger Anziehungskräfte zwischen Atomen oder Molekülen einer kondensierten Phase resultiert.
Werkstoffe mit *polaren Oberflächen* sind gut verklebbar, Stoffe mit polaren Gruppen eignen sich gut als Klebstoffe. Bei besonders unpolaren Oberflächen (z. B. Polyethylen) bewirkt eine chemische Vorbehandlung (meist Oxidation) die Ausbildung polarer Gruppen an der Oberfläche.

Kunststoff-Kurzbezeichnungen

Die in DIN 7728 empfohlenen Kurzzeichen sind fett gedruckt

ABR	Acrylat-Butadien-Kautschuk
ABS	Acrylnitril-Butadien-Styrol-Copolymer
AMMA	Acrylnitril-Methylmethacrylat-Copolymer
APTK	Terpolymer-Kautschuk
BR	Polybutadien-Kautschuk
CA	Celluloseacetat
CAB	Celluloseacetobutyrat
CAP	Celluloseacetopropionat
CP	Cellulosepropionat
CR	Chloropren-Kautschuk (Polychlorbutadien-Kautschuk)
CSM	Chlorsulfoniertes Polyethylen
ECB	Ethylen-Cop.-Bitumen
EP	Epoxid
EPDM	Ethylen-Propylen-Dienpolymere
EPR, EPT	siehe EPDM
EVA	Ethylen-Vinylacetat-Copolymer
GFK	glasfaserverstärkter Kunststoff
GUP	glasfaserverstärktes Polyesterharz
Hgi	Hartgummi
IIR	Butylkautschuk = Isobutylen/Isopren-Kautschuk
IR	Polyisopren (synthetisch)
MF	Melaminformaldehyd
NBR	Nitrilkautschuk
NK, NR	Naturkautschuk = Isoprenkautschuk (natürlich)
PA	Polyamid
PAN	Polyacrylnitril
PB	Polybuten-1
PC	**Polycarbonat**
PE	**Polyethylen**
PET	Polyethylenterephthalat
PF	Phenolformaldehyd
PIB	Polyisobutylen
PMMA	Polymethylmethacrylat (Acrylglas)
POM	Polyoximethylen (Polyacetat)
PP	Polypropylen
PPO	Polyphenyloxid
PS	Polystyrol
PSB	Polystyrol-Butadien-Kautschuk
PTFE	Polytetrafluorethylen
PUR	Polyurethan (auch PU)
PVAC	Polyvinylacetat
PVC	Polyvinylchlorid
PVDC	Polyvinylidenchlorid
PVF	Polyvinylfluorid
PVDF	Polyvinylidenfluorid
PVP	Polyvinyl-Pyrrolidon
SAN	Styrol-Acrylnitril-Copolymer
SBR	Styrol-Butadien-Kautschuk
Si	Silicon-Kautschuk
SI	**Silicon**
SR	Polysulfidkautschuk
UF	Harnstoff-Formaldehyd
UP	ungesättigte Polyester
Wgi	Weichgummi

6.   Bearbeitung baustoffchemischer Aufgaben

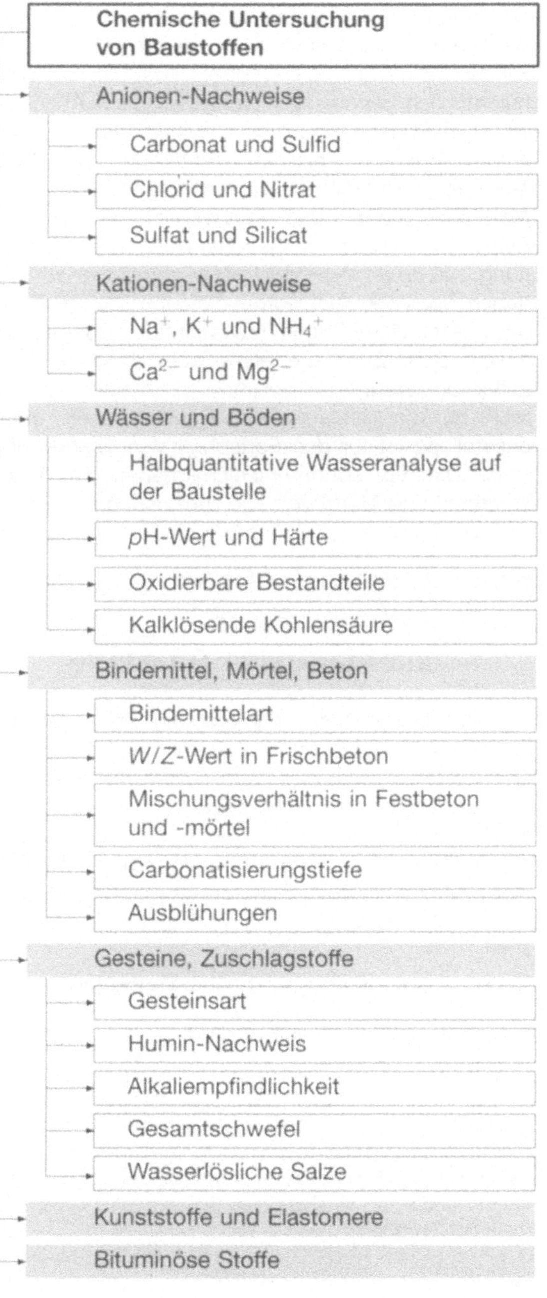

Die Ausführungen dieses Kapitels sollen einen Einblick in einige wichtige *Methoden der Erkenntnisgewinnung* geben. Die Erkenntnisgewinnung dient dazu, *Beziehungen, Abhängigkeiten* und *Zusammenhänge* zwischen technischen Prozessen und naturwissenschaftlichen Gesetzen aufzudecken bzw. genauer kennenzulernen mit dem *Ziel*, die Prozesse immer *effektiver* zu gestalten und praktisch durchzuführen.

Man kann folgende Arten von Beziehungen unterscheiden:

- *empirische Beziehungen*
  (liegen häufig vor, haben jedoch keine theoretische Basis und sind damit nicht verallgemeinerungsfähig)
- *halbempirische Beziehungen*
  (sind an der Praxis orientiert und versuchen, theoretische Beziehungen zur Deutung der Abhängigkeiten heranzuziehen)
- *theoretische Beziehungen*
  (in der Produktion oft nicht unmittelbar brauchbar, da in der Regel zahlreiche Parameter auftreten, deren Relevanz nicht direkt sichtbar ist).

Man ist bestrebt, durch immer intensivere, praxisorientierte Forschungsarbeit die meist wenig effektiven empirischen Beziehungen zumindest auf die Stufe halbempirischer Beziehungen zu bringen.

Die speziellen Untersuchungsmethoden, die in diesem Kapitel weiterhin beschrieben werden, dienen der schnellen Klärung bestimmter, in der Praxis häufig auftretender Fragen. Mit Hilfe dieser auch vom Nichtchemiker durchführbaren Untersuchungen können unmittelbar auf der Baustelle Aussagen und Befunde erhalten werden. Die hier erläuterten Methoden sollen und können aber ein *chemisches Laboratorium* oder eine *Prüfstelle nicht ersetzen*, die mit aufwendigeren und damit genaueren, standardisierten chemischen Prüfmethoden arbeiten.

6.1.   Grundlagen der Bearbeitungsprozesse

Liegt eine Aufgabenstellung vor, so ist das Bedürfnis bekannt, das im Ergebnis eines Bearbeitungsprozesses befriedigt werden soll. Einer der ältesten Bearbeitungsprozesse zur Lösung von Aufgaben und Problemen ist das *Probierverfahren,* das auf dem *Trial-and-error-Prinzip* (Versuch und Irrtum) beruht. Dieses elementare Verfahren ist jedoch wenig effektiv, da die Anzahl der Varianten, d. h. der durchzuführenden Versuche, sehr groß und damit der Bearbeitungsprozeß aufwendig und zeitraubend ist bis zur Lösung der Aufgabe, von sehr wenigen glücklichen *Zufällen* abgesehen. Auch wirkt sich eine gewisse Trägheit (Gewohnheit) negativ aus, da sie von der Lösung wegführen kann.

Bei tieferer Betrachtung zeigt es sich, daß in der Praxis der wissenschaftlich-technischen Arbeit Aufgabenstellungen vor uns stehen, die aus *Aufgaben und Problemen* bestehen. Während bei den Aufgaben *Ziel und Lösungsweg* bekannt sind, ist bei den Problemen nur das Ziel gegeben und der Weg nicht bekannt. Allerdings ist nicht bei jeder Aufgabenstellung eine eindeutige Zuordnung möglich. Mit der Entwicklung und dem Fortschritt von Wissenschaften und Technik tritt eine Verschiebung der Grenze zwischen Aufgaben und Problemen ein: Probleme reduzieren sich zu Aufgaben.

Der *Nutzeffekt* der Lösung von Problemen ist allgemein größer als der Nutzeffekt der Lösung von Aufgaben, da Aufgabenlösungen zur Stagnation führen, so daß keine Ziele mehr gesetzt werden können, die unbekannte Wege erfordern.

Zur *Lösung von Aufgaben* werden Algorithmen verwandt. Ein *Algorithmus,* der zur Lösung von Aufgaben eines bestimmten Typs dient, ist ein schematisches Verfahren (Rechenschema), bei dem nach Ausführung eines Schrittes (Grundoperation) eindeutig feststeht, welche Regel beim nächsten Schritt anzuwenden ist bzw. ob das Verfahren abzubrechen ist (z. B. Optimierungsverfahren). Bei den *Grundoperationen* handelt es sich um Operationen, die „leicht begreiflich und übersehbar sind und die im Rahmen der betreffenden Klasse von Aufgaben nicht mehr weiter in noch einfachere Operationen zerlegt werden können bzw. sollen" (KLAUS BUHR).

Bei der *Lösung von Problemen* spielt darüber hinaus die eigentliche *schöpferische Tätigkeit des Menschen* eine entscheidende Rolle. Eine auf großem Wissen und reicher Erfahrung beruhende plötzliche Erkenntnis entsteht durch einen schöpferischen Prozeß, der als *Intuition* bezeichnet wird. Es hat sich gezeigt, daß es effektiv ist, die schöpferische Tätigkeit *planmäßig und systematisch* zu betreiben, z. B. unter Nutzung von *Denkmodellen und -verfahren,* die bereits bei anderen Bearbeitungsprozessen (eventuell sogar auf ganz anderen Gebieten) erfolgreich waren.

Bei Anwendung der *systematischen Heuristik* wird duch Abtrennung und automatische Bearbeitung (EDV) der formalisierbaren Teile des Bearbeitungsprozesses (Routinearbeit) die Effektivität weiter erhöht und *mehr Zeit für die schöpferische Tätigkeit* gewonnen.

Der Bearbeitungsprozeß und die *Effektivität der Bearbeiter* werden durch die Anwendung der systematischen Heuristik wesentlich verbessert. Besonders günstig und wesentlich ist dabei, daß die bei einer erfolgreichen Bearbeitung benutzten *gedanklichen Verfahren* bei entsprechenden neuen Fällen *wieder verwendet* werden. Dies ist aber in effektiver Weise nur möglich, wenn diese Verfahren nach Abschluß eines Bearbeitungsprozesses *systematisch gespeichert* werden. In Form von Erfahrungs- und Wissensspeichern stehen sie zusammen mit Programmspeichern und Datenbanken für die Bearbeitung neuer Aufgabenstellungen zur Verfügung. Als *Erfahrungs- und Wissensspeicher* können neben Speichern mit automatisiertem Zugriff (EDV) oder manuellem Zugriff (Zeitschriften, Bücher, Tabellen) auch Bearbeiterteams oder einzelne Bearbeiter fungieren.

Nicht nur die Auflösung, das Resultat einer Aufgabenstellung ist für den Fortschritt von Theorie und Praxis wichtig, sondern gleichermaßen die *Wege, Verfahren* und *Methoden,* die zur Lösung führten.

6.2. Chemische Untersuchung nichtmetallisch-anorganischer Baustoffe

Bei der chemischen Untersuchung der Baustoffe dieser Art kommen die in der anorganischen Analyse üblichen Methoden zum *Nachweis* (qualitativ) und zur *Bestimmung* (quantitativ) von Ionen in Betracht. Diese sowie eine Reihe anderer, einfach durchzuführender Untersuchungen an Wässern, Bindemitteln, Mörteln, Betonen und Gesteinen werden beschrieben.

6.2.1. Chemisch-analytische Methoden

① **Nachweis von Carbonat (CO_3^{2-})**

In einem Reagenzglas werden etwa 1 g pulverisierte Probe oder einige ml flüssige Probe mit 1 ... 2 ml verdünnter Salzsäure übergossen. Bei Anwesenheit von Carbonat entweicht unter Aufschäumen CO_2. Zur eindeutigen Erkennung des CO_2 wird das Gas mit $Ba(OH)_2$-Lösung zusammengebracht, die sich durch Bildung von schwerlöslichem $BaCO_3$ trübt:

$$Ba(OH)_2 + CO_2 \rightarrow BaCO_3 \downarrow + H_2O.$$

Man kann dazu einen Tropfen $Ba(OH)_2$-Lösung, an einem Glasstab hängend, vorsichtig in das Reagenzglas einführen (Wände oder Flüssigkeitsspiegel dürfen nicht berührt werden) oder das CO_2 durch ein auf das Reagenzglas aufgesetztes, mit $Ba(OH)_2$-Lösung gefülltes Gärröhrchen leiten.

② **Nachweis von Sulfid (S^{2-})**

Etwa 1 g pulverisierte Probe oder einige ml der flüssigen Probe und die gleiche Menge Marmor werden in einem Reagenzglas mit 2 ml halbkonz. HCl übergossen. Das entweichende CO_2 reißt H_2S mit, der bei Anwesenheit von Sulfiden entsteht:

$$S^{2-} + 2\,HCl \rightarrow H_2S \uparrow + 2\,Cl^-.$$

H_2S ist an seinem Geruch (faule Eier) zu erkennen; er ist auch durch einen angefeuchteten Bleiacetatpapierstreifen, der, über die Öffnung des Reagenzglases gehalten, sich je nach der Menge des H_2S braun bis schwarz-silbrig verfärbt, eindeutig nachzuweisen:

$$H_2S + Pb(CH_3COO)_2 \rightarrow PbS + 2\,CH_3COOH.$$

Liegen in Säuren unlösliche Schwermetallsulfide vor (z. B. Pyrit), so versagt diese Methode. In diesem Fall kann der Nachweis nur im Laboratorium durch eine Aufschlußmethode erfolgen.

③ **Nachweis von Chlorid (Cl^-)**

Vor den Nachweisen von Cl^-, SO_4^{2-} und NO_3^- ist der *Sodaauszug* herzustelllen, um störende Ionen auszuscheiden. Etwa 1 g oder einige ml Probe werden mit etwa 3 g reinem Na_2CO_3 vermischt und nach Zugabe von 50 ml Wasser etwa 10 min gekocht. Dabei fallen die meisten Metalle (Ausnahme Alkalimetalle und NH_4^+) als schwerlösliche Carbonate oder Hydroxide aus, z. B.

$$MnSO_4 + Na_2CO_3 \rightarrow MnCO_3 \downarrow + Na_2SO_4.$$

Diese werden abfiltriert, das klare Filtrat dient zum Nachweis.
In einem Reagenzglas wird ein Teil (etwa 2 ml) des Sodaauszuges mit 1 ml verd. HNO_3 angesäuert. Der sauren Lösung werden einige Tropfen 1%ige $AgNO_3$-Lösung zugegeben. Bei Anwesenheit von Cl^- (auch bei Br^- und J^-, die aber bei bauchemischen Untersuchungen praktisch nicht vorkommen) fällt ein weißer, flockiger Niederschlag aus AgCl aus, der in konz. NH_4OH löslich, dagegen in HNO_3 unlöslich ist.

④ **Nachweis von Sulfat (SO_4^{2-})**

In einem Reagenzglas werden 2 ml Sodaauszug mit 1 ml verd. HCl angesäuert. Der sauren Lösung werden einige Tropfen 5%ige $BaCl_2$-Lösung zugegeben. Bei Anwesenheit von SO_4^{2-} entsteht eine weiße Trübung bzw. ein weißer, feinkristalliner Niederschlag aus $BaSO_4$, der in HCl unlöslich ist.

⑤ **Nachweis von Nitrat (NO_3^-)**

In einem Reagenzglas werden 2 ml Sodaauszug mit wenig verd. H_2SO_4 angesäuert. Dieser Lösung wird 1 ml frisch bereitete, kaltgesättigte $FeSO_4$-Lösung zugesetzt und umgeschüttelt. Danach wird 1 ml konz. H_2SO_4 vorsichtig unterschichtet (an der Innenwand des geneigten Reagenzglases H_2SO_4 vorsichtig herabfließen lassen, dadurch keine Durchmischung; konz. H_2SO_4 hat größere Dichte als Untersuchungslösung). An der Berührungsfläche zwischen konz. H_2SO_4 und Untersuchungslösung entsteht bei Anwesenheit von NO_3^- (oder NO_2^-) ein violettbrauner Ring aus $[Fe(H_2O_5)NO]SO_4$. Es kommt zur Bildung von Nitrosyleisen(II)-sulfat, wobei $FeSO_4$-Lösung NO_3^- in schwefelsaurer Lösung zu NO reduziert, das mit überschüssigem $FeSO_4$ zu den farbigen Komplexverbindungen reagiert:

$$3\,Fe^{2+} + NO_3^- + 4\,H^+ \rightarrow 3\,Fe^{3+} + NO + 2\,H_2O.$$

Bei diesem Nachweis muß besonders vorsichtig gearbeitet werden, da konz. H_2SO_4 bei Reaktion mit H_2O sehr hohe Temperatur entwickelt, so daß die Gefahr des Verspritzens von Säure besteht.

⑥ **Nachweis von Silicaten**

Zum Nachweis von Silicaten (und SiO_2) dient die Wassertropfenprobe. Dazu wird die Probe mit CaF_2 vermischt und im Bleitiegel mit konz. H_2SO_4 versetzt, so daß es bei Anwesenheit von Silicaten zur Bildung von gasförmigem SiF_4 kommt. Der Tiegel wird mit einem Bleideckel, der in der Mitte ein kleines Loch hat, verschlossen. Bei positivem Ausgang der Probe scheidet sich auf einem feuchten, schwarzen Papier über dem Loch eine weiße Gallerte von Kieselsäure ab.

⑦ **Halbquantitative Bestimmung von Chlorid**

Besondes in Wässern wie Zugabewasser oder Baugrundwasser kann eine halbquantitative Bestimmung der gelösten Ionen wesentlichen Nutzen bringen. Mittels *Testpapieren* (vergleichbar mit *p*H-Indikatorpapieren) ist im Falle von Cl^- (und SO_4^{2-}) durch bloßes Eintauchen und anschließender Bestimmung der Entfärbungszeiten eine halbquantitative Bestimmung in sehr einfacher Form möglich.
In 10 ml der Probelösung wird ein Streifen braunes Chloridtestpapier getaucht. Unter ständigem leichtem Schütteln wird die Zeit bis zur Entfärbung des Streifens bestimmt. Aus der in Bild 6.1. dargestellten Kurve wird die gesuchte Cl^--Konzentration abgelesen.
Zur Herstellung des Chloridtestpapiers wird Filtrierpapier in eine 0,4%ige K_2CrO_4-Lösung etwa 1 min lang eingetaucht. Nach dem Herausnehmen läßt man vollständig abtropfen und trocknet im Luftstrom. Anschließend wird das Papier in eine 0,5%ige $AgNO_3$-Lösung getaucht, wobei ein Farbumschlag von Gelb nach Braun infolge Bildung des schwerlöslichen Ag_2CrO_4 eintritt. Schließlich wird das Papier getrocknet, dann gewaschen, wieder getrocknet und dieser Vorgang noch einmal wiederholt. Dabei darf das Papier nicht mit den Fingern berührt werden. Das Endprodukt wird in Streifen von $7\,mm \times 40\,mm$ geschnitten und im Dunkeln aufbewahrt. Bei Abweichungen von der Vorschrift ist eine neue Eichkurve aufzustellen (s. auch Kap. 6.2.2.).

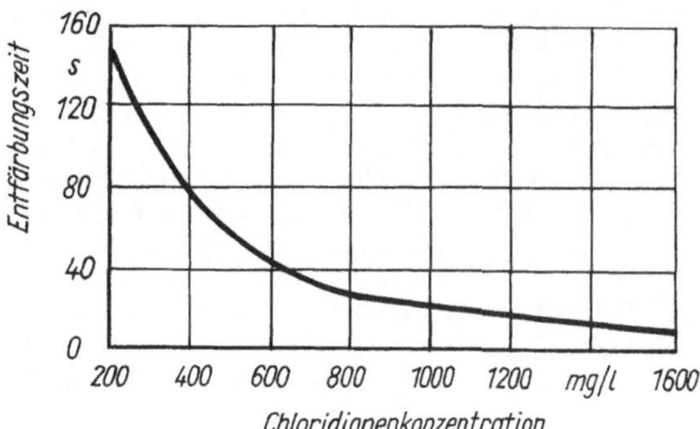

Bild 6.1.
Abhängigkeit der Entfärbungszeit des Chloridtestpapiers von der Cl^--Ionenkonzentration der Lösung

⑧ Halbquantitative Bestimmung von Sulfat

In 10 ml der Probelösung wird ein Streifen rosafarbenes Sulfattestpapier getaucht und leicht geschüttelt. Bestimmt wird die Zeit bis zum Verschwinden der Farbe. Die Bestimmung wird dreimal ausgeführt und das Mittel gebildet. Aus der in Bild 6.2. dargestellten Kurve wird die gesuchte SO_4^{2-}-Konzentration abgelesen.

Zur Herstellung des Sulfattestpapiers wird Filtrierpapier in eine 0,025%ige Na-Rhodizonatlösung etwa 3 min lang eingetaucht. Nach dem Herausnehmen läßt man vollständig abtropfen und taucht das noch feuchte Papier in eine 5%ige $BaCl_2$-Lösung ein. Nach 3 min wird das Papier herausgenommen und in Wasser gewaschen (Schwenken). Im leichten Luftstrom wird das Papier getrocknet und in Streifen von 7 mm×40 mm geschnitten, wobei nur die inneren Partien zu verwenden sind. Die fertigen Papiere sind im Dunkeln aufzubewahren. – Bei Abweichungen von der Vorschrift ist eine neue Eichkurve aufzustellen (s. auch Kap. 6.2.2.).

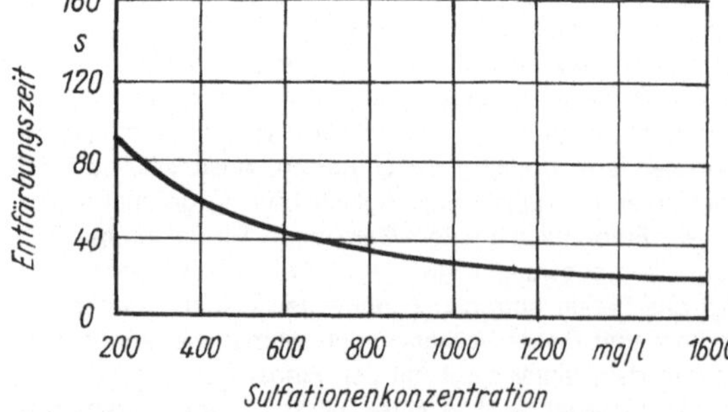

Bild 6.2.
Abhängigkeit der Entfärbungszeit des Sulfattestpapiers von der SO_4^{2-}-Konzentration der Lösung

⑨ Nachweis von Natrium (Na⁺)

Man bringt auf ein Uhrglas die Probe, auf ein anderes Uhrglas konz. HCl. Mittels eines ausgeglühten Magnesiastäbchens oder eines Platindrahtes, die man erst in die HCl, dann in die Probe taucht, hält man die Probe, die sich am Stäbchen befindet, an den äußeren Rand der nichtleuchtenden (oxidierenden) Bunsenbrennerflamme. Man beobachtet die Flammenfärbung gegen einen dunklen Hintergrund. Bei Betrachtung mit einem Spektrometer sind mehrere Linien zu erkennen.

Natrium ergibt eine sehr intensive, lang andauernde, gelbe Flammenfärbung. Im Spektroskop ist eine gelbe Linie bei 589,3 nm zu beobachten. Nur langanhaltende, intensive Gelbfärbungen sind ein eindeutiger Nachweis.

⑩ Nachweis von Kalium (K⁺)

Die Durchführung der Probe erfolgt wie bei ⑨. Kalium ergibt eine nur kurz andauernde, fahlviolette Flammenfärbung. Die Färbung wird leicht durch das Gelb vom Natrium verdeckt. Es empfiehlt sich deshalb die Betrachtung durch ein Kobaltglas, das das Gelb absorbiert. Im Spektroskop ist eine rote Linie bei 768,2 nm zu beobachten. (Weitere Flammenfärbungen: Ca ziegelrot, Sr karminrot, Ba hellgrün).

⑪ Nachweis von Ammonium (NH₄⁺)

In einem Reagenzglas werden die in Wasser gelöste Probe (etwa 1 g) oder einige ml einer flüssigen Probe mit 1 ml NESSLERS Reagenz (Kaliumquecksilber(II)-iodid-Lösung) versetzt. Bei Anwesenheit von NH_4^+-Ionen entsteht eine gelbbraune Färbung, bei höheren NH_4^+-Konzentrationen auch eine Trübung oder Fällung. Die *Grenzkonzentration* dieser Nachweisreaktion beträgt 1 g in $2 \cdot 10^7$ ml Lösung $= 0,5 \cdot 10^{-7}$ g/ml.

Bei *höheren* Konzentrationen eignet sich auch folgender Nachweis: Durch Zugabe einer starken Lauge (z. B. NaOH) wird aus NH_4^+-Ionen enthaltenden Substanzen NH_3 ausgetrieben:

$$NH_4^+ + OH^- \rightarrow NH_3 \uparrow + H_2O.$$

Ammoniak hat einen charakteristischen, stechenden Geruch. Das Gas ist auch durch feuchtes *p*H-Indikatorpapier (gelbes wird blau) oder durch Lackmuspapier (rotes wird blau) erkennbar.

⑫ Nachweis von Calcium (Ca²⁺)

In einem Reagenzglas werden die in Wasser gelöste Probe (gegebenenfalls durch Zugabe von HCl lösen) oder einige ml der flüssigen Probe mit NH_4OH versetzt, bis gerade basische Reaktion eintritt. Bildet sich ein Niederschlag, so ist dieser abzufiltrieren.

Nach Zugabe von 1 ml Ammoniumoxalatlösung bildet sich bei Anwesenheit von Ca^{2+} ein weißer, grobkristalliner Niederschlag aus CaC_2O_4, der in starken Säuren löslich, in Essigsäure und Wasser jedoch praktisch unlöslich ist.

Die chemisch-analytische Bestimmung des *freien Kalkes* in PZ oder PZ-Klinker erfolgt durch Behandeln mit Acetessigsäureethylester $CH_3-CO-CH_2-COO-C_2H_5$ (Siedepunkt: 181 °C), der den freien Kalk löst. Der Kalkgehalt der so erhaltenen Esterlösung wird durch Titration bestimmt.

⑬ **Nachweis von Magnesium (Mg^{2+})**

In einem Reagenzglas werden die in Wasser gelöste Probe (gegebenenfalls durch Zugabe von HCl lösen) oder einige ml der flüssigen Probe mit einer Spatelspitze NH_4Cl versetzt und mit NH_4OH alkalisch eingestellt. Falls sich die Lösung durch Ausfällung von $Mg(OH)_2$ trübt, muß noch ein Spatel NH_4Cl zugegeben werden. Dieser klaren Lösung wird langsam (tropfenweise) Na_2HPO_4-Lösung zugesetzt. Eine Trübung zeigt die Anwesenheit von Mg^{2+} an:

$$Mg^{2+} + HPO_4^{2-} + NH_3 + 6\,H_2O \rightarrow MgNH_4PO_4 \cdot 6\,H_2O.$$

Auch andere Kationen, z. B. Ca^{2+}, ergeben Trübungen, aber nur $MgNH_4PO_4 \cdot 6\,H_2O$ bildet farblose, schneeflokkenähnliche, tannenzweigartige Kristalle mit charakteristischen Winkeln von 60°. Deshalb muß ein Tropfen der getrübten Lösung unter dem Mikroskop bei 50...100facher Vergrößerung betrachtet werden. Die Kristallbildung wird besonders deutlich, wenn mit sehr verdünnten Lösungen gearbeitet wird.

Die Tafel 6.1. gibt eine Kurzübersicht über die bauchemisch wichtigsten Nachweise.

Tafel 6.1. Kurzübersicht über wichtige Nachweise

Nachweis von	Vorbehandlung der Probe	Zugabe von	Ion vorhanden
Cl^-	pulverisieren Sodaauszug[1])	≈1 ml verd. HNO_3; einige Tropfen 1%ige $AgNO_3$-Lösung	weißer flockiger Niederschlag von $AgCl$ (in HNO_3 unlöslich)
SO_4^{2-}	pulverisieren Sodaauszug[1])	≈1 ml verd. HCl; einige Tropfen 5%ige $BaCl_2$-Lösung	weißer, feinkristalliner Niederschlag von $BaSO_4$ (in konz. Säuren unlöslich)
NO_3^-	pulverisieren Sodaauszug[1])	≈1 ml verd. H_2SO_4, ≈ 1 ml frische kaltgesättigte $FeSO_4$-Lösung, schütteln, mit ≈1 ml konz. H_2SO_4 vorsichtig unterschichten	violett-brauner Ring aus $[Fe(H_2O)_5NO]SO_4$ an der Grenzfläche zwischen schwerer konz. H_2SO_4 und darüberstehender Probelösung
S^{2-}	pulverisieren	≈2 ml halbkonz. HCl	Geruch nach H_2S (faule Eier), feuchtes Bleiacetatpapier färbt sich braun bis silbrig (PbS)
CO_3^{2-}	pulverisieren	≈2 ml verd. HCl, bei Aufbrausen dieses Gas in $Ba(OH)_2$-Lösung leiten	weißer Niederschlag von $BaCO_3$
Silicate	pulverisieren, Probe mit CaF_2 vermischen, in Bleitiegel geben	≈1 ml konz. H_2SO_4, Bleitiegel mit Lochdeckel abdecken, auf Loch schwarzes, feuchtes Papier legen	weiße Gallerte aus Kieselsäure an schwarzem Papier
Ca^{2+}	pulverisieren, lösen in H_2O (ggf. Zugabe von HCl mit anschließender Neutralisation durch NH_4OH)	≈1 ml $(NH_4)_2C_2O_4$-Lösung	weißer grobkristalliner Niederschlag von CaC_2O_4 (in starken Säuren löslich)
NH_4^+	pulverisieren	NaOH	stechender Geruch nach NH_3, NH_3-Gasstrom färbt feuchtes, rotes Lackmuspapier blau
Mg^{2+}	pulverisieren, lösen in H_2O (ggf. Zugabe von HCl)	1 Spatelspitze NH_4Cl, mit NH_4OH basisch einstellen (keine Trübung), langsam tropfenweise Na_2HPO_4-Lösung zugeben	Trübung; mikroskopische Betrachtung zeigt tannenzweig-, schneeflockenartige Kristalle mit charakteristischen 60°-Winkeln
Na^+/K^+	ein Uhrglas mit Probe, ein anderes mit konz. HCl füllen; Magnesiastäbchen in nichtleuchtender Bunsenbrennerflamme ausglühen	Magnesiastäbchen in HCl, dann in Probe, dann in nichtleuchtende Bunsenbrennerflamme	Flammenfärbung beobachten: gelb → Na; kurzandauernd fahlviolett → K (Betrachtung durch Kobaltglas)

[1]) Sodaauszug: 1 g gepulverte Probe (oder 1 ml Lösung) wird mit 3 g Na_2CO_3/Soda und ≈50 ml H_2O 10 min gekocht; Niederschlag wird abfiltriert, das klare Filtrat dient für die Nachweisreaktionen

Beispiel 56

Die chemische Analyse eines Baustoffes ergab 32,27% CaO, 45,80% SO_3 und 20,21% H_2O. Berechne die chemische Formel!

Lösung:
Division der Prozentgehalte durch die molaren Massen und Division des Ergebnisses durch den kleinsten vorkommenden Zahlenwert:

$32{,}27 : 56{,}08 = 0{,}575;$ $0{,}575 : 0{,}572 = 1{,}01$
$45{,}80 : 80{,}06 = 0{,}572;$ $0{,}572 : 0{,}572 = 1{,}00$
$20{,}21 : 18{,}016 = 1{,}122;$ $1{,}122 : 0{,}572 = 1{,}96$

Es ergibt sich die Formel

$$CaO \cdot SO_3 \cdot 2\,H_2O = \underline{CaSO_4 \cdot 2\,H_2O = Gips}$$

Beispiel 57

Beim Glühen von 0,773 g Dolomit bleibt ein Rückstand von 0,397 g. Zu berechnen ist der prozentuale Gehalt beider Carbonate!

Lösung:

$$CaMg(CO_3)_2 \rightarrow CaO + MgO + 2\,CO_2$$

$$184{,}4\,g = 56{,}1\,g + 40{,}3\,g + 88{,}0\,g$$

Gesetzt wird: $a = CaCO_3$-Gehalt in g;
$ b = MgCO_3$-Gehalt in g

$a + b = 0{,}733\,g$ (Gleichung 1)

$0{,}773\,g - 0{,}397\,g = 0{,}376\,g\ CO_2$

Aus einer Masse von 100,1 g $CaCO_3$ entstehen 44,0 g CO_2, folglich aus einer Masse von a $CaCO_3$:

$$\frac{a \cdot 44{,}0}{100{,}1} = 0{,}440 \cdot a\ g\ CO_2$$

Entsprechend entstehen aus einer Masse von b $MgCO_3$

$$\frac{b \cdot 44{,}0}{84{,}3} = 0{,}522 \cdot b\ g\ CO_2$$

$0{,}440a + 0{,}522b = 0{,}376$ (Gleichung 2)

Aus den beiden Gleichungen mit 2 Unbekannten ergibt sich:

$a = 0{,}335\,g\ CaCO_3$ und $b = 0{,}438\,g\ MgCO_3$

$0{,}773\,g : 0{,}335\,g = 100\% : x\,;\ x = 43{,}3\%\ CaCO_3$

Dolomit besteht aus den rechnerischen Anteilen $\underline{43{,}3\%\ CaCO_3}$ und $\underline{56{,}7\%\ MgCO_3}$.

6.2.2. Wässer und Böden

Wasser spielt im Bauwesen eine Rolle als Zugabewasser und als Aggressionsmedium. *Betonangreifende Wässer* sind oft an Spuren von ausgeschiedenen Salzen, aufsteigenden Gasblasen, fauligem Geruch, dunkler Färbung o. ä. zu erkennen.

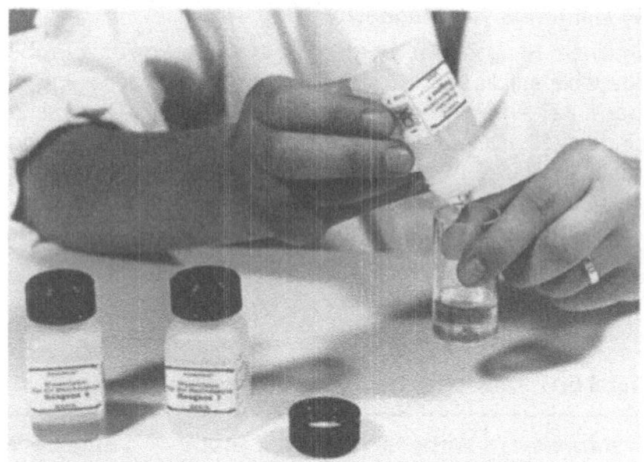

Bild 6.3.
Halbquantitative Bestimmung betonangreifender Stoffe
hier: Wasserhärtebestimmung durch Titration

Unter Mitwirkung der Autoren wurden halbquantitative Verfahren entwickelt und in einem Reagenziensatz zusammengestellt (in einem Koffer im Chemikalienhandel erhältlich). Sie erlauben in einfacher Weise (Beispiele s. Bilder 6.3. und 6.4.) auf der Baustelle die Bestimmmung sämtlicher interessierender Stoffe in betonangreifenden Wässern. Die Durchführung der Bestimmungen ist innerhalb von etwa 30 min auch einem Nichtchemiker leicht möglich (Handelsbezeichnung: Aquamerck-Wasserlabor für die Bauindustrie, Artikel-Nr. 111112, von E. MERCK, Darmstadt).

Angreifende Böden sind häufig durch die Farben Schwarz, Grau bis Weiß, die von der Farbe normaler Böden (Braun bis Gelbbraun) abweichen, zu erkennen.

Für die *qualitative Untersuchung eines Bodens* auf betonschädliche Anteile werden 10 g Boden mit

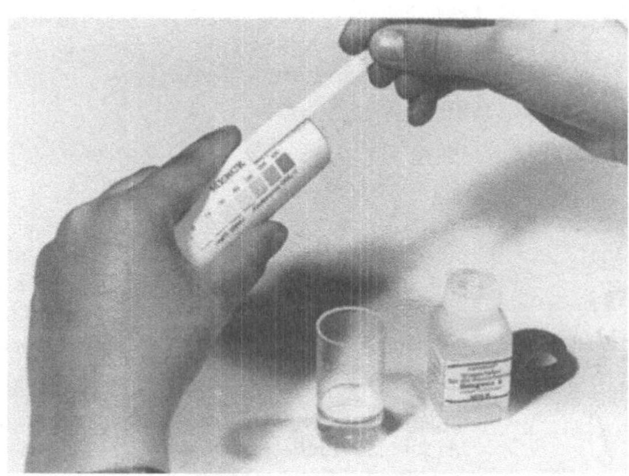

Bild 6.4.
Halbquantitative Bestimmung betonangreifender Stoffe
hier: Ammoniumbestimmung durch Farbvergleich

50 ml dest. Wasser zerrieben und nach dem Absetzen die überstehende, meist trübe Lösung filtriert. Am Filtrat werden die Prüfungen auf betonschädliche Anteile durchgeführt.

Betonangreifende Stoffe sind: SO_4^{2-}, Cl^-, NH_4^+, Mg^{2+}, kalklösende Kohlensäure, saure Wässer, oxidierbare Stoffe und sehr weiche Wässer.

Die Probenahme muß sachgerecht erfolgen. Es dürfen weder Stoffe entweichen (z. B. CO_2), noch dürfen Stoffe hinzukommen (z. B. Regenwasser, Verunreinigungen aus Probeflaschen).

Die labormäßige Untersuchung erfordert folgende Proben:

- 2,0 Liter als Hauptprobe (bei Zugabewasser 3 Liter)
- 0,5 Liter mit 3…5 g Marmorpulverzusatz (Kohlensäureprüfung)
- 0,5 Liter mit 2…3 g kristalliertem Zinkacetatzusatz (H_2S-Prüfung).

⑭ **Bestimmung der Wasserhärte**

Die im Wasser gelösten *Erdalkalisalze*, insbesondere Ca- und Mg-Salze, bedingen die Wasserhärte, die quantitativ in *„deutschen Härtegraden"* °d (im Ausland existieren andere Festlegungen) angegeben wird. 1 °d entspricht 10 mg CaO pro Liter bzw. 7,19 mg MgO pro Liter. *Weiches Wasser* weist Härtegrade <8 °d auf, bei Werten >18 °d spricht man von *hartem Wasser* (s. Tafel 2.2.).

Gesamthärte (GH)

Die genauesten Ergebnisse liefert die Titration des gepufferten Wassers mit *„EDTA"-Lösung* (Dinatriumsalz der Ethylendiamintetraessigsäure). Für die Untersuchungen auf der Baustelle eignen sich z. B. der „Aquamerck-Reagenziensatz zur Bestimmung der Gesamthärte". Auch Teststäbchen, die durch kurzes Eintauchen in das Wasser und anschließenden Farbvergleich mit einer Farbskala und eine ungefähre Härtebestimmung ermöglichen, sind im Handel erhältlich.

Carbonathärte (KH)

100 ml der Wasserprobe werden 0,1 ml Methylorangelösung zugegeben. Danach wird mit 0,1 N Salzsäure bis zum deutlichen Farbumschlag von Gelb nach Bräunlichgelb titriert.

Berechnung:

1 ml 0,1 N Salzsäure = 2,8 mg CaO (in 100 ml Wasser) bzw. 28 mg CaO in 1000 ml Wasser, d. h. 1 ml Säureverbrauch entspricht 2,8 °dH.

Bei Anwesenheit von Fe- bzw. Mn-Verbindungen im Wasser (dies kann mit Teststäbchen geprüft werden) ist von den ermittelten Härtegraden pro 1 mg Fe und Mn/Liter 0,1 °dKH abzuziehen. Auch zur einfachen und schnellen Bestimmung der Carbonathärte sind Reagenziensätze im Handel.

Nichtcarbonathärte (NKH) wird rechnerisch ermittelt: NKH = GH − KH.

Wie groß ist die Gesamthärte in °d eines Leitungswassers, das pro Liter 0,164 g $Ca(HCO_3)_2$ und 0,120 g $CaSO_4$ enthält?

Lösung:

$$162,1 \text{ g } Ca(HCO_3)_2 : 56,1 \text{ g } CaO = 164 \text{ mg } Ca(HCO_3)_2 : x$$
$$x = 56,8 \text{ mg } CaO$$

$$136,1 \text{ g } CaSO_4 : 56,1 \text{ g } CaO = 120 \text{ mg } CaSO_4 : y$$
$$y = 49,5 \text{ mg } CaO$$

$$x + y = 106,3 \text{ mg } CaO$$

$$10 \text{ mg } CaO/l : 1 \,°d = 106,3 \text{ mg } CaO/l : z$$

$$\underline{\underline{z = 10,6 \,°d}}$$

Ein Wasser enthält 100 mg/l $MgSO_4$. Welche Härte hat das Wasser?

Lösung:

$$7,19 \text{ mg } MgO/l = 1 \,°d$$

$$100 \text{ mg } MgSO_4 : x \text{ mg } MgO = 120,4 : 40,3$$

$$x = 33,47 \text{ mg } MgO/l$$

$$33,4 \text{ g } MgO/l : 7,19 \text{ mg } MgO/l = 4,7$$

Die Härte des Wassers beträgt 4,7 °d.

⑮ **Messung des pH-Wertes**

In die Wasserprobe wird ein Streifen Universalindikatorpapier pH 1−14 getaucht. Die Färbung, die das Papier annimmt, wird mit der dazugehörigen Farbskala verglichen und das Ergebnis in ganzen pH-Einheiten abgelesen. Zur genaueren Bestimmung wird ein Streifen Spezialindikatorpapier pH 1−5 bzw. 5−9 in eine neue Wasserprobe getaucht und der pH-Wert in analoger Weise bestimmt. Das Ergebnis wird auf halbe pH-Einheiten genau abgelesen.

Besonders geeignet sich nichtblutende *Indikatorstäbchen* (Indikatorpapier auf Kunststoffblättchen aufgesiegelt), bei denen die Indikatorfarbstoffe unauswaschbar mit der Zellulosefaser verbunden sind. Ist das Stäbchen im Wasser verschmutzt, so kann es mit reinem Wasser vorsichtig abgewaschen werden. Die Indikatorstäbchen müssen so lange im Wasser verbleiben, bis keine Farbänderung mehr zu erkennen ist. Dies kann bei ungepufferten Wässern 10 min und länger sein.

Bei klaren, farblosen Wässern kann der pH-Wert auch mit Universalindikatorlösung bestimmt werden.

Die noch genauere Bestimmung des pH-Wertes, etwa mit einer Genauigkeit ±0,1 pH-Einheiten, erfolgt potentiometrisch im Labor, z. B. mittels einer Glaselektrodenmeßkette.

⑯ Bestimmung der oxidierbaren Bestandteile

100 ml des Wassers werden mit 5 ml 35%iger Schwefelsäure versetzt und zum Sieden erhitzt. Unter Schütteln wird so lange 0,1 N $KMnO_4$-Lösung zugetropft, bis eine schwache Rosafärbung 30 Sekunden bestehenbleibt. Aus der Tropfenzahl T wird die Oxidierbarkeit G berechnet nach:

$$G = 1{,}26 \cdot T.$$

Für orientierende Untersuchungen kann eine etwa 0,1 N $KMnO_4$-Lösung durch Auflösung von 3,2 g $KMnO_4$ in 1 Liter dest. Wasser hergestellt werden. Die Haltbarkeit der Lösung ist begrenzt.

⑰ Bestimmung der kalklösenden Kohlensäure

In einer luftdicht zu verschließenden, vollkommen gefüllten Flasche wird ein Teil der Wasserprobe (etwa 500 ml) mit 5 g Marmorpulver versetzt und 24 h geschüttelt. Danach wird klar filtriert. Die ersten Anteile des Filtrats werden verworfen. 100 ml des Filtrats sowie 100 ml des unbehandelten Wassers werden nach Zusatz von je 0,1 ml Methylorangelösung (0,1%ig) mit 0,1 N Salzsäure bis zum Farbumschlag von Gelb nach Bräunlichgelb titriert.
Zur Berechnung wird die verbrauchte Anzahl ml 0,1 N HCl der „Marmorprobe" minus verbrauchte ml 0,1 N HCl „unbehandelte Probe" multipliziert mit 22. Man erhält mg CO_2 (kalklösend) pro Liter.

Praktische Aussagen aus den Resultaten

Bestätigt sich bei den Untersuchungen die Anwesenheit von gefährlichen Stoffen in Konzentrationen, die angreifend wirken, so sollte unbedingt eine *Untersuchungsstelle* eingeschaltet werden. Die endgültige Beurteilung der Betonaggressivität von Wässern und Böden sowie von Zugabewasser erfolgt auf Grund der DIN 4030. Ausschnitte dieser DIN zeigen die Tafeln 4.31. und 4.33. Wichtige Schlüsse für die Praxis können aus Tafel 6.2. gezogen werden.
Für die Beurteilung des Wassers ist der jeweils höchste Angriffsgrad maßgebend, auch wenn er nur von einem Wert erreicht wird. Liegen nach Tafel 4.33. zwei oder mehr Werte im oberen Viertel eines Bereiches (beim pH-Wert im unteren Viertel), so erhöht sich der Angriffsgrad um eine Stufe. Diese Erhöhung gilt *nicht* für *Meerwasser,* da dichter Beton dem Meerwasser widersteht.
Enthalten betonangreifende Wässer mehr als 600 mg SO_4^{2-} je Liter, so ist ein Zement mit hohem Sulfatwiderstand anzuwenden (CEM I mit $<3\%$ C_3A; CEM IIIB mit mind. 70 % Hüttensand).

Beispiele (vgl. Tafel 4.33.):

▶ Ein Wasser enthält 45 mg NH_4^+/l und 500 mg SO_4^{2-}/l. Das Angriffsvermögen des Wassers ist stark. Ein Zement mit erhöhtem Sulfatwiderstand ist anzuwenden.

Tafel 6.2.
Grenzwerte (zulässige Werte) einiger in angreifenden Wässern bzw. in Betonzugabewasser vorkommender, gelöster Stoffe, bei deren Überschreitung ($>$) oder Unterschreitung ($<$) Schädigungen bzw. Störungen eintreten können

Gelöster Stoff bzw. Eigenschaft	Angreifendes fließendes Wasser	Betonzugabewasser
Sulfat	>200 mg/l	nicht festgelegt
Chlorid	>1000 mg/l	>10000 mg/l[2]) >600 mg/l[3])
Ammonium	>15 mg/l	nicht festgelegt
Magnesium	>100 mg/l	nicht festgelegt
Gesamthärte	$<3\,°dH$	unbegrenzt
pH-Wert	$<6{,}5^1$)	$<4, >10$
Oxidierbare organische Stoffe ($KMnO_4$-Verbrauch)	>50 mg/l	>100 mg/l

[1]) Bei pH-Werten >6 hängt die Aggressivität von Gehalt an kalklösender Kohlensäure ab
[2]) bei unbewehrtem Beton und Stahlbeton
[3]) bei Spannbeton und Porenbeton

▶ Ein Wasser enthält 1400 mg Mg^{2+}/l und hat einen pH-Wert von 4,7. Das Angriffsvermögen ist stark.

Die Widerstandsfähigkeit des Betons gegen chemische Angriffe setzt eine hohe Dichtigkeit und entsprechende Zusammensetzung des Betons voraus (s. Kap. 4.6.2.).

6.2.3.   Bindemittel, Mörtel und Betone

⑱ Bestimmung der Zementart

50 g des zu untersuchenden Zementes werden in einer Polyethylenflasche, die sich in einem Isolierbehälter (z. B. aus Polystyrol) befindet, mit 30 ml Wasser von etwa 20 °C versetzt und mit einem Thermometer (0 ... 50 °C, Ablesegenauigkeit 1/10 K) schnell und vorsichtig homogenisiert. Flasche und Behälter müssen sich auch auf etwa 20 °C befinden. 20 Sekunden nach Zugabe des Wassers wird die Flasche zugeschraubt, wobei das Thermometer so im Deckel angebracht ist, daß sich die Quecksilberkugel der Thermometerspitze in der Mitte der Probe befindet. Die Temperatur wird nach 1 min (t_a) und nach 10 min (t_e) abgelesen. (Anschließend muß die Flasche sofort gesäubert werden.) Aus der Differenz $t_e - t_a$ ergibt sich die charakteristische Temperaturerhöhung, aus der die Zementart bestimmt werden kann. Die Werte sind von den verwendeten Geräten abhängig, so daß in jeder Untersuchungsstelle zunächst Eichungen notwendig sind.
Die Temperaturerhöhung bei dieser Prüfung liegt bei CEM I 32,5 bei etwa 1,0 ... 1,2 K; reaktionsträgere Zemente (z. B. CEM III) bewirken eine geringere, reaktionsschnellere Zemente (z. B. CEM I 52,5) eine größere Temperaturerhöhung. Sollten die ermittelten Temperatur-

Tafel 6.3.
Bestimmung der Bindemittelart in Mörtel und Beton

Bindemittelart	Übergießen mit 5 n HCl	Farbe der HCl-Lösung	SO_4^{2-}-Nachweis
Baugips	keine Reaktion	fast farblos	sehr stark positiv
Luftkalk Weißkalk Dolomitkalk	starkes Aufbrausen	fast farblos	negativ
Hüttenzement	deutliche Gasentwicklung und schwacher H_2S-Geruch	gelblich	schwach positiv
Portlandzement	deutliche Gasentwicklung	gelblich	schwach positiv

erhöhungen bei bekannter Zementsorte kleiner als die Eichwerte sein, so besteht die Möglichkeit, daß der untersuchte Zement überlagert ist und dabei einen Teil seiner Aktivität eingebüßt hat.
Hüttenzemente können von reinen Portlandzementen (PZ) auch durch den Sulfidnachweis unterschieden werden, der im Falle der Hüttenzemente positiv ist.

⑲ Bestimmung der Bindemittel in Festbeton und -mörtel

Die Untersuchung gibt nur exakte Werte, wenn die Zuschläge nicht HCl-löslich sind. Dies kann in der Regel angenommen werden, da weit überwiegend silicatische Zuschläge verwendet werden.
Eine Durchschnittsprobe wird pulverisiert und 10 g davon mit 20 ml verd. HCl (1 : 3) übergossen. Die dabei eintretenden Veränderungen werden mit den in Tafel 6.3. angegebenen verglichen und die entsprechenden Schlüsse gezogen. In Zweifelsfällen empfehlen sich Vergleichsuntersuchungen an Mörteln bekannter Zusammensetzung, wobei auch auf ihr Alter zu achten ist (Carbonatisierung!). Falls die Betonbruchfläche graublaue oder grünblaue Bereiche zeigt, so ist dies ein Zeichen auf die Verwendung von Zement mit Hüttensand (CEM III).

⑳ Bestimmung der „Gipssorten"

In einem Porzellan- oder Nickeltiegel (25 ml) werden 20 g des Untersuchungsmaterials eingewogen und 1 h auf 400…600 °C erwärmt (Gas- oder Spiritusbrenner, Tiegelofen). Nach dem Abkühlen im Exsikkator wird der Tiegel mit Inhalt zurückgewogen. Der Feuchtigkeitsgehalt bzw. Kristallwassergehalt wird berechnet nach:

$$\frac{(\text{Einwaage} - \text{Auswaage}) \cdot 100}{\text{Einwaage}} = \% \text{ Wasser}$$

Zum Vergleich des Meßergebnisses dient Tafel 6.4. Estrichgips läßt sich von Stuckgips oder Putzgips durch

Tafel 6.4.
Wassergehalte verschiedener Gipssorten (Kristallwasser und Feuchtigkeit) in %

Gipssorte	Wassergehalt
$CaSO_4 \cdot 1/2\ H_2O$ (Halbhydrat)	6,21
$CaSO_4 \cdot 2\ H_2O$ (Dihydrat)	20,92
Gipsstein	18…22
Hartformgips	4…8
Stuckgips, Putzgips	3…8
Anhydrit III	0,02…0,9
Estrichgips	Spuren

einige Tropfen einer 0,1%igen alkoholischen Lösung von Phenolphthalein unterscheiden. Im ersteren Fall tritt hierbei eine Rotfärbung ein.

㉑ Bestimmung des Wasserzementwertes von Frischbeton und -mörtel

10 kg Frischbeton (B_f in g) werden auf 10 g genau in ein Gefäß (Topf, Schüssel o. ä.) eingewogen. Das Gefäß wird rasch und intensiv erhitzt; dabei wird der Beton so lange gerührt und getrocknet, bis keine Klumpen mehr vorhanden sind (DARR-Verfahren). Nach 15 min soll die Trocknung beendet sein (Prüfung: keine Kondenswasserbildung an einer über den Beton gehaltenen Glasplatte).
Nach dem Erkalten wird der trockene Beton gewogen (B_t in g). Der Wassergehalt (W_0 in g) wird berechnet nach

$$W_0 = B_f - B_t.$$

Der Gesamtwassergehalt W_{ges} (in kg/m³ Beton) errechnet sich nach

$$W_{ges} = \frac{1\,000 \cdot \varrho_f \cdot W_0}{B_f}$$

ϱ_f Rohdichte des Frischbetons in kg/dm³.

Bei stark saugenden Zuschlägen ist deren Kernfeuchte W_k (in kg/m³) zu berücksichtigen:

$$W = W_{ges} - W_k.$$

Wird der gefundene Wert für W durch den bekannten Zementgehalt Z (in kg/m³) dividiert, so ergibt sich der *Wasserzementwert*.

Beispiel 60

Aus folgenden Meßergebnissen bzw. Angaben ist der *W/Z*-Wert zu berechnen: $Z = 340$ kg/m³; $\varrho_f = 2,30$ kg/dm³; $W_k = 29$ kg/m³; $B_f = 10\,000$ g; $B_t = 9180$ g.

Lösung:

$$W_0 = 10\,000 - 9\,180 = 820 \text{ g}$$

$$W_{ges} = \frac{1\,000 \cdot 2,30 \cdot 820}{10\,000} = 188,6 \text{ kg/m}^3$$

$$W = 188,6 - 29 = 159,6 \text{ kg/dm}^3$$

$$W/Z\text{-Wert} = \frac{159,6}{340} = \underline{0,47}$$

㉒ Bestimmung des Mischungsverhältnisses in Festmörtel und -beton

Zementmörtel und -beton bestehen in der Regel aus salzsäurelöslichem Zementstein und salzsäureunlöslichen Zuschlägen. Die Bestimmung beruht auf dem Herauslösen des Zementsteins und der Ermittlung seiner Masse. Das Verfahren versagt, falls salzsäureunlösliche Zementanteile vorhanden sind (z. B. Traßzement) oder der Zuschlag wesentliche salzsäurelösliche Anteile enthält (z. B. Kalkstein). 1,5…5 kg Beton (in Abhängigkeit von der Zuschlagkorngröße) bzw. 0,3 kg Mörtel werden nach Zerkleinerung in einer Porzellanschale mit 10%iger Salzsäure vorsichtig übergossen. Ein Geruch nach H_2S ist ein Hinweis auf die Anwesenheit von Hüttensand. Nach und nach wird so viel HCl zugegeben, bis die Probe 1…2 cm hoch mit HCl bedeckt ist. Dann wird die Mischung 2…3 h lang auf einer Heizplatte unter öfterem Umrühren erhitzt. Nach vollständiger Lösung des Zementsteins wird der bindemittelfreie Zuschlag dreimal mit dest. Wasser gewaschen. Anschließend wird mit dreiprozentiger Natronlauge übergossen und unter Umrühren erwärmt, damit abgeschiedene Kieselsäure in Lösung geht. Schließlich wird der Rückstand gut mit Wasser gewaschen und nach Trocknung bei 105 bis 110 °C gewogen.

Zur Bestimmung des Glühverlustes G_v wird etwa die gleiche Probemenge auf <5 mm zerkleinert. 100 g davon werden pulverisiert und 5 g davon in einem Porzellantiegel 60 min bei 1 000 °C geglüht.

Die Berechnung des Mischungsverhältnisses Zement : Zuschlag (MV) erfolgt nach

$$MV = \frac{R}{S - G_v}$$

R Gesamtrückstand in %
S Salzsäurelösliches in %
G_v Glühverlust in %

Beispiel 61

An 300 g eines Zementmörtels wurden folgende Werte ermittelt: Gesamtrückstand nach HCl-Behandlung: 226 g ($R = 75,3\%$); Glühverlust von 5 g Mörtel: 0,275 g ($G_v = 5,5\%$). Wie ist das Mischungsverhältnis?

Lösung:
Berechnung des Salzsäurelöslichen:

$300 - 226 = 74\ g\ (S = 24,7\%)$

$$MV = \frac{R}{S - G_v} = \frac{75,3}{24,7 - 5,5} = \underline{\underline{3,9}}$$

㉓ Bestimmung der Carbonatisierungstiefe von Beton

Zementstein reagiert basisch. Durch Reaktion mit Luft-CO_2 wird er, von außen nach innen fortschreitend, carbonatisiert. Dadurch sinkt der *p*H-Wert unter 9,5. Im carbonatisierten Bereich des Betons sind Stahlbewehrungen nicht ausreichend vor Korrosion geschützt.
Am zu untersuchenden Betonteil wird eine Bruchfläche (nicht sägen) möglichst senkrecht zur Außenhaut herge-

stellt. Sofort nach Freilegen der Bruchfläche wird als Farbindikator 0,1%ige alkoholische Phenolphthaleinlösung aufgesprüht. Die äußere, carbonatisierte Zone bleibt unverfärbt, der innere Bereich färbt sich rot-violett.
Die Carbonatisierungstiefe ist der Abstand von der Betonaußenhaut bis zur Grenze des rotgefärbten Bereiches, gemessen senkrecht zur Betonoberfläche (mehrfach messen und Mittelwert bilden).

㉔ Bestimmung der Chlorid-Eindringtiefe in Beton

Es werden getrennt hergestellt:

1%ig (schwach salpetersaure) $AgNO_3$-Lösung sowie 5%ige K_2CrO_4-Lösung

und in zwei Sprühflaschen gefüllt.
Prüfung: Auf die frische Betonbruchfläche (vgl. Bestimmung der Carbonatisierungstiefe) wird zuerst die $AgNO_3$-Lösung gesprüht. Ist diese angetrocknet, wird die K_2CrO_4-Lösung aufgesprüht.
Ergebnis: Beton mit etwa >0,4% Cl^- zeigt keine Verfärbung. Beton mit niedrigeren Cl^--Gehalten verfärbt sich durch die Bildung von Ag_2CrO_4 intensiv rotbraun.
Auswertung: s. Kap. 4.6.2.2.

㉕ Chemische Prüfung von Ausblühungen

Eine Probe der an Betonen, Putzen oder Ziegelmauerwerken gelegentlich auftretenden Ausblühungen wird vorsichtig von der Oberfläche abgekratzt, wobei möglichst kein Material des Untergrundes mit entfernt werden darf. Die Probe wird auf CO_3^{2-}, Cl^-, SO_4^{2-} und NO_3^- untersucht.
Bei Anwesenheit von Sulfat besteht die Möglichkeit, daß in der Ausblühung Gips, Natriumsulfat oder Magnesiumsulfat vorliegt (vgl. Tafel 4.37.). Die Unterscheidung ist mit Hilfe der Kationennachweise möglich.
Chloridhaltige Ausblühungen sind hygroskopisch; sie verursachen bei hoher Luftfeuchtigkeit leicht dunkle, feuchte Flecken.

6.2.4.   Natursteine und Betonzuschläge

㉖ Bestimmung der Gesteinsart

Zur Prüfung auf *sulfatisches* Gestein wird ein mit dest. Wasser angefeuchteter Streifen Sulfattestpapier auf das Gestein fest angedrückt. Der Sulfatnachweis ist positiv, wenn sich das Papier nach etwa 1 min an der Berührungsstelle Papier—Gestein entfärbt hat. Bei $BaSO_4$ und $SrSO_4$ versagt die Prüfung.
Zur Prüfung auf *carbonatisches* Gestein wird eine Probe in eine Lösung von verd. Salzsäure gegeben. Die 0,1 M HCl soll 0,02% Alizarin-S enthalten.
Ist das Gestein nach 15 min rot gefärbt, so ist Calcit enthalten. Beim Ausbleiben der Färbung wird zum Sieden erhitzt. Entsteht nach 10…15 min eine deutliche Rotfärbung, so enthält die Probe Dolomit. Magnesit läßt sich mit dieser Methode nicht nachweisen. Auch der Carbonatnachweis kann angewandt werden.
Zur Prüfung auf *tonhaltiges* Gestein wird eine frische Bruchfläche erzeugt und angehaucht. Läßt sich der charakteristische Tongeruch wahrnehmen, so liegt ein höherer Tongehalt vor.

Tafel 6.5.
Zur Bestimmung von Huminen in Zuschlägen mittels Natronlauge

Färbung	Humingehalt	Beurteilung
Farblos bis hellgelb	keine oder nur geringfügige Spuren von Huminen	Zuschlag ist gut
Gelb bis braungelb	geringer Humingehalt	Zuschlag ist noch gut
Braungelb bis dunkelbraun	größerer Humingehalt	Zuschlag muß im Laboratorium geprüft werden

㉗ Bestimmung von Huminen im Betonzuschlag

In einem Meßzylinder (25 ml) werden 13 cm^3 (etwa 20 g) Zuschlag eingefüllt und mit 3%iger Natronlauge versetzt, wobei bis zur Marke bei 20 ml aufgefüllt wird. Der Zylinder wird mit einem Gummistopfen verschlossen, mehrmals geschüttelt und 24 h stehengelassen. Es sind zwei Versuche anzusetzen. Die Beurteilung erfolgt nach der Färbung der Lösung (Tafel 6.5.).

Humine und andere Stoffe organischen Ursprungs in feinverteilter Form im Betonzuschlag können das Erhärten des Zementes stören, wobei es zu Festigkeitsverlusten kommt. In körniger Form erzeugen sie Verfärbungen im Beton bzw. Mörtel oder durch Quellen Absprengungen an der Oberfläche.

㉘ Prüfung des Betonzuschlags auf Alkaliempfindlichkeit

In einer Polyethylenflasche (1 l) übergießt man 200 g des zu untersuchenden Zuschlags mit 500 ml 3%iger Natronlauge, verschließt die Flasche und schüttelt sofort, nach 2 h und nach 4 h um. Nach 24 h wird die klare Flüssigkeit vom Zuschlag abgetrennt. Zu 10 ml dieser Flüssigkeiten gibt man 5 ml Ammoniummolybdatlösung. Beim vorsichtigen Ansäuern mit 5 ml konz. Salpetersäure färbt sich die Lösung bei Gegenwart von gelösten Silicaten gelb.

Parallel ist eine Blindprobe durchzuführen. Dazu werden 10 ml 3%ige Natronlauge mit 5 ml Ammoniummolybdatlösung vermischt und mit 5 ml konz. HNO_3 angesäuert. Ist der gelbe Farbton, der meist auch in der Blindprobe auftritt, schwächer als im Falle der Untersuchungslösung, so liegt im Zuschlagstoff alkalilösliche Kieselsäure vor.

Die Beurteilung der Ergebnisse ist schwierig und erfordert einige Übung. Da auch gewöhnlicher, einwandfreier Bausand bereits eine positive Reaktion ergibt, wobei eine hellgelbe Farbe auftritt, ist erst dann mit einer negativ sich auswirkenden Alkaliempfindlichkeit zu rechnen, wenn ein kräftiger gelber Farbton entsteht. Zur Einübung werden Vergleichsteste mit Wasserglaslösungen vorgeschlagen.

Zur *Herstellung der Ammoniummolybdatlösung* werden 2 g Ammoniummolybdat in 70 ml dest. Wasser gelöst (Polyethylenflasche) und mit 5 ml konz. Ammoniak versetzt. Anschließend wird mit dest. Wasser auf 250 ml aufgefüllt.

㉙ Halbquantitative Bestimmung des Gesamtschwefels im Betonzuschlag

Sulfate bzw. Sulfide (nach Oxidation zu Sulfat) können im Zementbeton Sulfattreiben verursachen, wenn der Gesamtschwefelgehalt 1 % SO_3 übersteigt.

Die Prüfung umfaßt wasser- und salzsäurelösliche Sulfate und Sulfide und beruht auf der Ausscheidung von $BaSO_4$ bei Zugabe von $BaCl_2$-Lösung. Die *Intensität der Trübung* ist das Maß für den Sulfatgehalt. Verglichen wird mit der Trübung eines Vergleichs-Zuschlagstoffes, der genau 1 % SO_3 enthält.

10 g des zerkleinerten Zuschlagstoffes werden in einer Schale mit 100 ml HCl (1:1) übergossen und 15 min unter Umrühren gekocht. Nach Ergänzen des verkochten Wassers auf 100 ml mit dest. Wasser werden 3 ml konz. HCl zugegeben, und es wird erneut 15 min unter Umrühren gekocht. Nach nochmaliger Ergänzung mit dest. Wasser auf 100 ml und Zugabe von 3 ml konz. Salpetersäure wird ein drittes Mal 15 min lang gekocht. Nach dem Abkühlen neutralisiert man mit 3%iger NaOH. Die Lösung wird in einen 250-ml-Meßkolben filtriert, der Filterrückstand mit dest. Wasser gewaschen und der Kolben bis zur Marke aufgefüllt und sorgfältig umgeschüttelt.

Zur Herstellung der Vergleichslösung werden 10 g eines Zuschlages mit 1 % SO_3-Gehalt wie die Probe behandelt. Der Zuschlag kann aus 97,85 g Normsand und 2,15 g $CaSO_4 \cdot 2\,H_2O$ hergestellt werden.

Von beiden Lösungen sind 10 ml zu entnehmen und in je ein Reagenzglas zu geben. Nun wird jeweils 1 ml 5%ige $BaCl_2$-Lösung zugesetzt, umgeschüttelt und nach 3 min die Trübung verglichen. Ist die Trübung der Probelösung intensiver als die der Vergleichslösung, so enthält der Zuschlagstoff >1 % SO_3 und ist nicht zu verwenden. (Es kann auch eine Vergleichslösung mit 480 mg SO_4^{2-}/l bereitgehalten werden.)

㉚ Nachweis wasserlöslicher Salze

Es handelt sich bei dem folgenden kurzen Prüfungsgang darum, festzustellen, ob *Zuschläge* oder *Ziegel* wasserlösliche Salze enthalten und welche Ionen dabei in Erscheinung treten.

Zur Herstellung eines wäßrigen Auszuges werden 200 g der zerkleinerten Probe mit 400 ml dest. Wasser 10 min ausgekocht. Nach dem Abkühlen und Absetzen werden je 10 ml der klaren Lösung für die Nachweise ③, ④, ⑤ und ⑬ verwendet. Sind die Ergebnisse einer oder mehrerer Proben deutlich positiv, so sind Laboruntersuchungen erforderlich, da nur eine quantitative Bestimmung eine genaue Beurteilung erlaubt, ob Treiberscheinungen oder andere Schädigungen zu erwarten sind.

6.3. Chemische Untersuchung organischer Baustoffe

㉛ Bestimmung der Kunststoffart

Die chemische Prüfung von Kunststoffen auf der Baustelle beschränkt sich auf die Identifizierung der Kunststoffart. Die meisten Aussagen werden durch vorsichtiges Erhitzen

Tafel 6.6.
Unterscheidung von Kunststoffen mit Hilfe der Brenn- und Geruchsprobe

Kunststoffart	Verhalten beim Einbringen in die Flamme	Geruch der Schwaden beim Erhitzen oder nach Anzünden und Ablöschen	Reaktion der Schwaden	Besonderheiten
Polyethylen	leuchtende Flamme mit bläulichem Kern	schwacher, paraffinartiger Geruch (verlöschende Kerze)	neutral	schmilzt beim Brennen und tropft ab, Tropfen brennen weiter
Polystyrol	leuchtend gelbe, stark rußende Flamme	süßlich	neutral	schmilzt beim Brennen
Polyvinylchlorid	brennt in der Flamme sprühend mit grünem Saum, erstickt außerhalb der Flamme	stechend (HCl)	sauer	Deformation und Verkohlen in der Flamme
Polyvinylacetat	leuchtende, rußende Flamme	nach Essigsäure	sauer	schmilzt beim Brennen
Polymethylmethacrylat	leuchtende, knisternde Flamme ohne Rauchentwicklung	angenehm fruchtartig	neutral	
Polyamid	bläuliche Flamme mit gelbem Rand	nach verbranntem Horn	alkalisch	schmilzt beim Brennen und tropft ab
Phenoplaste	kaum entzündbar	nach Phenol, Ammoniak, Formaldehyd	schwach alkalisch	Verkohlung unter Aufblähen in der Flamme
Aminoplaste	kaum entzündbar	nach Ammoniak, Aminen (Fischgeruch)	alkalisch	in der Flamme Verkohlung, weiße Kanten an den Verkohlungsrückständen
Polyester	schwer entzündbar; brennt mit gelber, rußender Flamme	süßlich, blumig (ähnlich dem Stadtgas)	neutral	Verkohlung beim Brennen
Polyurethan	schwer entzündbar, brennt mit leuchtender Flamme	stechend, unangenehm	alkalisch	verkohlt und schmilzt beim Brennen unter Bildung schwarzer Tropfen
Epoxidharz	brennt mit leuchtender, rußender Flamme	verschieden je nach Härter (blumig oder fischartig)	neutral oder alkalisch	Verkohlung beim Brennen, evtl. Sublimatbildung
Thioplaste	brennt mit leuchtender, blau gesäumter Flamme	stechend (SO_2)	sauer	Verkohlung beim Brennen
Gummi	brennt mit leuchtender, stark rußender Flamme	typischer Geruch	schwach sauer	Verkohlung beim Brennen

und Entzünden der Kunststoffe gewonnen, die dabei auftretenden Erscheinungen sind in Tafel 6.6. aufgeführt.

Eine kleine Probe wird auf einem Spatel oder mittels einer Pinzette in die Flamme gehalten. Schmilzt die Probe, dann liegt ein *Thermoplast* vor; tritt Verkohlung ein ohne vorheriges Schmelzen, so handelt es sich um ein *Duroplast*.

Erhitzt man zu stark mit großer Flamme, so geht die Zersetzung so rasch und so weit, daß die angegebenen Erscheinungen der Beobachtung entgehen. In die beim Erhitzen oder nach dem Ablöschen der Flamme sich bildenden Schwaden wird ein angefeuchteter Streifen pH-Universalindikatorpapier gehalten. Die Prüfung der Reaktion kann auch durch trockenes Erhitzen einer Probe im Reagenzglas erfolgen, wobei ein angefeuchteter Streifen Reagenzpapier im oberen Teil des Glases befestigt wird. Die zu erhaltenen Aussagen sind in Tafel 6.6. genannt.

⊛ Bestimmung der Art bituminöser Stoffe

Um auf einfache Weise prüfen zu können, ob es sich bei einem bituminösen Stoff (z. B. Klebmasse, Vergußmasse, Dachpappe) um *Bitumen oder Teer* handelt, stehen zwei Methoden zur Verfügung.

■ Feste Bruchstücke werden mit einem Ende für einige Sekunden in die Flamme gehalten (von weichen Stoffen nimmt man etwas auf einen Spatel). Sobald die Probe zu brennen beginnt, wird sie aus der Flamme genommen, ausgeblasen und der Geruch des weißlichen Qualms festgestellt:
Bitumen: süßlicher, milder Geruch
Teer: penetranter, unangenehmer Geruch
■ Eine weitere Möglichkeit zur schnellen Unterscheidung zwischen Bitumen und Teer (insbesondere vor der Verarbeitung) besteht darin, die Lösungsgeschwindigkeit einer Probe in Benzin oder Cyclohexan zu beobachten:
Teer: langsame Verfärbung des Benzins, gelb
Bitumen: schnelle Verfärbung des Benzins, tiefschwarz.

Weitere Testmöglichkeiten enthält DIN 1995.

Giftgefahren und Arbeitsschutz

Bei der Durchführung der chemischen Prüfungen sind folgende Gefahren zu beachten: Bei einer Reihe von Prüfungen wird mit *konz. Säuren oder Laugen* gearbeitet. Wegen der stark ätzenden Wirkung dieser Stoffe müssen die Arbeiten mit großer Vorsicht und unter Aufsetzen einer Schutzbrille ausgeführt werden. Bei Berührung mit der Haut oder bei einer Augenverätzung muß sofort mit viel Wasser gespült werden, im letzten Falle ist sofort ein Arzt aufzusuchen. Auch eine Benetzung von Textilien ist wegen der Ätzwirkung (Zerstörung) zu vermeiden. Entsprechend vorsichtig ist ebenfalls mit verdünnten Säuren und Laugen umzugehen.
Bei der Herstellung der Reagenzien ist zu beachten, daß einige Salze ($BaCl_2$, Pb-Acetat) Gifte sind. Bei ihrer Verwendung ist nach den einschlägigen Gefahrstoffverordnungen zu verfahren.
Bei der Verwendung von organischen Lösungsmitteln ist mit deren Brennbarkeit zu rechnen (Vorsicht bei offenen Flammen). Grundsätzlich sind die Bestimmungen und Hinweise der „Richtlinien für Chemische Laboratorien" der Berufsgenossenschaft der Chemischen Industrie zu beachten.

6.4. Physikalisch-chemische Untersuchung von Baustoffen

Die physikalisch-chemischen Untersuchungsverfahren stellen die experimentellen Möglichkeiten bereit, um einen tieferen Einblick in den *Aufbau* der Stoffe und die Gesetzmäßigkeiten stofflicher *Umwandlungsprozesse* zu erhalten. Neben den chemisch-analytischen Methoden (s. z. B. Kap. 6.2.1.) zum Nachweis und zur Bestimmung der qualitativen

Tafel 6.7.
Physikalisch-chemische Untersuchungsmethoden (Auswahl)

Aufgabe	Methoden	Kennzeichen
Chemische Analyse	Flamme Photometrie UV-Spektroskopie Atomabsorptionsspektrometrie Röntgenfluoreszenzanalyse Elektronenstrahlmikrosonde	Alkalien und Erdalkalien Metallanalyse Mikroanalyse Schnellanalyse Analyse kleiner Bereiche
Phasenanalyse	Röntgenanalyse IR-Spektralphotometrie Mikroskopie	Kristallstruktur Molekülschwingungen Kristallfeinbau
Struktur und Gefüge	optische Mikroskopie Rasterelektronenmikroskopie magnetische Kernresonanz	z. B. Protonenbindung
Thermische Analyse	Differentialthermoanalyse Thermogravimetrie Kalorimetrie	thermische Effekte Masseänderungen Wärmeabgabe oder -aufnahme

bzw. quantitativen Zusammensetzung eines Stoffes werden *phasenanalytische Methoden* herangezogen, um die „mineralischen" Bestandteile eines natürlichen oder technischen Stoffes zu ermitteln. Art,

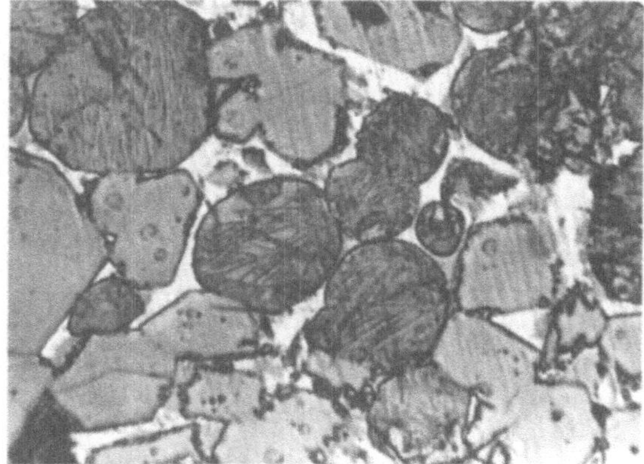

Bild 6.5.
Mikroskopische Aufnahme eines Portlandzementklinkers
Alit: dunkelgrau bis schwarz, meist geradlinig begrenzt (mit Schleifkratzern)
Belit: mattgrau, rundliche Formen, z. T. in Alit eingeschlossen
Aluminatphase: schwarze Flitterchen in der Grundmasse
Ferratphase: helle Grundmasse

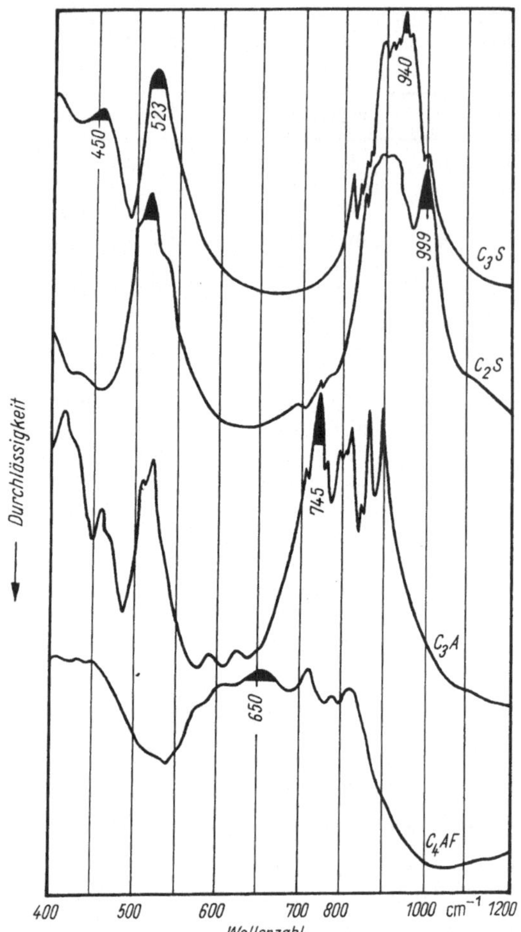

Bild 6.6.
Infrarotabsorptionsspektren der Hauptklinkerphasen des Portlandzementes

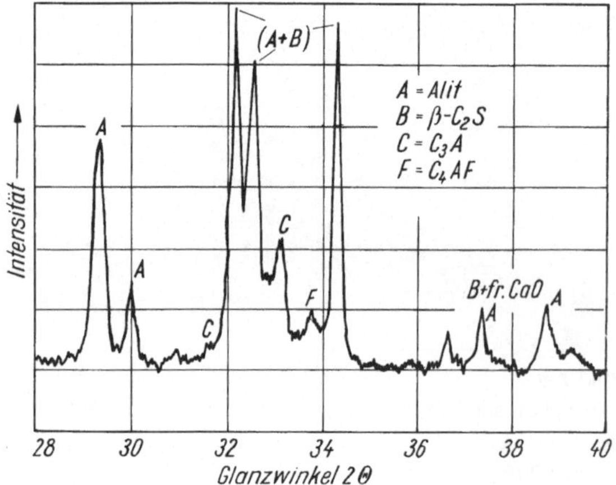

Bild 6.7.
Röntgenbeugungsdiagramm eines PZ-Klinkers

Tafel 6.8.
Vergleich nach verschiedenen Methoden bestimmter Phasenzusammensetzungen eines Portlandzementklinkers (in Masse-%)

Phase	Mikroskopische Analyse	Infrarot-Spektralanalyse	Potentielle Analyse	RöntgenAnalyse
Alit	66	65	61	58
Belit	12	12	15	17
Aluminatphase	13	14	12	9
Ferratphase	9	9	10	15

Größe, Form, Anzahl und Verteilung der Phasen sowie ihre gegenseitige Beeinflussung sind wesentlich für die technischen Eigenschaften der Stoffe und damit ihre praktische Nutzung. Andere physikalisch-chemische Untersuchungen beschäftigen sich mit dem thermischen Verhalten, dem elektrischen Verhalten, dem Fließverhalten, den Härte- und Festigkeitseigenschaften u. a. (Tafel 6.7.).

Für die praktische Durchführung physikalisch-chemischer Untersuchungen an Baustoffen nach den verschiedenen Methoden wurden entsprechende Untersuchungsgeräte, -apparaturen und -verfahren entwickelt, die es gestatten, schnelle und genaue Messungen durchzuführen. Ausschlaggebend für den erfolgreichen Einsatz einer Methode sind neben ihrer richtigen Anwendung die *Deutung* und *Interpretation* der Meßergebnisse.

An zwei Beispielen aus dem Baustoffgebiet soll die Möglichkeit zur Anwendung physikalisch-chemischer Untersuchungsmethoden gezeigt werden: Die quantitative Phasenzusammensetzung von *PZ-*

Tafel 6.9.
Bestimmung des Hydratationsgrades von Portlandzement

Bestimmungsart	Methode
Hydratationsenthalpie	Kalorimetrie
Spezif. Oberfläche der Hydratationsprodukte	Gasadsorption (BET)
Anteil an nicht-hydratisierten Phasen	Mikroskopie Röntgenanalyse IR-Spektroskopie
Menge des gebildeten Calciumhydroxids	Röntgenanalyse IR-Spektroskopie
Menge des gebundenen Wassers	thermische Analyse Glühverlust nach Trocknung unter speziellen Bedingungen

Klinkern, von der die Erhärtungs- und Festigkeitseigenschaften abhängen, läßt sich berechnen (potentielle Phasenanalyse; vgl. Beispiel 47) oder experimentell bestimmen (aktuelle Phasenanalyse,
Mikroskopie — Bild 6.5., Infrarotspektroskopie —
Bild 6.6., Röntgenanalyse — Bild 6.7.). Einen Vergleich der Ergebnisse, die nach den 4 Methoden an
einem PZ-Klinker erhalten wurden, zeigt Tafel 6.8.
Die Bilder 6.5. und 6.8. zeigen die untrschiedlichen
Aussagen, die die Licht- und die Rasterelektronen-
mikroskopie bieten.

Zur Bestimmung des Fortschritts der Hydratations-
reaktionen der Klinkerphasen des Portlandzements
und damit des *Hydratationsgrades* α_h zur Zeit t
können die in Tafel 6.9. angegebenen Parameter
gemessen werden.

Durch den zielgerichteten und zweckmäßigen Einsatz physikalisch-chemischer Untersuchungsmethoden sowie die statistische Auswertung der Meßergebnisse sind bei der Entwicklung der Baustoffe
wesentliche Fortschritte erzielt worden.

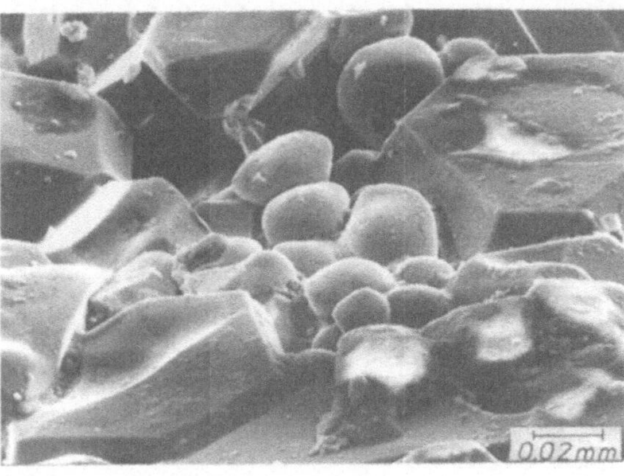

Bild 6.8.
Rasterelektronenmikroskopische Aufnahme eines PZ-Klinkers

Alit: scharfkantig, geradlinig begrenzte Kristalle;
Belit: rundliche Kristalle; dazwischen wenig Grundmasse (Aluminat und Ferrat); 1 cm $\cong$ 0,03 mm

Anschriften für fachliche Informationen

Bundesverband der
Deutschen Zementindustrie e. V.
Pferdmengesstr. 7, 50968 Köln

Bundesverband der
Deutschen Kalkindustrie e. V.
Anna-Straße 67–71, 50968 Köln

Bundesverband der Gips- und
Gipsbauplattenindustrie e. V.
Birkenweg 13, 64295 Darmstadt

Bundesverband
Kalksandsteinindustrie e. V.
Entenfangweg 15, 30419 Hannover

Bundesverband der
Deutschen Ziegelindustrie e. V.
Schaumburg-Lippe-Str. 4, 53113 Bonn

Fachverband Steinzeugindustrie e. V.
Bonner Str. 9, 50858 Köln

Verband der Bíms- und
Beton-Industrie e. V.
Sandkauler Weg 1, 56564 Neuwied

Bundesverband
Naturstein-Industrie e. V.
Buschstr. 22, 53113 Bonn

Bundesverband Deutsche Beton-
und Fertigteilindustrie e. V.
Schloßallee 10, 53179 Bonn

Fachverband Gasbetonindustrie e. V.
Frauenlobstr. 9–11, 65187 Wiesbaden

Beratungsstelle für Stahlverwendung
Kasernenstr. 35, 40213 Düsseldorf

Informationsstelle Edelstahl Rostfrei
Breite Straße 69, 40213 Düsseldorf

Aluminiumzentrale e. V.
Königsallee 30, 40212 Düsseldorf

Bleiberatung e. V.
Tersteegenstr. 28, 40474 Düsseldorf

Zinkberatung e. V.
Friedrich-Ebert-Str. 37/39, 40210 Düsseldorf

Beratung Feuerverzinken
Sohnstr. 70, 40237 Düsseldorf

Institut für das
Bauen mit Kunststoffen e. V.
Osannstr. 37, 64285 Darmstadt

Arbeitsgemeinschaft der
Bitumenindustrie e. V.
Steindamm 71, 20099 Hamburg

Arbeitsgemeinschaft Holz e. V.
Füllenbachstr. 6, 40474 Düsseldorf

Deutsche Gesellschaft für
Holzforschung e. V.
Schwanthaler Str. 79, 80336 München

Forschungsinstitut für
Pigmente und Lacke e. V.
Allmandring 37, 70569 Stuttgart

Bundesausschuß
Farbe und Sachwertschutz
Speyerer Str. 3, 60327 Frankfurt/M.

Industrieverband Bauchemie
und Holzschutzmittel e. V. (ibh)
Karlstr. 21, 60329 Frankfurt/M.

Deutscher Verein des
Gas- und Wasserfachs e. V.
Mergenthalerallee 27, 65760 Eschborn

Abwassertechnische Vereinigung (ATV)
Rathausallee 6, 53757 St. Augustin

7. Verzeichnisse

7.1. Literatur

7.1.1. Lehrbücher und Monographien

Allgemeine, anorganische und organische Chemie

[1] CHRISTEN, H.-R.: Grundlagen der Allgemeinen und anorganischen Chemie. 9. Aufl., Frankfurt/Main: Salle Verlag 1988

[2] CHRISTEN, H.-R.; VÖGTLE, F.: Organische Chemie — Von den Grundlagen zur Forschung. Kompaktausg., Frankfurt/Main: Salle Verlag 1989

[3] COTTON, F. A.; WILKINSON, G.: Anorganische Chemie. Weinhelm: Verlag Chemie (1. Nachdruck der 4. Aufl.) Berlin: Deutscher Verlag der Wissenschaften 1982

[4] HOLLEMAN, A. F.; WIBERG, E.: Lehrbuch der anorganischen Chemie, 101. Aufl., Berlin: Walter de Gruyter 1995

[5] KOLDITZ, L.: Anorganikum — Lehr- und Praktikumsbuch der anorganischen Chemie. 13. Aufl., Leipzig: Barth-Verlag 1993

Silicat- und Baustoffchemie

[1] CZERNIN, W.: Zementchemie für Bauingenieure. 3. Aufl., Wiesbaden: Bauverlag 1977

[2] HENNING, O.; KÜHL, A.; OELSCHLÄGER, A.; PHILIPP, O.: Technologie der Bindebaustoffe. Band 1. Eigenschaften, Rohstoffe, Erhärtung. Kap. 4. Grundlagen der Verfestigungsprozesse. 2. Aufl., Berlin: Verlag für Bauwesen 1989

[3] HINZ, W.: Silikate. Grundlagen der Silikatwissenschaft und Silikattechnik. Band 1. Die Silikate und ihre Untersuchungsmethoden; Band 2. Die Silikatsysteme und die technischen Silikate. Berlin: Verlag für Bauwesen 1970 und 1971

[4] KARSTEN, R.: Bauchemie. 9. Aufl., Heidelberg: C. F. Müller Verlag 1992

[5] KEIL, F.: Zement. Herstellung und Eigenschaften. Berlin—Heidelberg—New York: Springer-Verlag 1971

[6] KNOBLAUCH, H.; SCHNEIDER, U.: Bauchemie. 4. Aufl., Düsseldorf: Werner Verlag 1995

[7] KRENKLER, K.: Chemie des Bauwesens, Band 1. Anorganische Chemie. Berlin: Springer-Verlag 1980

[8] KÜHL, H.: Der Baustoff Zement. 2. Aufl., Berlin: Verlag für Bauwesen 1967

[9] SCHIELE, E.; BERENS, L. W.: Kalk. Düsseldorf: Verlag Stahleisen 1972

[10] TAYLOR, H. F. W.: Cement Chemistry. London: Academic Press 1990

Baustoffkorrosion und Bautenschutz

[1] ALEXEJEW, S. N.; ROSENTAL, N. K.: Korrosion von Stahlbeton in aggressiver Industrieluft. 2. Aufl., Berlin: Verlag für Bauwesen 1979

[2] BISLE, H.: Betonsanierungssysteme. Wiesbaden: Bauverlag 1988

[3] BICZÓK, J.: Betonkorrosion — Betonschutz. 6. Aufl., Wiesbaden: Bauverlag 1968

[4] KAESCHE, H.: Die Korrosion der Metalle. 3. Aufl., Berlin—Heidelberg—New York: Springer-Verlag 1990

[5] KIRSCH, W.: Korrosion im Boden — Grundlagen und Schutzmethoden. Stuttgart: Franckh'sche Verlagshandlung 1968

[6] KNÖFEL, D.: Stichwort Baustoffkorrosion. 2. Aufl., Wiesbaden: Bauverlag 1985

[7] KNÖFEL, D.; SCHUBERT, P. (Herausg.): Handbuch Mörtel und Steinergänzungsstoffe in der Denkmalpflege. Berlin: Verlag Ernst & Sohn 1993

[8] RYBICKI, R.: Bauausführung und Bauüberwachung, Recht — Technik — Praxis, Handbuch für die Baustelle. 2. Aufl., Düsseldorf: Werner Verlag 1995

[9] SCHÖNBURG, K.: Schäden an Sichtflächen. Bewerten — Beseitigen — Vermeiden. Berlin: Verlag für Bauwesen 1993

[10] VAN OETEREN, K. A.: Korrosionsschutz. München: Carl Hanser Verlag 1980

[11] ZIMMERMANN, G. (Herausg.): Schadenfreies Bauen. Bd. 1—14, Stuttgart: IRB Verlag, bis 1995

[12] ZIMMERMANN, G. (Herausg.): Bauschäden-Sammlung; Sachverhalt — Ursachen — Sanierung. Band 1—10 (466 Schadensberichte). Stuttgart: IRB-Verlag, bis 1995

Organische Baustoffe

[1] BAVENDAMM, W.: Holzschäden und ihre Verhütung. Stuttgart: Wissenschaftliche Verlagsgesellschaft 1974

[2] HALASZ, R.: Holzbautaschenbuch. 2 Bände, Berlin: Verlag Wilhelm Ernst & Sohn 1989

[3] KLOPFER, H.: Anstrichschäden. Wiesbaden: Bauverlag 1976

[4] KNÖFEL, D.: Stichwort Holzschutz. 2. Aufl., Wiesbaden: Bauverlag 1982

[5] SAECHTLING, H. (Herausg.: K. OBERBACH): Kunststoff-Taschenbuch. 26. Aufl., München: Carl Hanser Verlag 1995

[6] VELSKE, S.: Straßenbautechnik. 3. Aufl., Düsseldorf: Werner Verlag 1993

[7] WIEHLER, H. G.: Straßenbau, Konstruktion und Ausführung, 4. Aufl., Berlin: Verlag für Bauwesen 1996

Baustofflehre – Werkstoffkunde

[1] DOMKE, W.: Werkstoffkunde und Werkstoffprüfung. 10. Aufl., Berlin: Cornelsen-Verlag 1986

[2] HÄRIG, S.; GÜNTHER, K.; KLAUSEN, D.: Technologie der Baustoffe. 13. Aufl., Heidelberg: C. F. Müller Verlag 1996

[3] HORNBOGEN, E.: Werkstoffe. 6. Aufl., Berlin–Heidelberg–New York: Springer-Verlag 1994

[4] REINHARDT, H. W.: Ingenieurbaustoffe. Berlin: Verlag Wilhelm Ernst & Sohn 1973

[5] SASSE, H. R.: Baustoffhandbuch der Altbausanierung. Darmstadt: O. Elsner Verlagsgesellschaft 1980

[6] SCHATT, W.; WORCH, H.: Werkstoffwissenschaft. 8. Aufl., Stuttgart: Deutscher Verlag für Grundstoffindustrie 1996

[7] SCHÄFFLER, H.; BREY, F.; SCHELLING, G.: Baustoffkunde. 7. Aufl., Würzburg: Vogel-Verlag 1996

[8] SCHOLZ, W.: Baustoffkenntnis. 13. Aufl., Düsseldorf: Werner Verlag 1995

[9] WENDEHORST, R.: Baustoffkunde. Hannover: Curt Vincent Verlag 1994

[10] WESCHE, K.: Baustoffe für tragende Bauteile. Band 1: 3. Aufl. 1996; Band 2: 3. Aufl. 1992; Band 3: 2. Aufl. 1985; Band 4: 2. Aufl. 1988. Wiesbaden: Bauverlag

7.1.2. Fachzeitschriften (Auswahl)

[1] Angewandte Chemie (Weinheim)

[2] Baugewerbe (Köln)

[3] Beton (Düsseldorf)

[4] Betonwerk + Fertigteiltechnik (Wiesbaden)

[5] Bitumen (Hamburg)

[6] Building Materials and Technology (London)

[7] Cement (St. Petersburg)

[8] Cement and Concrete Research (New York, Oxford)

[9] Deutsche Farben-Zeitschrift (Stuttgart)

[10] Journal of the American Concrete Institute (Detroit, Mich.)

[11] Kurzberichte aus der Bauforschung (Stuttgart)

[12] Materials and Structures (London)

[13] Revue de Matériaux de Construction; Ciments, Bétons, Plâtres chaux (Paris)

[14] Schweizer Bauzeitung (Zürich)

[15] Werkstoffe und Korrosion (Weinheim)

[16] Zement und Beton (Wien)

[17] Zement – Kalk – Gips (Wiesbaden)

[18] Bautenschutz + Bausanierung (Filderstadt)

[19] Internat. Zeitschr. Bauinstandsetzen (Freiburg)

7.1.3. Normen, Vorschriften, Richtlinien

(Auswahl; es sind die jeweils neuesten zu berücksichtigen)

DIN	Inhalt
105	Mauerziegel
106	Kalksandsteine
272	Magnesiaestriche
273	Ausgangsstoffe für Magnesiaestriche
19850	Faserzementprodukte
398	Hüttensteine
456	Dachziegel
1045	Beton und Stahlbeton; Bemessung und Ausführung
1048	Prüfverfahren für Beton
1060	Baukalk
1084	Beton und Stahlbeton; Güteüberwachung
1064	Portland-, Eisenportland-, Hochofen- und Traßzement
1168	Baugips
18550	Putz; Baustoffe und Ausführung
1995	Bituminöse Bindemittel für den Straßenbau
1996	Prüfung bituminöser Massen für den Straßenbau
4030	Beurteilung betonangreifender Wässer, Böden und Gase
4164	Gas- und Schaumbeton
4208	Anhydritbinder
4226	Zuschlag für Beton
4227	Spannbeton
16935	Bautenabdichtungen mit Kunststoffen
18195	Bauwerksabdichtungen
18500	Betonwerkstein
18555	Mörtel aus mineralischen Bindemitteln
50900	Korrosion der Metalle, Begriffe
51102	Prüfung keram. Roh- und Werkstoffe
52100 bis 51106	Prüfung von Naturstein
52170	Bestimmung der Zusammensetzung von erhärtetem Mörtel und Beton
52171	Stoffmengen und Mischungsverhältnis im Frischmörtel und Frischbeton
52175	Holzschutz; Grundlagen, Begriffe
55928	Korrosionsschutz von Stahlbauten durch Beschichtungen und Überzüge
55945	Anstrichstoffe und Beschichtungsstoffe; Begriffe
68800	Holzschutz im Hochbau

Zahlreiche **Vorschriften, Arbeitsblätter, Richtlinien** u. ä., die hier nicht einzeln aufgeführt werden können, geben weitere wertvolle Hinweise. Nachstehend sind lediglich Gruppen von Vorschriften u. ä. und deren Bezugsquellen genannt:

VDI-Richtlinien des Vereins Deutscher Ingenieure; VDI-Verlag, Düsseldorf

AGI-Arbeitsblätter der Arbeitsgemeinschaft Industriebau e. V.; Curt-R. Vincentz Verlag, Hannover

TV Technische Vorschriften und Richtlinien für den Straßenbau; Forschungsgesellschaft für das Straßenwesen, Köln

Merkblätter des Bundesausschuß Farbe und Sachwertschutz; Frankfurt/Main

Standards des Industrieverbandes Bauchemie und Holzschutz (ibh) Frankfurt/Main

Stahl-Eisen-Werkstoffblätter; Verein Deutscher Eisenhüttenleute, Düsseldorf

Merkblätter zum Betonschutz; Verein Deutscher Zementwerke, Düsseldorf

WTA-Merkblätter; Wissenschaftlich-technischer Arbeitskreis für Denkmalpflege und Bauwerksanierung, Geretsried

Richtlinien zum Gebiet Beton; Deutscher Betonverein, Wiesbaden

Richtlinien für die Zuteilung von Prüfzeichen, für die Überwachung und Prüfung von Baustoffen, Institut für Bautechnik: Mitteilungen des IfBt, Berlin

Unfallverhütungsvorschriften, Merkblätter zum Gesundheitsschutz; Hrsg. Hauptverband der gewerblichen Berufsgenossenschaften; zu beziehen: Carl Heymanns Verlag KG, Köln

Merkblätter zum Gebiet Holz; Arbeitsgemeinschaft Holz e. V., Düsseldorf

ATV-Arbeitsblätter − Regelwerk −; Abwassertechnische Vereinigung (ATV), St. Augustin

DVGW-Arbeitsblätter − Regelwerk −; Deutscher Verein des Gas- und Wasserfaches, Eschborn

Güterichtlinien zum Gebiet Kunststoffe; Qualitätsverband Kunststofferzeugnisse e. V., Bonn und Frankfurt

7.2. Sachwörterverzeichnis

Periodensystem der Elemente
mit relativen Atommassen der Elemente
und relativen Molekularmassen ihrer Oxide

1 Wasserstoff
H 1,00797
H_2O 18,015

3 Lithium
Li 6,941
Li_2O 29,877

4 Beryllium
Be 9,0122
BeO 25,012

11 Natrium
Na 22,9898
Na_2O 61,979

12 Magnesium
Mg 24,305
MgO 40,311

19 Kalium
K 39,102
K_2O 94,203

20 Kalzium
Ca 40,08
CaO 56,08

21 Scandium
Sc 44,956
Sc_2O_3 137,910

22 Titan
Ti 47,90
TiO_2 79,90

23 Vanadium
V 50,942
VO 66,941
V_2O_3 149,882
V_2O_4 165,882
V_2O_5 181,881

24 Chrom
Cr 51,996
Cr_2O_3 151,990
CrO_3 99,994

25 Mangan
Mn 54,9380
MnO 70,937
MnO_2 86,937
Mn_2O_3 157,874

26 Eisen
Fe 55,847
FeO 71,846
Fe_2O_3 159,692
Fe_2O_4 231,538

27 Kobalt
Co 58,9332
CoO 74,932
Co_2O_3 165,864
Co_3O_4 240,796

28 Nickel
Ni 58,71
NiO 74,71
Ni_2O_3 165,42

37 Rubidium
Rb 85,4678
Rb_2O_3 186,94

38 Strontium
Sr 87,62
SrO 103,62

39 Yttrium
Y 88,905
Y_2O_3 225,81

40 Zirkon
Zr 91,22
ZrO_2 123,22

41 Niob
Nb 92,906
Nb_2O_5 265,809

42 Molybdän
Mo 95,94
MoO_2 127,94
MoO_3 143,94
MO_2O_3 239,88

43 Technetium
Tc 99

44 Ruthenium
Ru 101,07
RuO 117,07
RuO_2 133,07
RuO_3 149,07
RuO_4 165,07
Ru_2O_3 250,14

45 Rhodium
Rh 102,905
RhO 118,904
RhO_2 134,904
Rh_2O_3 253,808

46 Palladium
Pd 106,4
PdO 122,4
PdO_2 138,4

55 Zäsium
Cs 132,905
Cs_2O 281,805

56 Barium
Ba 137,34
BaO 153,34

57 Lanthan
La 138,91
La_2O_3 325,82

72 Hafnium
Hf 178,49
HfO_2 210,49

73 Tantal
Ta 180,948
Ta_2O_3 441,893

74 Wolfram
W 183,85
WO_2 215,85
WO_3 231,85
W_4O_{11} 911,39

75 Rhenium
Re 196,2
ReO_2 218,2
ReO_3 234,2
Re_2O_3 420,4
Re_2O_7 484,2

76 Osmium
Os 180,2
OsO 206,2
OsO_2 222,2
OsO_4 254,2
Os_2O_3 428,4

77 Iridium
Ir 192,2
IrO_2 224,2
Ir_2O_3 432,4

78 Platin
Pt 195,09
PtO 211,09
PtO_2 227,09

87 Franzium
Fr 223

88 Radium
Ra 226

89 Aktinium
Ac 227
Ac_2O_3 502

104 Kurtschatorium
Ku 260

Lanthaniden

58 Zer
Ce 140,12
CeO_2 172,12
Ce_2O_3 328,24

59 Praseodym
Pr 140,907
PrO_2 172,906
Pr_2O_3 329,812
Pr_6O_{11} 1021,435

60 Neodym
Nd 144,24
Nd_2O_3 336,48

61 Promethium
Pm 145

Aktiniden

90 Thorium
Th 232,038
ThO_2 264,037

91 Protaktinum
Pa 231
PaO_2 263,10
Pa_2O_3 542,20

93 Uran
U 238,03
UO 254,03
UO_2 270,03
UO_3 286,03
U_2O_5 556,03
U_3O_7 826,09
U_3O_8 842,09

93 Neptunium
Np 237
NpO_2 269,00
Np_2O_5 839,00

Relative Molekularmassen und Standardbildungsenthalpien

Formel	Relative Molekularmasse	Standardbildungsenthalpie kJ/mol
C_3S	228,33	− 2 881
β-C_2S	172,25	− 2 252
C_3A	270,20	− 3 559
C_4AF	485,97	− 5 070
$C_5S_6H_5$	730,99	−10 392
C_4AH_{13}	560,48	− 8 307
$Ca(OH)_2$	74,10	− 987,2
H_2O	18,015	− 286,0
CO_2	44,01	− 393,8
$CaCO_3$	100,09	− 1 208
$CaSO_4$ A III	136,14	− 1 420
$CaSO_4 \cdot 1/2\ H_2O$	145,15	− 1 574
$CaSO_4 \cdot 2\ H_2O$	172,17	− 2 023
Monosulfat	622,52	− 8 720
Trisulfat	1 255,10	−17 212
CaO	56,08	− 636,0
SiO_2 (Quarz)	60,085	− 860,0
α-Al_2O_3	101,961	− 1 671
Fe_2O_3	159,692	− 822,7
SO_3	80,062	− 395,4
Na_2O	61,979	− 416,2
K_2O	94,203	− 361,7
MgO	40,311	− 602,2